农牧交错带土地利用变化对地表水热过程的影响

贺缠生　张宝庆　张兰慧 等　著

科 学 出 版 社

北 京

内 容 简 介

　　本书以西北农牧交错带为研究区域，将站点长期定位监测、遥感观测和模型模拟相结合，建立西北农牧交错带主要下垫面水热要素定位观测体系，构建考虑植被动态变化的陆气双向耦合模型，量化植被恢复对区域水循环的贡献率和远程效应，提出农牧交错带土地利用适应性管理对策，系统论述土地利用变化对地表水热过程的影响，以期为农牧交错带土地合理利用、生态安全屏障建设、水资源管理和生态恢复的可持续发展提供科技支撑。

　　本书可作为生态水文过程研究的参考书，也可供水文学、水土保持与荒漠化防治、环境科学与工程、生态学、自然地理学等领域的专家学者和研究生，以及高年级本科生参考使用。

审图号：GS 京（2023）2288 号

图书在版编目（CIP）数据

农牧交错带土地利用变化对地表水热过程的影响 / 贺缠生等著. —北京：科学出版社，2024.3
　ISBN 978-7-03-077421-7

　Ⅰ. ①农… 　Ⅱ. ①贺… 　Ⅲ. ①农牧交错带-土地利用-影响-地面水-研究　Ⅳ. ①P343

中国国家版本馆 CIP 数据核字（2024）第 001406 号

责任编辑：杨帅英　张力群 / 责任校对：郝甜甜
责任印制：徐晓晨 / 封面设计：图阅社

科 学 出 版 社 出版
北京东黄城根北街 16 号
邮政编码：100717
http://www.sciencep.com

北京九州迅驰传媒文化有限公司印刷
科学出版社发行　各地新华书店经销
*

2024 年 3 月第 一 版　开本：787×1092　1/16
2025 年 2 月第二次印刷　印张：20 1/2
字数：460 000
定价：260.00 元
（如有印装质量问题，我社负责调换）

序 一

大规模土地利用变化通过改变下垫面性质，引起地表温度、气温、湿度、风速、感热和潜热通量、土壤水分、地表径流和局地降水量的变化，使大气与地表间的能量和水分平衡关系发生改变，由此影响区域甚至全球地表水热过程。因此，准确描述土地利用变化对地表水热过程的影响机制成为目前地球系统科学研究的前沿和热点。中国农牧交错带是我国粮食和乳类制品的生产基地，也是我国生态环境的过渡带，起着重要的生态屏障作用。近30年来，随着退耕还林（草）工程、三北防护林工程、退牧还草工程，以及基本农田保护等生态建设工程的实施，农牧交错带土地利用方式发生了显著改变。然而，目前尚未系统开展农牧交错带土地利用/覆盖变化（LUCC）对地表水热过程影响机理的研究，大规模生态建设对地表水热过程的影响尚不明确。当前的生态屏障建设如何影响区域地表水热过程？又如何反馈区域气候进而影响局地降水和流域水循环？其反馈的远程效能有多远、有多大？基于气候变化和生态建设，未来土地利用规划需要充分考量哪些问题？这些科学问题都亟须回答和解决。

在国家自然科学基金委重点项目的支持下，由贺缠生教授团队撰写的《农牧交错带土地利用变化对地表水热过程的影响》一书，立足于我国农牧交错带生态屏障建设的重大需求，以土地利用/覆盖变化对地表水热过程的影响机理和生态屏障建设的区域水热效应为关键科学问题，通过定位观测、遥感反演，结合陆面过程模型与陆气双向耦合模拟等多方法多手段，在不同尺度上探明了农牧交错带水热要素的变化规律，分析了土地利用与各因子之间的相互作用过程，揭示了农牧交错带生态屏障建设影响地表水热过程和区域水热效应的物理机制，提出了推动本地区生态恢复和环境保护的具体方案。这对了解区域乃至全球变化具有重要意义。

该书立足国际前沿，聚焦土地利用/覆盖变化对区域地表水热过程的影响机制，内容涵盖地表水热过程关键参数观测、区域尺度土地利用方式对地表水热过程的影响机理、土地利用变化对局地降水与水汽再循环过程反馈效应的定量分析，以及生态屏障建设的区域水热效应模拟与适用性管理等。该书集成了气候、植被、土壤、水文和遥感观测数据集，结合陆气双向耦合模型 WRF-tagging，首次量化了植被恢复对区域水循环的贡献率和远程效应，发现农牧交错带大规模植被恢复增加了蒸散发，进而通过提高降水再循环率对局地降水过程产生了正反馈，加强了区域水循环，提升了局地降水量。

该书可为农牧交错带土地合理利用、生态安全屏障建设、水资源管理和生态恢复的可持续发展提供科技支撑。

傅伯杰

中国科学院院士

2023 年 9 月

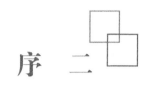

序 二

地表水热过程作为地球系统的关键过程，是地球系统科学研究的核心。土地利用作为人类活动作用于自然环境的重要途径，是地表水热过程的重要承载体，其变化可直接影响地表能量平衡，导致区域水热过程发生改变，进而引发全球环境变化。因此迫切需要探索土地利用变化对地表水热过程的影响。然而，如何准确描述土地利用变化对地表水热过程的影响机制是当前研究的热点和难点。

农牧交错带作为半干旱半湿润区草地和雨养耕地相互镶嵌的生态复合体，是典型的生态脆弱带，也是北方乃至全国的重要生态安全屏障，对我国的生态保护、农业生产、民族团结和经济高质量发展具有重要意义。然而，受水资源匮乏、植被缺乏有效保护、沙尘暴活动强烈等的影响，农牧交错带是典型的气候变化和人类活动影响放大器，土地利用的变化对地表水热过程影响非常显著。加之，近三十年来随着国家相关生态恢复工程的实施，农牧交错带的土地利用发生明显变化。因此，有必要探索农牧交错带的土地利用变化对地表水热过程的影响，阐明农牧交错带生态屏障建设影响区域水热效应的机制，为我国农牧交错带土地合理利用、生态安全屏障建设等提供理论依据和技术支撑。

该书以北方农牧交错带为研究区域，将站点观测、遥感和模型模拟相结合，建立主要下垫面水热要素定位观测体系，分析主要环境因子的相关关系，模拟不同尺度农牧交错带土地利用变化对地表水热过程的影响机理，主要研究内容包括：①主要下垫面的地表水热过程关键参数观测与分析；②典型不同土地利用方式对地表水热过程的影响机理；③区域尺度土地利用变化对地表水热过程的影响机理；④农牧交错带生态屏障建设的区域水热效应模拟与适应性管理。获得的结论主要包括：①在1982~2015年，我国北方农牧交错带大部分地区的植被呈整体绿化趋势，人类活动是驱动研究区植被变化的主要因子；②土地利用的变化导致了水文过程对气象变量和植被生长状况的响应方式发生了变化；③权衡生态-经济均衡情景下，农牧交错带的土地利用类型的数量结构和空间布局更为合理；④未来气候变化对雨养玉米产量有正效应，而对灌溉玉米产量具有显著负效应，升温是导致灌溉玉米产量下降的主要原因。最后，结合研究发现农牧交错带当前所存在的问题，并提供相关建议，旨在推动本地区高质量可持续发展。

该书以典型脆弱带——西北农牧交错带为切入点，借助站点观测、遥感和模型模拟等手段，充分探索了脆弱带土地利用变化对地表水热过程的影响。从科学层面上讲，该书有效填补了半干旱半湿润区地表水热过程研究的空白。从政策层面讲，通过该书开展的研究和所提供的针对性建议，可为我国环境治理、生态安全屏障建设和农业高质量发展等方面提供依据和支撑。

于贵瑞

中国科学院院士

2023 年 9 月

前　言

　　土地利用变化与地表水热过程的相互关系是当前地球系统科学研究的前沿性热点问题。大规模生态屏障建设引起的土地利用变化通过改变下垫面性质（包括地表反照率、粗糙度、植被叶面积指数和植被覆盖度等），使大气与地表间能量和水分平衡关系发生改变，进而影响地表水热过程。在不同区域和时空尺度上，土地利用变化的方式、面积和强度不同，其对地表水热过程影响的程度和机制也不尽相同。因此，如何系统揭示土地利用变化对地表水热过程的影响机理是当前亟须回答的关键科学问题；而如何定量评估生态屏障建设的区域水热效应则是当前面临的重大国家需求。

　　农牧交错带作为半干旱半湿润区草地和雨养农地相互镶嵌的生态复合体，是典型的生态脆弱带。同时，农牧交错带也是北方乃至全国的重要生态安全屏障，对我国的生态保护、农业生产、民族团结和经济高质量发展具有重要意义。近三十年来随着国家相关生态恢复工程的实施，农牧交错带的土地利用发生了显著变化，但尚缺乏农牧交错带土地利用变化对地表水热过程影响的系统研究，对农牧交错带生态屏障建设影响区域水热效应的分析也有待加强，气候变化背景下未来土地利用优化配置缺乏相关的理论支撑。

　　在国家自然科学基金委员会支持下，我们开展了重点项目"西北农牧交错带土地利用/覆盖变化对地表水热过程的影响"的研究工作。立足于我国农牧交错带生态屏障建设的重大需求，以土地利用/覆盖变化对地表水热过程的影响机理和生态屏障建设的区域水热效应为关键科学问题，从土地利用变化对陆气相互作用影响的连锁反馈机制入手，以西北农牧交错带为研究对象，建立了主要下垫面水热要素定位观测体系，分析了蒸散发、地表温度、土壤水分、土壤温度、反照率与植被参数等环境因子间的相互关系；通过资料收集、定位监测、遥感解译、尺度拓展、陆面过程模型和区域气候-陆面双向耦合模型模拟等手段，揭示了农牧交错带过去 30 年间土地利用动态变化对地表水热过程的影响机理；基于土地利用变化趋势和国家生态安全屏障建设规划，阐明了农牧交错带生态屏障建设影响区域水热效应，提出了相关适应性管理对策，为我国农牧交错带土地合理利用、生态安全屏障建设、退耕还林（草）工程及沙漠化防治提供理论依据和技术支撑。

　　本书的主要特色和创新在于：①构建了西北农牧交错带地表水热过程观测系统：阐明了西北农牧交错带水热要素的变化规律，厘清了土地利用变化与不同圈层中各因子的相互作用关系；②农牧交错带地表水热过程模拟研究：在系统的长期定位观测基础上，将植被动态过程引入区域气候模拟中，构建了考虑植被动态变化的陆气双向耦合模型（WRF-CLM和 WRF-tagging），模拟了农牧交错带地表水热过程，在考虑植被动态对陆气相互作用影响基础上，量化了植被恢复对区域水循环的贡献率和远程效应，发现农牧交错带大规模植被恢复加强了该区地表与大气的相互作用强度，降低了反照率，增加了区域净辐射和蒸散发，加剧了对大气边界层的扰动，增加了水汽垂直运动和大气不稳定性，进而间接增加了农牧交错带的局地降水量；③农牧交错带下垫面动态变化及对地表水热过程的影响：分析了 1982～2015 年农牧交错带植被总初级生产力、蒸散发和水分利用效率的时空变化，量化了气候和人类活动对植被变化影响的贡献率；④农牧交错带未来土地利用情景分析：探讨了适于我国农牧交错带的土地利用优化配置模式，评估未来不同 RCP 情景下气候变化对该地区玉米产量和水分利用效率的影响，分析了不同适应性管理措施应对气候变化的影响。

本书各章节是基于项目的研究成果撰写的，具体分工如下：第 1 章由贺缠生教授撰写；第 2 章由李旭亮撰写；第 3 章由王一博教授与薛亚永、谈幸燕、杨文静等共同撰写；第 4 章由张兰慧副教授与李峰、朱昱作、杨礼箫和李旭亮等共同撰写；第 5 章由颉耀文教授和张宝庆教授与王学锦、魏宝成、胥学峰和李旭亮等共同撰写；第 6 章由张宝庆教授与李旭亮、韩智博、杨露和胥学峰等共同撰写；第 7 章由张宝庆教授和贺缠生教授共同撰写，并由张宝庆教授统稿，最后由贺缠生教授定稿。

在此衷心感谢国家自然科学基金委员会对我们的支持，感谢所有参与"西北农牧交错带土地利用/覆盖变化对地表水热过程的影响"国家自然科学基金重点项目成员的精诚协作和辛勤努力。我们"旱区流域科学与水资源研究中心"研究团队，特别是张宝庆教授、张兰慧副教授、王一博教授、颉耀文教授、李旭亮、王学锦、韩智博、胥学峰、薛亚永、杨礼箫、祝毅、谈幸燕、曾晟轩、徐绍源、魏宝成、杨露和杨文静等成员，自 2015 年以来连续 7 个夏秋在西北农牧交错带艰苦卓绝，风餐露宿，克服重重困难，建立西北农牧交错带生态水文定位观测体系，取得了宝贵数据。各位老师、同学的辛苦付出，是本书得以成形的基础。同时，李旭亮协助张宝庆教授整理和校对了全书文稿，借此机会一并表示衷心的感谢。在我们重点项目研究过程中，得到了内蒙古鄂尔多斯草地生态系统国家野外科学观测研究站和兰州大学超算中心的支持，在此表示感谢。

由于作者水平有限，书中不足在所难免，敬请各位专家学者与广大读者给予批评指正，以便对本书进行进一步的修改和完善。

贺缠生

2023 年 9 月

目　录

序一 ··· i

序二 ·· iii

前言 ·· v

第1章　绪论 ·· 1

1.1　研究背景与意义 ·· 1

1.2　国内外研究进展 ·· 2

1.2.1　地表水热过程的观测和模拟 ··· 2

1.2.2　土地利用变化对地表水热过程影响研究 ··· 4

1.2.3　农牧交错带土地利用变化对地表水热过程影响研究进展 ···················· 5

1.2.4　目前存在的问题 ··· 6

1.2.5　本书内容概述 ··· 7

参考文献 ··· 9

第2章　研究区概况 ··· 14

2.1　自然地理概况 ·· 14

2.1.1　地形地貌 ·· 15

2.1.2　水文气候 ·· 15

2.1.3　河流水系 ·· 16

2.1.4　土壤与植被 ·· 17

2.1.5　自然资源 ·· 18

2.2　社会经济概况 ·· 19

2.2.1　行政区划 ·· 19

2.2.2　经济状况 ·· 20

2.2.3　土地利用变化 ··· 21

2.3　生态概况 ·· 22

　　2.3.1　生态问题 ·· 22

　　2.3.2　生态保护与修复状况 ··· 24

　　2.3.3　国家需求与定位 ·· 25

参考文献 ·· 26

第3章　主要下垫面地表水热过程关键参数观测与分析 ···························· 29

3.1　定位观测系统的建立与遥感数据的收集 ·· 29

　　3.1.1　点尺度定位观测系统的建立 ·· 29

　　3.1.2　区域尺度遥感观测数据及方法概述 ·· 33

3.2　北方农牧交错带下垫面动态变化及其驱动因素分析 ····························· 40

　　3.2.1　我国北方农牧交错带植被变化趋势分析 ·· 41

　　3.2.2　我国北方农牧交错带气候变化趋势分析 ·· 45

　　3.2.3　我国北方农牧交错带土地利用变化分析 ·· 49

　　3.2.4　植被变化的影响因素分析 ··· 50

　　3.2.5　小结 ··· 55

3.3　北方农牧交错带 GPP、ET 及 WUE 的时空变化及影响因素 ················· 56

　　3.3.1　模型验证 ·· 57

　　3.3.2　总初级生产力和蒸散发的时空变化趋势分析 ································· 61

　　3.3.3　水分利用效率的时空变化趋势分析 ··· 64

　　3.3.4　总初级生产力和蒸散发对水分利用效率影响的贡献率 ················· 67

　　3.3.5　水分利用效率变化的综合归因 ··· 70

　　3.3.6　小结 ··· 73

3.4　基于宇宙射线中子法的西北农牧交错带土壤水分观测 ························· 73

　　3.4.1　研究数据和方法 ··· 74

　　3.4.2　CRNS 的 N_0 值和有效测量范围 ··· 77

　　3.4.3　CRNS 和 ECH2O 结果对比 ·· 79

　　3.4.4　形状参数本地化 ··· 82

　　3.4.5　CRNS 与地上生物量的关系 ··· 84

　　3.4.6　小结 ··· 87

3.5　不同下垫面的土壤含水量及土壤水力学属性变化研究 ························· 87

　　3.5.1　研究区概况及研究方法 ··· 88

　　3.5.2　植被盖度对土壤含水量的影响 ··· 89

　　3.5.3　植被盖度对土壤温度的影响 ··· 90

　　3.5.4　降水对土壤含水量的影响 ··· 92

3.5.5　植被生长过程对土壤含水量的影响 ···94

3.5.6　不同植被盖度土壤容重和孔隙度差异分析 ···95

3.5.7　小结 ···96

参考文献 ··96

第4章　典型区不同土地利用方式对地表水热过程的影响机理 ··················104

4.1　CLM4.5和CLM5.0在西北农牧交错带典型下垫面的模拟性能对比 ···········104

4.1.1　数据和方法 ···105

4.1.2　土壤水分模拟性能评估 ··108

4.1.3　讨论 ···115

4.1.4　结论 ···120

4.2　典型区不同土地利用方式水热过程特征和差异性的分析 ·························121

4.2.1　辐射变化特征 ···121

4.2.2　土壤温度特征 ···124

4.2.3　土壤含水量特征 ··126

4.2.4　结论 ···127

4.3　土地利用变化对土壤水分影响的定量评估 ··129

4.3.1　数据和方法 ···130

4.3.2　两种指标与气候和人类活动之间的关系 ···132

4.3.3　绘制由于生态恢复植被覆盖增加引起的土壤水分过度消耗热点
　　　区域图 ···135

4.3.4　讨论 ···136

4.3.5　小结 ···138

4.4　不同蒸散发估算方法在农牧交错带典型区的适用性评价 ·························138

4.4.1　数据与方法 ···139

4.4.2　蒸散发估算方法 ··140

4.4.3　结果 ···142

4.4.4　讨论 ···145

4.4.5　结论 ···148

参考文献 ··149

第5章　区域尺度土地利用变化对地表水热过程的影响机理 ·······················156

5.1　区域土地利用变化对气温日较差影响 ···156

5.1.1　材料与方法 ···157

5.1.2　LUCC过程分析 ···159

5.1.3 LUCC 对 DTR 的影响 ·················· 163

5.1.4 结论 ·················· 168

5.2 基于地表水热循环物理过程的不同类型干旱过程的多时间尺度模拟与评估 ··· 168

5.2.1 GLDAS2.0/NOAH 数据在西北内陆河地区的适用性评估 ·········· 169

5.2.2 气象水文要素年际变化趋势分析 ·················· 173

5.2.3 干旱物理机制分析及历史时期陆面干湿状态变化趋势 ·········· 176

5.2.4 结论 ·················· 187

5.3 土地利用变化对区域水文过程影响的模拟 ·················· 188

5.3.1 数据与方法 ·················· 188

5.3.2 土地利用对水文过程的影响 ·················· 190

5.3.3 结论 ·················· 192

5.4 土地利用变化对区域蒸散发的影响分析 ·················· 192

5.4.1 数据与方法 ·················· 194

5.4.2 日蒸散量精度的验证 ·················· 196

5.4.3 区域蒸散发的空间分布 ·················· 196

5.4.4 蒸散发与地表特征参数关系探究 ·················· 198

5.4.5 不同土地覆被类型的蒸散量分析 ·················· 200

5.4.6 结论与讨论 ·················· 201

5.5 土地利用变化对区域气候（水热循环过程）的双向反馈动力学机制 ·········· 202

5.5.1 WRF 模型介绍 ·················· 202

5.5.2 实验设计 ·················· 203

5.5.3 模型评估 ·················· 203

5.5.4 主要结果 ·················· 205

5.6 土地利用变化对局地降水与水汽再循环过程反馈效应的定量分析 ·········· 210

5.6.1 子区域划分 ·················· 210

5.6.2 数据 ·················· 211

5.6.3 蒸散发计算 ·················· 211

5.6.4 降水再循环 ·················· 212

5.6.5 主要结果 ·················· 213

5.7 生态恢复的远程水热效应-土地利用情景分析 ·················· 219

5.7.1 WRF-tagging 简介及设置 ·················· 219

5.7.2 参考数据 ·················· 220

5.7.3 情景实验设计 ·················· 221

5.7.4 模拟结果评估 ·················· 222

5.7.5 蒸发水汽输送及再循环 ·················· 225

5.7.6 LUCC 引起的差异 ·················· 229

　　　5.7.7　LUCC-P 反馈分析 ······································ 231

　参考文献 ·· 232

第6章　西北农牧交错带生态屏障建设的区域水热效应模拟与适用性管理 ······ 240

　6.1　未来气候变化对农牧交错带玉米的影响及适应性措施 ············· 240

　　6.1.1　评价 CERES-Maize 模型在西北农牧交错带的适应性 ············· 241

　　6.1.2　未来气候变化对西北农牧交错带玉米的影响 ············· 246

　　6.1.3　制定适应未来气候变化的最佳措施 ············· 256

　　6.1.4　不同适应性措施耦合对玉米产量及 WUE 的影响 ············· 268

　6.2　未来不同土地利用变化情景的确定 ······························ 274

　　6.2.1　数据来源及处理 ·· 276

　　6.2.2　未来不同土地利用变化情景的确定方法 ············· 276

　　6.2.3　结果与分析 ·· 281

　　6.2.4　小结 ·· 285

　6.3　未来不同土地利用情景下地表水热关键参数的模拟及机理分析 ······ 285

　　6.3.1　数据与方法 ·· 286

　　6.3.2　不同情境下土地利用变化结果评估 ············· 290

　　6.3.3　各水热参数的空间分布及变化特征 ············· 291

　　6.3.4　未来不同土地利用情景下地表水热参数作用机理 ············· 295

　　6.3.5　小结 ·· 298

　6.4　西北农牧交错带土地利用优化调整的策略和建议 ··············· 299

　参考文献 ·· 300

第7章　结论与建议 ··· 309

第1章 绪 论

1.1 研究背景与意义

地表水热过程，即陆地表层与大气之间水分和热量的交换过程，将地表植被、土壤和大气边界层有机地联系起来，该过程所形成的连续系统也被称为土壤-植物-大气连续体。而土地利用变化则可以通过改变下垫面性质（包括地表反照率、粗糙度、植被叶面积和植被覆盖比例），引起温度、湿度、风速、热通量、土壤水分、地表径流、蒸散发和降水量变化，使大气与地表间的能量平衡关系发生改变，进而影响地表辐射平衡，由此影响局地、区域，甚至全球地表水热过程（Vörösmarty et al.，2000；Claussen et al.，2001；Liu et al.，2007；Hoekstra and Wiedmann，2014；Woodward et al.，2014；Song et al.，2018；Jackson，2021；刘纪远等，2011）。因此土地利用变化已被公认为是导致全球环境变化的两大主要因素之一，而准确描述土地利用变化对地表水热过程的影响机制是目前地球系统科学研究的前沿和热点（Tilman et al.，2001；Foley et al.，2005；Hansen et al.，2005；Paola et al.，2006；Liu et al.，2007；IPCC，2013；Gupta and Nearing，2014；Hoekstra and Wiedmann，2014；National Research Council，2014；Woodward et al.，2014；National Academies of Sciences，Engineering，and Medicine，2020；刘纪远等，2011；傅伯杰等，2013；贺缠生等，2018，2021）。在不同地域和时空尺度上，土地利用变化的方式、时空分布和强度不同，其对地表水热过程影响的程度和机制也不尽相同（Kachanoski and Jong，1988；Hansen et al.，2005；Hoy et al.，2013；IPCC，2013；Woodward et al.，2014；Bryan et al.，2018；Gleeson et al.，2020；Holl and Brancalion，2020；Li et al.，2021a；te Wierik et al.，2021；Zhang and Wei，2021）。如何综合考虑土地利用/覆盖变化的时空尺度和变化强度，准确模拟和预测土地利用变化对地表水热过程的影响机制，则是当前研究的重点和难点。

农牧交错带是指半干旱区与半湿润区之间以草地和雨养耕地形式大面积交错出现的自然群落与人工群落相互镶嵌的生态复合体。中国农牧交错带横跨13个省（自治区），面积高达80多万km^2，其既是粮食和乳类制品的生产基地（朱震达和刘恕，1981；李世奎等，1988；程序，1999；刘洪来等，2009；傅伯杰等，2013；刘纪远等，2014；李旭亮等，2018），也是我国生态环境的过渡带，起着重要的生态屏障作用，对农业生产和生态环境改善、国民经济可持续发展、社会稳定以及民族团结具有重要意义。因此，该区域在我国经济、社会发展和环境保护方面具有重要的战略地位。位于我国西北地区的农牧交错带是中国北方多条主要河流的发源地和上游区，具有防风固沙、涵养水源、净化江河等特殊生态作用。同时，该地区水资源匮乏、土质疏松、地表长期缺乏植被保护、沙尘暴活动强烈，其环境因子、景观格局和地表过程均处于相变的临界区间，是典型的生态脆弱带。鉴于西北农牧交错带生态系统结构、功能及地表过程的复杂性，该地区成为外界干扰信号的放大器，其地表水热过程对土地利用变化极端敏感（程序，1999；史培军等，2006；刘洪来等，2009；傅伯杰等，2013；李旭亮等，2018，2020）。国家《中华人民共和国国民经济和社会发展第十二个五年规划纲要》明确指出，西北农牧交错带是青藏高原生态屏障、黄土高原生态屏障、北方防沙带生态屏障的重要组成部分，也是遏制荒漠化、沙化东移和南移的最后一道防线。近30年来，随着我国生态建设、西部大开发战略以及退耕还林（草）等政策的实施，西北农牧交错带土地利用方式发生了显著改变，在气候变化背景下更会加剧区域地表水热过程的不确定性（史培军等，2006；刘军会等，2007）。

因此，基于西北农牧交错带是"西北乃至全国的重要生态安全屏障"的国家战略定位，在考虑空间尺度效应的前提下，有很多问题值得探讨。西北农牧交错带土地利用变化对地表水热过程产生了怎样的影响？其影响机理是怎样的？当前的生态屏障建设对地表水热过程会产生怎样的影响？气候变化背景下未来土地利用规划需要充分考量哪些问题？本书对以上问题进行了回答。在对土地利用和地表水热过程进行连续、系统的定位观测基础上，结合遥感反演、陆面过程模型和区域气候模式，基于土地利用变化趋势和国家生态安全屏障建设政策，阐明农牧交错带生态屏障建设影响区域水热效应的机制，这对了解区域乃至全球环境变化均具有重要意义，其研究结果可为我国农牧交错带土地合理利用、生态安全屏障建设、退耕还林（草）工程及沙漠化防治提供理论依据和技术支撑。本书以下章节是基于作者的项目研究成果撰写的。在介绍这些结果之前，我们首先概述一下关于土地利用变化对地表水热过程影响的研究进展、研究存在的主要问题以及基于研究背景和问题确立的主要研究内容。

1.2　国内外研究进展

1.2.1　地表水热过程的观测和模拟

地表水热过程是地球系统科学研究的核心科学问题，也是多个国际研究计划，如世界气候研究计划（WCRP）、国际地圈生物圈计划（IGBP）、国际水文计划（IHP）、全球能量与水循环试验（GEWEX）等的研究热点（Foley et al.，2005；Hansen et al.，2005；Paola et al.，2006；Brantley et al.，2007；Bonan，2008；Wang and Dickinson，2012；Woodward et al.，2014；Bogena et al.，2018；National Academies of Sciences，Engineering，and Medicine，2020；He and James，2021；贺缠生等，2018，2021）。近几十年来，地表水热过程研究在实验观测、尺度拓展和模型模拟等方面取得了显著成绩。由传统在斑块尺度利

用涡度相关、波文比、空气动力学、蒸渗仪等方法观测土壤-植被-大气界面水分和能量的垂直交换情况，发展到结合地面观测和多种遥感数据，应用模型模拟分析区域乃至全球尺度的水热传输交换情况。利用遥感分析获取的植被参数和水热参数包括植被叶面积指数（LAI）、归一化植被指数（NDVI）、粗糙度、反照率、地表温度、湿度、风速、热通量、土壤水分和蒸散发等。地表水热模型更是从最早的水桶方案（Bucket Scheme）发展到陆面过程模型（Land Surface Model，如 Surface Energy Balance Algorithm for Land or SEBAL，Climate Land Model or CLM，Variable Infiltration Capacity or VIC，Weather Research and Forecasting or WRF）和耦合大气-陆地-海洋过程的全球气候模型（Global Climate Models or GCMs）（Running et al.，1999；Bastiaanssen et al.，2000；Baldocchi et al.，2001；Foley et al.，2005；Bonan，2008；Ayanu et al.，2012；Wang and Dickinson，2012；Wang et al.，2020；Li et al.，2021b）。在地表水热过程研究中，蒸散发（ET）过程是连接土壤-植被-大气间水热交换最重要的环节，它将液态水或固态水转化为气态，同时吸收地表能量并冷却地表，与其相对应的能量过程即为潜热过程（Running et al.，1999；Wang and Dickinson，2012）。蒸散发对土壤水分的影响十分敏感，尤其是在干旱半干旱区，植被和土壤水分是影响蒸散发最主要的因子（Wen et al.，2012；Yang and Wang，2014；Shao et al.，2021）。地表温度是衡量地表能量交换过程的重要参数，是地表长波辐射的主控因子，对估算地表-大气间的潜热通量和感热通量十分重要。因此，这些参数是影响地表热平衡与陆面水文循环过程的重要变量，准确获取和估算这些参数是探究地表水热过程变化机理的重要前提。目前获取和估算地表水热关键参数的方法主要有站点观测、遥感监测、模型模拟三种（Running et al.，1999；Baldocchi et al.，2001；Li et al.，2021b；刘绍民等，2010）。

　　站点观测准确性高且在时间上连续，但单个站点仅能代表田间小尺度上的水热参数值及其时间变化，故站点联网观测成为地面观测获取区域水热参数的发展方向。如美国"国家生态观测站网络（NEON）"是一个由众多观测站联网组成的大陆尺度观测系统，提供详尽的区域水热参数（NEON，2011），地球关键带观测计划 CZO（Critical Zone Observation，Brantley et al.，2007）、丹麦的 HOBE（Danish hydrological observatory）（Jensen and Refsgaard，2018）、中国的黑河流域地表过程综合观测网（Heihe Integrated Observatory Network）（Che et al.，2019）、澳大利亚的 TERN（Terrestrial Ecosystem Research Network）、欧洲的 ENOHA（European Network of Hydrological Observatories）（www.enoha.com）和德国的 TERENO（Terrestrial Environmental Observatories）（Bogena et al.，2018）。我国近年来也成立了由 51 个国家生态监测站共同组成的国家生态系统观测研究网络（CNERN），其中位于农牧交错带（西藏、新疆、宁夏、陕西、内蒙古）的站点有14 个，有效获取了大量水热参数的长时间序列数据集。但是这些站点采用传统的测量方法，在测定土壤水分时均需扰动土壤，且在点尺度上测量，难以获得土壤水分在区域分布上的信息（Zreda et al.，2008）。美国近年发明的基于宇宙射线的土壤水分观测系统（Cosmic-ray Soil Moisture Observing System，COSMOS）可有效地解决这一问题，其特点为被动测量，不对土层造成破坏，且测量范围广、深度较深、可实现原位自动监测（Zreda et al.，2008）。该方法在美国得到了广泛应用，但在国内仅在少数站点应用（Tan et al.，2020；焦其顺等，2013），在我国适用性尚不能完全确定。

近年来，应用卫星遥感资料研究区域尺度或全球尺度水热变化日趋广泛，且方法越来越成熟（Bastiaanssen，2000；Schuurmans et al.，2003；Pipunic et al.，2008；Paeth et al.，2009；Piao et al.，2010；Ayanu et al.，2012；Zeng et al.，2018；Li et al.，2021b；吴炳方等，2011）。相对于地面站点观测，卫星遥感观测覆盖空间范围大、观测的一致性和可比性强，易于标准化，但观测值的真实性检验、瞬时观测的时间连续化等是难点（Pipunic et al.，2008；Li et al.，2021b）。由于地面观测资料只能是点上资料，而卫星遥感估算的是面上的资料，为了检验和改进遥感资料精度，必须进行尺度转换，常用方法包括空间回归分析、克里金法、傅里叶分析转换函数等（Kachanoski and Jong，1988；Blöschl and Sivapalan，1995；Marland et al.，2003；Pipunic et al.，2008）。将站点观测、遥感监测和模型模拟结合起来，获取地表水热参数的时空分布，是目前研究大尺度水热过程广泛应用的方法（Pipunic et al.，2008；Ayanu et al.，2012；Fu and Forsius，2015；Bogena et al.，2018；Li et al.，2021b）。

1.2.2 土地利用变化对地表水热过程影响研究

不同土地利用方式上其地表反照率、粗糙度、地表温度、土壤水分等下垫面特征不同，使近地层温度、湿度、风速等发生变化，从而影响地表蒸散和地表径流（Tilman et al.，2001；Hansen et al.，2005；Paeth et al.，2009；IPCC，2013；Rogger et al.，2017）。不同区域土地利用变化对地表水热过程的影响差异极大，如热带毁林可导致区域气温升高，而寒带毁林则导致区域降温（Bonan，2008）。土地利用变化不仅影响全球气候变化，还对区域气候产生重要影响（Claussen et al.，2001）。当前气候变化的研究主要集中于温室气体排放，而往往忽略了地表水热过程变化而直接导致的区域气候变化（Marland et al.，2003；Gibbard et al.，2005；Paeth et al.，2009）。美国科学院 2020 年发表的 *A Vision for NSF Earth Sciences 2020-2030: Earth in Time* 把水循环的动态变化、关键带对气候的影响、生物化学过程演变及地球科学如何应对地质灾害等作为其 2020～2030 年研究计划的关键科学问题（National Academies of Sciences, Engineering, and Medicine，2020）。由国际科学委员会（ICS）等国际组织发起的"未来地球（Future Earth）"，也叫"动态地球（Dynamic Planet）"，即人类活动与自然因素相互作用对地球的影响作为三大研究主题之一（www.futureearth.org）。因此，土地利用变化对地表水热过程的影响机制是当前国际地球科学研究的前沿和热点（Hansen et al.，2005；Paola et al.，2006；Liu et al.，2007；Bonan，2008；National Research Council，2014；Wang et al.，2014；Forzieri et al.，2020；Holl and Brancalion，2020；Zhang and Wei，2021）。

陆面过程模型为土地利用变化对地表水热过程的影响研究提供了重要手段（Bastiaanssen，2000；Marland et al.，2003；Hoy et al.，2013；Woodward et al.，2014；Wang et al.，2020）。近年来，国内已有学者应用陆面过程模型 CLM（Climate Land Model）模拟主要下

垫面变化对陆面过程的影响。陈锋和谢正辉（2009）对比了基于改进后的中国（1：100万）陆面覆盖资料和应用 MODIS 陆面覆盖资料的 CLM 模拟效果，得出应用前者的 CLM 模拟的反照率和地表径流有所改进。赵海英等（2006）应用 CLM 模拟了我国内蒙古奈曼旗农牧交错带沙漠和农田两种不同典型下垫面的辐射通量、土壤中的热传导和土壤含水量的变化情况。朱昱作等（2019）应用 CLM 4.5 模拟了西北农牧交错带草地和农田的地面辐射和 0～10 cm 土壤含水量和温度的变化特征。但这些研究均未探讨不同尺度土地利用变化对水热过程的影响机理。

由于陆面过程模式空间尺度大，其参数空间异质性较强，仅通过观测站点实测地表水热数据难以获取有效的输入参数驱动陆面过程模式，需通过遥感反演准确和有效地获取区域下垫面主要参数（如 LAI），因此将站点观测、遥感监测数据结合后共同应用于模型中进行模拟，是研究土地利用动态变化对区域地表水热过程影响广泛应用的方法（Bastiaanssen，2000；Schuurmans et al.，2003；Pipunic et al.，2008；Wen et al.，2012；Zhao et al.，2012；Feng et al.，2016；Wang et al.，2020，2021；Li et al.，2021b；吴炳方等，2011）。

土地利用变化将通过影响陆气之间物质和能量传输与交换过程，对区域气候产生反馈作用，引起区域气候的改变。区域气候对下垫面变化的响应，将会反过来进一步影响地表水分和能量平衡，进而引起区域气候与地表过程的双向反馈作用（Wen et al.，2012；Ma et al.，2014；Wang et al.，2020）。因此，如果只通过陆面过程模式模拟土地利用变化对地表水热过程的影响，将会忽略区域气候与地表过程的双向反馈机制，导致其无法准确地描述土地利用变化对地表水热过程的影响（Gibbard et al.，2005；Wen et al.，2012；IPCC，2013；Wang-Erlandsson et al.，2018；刘纪远等，2011）。WRF（Weather Research and Forecasting）模式是由 NCAR 和美国多所大学联合开发的中尺度区域气候模式，集成了迄今为止在中尺度气候模拟方面的最新研究成果（Zhao et al.，2012；Wang et al.，2020）。WRF-CLM4.0 在 WRF 的基础上加强和改善其对地表过程的模拟性能，实现了 WRF 与 CLM4.0 的双向耦合（Jin and Wen，2012；Wang et al.，2020）。WRF-CLM4.0 既可以用于区域气候的模拟又可用来分析区域气候与地表过程的双向反馈机制（Jin and Wen，2012；Wang et al.，2020）。此外，当前的陆面过程模式或区域气候模式均采用常数或较为简单的参数化方案描述地表下垫面状况，未考虑土地利用动态变化特征。这种描述必然会导致陆面过程时空异质性信息的丢失，进而制约陆面过程模式对地表水热过程模拟的准确性（Wen et al.，2012；Wang et al.，2020）。因此，如何将站点与遥感观测获取的土地利用变化特征数据转化为参数化方案，将土地利用动态特征与陆气耦合模式有效结合，是土地利用变化对地表水热过程影响研究的重点和难点问题。

1.2.3 农牧交错带土地利用变化对地表水热过程影响研究进展

土地利用/覆盖变化与地表水热过程的相互关系是当前地球系统科学研究的前沿性热点问题。近年来多项研究从地理学、生态学、水文学和土壤学等不同角度出发，在全国开展了一系列土地利用变化方面的研究工作，包括土地利用变化的驱动机制和动态演变（刘洪来等，2009；刘纪远等，2014）、对区域气候变化的反馈（高学杰等，2007）、对土壤水文性质和土壤侵蚀的影响（Fu et al.，2011；Wang et al.，2011；Jia et al.，2017；Zhang et al.，2019；贺缠生等，2018）、对生态脆弱性的影响（Wang et al.，2014；Fu and Forsius，2015；Feng et al.，2016）和对区域水土资源平衡的影响等（Zhang et al.，2013；Li et al.，2018，2021a；Shao et al.，2021；Zhao et al.，2021；史培军等，2006；刘纪远等，2014）。比如，在黄土高原，Fu 和他的团队通过定位观测、遥感分析和模型模拟，评估了退耕还林还草、水土保持工程建设对田间和小流域尺度土壤水分、地表径流和泥沙量的影响（Fu et al.，2011；Wang et al.，2011；Xu et al.，2013；Feng et al.，2016）。Wang 等（2014）分析了西北牧区年降水量变化而导致的干旱指数变异对草地氮循环的影响。但已有的研究多侧重于土地利用变化的归因分析、时空分布、生态效应评价和田间尺度的水热平衡研究，基于实验观测、遥感反演和模型模拟，探讨不同尺度土地利用变化对地表水热交换影响机制的研究还很少。而在农牧交错带，也尚未开展土地利用变化对地表水热过程影响机理的研究。

西北农牧交错带因降水量少且不稳定，土质疏松、人类活动强烈、土地覆被退化严重、沙尘暴频繁，是典型的生态脆弱带，其地表水热过程对土地利用变化极为敏感（朱震达和刘恕，1981；程序，1999；刘洪来等，2009；傅伯杰，2013）。土地利用变化对地表水热过程影响的研究是决定西北农牧交错带生态、土壤及水循环转化的核心问题，也是目前干旱半干旱区乃至全球环境变化研究的热点和难点问题之一。因此，以西北农牧交错带为典型研究区开展土地利用变化对地表水热过程影响研究，对于国家生态安全屏障建设和水资源合理规划有着重要的意义。

1.2.4 目前存在的问题

上一节较为系统地描述了关于农牧交错带土地利用变化对地表水热过程影响的国内外研究进展，基于以上描述，已有研究存在的问题主要概括如下：

（1）站点观测数据在空间连续性上存在欠缺，而卫星遥感数据在准确性和时间连续性上尚有不足，因此在技术上，需要将站点观测和遥感数据进行有效结合，更为准确地在时空尺度上获取地表水热过程变化的关键因子。

（2）由于地表异质性，不同土地利用方式下的地表水热过程具有明显的差异性。以往的研究仅针对单一下垫面或方法探究水热过程变化规律，尚缺乏基于实测与模型结合手段对比分析不同下垫面条件下的水热过程机理。

（3）尽管陆气耦合模式能较为有效地反应气候变化背景下地表水热过程，但由于当前大多参数化方案未能有效反映土地利用变化动态特征，因此在探究土地利用变化对地表水热过程影响机理上，亟须将站点观测、遥感获取的土地利用动态要素与模型进行有效结合。

（4）在我国西北农牧交错带尚未开展土地利用变化对地表水热过程影响机理的研究，大规模生态建设对地表水热过程的影响尚不明确，气候变化背景下未来土地利用规划尚需理论支撑。

因此，本书力求完善以上研究不足，将站点观测、遥感观测和模型模拟有效结合，充分探究我国西北农牧交错带土地利用变化对地表水热过程影响机理，厘清西北农牧交错带生态屏障建设的区域水热效应，为生态建设提供理论支撑。

1.2.5　本书内容概述

基于上述研究背景，本书确立的研究内容主要为通过遥感和地理信息系统技术获取近30 年土地利用数据及相关植被参数；建立主要下垫面水热要素定位观测体系，分析主要下垫面蒸散发、地表温度、土壤水分与植被参数等环境因子间的相互关系；选取不同土地利用方式典型区，利用陆面过程模型 CLM 和 WRF 模式，模拟分析不同尺度西北农牧交错带土地利用变化对地表水热过程的影响机理。具体研究内容包括以下四部分：

1. 主要下垫面地表水热过程关键参数观测与分析

基于西北农牧交错带的土地利用/土地覆被空间分布特征，选择三种主要下垫面（农田、草地、荒漠），建立水热要素定位观测体系，观测气温、降水、风速、辐射、土壤水分和蒸散发等关键水热参数。评估宇宙射线中子法在农牧交错带土壤水分的适用性，并基于观测资料分析在不同下垫面条件下的土壤水力学属性的变化特征。区域尺度上，首先获取1985～2015 年农牧交错带的遥感数据，分析研究时段内研究区植被动态趋势；再结合气象要素数据分析植被变化受气候因素和人类活动影响的空间相关性，进一步评估植被变化对碳水通量，即植被生产力、蒸散发和水分利用效率的影响程度。具体包括：

（1）定位观测系统的建立与遥感数据的收集。

（2）北方农牧交错带下垫面动态变化及其驱动因素分析。

（3）北方农牧交错带总初级生产力（gross primary productivity，GPP）、ET 及水分利用效率（water use efficiency，WUE）的时空变化及影响因素。

（4）基于宇宙射线中子法的西北农牧交错带土壤水分观测。

（5）不同下垫面的土壤含水量及土壤水力学属性变化研究。

2. 典型区不同土地利用方式对地表水热过程的影响机理

根据研究区内土地利用空间分布特征，选择草地、农田两种典型下垫面，选用 LAI 数据、气象数据和水热要素观测数据（地表温度、土壤水分和蒸散发等），驱动 CLM 4.5 与CLM 5.0 模拟典型下垫面的地表水热过程，采用统计分析方法在典型区点尺度上比较不同土地利用方式下土壤水分、辐射以及地表温度等关键地表水热参数的时空分布特征及差异性，并进一步定量评估土地利用变化对土壤水分的影响，探究适用于不同下垫面的最佳蒸散发估算方法。具体包括：

（1）CLM4.5 和 CLM 5.0 在西北农牧交错带典型下垫面的模拟性能对比。

（2）典型区不同土地利用方式下水热过程特征和差异性分析。

（3）土地利用变化对土壤水分影响的定量评估。

（4）不同蒸散发估算方法在农牧交错带典型区的适用性评价。

3. 区域尺度土地利用变化对地表水热过程的影响机理

考虑区域气候与陆面过程的双向反馈机制，利用研究区的动态土地利用、LAI、水热要素观测数据，结合 CMFD（China Meteorological Forcing Dataset）驱动数据及再分析资料驱动 WRF 模型，采用最优参数化方案，模拟西北农牧交错带的地表水热过程动态变化及相互作用机制，采用 Budyko 框架结合地统计学方法揭示土地利用覆盖变化对降水、蒸散发、气温日较差、水热循环的影响量级，阐明土地利用覆盖变化与陆面过程的双向反馈机制及对地表水热过程和区域气候的影响机理。

具体包括：

（1）区域土地覆盖变化对气温日较差影响。

（2）基于地表水热循环物理过程的不同类型干旱过程的多时间尺度模拟与评估。

（3）土地利用变化对区域水文过程影响的模拟分析。

（4）土地利用变化对区域蒸散发影响的机理分析。

（5）土地利用变化对区域气候（水热循环过程）的双向反馈动力学机制。

（6）土地利用变化对局地降水与水汽再循环过程反馈效应的定量分析。

（7）生态恢复的远程水热效应–土地利用情景分析。

4. 西北农牧交错带生态屏障建设的区域水热效应模拟与适用性管理

基于农牧交错带社会经济和自然地理状况、土地利用变化趋势及农业生产方式，首先利用 DSSAT（decision support system for agrotechnology transfer）模型评估在气候变化情景下对西北农牧交错带主要粮食作物——玉米的影响，以期制定出相应的适应性措施；再基于土地利用变化动态模型（future land use simulation，FLUS）结合多目标遗传算法设立西北农牧交错带不同土地利用变化情景（自然发展情景、生态保护优先情景、经济发展优先情景和生态–经济平衡情景）；然后利用 Budyko 模型结合地统计学方法分析不同土地利用情景下研究区关键水热参数特征的变化，最后评估在不同土地利用情景下的水热参数作用机理，并提出本地区土地利用优化调整的对策和建议。

具体包括：

（1）未来气候变化对农牧交错带玉米的影响及适应性措施。

（2）未来不同土地利用变化情景的确定。

（3）未来不同土地利用情景下地表水热关键参数的模拟及机理分析。

（4）西北农牧交错带土地利用优化调整的策略和建议。

本书的后续章节将对以上内容的研究结果做详细介绍。

参 考 文 献

陈锋, 谢正辉. 2009. 基于中国植被数据的陆面覆盖及其对陆面过程模拟的影响. 大气科学, 33 (4): 681-697.

程序. 1999. 农牧交错带研究中的现代生态学前沿问题. 资源科学, 21 (5): 1-8.

傅伯杰, 刘国华, 欧阳志云. 2013. 中国生态区划研究. 北京: 科学出版社.

高学杰, 张冬峰, 陈仲新. 2007. 中国当代土地利用对区域气候影响的数值模拟. 中国科学 (D 辑), 37 (3): 397-404.

贺缠生, 田杰, 张宝庆, 等. 2021. 土壤水文属性及其对水文过程影响研究的进展、挑战与机遇. 地球科学进展, 36 (2): 113-124.

贺缠生, 张兰慧, 王一博. 2018. 土壤水文异质性对流域水文过程的影响. 北京: 科学出版社.

焦其顺, 朱忠礼, 刘绍民, 等. 2013. 宇宙射线快中子法在农田土壤水分测量中的研究与应用. 地球科学进展, 28 (10): 1136-1143.

李世奎, 候光良, 欧阳海, 等. 1988. 中国农业气候资源和农业气候区划. 北京: 科学出版社.

李旭亮, 杨礼箫, 田伟, 等. 2018. 中国北方农牧交错带土地利用/覆盖变化研究综述. 应用生态学报, 29 (10): 3487-3495.

李旭亮, 杨礼箫, 胥学峰, 等. 2020. 基于 SEBAL 模型的西北农牧交错带生长季蒸散发估算及变化特征分析. 生态学报, 40 (7): 2175-2185.

刘洪来, 王艺萌, 窦潇, 等. 2009. 农牧交错带研究进展. 生态学报, 29 (8): 4420-4425.

刘纪远, 匡文慧, 张增祥, 等. 2014. 20 世纪 80 年代末以来中国土地利用变化的基本特征与空间格局. 地理学报, 69 (1): 3-14.

刘纪远, 邵全琴, 延晓冬, 等. 2011. 土地利用变化对全球气候影响的研究进展与方法初探. 地球科学进展, 26 (10): 1015-1022.

刘军会, 高吉喜, 耿斌, 等. 2007. 北方农牧交错带土地利用及景观格局变化特征. 环境科学研究, 20 (5): 148-154.

刘绍民, 李小文, 施生锦, 等. 2010. 大尺度地表水热通量的观测、分析与应用. 地球科学进展, 29 (6): 1113-1127.

史培军, 王静爱, 冯文利, 等. 2006. 中国土地利用/覆盖变化的生态环境安全响应与调控. 地球科学进展, 21 (2): 111-119.

吴炳方, 熊隽, 闫娜娜. 2011. ETWatch 的模型与方法. 遥感学报, 15 (2): 224-239.

赵海英, 郭振海, 张宏昇, 等. 2006. 农牧交错带陆面过程的数值模拟研究. 气候与环境研究, 11 (4): 535-545.

朱昱作, 张兰慧, 谈幸燕, 等. 2019. CLM4.5 在西北农牧交错带盐池站的模拟性能评估. 干旱气象, 37 (3): 430-438.

朱震达, 刘恕. 1981. 中国北方地区沙漠化过程及其治理区划. 北京: 农业出版社.

Ayanu Y Z, Conrad C, Ibrom A, et al. 2012. Quantifying and mapping ecosystem services supplies and demands: a review of remote sensing applications. Environmental Science & Technology, 46 (16): 8529-8541.

Baldocchi D, Falge E, Gu L, et al. 2001. FLUXNET: A new tool to study the temporal and spatial variability of ecosystem scale carbon dioxide, water vapor, and energy flux densities. Bulletin of the American Meteorological Society, 82 (11): 2415-2434.

Bastiaanssen W G M. 2000. SEBAL-based sensible and latent heat fluxes in the irrigated Gediz Basen, Turkey.

Journal of Hydrology, 29: 87-100.

BlÖschl G, Sivapalan M. 1995. Scale issues in hydrological modelling: A review. Hydrological Processes, 9 (3-4): 251-290.

Bogena H, White T, Bour O, et al. 2018. Towards better understanding of terrestrial processes through long-term hydrological observatories. Vadose Zone Journal, 17 (1): 180194.

Bonan G B. 2008. Forests and climate change: Forcings, feedbacks, and the climate benefits of forests. Science, 320 (5882): 1444-1449.

Brantley S L, Goldhaber M B, Ragnarsdottir K V. 2007. Crossing disciplines and scales to understand the critical zone. Elements, 3 (5): 307-314.

Bryan B A, Gao L, Ye Y, et al. 2018. China's response to a national land-system sustainability emergency. Nature, 559 (7713): 193-204.

Che T, Li X, Liu S, et al. 2019. Integrated hydrometeorological, snow and frozen-ground observations in the alpine region of the Heihe River Basin, China. Earth System Science Data, 11 (3): 1483-1499.

Claussen M, Brovkin V, Ganopolski A. 2001. Biogeophysical versus biogeochemical feedbacks of large-scale land cover change. Geophysical Research Letters, 28 (6): 1011-1014.

Feng X M, Fu B J, Piao S L, et al. 2016. Revegetation in China's Loess Plateau is approaching sustainable water resource limits. Nature Climate Change, 6 (11): 1019-1022.

Foley J A, Defries R, Asner G P, et al. 2005. Global consequences of land use. Science, 309 (5734): 570-574.

Forzieri G, Miralles D G, Ciais P, et al. 2020. Increased control of vegetation on global terrestrial energy fluxes. Nature Climate Change, 10 (4): 356-362.

Fu B J, Forsius M. 2015. Ecosystem services modeling in contrasting landscapes. Landscape Ecology, 30 (3): 375-379.

Fu B J, Liu Y, Lu Y H, et al. 2011. Assessing the soil erosion control service of ecosystems change in the Loess Plateau of China. Ecological Complexity, 8 (4): 284-293.

Gibbard S, Caldeira K, Bala G, et al. 2005. Climate effects of global land cover change. Geophysical Research Letters, 32 (23): L23705.

Gleeson T, Wang-Erlandsson L, Porkka M, et al. 2020. Illuminating water cycle modifications and Earth system resilience in the Anthropocene. Water Resources Research, 56 (4): e2019WR024957.

Gupta H V, Nearing G S. 2014. Debates-The future of hydrological sciences: A (common) path forward? using models and data to learn: A systems theoretic perspective on the future of hydrological science. Water Resources Research, 50 (6): 5351-5359.

Hansen J, Nazarenko L, Ruedy R, et al. 2005. Earth's energy imbalance: Confirmation and implications. Science, 308 (5727): 1431-1435.

He C S, James L A. 2021. Watershed Science: Linking hydrological science with sustainable management of river basins. Science China Earth Science, 64 (5): 677-690.

Hoekstra A Y, Wiedmann T O. 2014. Humanity's unsustainable environmental footprint. Science, 344 (6188): 1114-1117.

Holl K D, Brancalion P H S. 2020. Tree planting is not a simple solution. Science, 368: 580-581.

Hoy A, Sepp M, Matschullat J. 2013. Large-scale atmospheric circulation forms and their impact on air temperature in Europe and northern Asia. Theoretical and Applied Climatology, 113 (3-4): 643-658.

IPCC. 2013. Climate Change 2013: The Physical Science Basis. Contribution of Working Group I to the Fifth Assessment Report of the Intergovernmental. New York: Cambridge University Press.

Jackson J T. 2021. Transformational ecology and climate change. Science, 373 (6559): 1085-1086.

Jensen K H, Refsgaard J C. 2018. HOBE: The Danish hydrological observatory. Vadose Zone Journal, 17 (1): 1-7.

Jia X X, Shao M A, Zhu Y J, et al. 2017. Soil moisture decline due to afforestation across the Loess Plateau, China. Journal of Hydrology, 546: 113-122.

Jin J M, Wen L J. 2012. Evaluation of snowmelt simulation in the Weather Research and Forecasting model. Journal of Geophysical Research: Atmospheres, 117 (10): D10110.

Kachanoski R G, Jong E. 1988. Scale dependence and the temporal persistence of spatial patterns of soil water storage. Water Resources Research, 24 (1): 85-91.

Li C J, Fu B J, Wang S, et al. 2021a. Drivers and impacts of changes in China's drylands. Nature Review Earth and Environment, 2 (12): 858-873.

Li X, Cheng G D, Ge Y C, et al. 2018. Hydrological cycle in the Heihe River Basin and its implication for water resource management in endorheic basins. Journal of Geophysical Research: Atmospheres, 123 (2): 890-914.

Li X L, Xu X F, Wang X J, et al. 2021b. Assessing the effects of spatial scales on regional evapotranspiration estimation by the SEBAL model and multiple satellite datasets: a case study in the agro-pastoral ecotone, Northwestern China. Remote Sensing, 13 (8): 1524.

Liu J G, Dietz T, Carpenter S R, et al. 2007. Complexity of coupled human and natural systems. Science, 317 (5844): 1513-1516.

Ma E J, Deng X Z, Zhang Q, et al. 2014. Spatial variation of surface energy fluxes due to land use changes across China. Energies, 7 (4): 2194-2206.

Marland G, Pielke R A, Apps M, et al. 2003. The climatic impacts of land surface change and carbon management, and the implications for climate-change mitigation policy. Climate Policy, 3 (2): 149-157.

National Academies of Sciences, Engineering, and Medicine. 2020. A Vision for NSF Earth Sciences 2020-2030: Earth in Time. Washington D C: The National Academies Press.

National Research Council. 2014. Advancing land change modeling: Opportunities and research requirements. Washington, D C: National Academies Press.

NEON. 2011. Science strategy: Enabling continental-scale ecological forecasting. http: //www.neoninc.org/science/ sciencestrategy.

Paeth H, Born K, Girmes R, et al. 2009. Regional climate change in tropical and northern Africa due to greenhouse forcing and land use changes. Journal of Climate, 22 (1): 114-132.

Paola C, Foufoula-Georgiou E, Hondzo M, et al. 2006. Toward a unified science of the earth's surface: Opportunities for synthesis among hydrology geomorphology, geochemistry, and ecology. Water Resources Research, 42 (3): W03S10.

Piao S L, Ciais P, Huang Y, et al. 2010. The impacts of climate change on water resources and agriculture in China. Nature, 467 (7311): 43-51.

Pipunic R C, Walker J P, Western A. 2008. Assimilation of remotely sensed data for improved latent and sensible heat flux prediction: A comparative synthetic study. Remote Sensing of Environment, 112 (4): 1295-1305.

Rogger M, Agnoletti M, Alaoui A, et al. 2017. Land use change impacts on floods at the catchment scale: Challenges and opportunities for future research. Water Resources Research, 53 (7): 5209-5219.

Running S W, Baldocchi D D, Turner D P, et al. 1999. A global terrestrial monitoring network integrating tower fluxes, flask sampling, ecosystem modeling and EOS satellite data. Remote Sensing of Environment, 70 (1): 108-127.

Schuurmans J M, Troch A, Veldhuizen A A, et al. 2003. Assimilation of remotely sensed latent heat flux in a distributed hydrological model. Advances in Water Resources, 26 (2): 151-159.

Shao R, Zhang B Q, He X G, et al. 2021. Historical water storage changes over China's Loess Plateau. Water Resources Research, 57 (3): e2020WR028661.

Song X P, Hansen M C, Stehman S V, et al. 2018. Global land change from 1982 to 2016. Nature, 560: 639-643.

Tan X Y, Zhang L H, He C S, et al. 2020. Applicability of cosmic-ray neutron sensor for measuring soil moisture at the agricultural-pastoral transitional zone in Northwest China. Science China Earth Science, 63 (11): 1730-1744.

te Wierik S A, Cammeraat E L H, Gupta J. 2021. Reviewing the impact of land use and land-use change on moisture recycling and precipitation patterns. Water Resources Research, 57 (7): e2020WR029234.

Tilman D, Fargione J, Wolff B, et al. 2001. Forecasting agriculturally driven global environmental change. Science, 292 (5515): 281-284.

Vörösmarty C J, Green P, Salisbury J, et al. 2000. Global water resources: Vulnerability from climate change and population growth. Science, 289 (5477): 284-288.

Wang C, Wang X B, Liu D W, et al. 2014. Aridity threshold in controlling ecosystem nitrogen cycling in arid and semi-arid grasslands. Nature Communications, 5: 4799.

Wang K C, Dickinson R E. 2012. A review of global terrestrial evapotranspiration: Observation, modeling, climatology, and climatic variability. Reviews of Geophysics, 50: RG2005.

Wang-Erlandsson L, Fetzer I, Keys P W, et al. 2018. Remote land use impacts on river flows through atmospheric teleconnections. Hydrology and Earth System Science, 22 (8): 4311-4328.

Wang S A, Fu B J, He C S, et al. 2011. A comparative analysis of forest cover and catchment water yield relationships in Northern China. Forest Ecology and Management, 262 (7): 1189-1198.

Wang X J, Zhang B Q, Li F, et al. 2021. Vegetation restoration projects intensify intraregional water recycling processes in the agro-pastoral ecotone of Northern China. Journal of Hydrometeorology, 22 (6): 1385-1403.

Wang X J, Zhang B Q, Xu X X, et al. 2020. Regional water-energy cycle response to land use/cover change in the agro-pastoral ecotone, Northwest China. Journal of Hydrology, 580: 124246.

Wen X H, Lu S H, Jin J M. 2012. Integrating remote sensing data with WRF for improved simulations of oasis effects on local weather processes over an arid region in Northwestern China. Journal of Hydrometeorology, 13 (2): 573-587.

Woodward C, Shulmeister J, Larsen J, et al. 2014. The hydrological legacy of deforestation on global wetlands. Science, 346 (6211): 844-847.

Xu Y D, Fu B J, He C S. 2013. Assessing the hydrological effect of the check dams in the Loess Plateau, China, by model simulations. Hydrology and Earth System Science, 17 (6): 2185-2193.

Yang J C, Wang Z H. 2014. Land surface energy partitioning revisited: A novel approach based on single depth soil measurement. Geophysical Research Letters, 41 (23): 8348-8358.

Zeng Z Z, Piao S L, Li L Z X, et al. 2018. Impact of earth greening on the terrestrial water cycle. Journal of Climate, 31 (7): 2633-2650.

Zhang L H, He C S, Zhang M M, et al. 2019. Evaluation of the SMOS and SMAP soil moisture products under different vegetation types against two sparse in situ networks over arid mountainous watersheds, Northwest China. Science China Earth Sciences, 62 (4): 703-718.

Zhang M F, Wei X H. 2021. Deforestation, forestation, and water supply A systematic approach helps to illuminate the complex forest-water nexus. Science, 371 (6533): 990-991.

Zhang X Z, Tang Q H, Zheng J Y, et al. 2013. Warming/cooling effects of cropland greenness changes during 1982-2006 in the North China Plain. Environmental Research Letters, 8 (2): 024038.

Zhao L, Jin J M, Wang S Y, et al. 2012. Integration of remote-sensing data with WRF to improve lake-effect precipitation simulations over the Great Lakes region. Journal of Geophysical Research: Atmospheres, 117: D09102.

Zhao M, Geruo A, Zhang J, et al. 2021. Revegetation impact on total terrestrial water storage. Nature Sustainability, 4: 56-62.

Zreda M, Desilets D, Ferré T P A, et al. 2008. Measuring soil moisture content non-invasively at intermediate spatial scale using cosmic-ray neutrons. Geophysical Research Letters, 35 (21): L21402.

第 2 章　研究区概况

2.1　自然地理概况

农牧交错带是指耕地与草原交错的过渡地带，是一种植被类型、气候特征和生产方式均具有过渡性的特殊地理区域，是陆地生态系统对全球环境变化和人为干扰响应的关键地段，是经过长期的人类活动和自然因素共同作用所形成的一条狭长的动态区域，因其地理位置的特殊性与生态环境的脆弱性，其又被称为"生态环境脆弱带""生态环境敏感带""生态受损带"，其广泛分布于世界的干旱和半干旱地区（程序，1999；赵哈林等，2002；Liu et al.，2011；李旭亮等，2018）。

自农牧交错带概念提出以来，我国学者们从经济地理、农业区划、农业气候学、生态学和宏观地理学等角度出发基于多种指标与方法提出了不同的农牧交错带的界线与范围（Liu et al.，2011；Yang et al.，2020），但对于农牧交错带具体范围的界定，因界定指标的差异，故而所得到的范围大多只是定性化的描述，具体的分布界限比较模糊，分布范围也没有明确结果（Liu et al.，2011，李旭亮等，2018）。虽然不同学科方向的学者对农牧交错带的划定不同，但大致范围为东起大兴安岭西至青藏高原从半干旱区向干旱区过渡的狭长地带，其核心区为内蒙古高原东南边缘和黄土高原北部（李旭亮等，2018）。基于气候要素的定义以年降水量（朱震达和刘恕，1981）、年均气温、相对湿度等气象指标进行农牧交错带范围的界定（陈全功等，2007）。本书选用的农牧交错带边界源自中国农业大学安萍莉教授团队提出的边界（Chen et al.，2021），在此基础上去除了以林地为主的呼伦贝尔市内的新巴尔虎左旗、鄂温克族自治旗等 7 个旗，以及以草地为主的乌兰察布市的四子王旗。本书下文中称为中国北方农牧交错带（Agro-pastoral ecotone of Northern China，APENC），其地理位置介于 35°30′～47°39′ N 和 100°51′～124°35′ E，面积约为 62 万 km²，约占我国陆地面积的 6.45%（图 2.1）。

地处中国北方农牧交错带核心区的西北农牧交错带是我国生态恢复与治理的重点地区，位于鄂尔多斯高原和毛乌素沙地区域（105°35′～110°54′ E，36°49′～40°11′ N）（图 2.1），其南部为毛乌素沙地、北临库布齐沙漠、西接乌兰布和沙漠，具有典型的生态脆弱性，总面积约为 8 万 km²，包含内蒙古自治区、宁夏回族自治区、陕西省的 10 个县（市、区、旗）（鄂托克旗、鄂托克前旗、灵武市、盐池县、定边县、靖边县、乌审旗、神木市、榆阳区、横山区）。

2.1.1 地形地貌

我国北方农牧交错带地貌类型复杂多样，处于东北平原、华北平原和黄土高原向内蒙古高原、青藏高原的过渡地带（图 2.1）。地貌类型差异较大且复杂多样，有高山、平原、丘陵、盆地、峡谷等；波状高原、梁地、内陆湖淖、滩地（冲积湖积平原），流动与半流动沙丘、固定沙地、黄土梁和河谷地并存，地形破碎化严重。海拔高程纵跨 89～4985 m，总体上由东北向西南呈递增趋势，最北端为呼伦贝尔高原，海拔为 650～750 m；向南至科尔沁沙地，为东北平原与内蒙古高原的过渡带，海拔为 200～700 m；向西至河北坝上为内蒙古高原的南缘，海拔约为 1300～1800 m；西部毛乌素沙地地处鄂尔多斯高原，海拔介于 1400～1500 m；最西端为青藏高原的东北边缘，海拔达 4500 m 左右（李旭亮等，2018；薛晓玉，2020）。从地貌类型和地理景观方面来说，研究区东端的西北部为大兴安岭的西南缘丘陵，中部是以科尔沁沙地为主的西辽河平原，东部为临近松花江的松嫩平原；中段西部和北部分别是吕梁山和阴山丘陵山地，中部是毛乌素沙地及周边，向南至晋北、陕北和陇东的黄土丘陵；西段是陇中黄土丘陵和青藏高原东北边缘的山地丘陵。按照地貌类型主要分为丘陵沟壑区、风沙滩区、黄土梁峁区和荒漠草原区。其中丘陵沟壑区和黄土梁峁区主要位于研究区南部的黄土高原地区，风沙滩区主要位于中东部的毛乌素沙地，荒漠草原区主要位于西部的鄂尔多斯高原（赵哈林等，2002）。

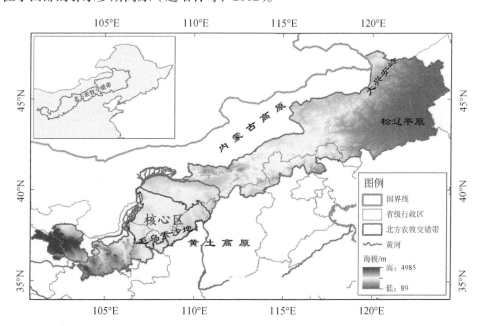

图 2.1　北方农牧交错带及核心区地理位置图（DEM 数据来源：http://www.gscloud.cn/）

2.1.2　水文气候

北方农牧交错带位于我国东部季风区与西北大陆性气候区的过渡带，气候类型属温带大陆性季风气候。年均降水量约为 250～500 mm，且自东南向西北递减分布，其西北部属于大陆性干旱气候区，年降水量少于 200 mm，多沙漠戈壁，植被稀少；东南部为东亚季风气候区，降水量较多，气候较为湿润（薛晓玉，2020）。因地理位置特殊，气候系统不稳定，受到东亚季风尾闾的影响，东南季风的强弱变化和南北摆动直接控制着该区的气候冷暖和干湿变化：当季风气候系统占优势时，降水量较多，反之则干旱少雨。降水的季节和年际变率均较大，多雨期降水变率较小，少雨期变率大，雨季和干季十分明显，年内降水主要集中在夏季的 6～8 月，且降水高度集中，以短时强降雨形式为主，为该区的土壤侵蚀提供了原动力（Liu et al.，2011；Wei et al.，2018；Yang et al.，2020）。

多年气象观测记录显示该区域年均气温为 2～8 ℃，且随地势由东南向西北呈降低趋势（Yang and Wang，2019；Yang et al.，2020）。≥10 ℃的年积温在不同地段差异较为显著，西北段的毛乌素沙地≥10 ℃的年积温介于 2500～3500 ℃；中段的河北坝上地区≥10 ℃的年积温仅有 1400～1800 ℃；东段的科尔沁沙地≥10 ℃的年积温为 2200～3200 ℃（魏宝成，2019）。区域年均无霜期约为 130～160 天。年均风速为 3～3.8 m/s，全年>5 m/s 起沙风日数为 30～200 天，>8 级大风日数为 20～80 天（赵哈林等，2002）。本地区蒸发强烈，多年平均潜在蒸发量超过 1000 mm，在季节上具有夏季大冬季小的特点，其中 4～9 月的蒸发量约占全年的一半以上（图 2.2）（Wei et al.，2018）。

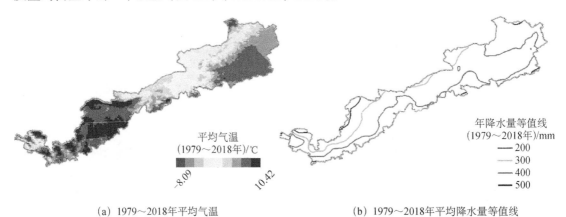

(a) 1979～2018年平均气温 (b) 1979～2018年平均降水量等值线

图 2.2　北方农牧交错带多年平均气温及降水量等值线图

数据来源：China Meteorological Forcing Dataset（https://data.tpdc.ac.cn/zh-hans/）

2.1.3　河流水系

本地区大部分的水资源来源于降水，然而由于蒸发和下渗能力强，降水很难形成地表径流，降水垂直入渗显著，大部分河流只有在汛期才会产生地表径流，汛期后河流又恢复干涸的状态，因此河网极不发达，自产水资源数少（曾晟轩，2018），但地下水较为丰富，地下水位在空间分布上的变化很大，可从几厘米到几十米，具有较大的开发潜力，是区域内工业和农业用水的重要来源（杜婷，2020）。

北方农牧交错带区域内的主要河流有黄河、洮河、庄浪河、清水河、泾河、苦水河、清水河、葫芦河、桑干河、洋河、滦河、老哈河、西辽河、嫩江、松花江等。内陆河水系有八里河、莽盖河、尔林兔河等（图2.3），但这些河流较为短小，属于季节性河流，大多具有间歇性的特点。此外，还有红碱淖、察汗淖尔、浩通音查干淖尔、北大池等众多小湖泊。本地区水库众多，仅陕北农牧交错带内各县区共有大中小型水库共97座，总库容达到165965.9万 m³（刘思源，2021），全国36个大型水库之一的红山水库坐落于翁牛特旗。

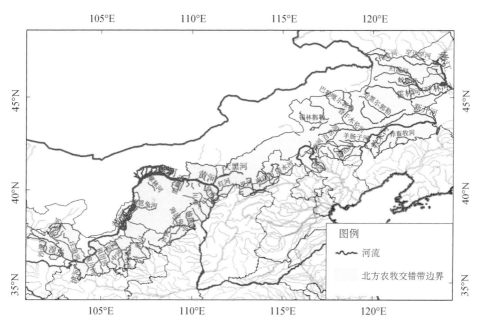

图 2.3 北方农牧交错带水系分布特征（数据来源：http://www.webmap.cn/）

2.1.4 土壤与植被

北方农牧交错带地处东部湿润区向西北干旱区的过渡地带，也是森林与草原的过渡带，受南北和东西温度差异的影响，特别是受非地带性风沙土的影响，区内草地植被的空间差异很大。总体来看，植被类型自东北向西南依次为森林→森林草原→典型草原→荒漠草原（赵哈林等，2002）。该地区植被种类丰富多样，仅西北农牧交错带常见的植物达70科300属500余种（刘广全和王鸿喆，2012）。植被类型大致可以分为三大类群，一是草原与灌丛植被，如戈壁针茅（*Stipa tianschanica* Roshev. var. *gobica*（Roshev.）P.）、锦鸡儿半灌木（*Caragana sinica*（Buc'hoz）Rehd.）、红砂（*Reaumuria songarica*（Pall.）Maxim.）、猫头刺（*Oxytropis aciphylla* Ledeb.）等；二是固定半固定沙丘上的沙生灌丛，如沙蒿（*Artemisia desertorum* Spreng.）、柠条锦鸡儿（*Caragana korshinskii* Kom.）、沙地柏（*Sabina vulgaris* Ant.）、乌柳（*Salix cheilophila* Schneid.）等；三是滩地上的草甸及盐生植被，如白刺（*Nitraria tangutorum* Bobr.）、碱蓬（*Suaeda glauca*（Bunge）Bunge）、盐爪爪［*Kalidium foliatum*（Pall.）Moq.］等。本区作物主要有玉米（*Zea mays* L.）、向日葵（*Helianthus annuus* L.）、马铃薯（*Solanum tuberosum* L.）、枸杞（*Lycium chinense* Miller）等（杜婷，2020）。

根据中国科学院资源环境科学与数据中心 1：100 万土壤类型图可知（图 2.4）研究区内土壤类型繁多，分布最广的有栗钙土、黄绵土、潮土和灰钙土。栗钙土主要分布在研究区的中段与东北部，占比 32.00%；而黄绵土主要分布于研究区的黄土高原与毛乌素沙地，部分以条带状分布于研究区的东北部，占比 12.59%。

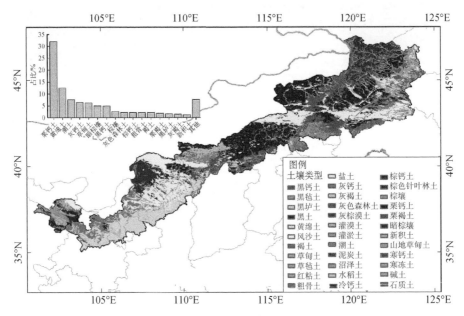

图 2.4　土壤类型空间分布图（数据来源：http://www.resdc.cn）

2.1.5　自然资源

北方农牧交错带是我国能源矿产地的主要分布区，包括煤油气集中分布区、水电站分布区、矿产资源分布区（秦立刚，2014）。本区内资源丰富，拥有盐田、天然气、原油、煤炭、芒硝等矿产资源，煤炭资源富集量是我国最高地区之一，境内的陕北侏罗纪煤田属于世界七大煤田之一，开发潜力巨大。仅陕北农牧交错带煤炭已探明储量为 1660 亿 t，天然气已探明储量 7500 亿 m³，岩盐已探明储量 51 亿 t，湖盐已探明储量 3292 万 t，是建设能源重化工基地的理想之地，能源化工产业已成为农牧交错带经济收入的主要支撑力量。且本区内具有地势起伏的特点，水力资源丰富，建有 5 座大型水电站（刘思源，2021）。

2.2　社会经济概况

2.2.1　行政区划

我国北方农牧交错带东起大兴安岭西麓、经内蒙古东南、冀北、晋北，西至陕北、鄂尔多斯高原，跨越内蒙古自治区、黑龙江省、吉林省、河北省、山西省、陕西省、宁夏回族自治区、甘肃省和青海省等 9 个省区，131 个旗县（Xue et al.，2019），具体详见表 2.1。

表 2.1　中国北方农牧交错带的行政区划

省级	市级	县级	省级	市级	县级
河北省	张家口市	万全区、崇礼区、张北县、康保县、沽源县、尚义县、怀安县	宁夏回族自治区	吴忠市	利通区、红寺堡区、盐池县、同心县
	承德市	丰宁满族自治县、围场满族蒙古族自治县		固原市	原州区、西吉县、泾源县
黑龙江省	齐齐哈尔市	泰来县		中卫市	沙坡头区、中宁县、海原县
吉林省	白城市	洮北区、镇赉县、通榆县、洮南市、大安市	青海省	海东市	乐都区、互助土族自治县
内蒙古自治区	呼和浩特市	新城区、回民区、玉泉区、赛罕区、土默特左旗、托克托县、和林格尔县、清水河县、武川县		海北藏族自治州	门源回族自治县
	包头市	东河区、昆都仑区、青山区、石拐区、九原区、土默特右旗、固阳县	甘肃省	兰州市	城关区、七里河、西固区、安宁区、红古区、永登县、皋兰县、榆中县
	乌海市	海南区		白银市	白银区、平川区、靖远县、会宁县、景泰县
	赤峰市	红山区、元宝山区、松山区、阿鲁科尔沁旗、巴林左旗、巴林右旗、林西县、克什克腾旗、翁牛特旗、喀喇沁旗、敖汉旗		武威市	凉州区、古浪县、天祝藏族自治县
	通辽市	科尔沁区、科尔沁左翼中旗、科尔沁左翼后旗、开鲁县、库伦旗、奈曼旗、扎鲁特旗、霍林郭勒市		庆阳市	环县
	鄂尔多斯市	东胜区、康巴什区、达拉特旗、准格尔旗、鄂托克前旗、鄂托克旗、杭锦旗、乌审旗、伊金霍洛旗		定西市	安定区、临洮县
	乌兰察布市	集宁区、卓资县、化德县、商都县、兴和县、凉城县、察哈尔右翼前旗、察哈尔右翼中旗、察哈尔右翼后旗、丰镇市	山西省	大同市	新荣区、平城区、云冈区、云州区、阳高县、天镇县、左云县
	兴安盟	突泉县		朔州市	怀仁市
	锡林郭勒盟	锡林浩特市、西乌珠穆沁旗、太仆寺旗、镶黄旗、正镶白旗、正蓝旗、多伦县	陕西省	榆林市	榆阳区、横山区、府谷县、靖边县、定边县、神木市
				延安市	吴起县

数据来源：全国地理信息资源目录服务系统 http://www.webmap.cn/

2.2.2 经济状况

北方农牧交错带自 21 世纪至今经济发生了显著的变化，经济生产总值不断增加。通过查阅县域统计年鉴（图 2.5），1999 年本地区的生产总值为 931.29 亿元，此后呈快速增加趋势，至 2019 年生产总值增长了 14126.17 亿元，其中第一产业增加值相对较小，由 1999 年的 328.19 亿元增加至 1989.55 亿元，第二产业的增加值较大，由 1999 年的 318.52 亿元增加至 7356.27 亿元，且与生产总值的变化较为一致 [图 2.5（a）]。农牧交错带是以农牧业生产为主的经济产区，不仅是我国重要的粮食产区，也是我国重要的畜产品基地，本地区主要作物有小麦、玉米、莜麦、高粱、马铃薯等，油料作物有胡麻、油菜籽、油葵等，饲养业主要有马、牛、羊、猪、鸡、兔等（秦立刚，2014）。粮食和肉类生产总量整体呈增加的趋势，粮食生产由 1999 年的 1496 万 t 增长至 2016 年的 2915.14 万 t，约增加了 94.88%。肉类总产量增幅达 84.20% [图 2.5（b）]。总体而言，本地区已经形成了以农业为主，牧业综合发展的经济体系。

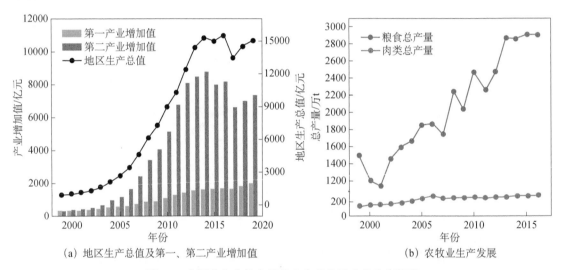

（a）地区生产总值及第一、第二产业增加值　　　　（b）农牧业生产发展

图 2.5　中国北方农牧交错带生产总值及农业生产状况

数据来源：中国县域统计年鉴

本地区人口密度高的地区主要集中于省会城市，呈现出点状的空间分布格局（图 2.6）。地广人稀是本地区人口的一大特点，根据第六次全国人口普查结果显示，该区域每平方公里内人口不足百人，甚至部分地区人口不足十人，截至 2015 年年底，区域平均人口密度约为 87.3 人/km^2，且以农业人口为主，占比达 80% 左右（曾永明，2016）。

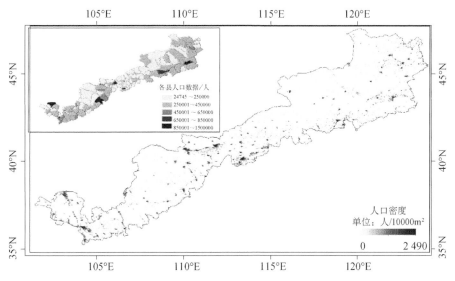

图 2.6　中国北方农牧交错带人口密度图及各县人口统计

数据来源：https://www.worldpop.org/

2.2.3　土地利用变化

北方农牧交错带的生态系统是由农田、草地、林地组成的复合型系统，土地利用在空间上突出表现为农牧用地的过渡和交错，前者是指农牧的兼用性，后者是农牧镶嵌分布，2020 年，区内土地利用基本结构为草地 48.78%、耕地 25.11% 和林地 10.53%（图 2.7）。其中东北段林地呈带状分布，零星分布有草甸草原（森林草原），西南方向则以典型草原和荒漠草原为主。

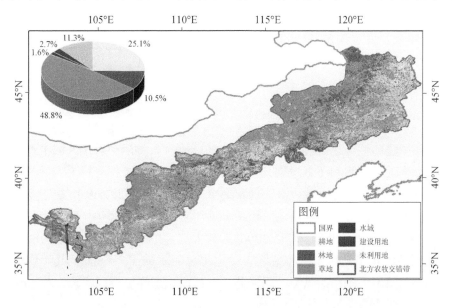

图 2.7　中国北方农牧交错带 2020 年土地利用空间分布及统计

数据来源：http://www.resdc.cn

20 世纪 50 年代，北方农牧交错带拥有优质的牧草和水源，植被覆盖度高。20 世纪 70 年代末期的大开荒使耕地比例大幅度增加，同时为了满足新增人口的需要和经济利益的需求，大量的草原变成了建成区，包括工厂和矿山、油田、盐田、采石场、道路等各类土地。该区的大量草地被开垦为耕地，地表多为劣质草类，随之而来的是大面积的土地退化，生态环境遭到严重破坏，生态承载力急剧下降，生态安全受到严重威胁（薛晓玉，2020）。仅内蒙古自治区 1993 年退化草地为 21 万 km²，到 1995 年增加至 39 万 km²（汪芳甜，2018）。

20 世纪 90 年代后，本地区实施了一系列的生态治理工程，其中退耕还林还草工程就涉及到 25 个省（直辖市、自治区）1500 多个县，使得中国北方地区的土地覆被状况发生了翻天覆地的变化，土地利用比例有所调整，耕地比例下降，林草地比例增加（Liu et al.，2011；Wei et al.，2018）。近年来，国家加大了实施退耕还林还草等生态保护措施的力度，耕地面积减少，草地、林地、城乡居民用地面积均有一定的增加。经过多年的努力，区域环境明显改善，各项生态系统服务功能得到提升（Wei et al.，2018；薛晓玉，2020）。

2.3 生 态 概 况

2.3.1 生态问题

北方农牧交错带是一条草原畜牧和传统农业相契合的发展带，也是保护中东部农区的天然生态屏障，属于典型的能源上富足、经济上贫困、生态上脆弱的耦合区域（刘思源，2021）。本地区也是国家实施退耕还林还草、"三北"防护林、京津风沙源治理等生态工程，以及西部大开发、精准扶贫、乡村振兴等战略的重点区域（崔潇等，2022；Yang et al.，2020）。虽然经过一系列的生态环境治理，本地区的生态得以改善，仍呈现出如下生态环境问题。

1. 草地退化和沙漠化整体得以遏制但局部仍在蔓延

受生态环境脆弱性与地区经济发展需求间的影响，人类活动对该区域土地利用干扰作用较大，不合理的人类活动（如过度开垦、过度放牧、乱采滥掘等行为）导致该地区人地关系紧张，草场退化严重，土地荒漠化现象突出（Zhou et al.，2019）。近半个世纪以来，本地区土地沙漠化急剧扩张，沙漠化面积占全国沙漠化面积的比重由 80 年代末期的 36.5% 增至 20 世纪末的 82.9%（赵哈林等，2006）。其中贺兰山以东的半干旱农牧交错带及其周边地区是我国沙漠化土地集中分布地区，沙漠化总面积约 33 万 km²，其年均增长率达到 1.39%（汪芳甜，2018）。生态恢复工程实施后本区的生态环境得以改善，2000～2018 年，北方农牧交错带新造的灌丛及林地面积约为 6700 km²，约 15900 km² 的草原被重新造林，但草原开垦和退化的问题也较为严重，约有 4500 km² 的高覆盖草地、7200 km² 的中覆盖草地和

3800 km^2 的低覆盖率草地被开垦为耕地,弃耕的草场面积达 3600 km^2(Pei et al.,2022)。

2. 生态根基薄弱,水土流失风险高,自然灾害频发

北方农牧交错带生态根基薄弱,气候干旱多风、植被为低矮稀疏的灌草、土壤质地疏松,沙与粉砂的含量高,是沙漠化和沙尘暴发生的重点区域(汪芳甜,2018)。近几十年来,该区域经济发展较快、人口迅速增长,大量土地被开发利用,从而导致该区域农牧结构失衡,发展的不协调问题愈发突出,资源环境压力越来越大(Batunacun et al.,2018;Yang et al.,2020)。本地区土壤质地疏松(砂土约占 60%,粉土约占 30%,黏土约占10%),稳定性差,抗侵蚀能力弱,加之降水具有高度的变异性,在某些年份年降水量可达500～600 mm,而有些年份少于 200 mm,且降水主要集中于夏季(6～8 月)(Liu et al.,2011)。因而土壤极易受到侵蚀造成水土流失,据统计本地区的侵蚀类型中水蚀占67.41%,风蚀占 31.84%(Yang et al.,2020)。

受全球气候变化与本地区沙漠化的影响,区域生态脆弱,自我调节和恢复能力弱,易受人为干扰和自然灾害(如干旱、暴雨、冰雹、沙尘暴、冰冻等气象灾害)的影响。如科尔沁沙地 20 世纪 20～40 年代平均每 5 年发生一次旱灾,而到 70 年代以后则 2～3 年发生一次旱灾(汪芳甜,2018)。1950～2004 年,内蒙古平均旱灾面积达 145 万 hm^2,农作物损失达 147 亿 kg(冯金社和吴建安,2008),这些灾害给当地人民的生产生活及中东部地区的经济发展带来了严重的影响,成为我国生态问题最为严重的区域之一(杜婷,2020)。此外,北方农牧交错带社会经济水平较差,约 56.3%的地区是国家级的贫困县(Batunacun et al.,2018),文化教育水平较为落后,生活和收入水平较低,民族和社会矛盾也相对突出(Yang et al.,2020)。表 2.2 概述了本地区的生态及社会问题及主要的表现。

表 2.2 中国北方农牧交错带生态及社会问题概览与表现

	主要问题	主要表现
生态问题	气候多变,水资源量少	降水量少且年内和年际分配不均,气温高,日照时间长,年蒸发量大,风大沙多,冬、春两季风力强劲且大风频繁,极易发生风雨侵蚀破坏
	自然灾害频发,极端气候事件增多	旱灾、雪灾、冰雹、冻融、病虫害、森林火灾等时有发生。尤其是旱灾危害严重,沙尘暴的发生频率也都比较高,对当地的农牧业造成了严重的损害
	土壤基质不肥沃	本地区风沙土分布广泛,土地贫瘠,土质疏松,有机质含量低,矿物质营养比例不均衡,生产力不高且容易破坏
	地貌较为复杂	草地、农田和林地交错分布,地貌多样交错且复杂,地势不平整
社会问题	经济活动不合理	盲目开荒、过度滥伐、过度放牧等不合理的经济活动为土地沙漠化创造了条件,对生态环境造成极大破坏,削弱了生态环境的承载力
	承灾能力较差	基础设施不完善,抗灾救灾成本高,且恢复困难

注:改编自吕翔羽(2020)

3. 水资源量不足且地下水埋深下降

北方农牧交错带的气候具有降水量少且蒸发强烈的特点,导致本地区的产水量不足,

水资源短缺，且由于其独特的风沙滩地貌，地表难以形成径流，因而水资源开发利用的难度较大。近年来本地区粮食产量增加，而农业的发展必须依赖灌溉的支撑，由于地表水无法满足农业灌溉需求，因此大规模发展机电井开采地下水，大量开采地下水使得本地区的地下水位呈下降趋势，例如，西辽河平原 1973～1979 年机电井年平均增加数量约 4000 眼，而 2000～2011 年的增加数量增加至 10000 眼，1980～1999 年间地下水埋深在 2.4～2.8 m 之间波动，2000 年为 3.1 m，到 2015 年已达 6.2 m（靳晓辉，2019）。此外，煤炭资源的开采不仅破坏了地下储水构造，引起地下水的渗漏与下降，且煤炭的开采产生的工业废水对矿区及周边的地下水环境造成了不利的影响。伴随着城市化进程的加剧、工业规模的扩大，水资源的需求量也在不断地增加，工业与农业的"争水"的现象日益凸显（Batunacun et al.，2018）。

2.3.2　生态保护与修复状况

为了遏制不断退化的生态环境，恢复区域自然环境和促进社会经济的可持续发展，党中央、国务院自 20 世纪 70 年代开始，在国家层面针对森林、草地开展的生态修复工程，对荒漠化、水土流失等问题进行治理，如"三北防护林体系工程""京津风沙源治理工程""退耕还草工程""天然林保护工程""全国重点地区防沙治沙工程"等（表 2.3）（Ouyang et al.，2016；Wen and Zhen，2020）。截至 2012 年，针对森林的生态恢复工程，已经实现了人工造林 4420 万 hm^2，封山育林 1820 万 hm^2[1]；针对草地的"退耕还草工程"，在 2003～2010 年间，已实现禁牧围栏 2610 万 hm^2，轮牧围栏 85.6 万 hm^2，休牧围栏 2480 万 hm^2，退化草原补播改良 1240 万 hm^2；"京津风沙源治理工程"实现草原治理 375 万 hm^2[2]。图 2.8 显示了本地区在生态工程实施后各县区的造林面积及本地区逐年及累计的造林面积，自 2000 年起截至 2019 年，杭锦旗、鄂托克旗、克什克腾旗、阿鲁科尔沁旗、科尔沁左翼后旗、翁牛特旗等县区的造林面积超过了 2 万 hm^2，2003～2019 年间本地区的累计造林面积已达 1241 万 hm^2［图 2.8（b）］。

表 2.3　北方农牧交错带主要生态恢复工程实施列表及主要目标

序号	项目名称	年限	主要目标
1	退耕还林还草工程	1999～2013 年（一期）、2014 年至今（二期）	根据坡度分别将耕地转化为不同功能的生态林或草地，通过现金和粮食的形式来补偿农民
2	京津冀防风固沙工程	2000～2010 年（一期）、2013～2022 年（二期）	固土防沙，改善和优化京津冀及周边的生态环境状况，减轻风沙危害
3	退牧还草工程	2003～2008 年（一期）、2014 年至今（二期）	通过对天然草原进行围栏建设、补播改良以及禁牧、休牧、划区轮牧等措施，达到恢复草原植被，改善草原生态，提高草原生产力，促进草原生态与畜牧业协调发展的目标

---

① 国家林业局. 2012. 2012 年全国林业统计年报分析报告. 北京：中华人民共和国国家林业局.

② 国家农业部. 2010. 全国草原监测报告. 北京：中华人民共和国国家农业部.

续表

序号	项目名称	年限	主要目标
4	禁牧轮牧政策	2010 年至今	恢复草原植被、改善草原生态、保护地球环境、促进畜牧业生产方式转变，使草原实现良性循环的生长模式
5	草原生态补助奖励政策	2011~2015 年（一期）、2016~2020 年（二期）	保护草原生态，保障牛羊肉等特色畜产品供给，促进牧民增收
6	三北防护林	1978 年至今	在干旱地区进行飞机播种，种植草木与灌木等措施，以求减少自然灾害，治理生态环境，维护生态空间
7	天然林保护工程	2000 年起	旨在保护和恢复受损地区的天然林，种植树木以保护水土，减少天然林木材采伐，增加森林覆盖面积

改自：Wen and Zhen，2020

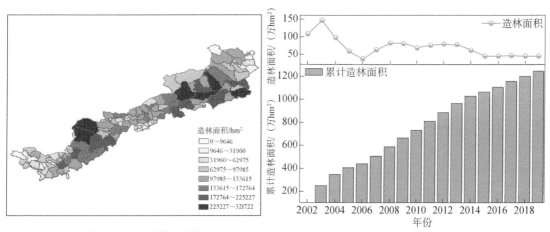

（a）各县区造林面积空间分布　　　　（b）北方农牧交错带逐年及累计造林面积

图 2.8　生态恢复工程空间分布及面积统计

数据来源：中国林业统计年鉴

2.3.3　国家需求与定位

1. 生态定位

（1）交错带与过渡带：北方农牧交错带在地貌、植被、气候、生产方式及社会文化等方面都具有过渡性特征。其位于 400 mm 降水量等值线邻域内，处于东部季风区与西北干旱半干旱区的分界线；半湿润气候区向半干旱气候区的过渡带；是自毛乌素沙地向黄土高原的过渡区；也是产业经济的过渡带；是东南季风农业区与西北干旱牧业区之间交错过渡带；从植被类型上来说，由南到北呈现出半旱生植物逐渐过渡到西北部的沙生植物的规律；从植物种类上来说，长城沿线以南多为落叶阔叶林，长城北部多为干旱草原（Liu et al.，2011；刘思源，2021）。

（2）脆弱带与敏感带：北方农牧交错带的生态环境具有典型的脆弱性特征，其生态脆弱性决定了其对外界扰动敏感性强、响应时间短且结果明显，较小的扰动即可导致生态系统结构退化、功能衰减，甚至出现系统崩溃（罗承平和薛纪瑜，1995；Liu et al., 2011）。水资源匮乏阻碍了当地经济的发展，且本地区长期存在风蚀、水蚀和沙漠化等问题，生态环境十分脆弱（Yang et al., 2020）。本地区一旦受到外力的干扰，系统内部的某个环节便会引起连锁反应，影响到生态系统的稳定（刘思源，2021）。

（3）屏障带：因其地理分布，农牧交错带在中国经济、社会发展和环境保护等方面具有重要的战略地位。其较高的海拔，成为阻止荒漠化向南发展的重要屏障，起到防风固沙的重要作用，其生态环境的优劣是区域经济发展的基础和保障，更是黄河和海河流域以及京津冀地区重要的生态屏障（Liu et al., 2011；Wang et al., 2018）。同时，它为流向农区的河流水源涵养发挥了举足轻重的作用，是我国重要粮食和草原畜牧业生产基地，也是中东部平原区的天然生态屏障（侯学会等，2013）。

2. 国家政策定位

制约我国北方农牧交错带发展的根本问题是人与地的矛盾，发展的关键问题是生产结构的不合理。为此农业部于 2016 年发布了《关于北方农牧交错带农业结构调整的指导意见》，提出"长期以来，该区域农牧结构失衡、水资源过度开发，发展不可持续的问题越来越突出，资源环境压力越来越大，是当前推进农业结构调整的重点难点，必须深入贯彻党中央国务院关于大力推进农业供给侧结构性改革的决策部署，加快优化区域农牧业功能定位、推进产业转型升级，促进农牧业发展与生态环境深度融合"的定位与指导，为农牧交错带的生态安全屏障和水源涵养带建设提供了制度与政策的保障。

参 考 文 献

陈全功, 张剑, 杨丽娜. 2007. 基于 GIS 的中国农牧交错带的计算和模拟. 兰州大学学报（自然科学版）, 43
　　(5): 24-28.

程序. 1999. 农牧交错带研究中的现代生态学前沿问题. 资源科学, (5): 3-10.

崔潇, 王永生, 施琳娜. 2022. 北方农牧交错带人地系统耦合协调的时空特征及障碍因子. 农业资源与环境
　　学报, 1-13.

丁访军, 金祺. 2004. 喀斯特困难地段退耕还林工程布局与模式. 贵州林业科技, 32 (3): 43-46.

杜婷. 2020. 近 30 年来西北农牧交错带土地利用/覆被变化对气候变化的响应. 兰州: 兰州大学硕士研究生
　　学位论文.

冯金社, 吴建安. 2008. 我国旱灾形势和减轻旱灾风险的主要对策. 灾害学, (2): 34-36.

侯学会, 牛铮, 高帅, 等. 2013. 基于 SPOT-VGT NDVI 时间序列的农牧交错带植被物候监测. 农业工程学
　　报, 29 (1): 142-150.

靳晓辉. 2019. 灌溉方式变化对半干旱农牧交错带地下水的影响研究. 北京: 中国水利水电科学研究院博士
　　研究生学位论文.

李旭亮, 杨礼箫, 田伟, 等. 2018. 中国北方农牧交错带土地利用/覆盖变化研究综述. 应用生态学报, 29 (10):

331-339.

刘广全, 王鸿喆. 2012. 西北农牧交错带常见植物图谱. 北京: 科学出版社.

刘思源. 2021. 陕北农牧交错带沙地农业利用规模的水资源调控研究. 西安: 西安理工大学博士研究生学位论文.

罗承平, 薛纪瑜. 1995. 中国北方农牧交错带生态环境脆弱性及其成因分析. 干旱区资源与环境, 9 (1): 1-7.

吕翔羽. 2020. 内蒙古农牧交错带生态可持续发展研究——以乌兰察布市化德县为例. 呼和浩特: 内蒙古大学硕士研究生学位论文.

马力阳, 李同昇, 李婷, 等. 2015. 我国北方农牧交错带县域乡村性空间分异及其发展类型. 经济地理, 35 (9): 126-133.

秦立刚. 2014. 农牧交错带生态系统服务功能及区域气候对下垫面变化响应机制研究. 北京: 中国农业大学博士研究生学位论文.

孙芳, 章杏杏, 孟凡艳. 2007. 政府退耕补贴行为对农牧交错带农户收入的影响. 林业经济问题, 27 (5): 394-397, 402.

汪芳甜. 2018. 北方农牧交错带退耕还林生态效应评价——以乌兰察布市为例. 北京: 中国农业大学博士研究生学位论文.

王静璞, 刘连友, 贾凯, 等. 2015. 毛乌素沙地植被物候时空变化特征及其影响因素. 中国沙漠, 35 (3): 624-631.

魏宝成. 2019. 北方农牧交错带土地覆被变化对地表温度的反馈作用研究. 兰州: 兰州大学博士研究生学位论文.

吴尚昆, 张玉韩. 2019. 中国能源资源基地分布与管理政策研究. 中国工程科学, 21 (1): 81-87.

薛晓玉. 2020. 北方农牧交错带 NPP 的时空变化及其成因分析. 兰州: 兰州大学硕士研究生学位论文.

曾晟轩. 2018. 典型西北农牧交错带气候水热时空规律研究. 兰州: 兰州大学硕士研究生学位论文.

曾永明. 2016. 中国人口空间分布形态模拟与预测——基于"五普"和"六普"的分县尺度人口密度研究. 人口与经济, 219 (6): 48-61.

赵哈林, 苏永中, 周瑞莲. 2006. 我国北方沙区退化植被的恢复机理. 中国沙漠, (3): 323-328.

赵哈林, 赵学勇, 张铜会, 等. 2002. 北方农牧交错带的地理界定及其生态问题. 地球科学进展, 17 (5): 739-747.

赵哈林, 周瑞莲, 张铜会, 等. 2003. 我国北方农牧交错带的草地植被类型、特征及其生态问题. 中国草地, 25 (3): 2-9.

朱震达, 刘恕. 1981. 我国北方地区沙漠化过程及其治理区划. 中国沙漠, (0): 16.

朱震达, 刘恕, 杨有林. 1984. 试论中国北方农牧交错地区沙漠化土地整治的可能性和现实性. 地理科学, (3): 197-208.

Batu N, Nendel C, Hu Y F, et al. 2018. Land-use change and land degradation on the Mongolian Plateau from 1975 to 2015-A case study from Xilingol, China. Land Degradation and Development, 29 (6): 1595-1606.

Chen X, Jiang L, Zhang G L, et al. 2021. Green-depressing cropping system: A referential land use practice for fallow to ensure a harmonious human-land relationship in the farming-pastoral ecotone of northern China. Land Use Policy, 100: 104917.

Liu J H, Gao J X, Lv S H, et al. 2011. Shifting farming-pastoral ecotone in China under climate and land use changes. Journal of Arid Environment, 75 (3): 298-308.

Ouyang Z Y, Zheng H, Xiao Y, et al. 2016. Improvements in ecosystem services from investments in natural capital. Science, 352 (6292): 1455-1459.

Pei H W, Liu M Z, Shen Y J, et al. 2022. Quantifying impacts of climate dynamics and land-use changes on water yield service in the agro-pastoral ecotone of northern China. Science of the Total Environment, 809: 151153.

Wang F, Hao H, Ying D, et al. 2018. Shaping or being shaped? Analysis of the locality of landscapes in China's farming-pastoral ecotone, considering the effects of land use. Land Use Policy, 74: 41-52.

Wei B C, Xie Y W, Jia X, et al. 2018. Land use/land cover change and it's impacts on diurnal temperature range over the agricultural pastoral ecotone of northern China. Land Degradation and Development, 29 (9): 3009-3020.

Wen X, Zhen L. 2020. Soil erosion control practices in the Chinese Loess Plateau: A systematic review. Environmental Development, 34: 100493.

Xue Y Y, Zhang B Q, He C S, et al. 2019. Detecting vegetation variations and main drivers over the agropastoral ecotone of northern China through the ensemble empirical mode decomposition method. Remote sensing, 11 (16): 1860.

Yang Y J, Wang K. 2019. The effects of different land use patterns on the microclimate and ecosystem services in the agro-pastoral ecotone of Northern China. Ecological Indicators, 106: 105522.

Yang Y J, Wang K, Liu D, et al. 2020. Effects of land-use conversions on the ecosystem services in the agro-pastoral ecotone of northern China. Journal of Cleaner Production, 249: 119360.

Zhou J, Xu Y, Gao Y, et al. 2019. Land use model research in agro-pastoral ecotone in northern China: A case study of Horqin Left Back Banner. Journal of Environmental Management, 237: 139-146.

第3章 主要下垫面地表水热过程关键参数观测与分析

中国北方农牧交错带是一个典型的生态过渡带，是我国北方地区生态安全的重要生态屏障。然而，由于气候和人为因素的共同影响，其生态系统遭受了不同程度的影响。植被作为陆地生态系统的主要组成部分，是生态系统状态的敏感指标，同时植被又通过生物物理和生物化学途径连接着大气圈、水圈和土壤圈，对区域乃至全球的水气循环、能量平衡、碳源碳汇等方面起着重要的调控作用（Peng et al., 2015）。因此，本章内容结合遥感卫星与地面观测为一体，相互补充，从站点及区域尺度全面研究地表水热过程的内在机理及外在影响。在站点尺度建立水热观测系统，基于高精度的次小时观测数据，深挖关键水热参数的变化机理；在区域尺度，基于大尺度长时间的遥感数据，从全局视角分析研究区域碳水循环动态趋势和影响因素。对于应对区域生态环境变化和合理实施植被恢复具有重要意义。

本章基于站点观测资料和遥感数据探究了植被变化及其响应机制。具体内容主要包括5个小节，其中3.1节中介绍了本团队在农牧交错带定位观测系统的建立与关键遥感数据的收集；3.2节基于遥感数据分析了1982~2015年近30年间研究区的植被动态趋势，并探究了影响植被变化的自然和人类活动因素；3.3节分析了植被变化引起的区域碳水通量和水分利用效率的变化趋势，揭示了植被变化在区域尺度上对碳水通量的影响；3.4节基于站点观测数据分析了宇宙射线中子法在本地区土壤水分观测的运用；3.5节探究了不同下垫面条件下的土壤含水量及土壤水力学属性的变化规律。

3.1 定位观测系统的建立与遥感数据的收集

3.1.1 点尺度定位观测系统的建立

西北农牧交错带地面观测资料缺乏，国家气象观测站稀少。为了评价农牧交错带的水热要素变化规律，探究水热交互的相互作用机制。研究团队于2016年在西北农牧交错带布设了点尺度定位观测系统，根据研究区内土地利用空间分布特征，选择了6种土地利用方式不同的典型区，布设了盐池、鄂尔多斯、18号、20号、39号、42号六个观测站点，包含了农区、牧区、农牧交错区、沙漠-草地交错区、农田-沙漠交错区和草地-沙漠交错区六种典型的土地利用方式。

研究团队在六个站点分别架设了小型气象站、ECH2O 土壤水分观测仪，用以观测气象数据（风速、空气温度、相对湿度、大气压、降雨等）、土壤水分等关键水热因子，并于盐池、鄂尔多斯布设了四分量传感器用以采集辐射数据，架设蒸渗仪用以收集蒸散发和下渗数据。此外，在鄂尔多斯架设了一台用于观测中尺度（百米级）土壤水分的宇宙射线中子传感器（cosmic-ray neutron sensor，CRNS）。仪器的具体信息及安装位置和下垫面如表 3.1、表 3.2 及图 3.1 所示。本团队架设的主要仪器如图 3.2 所示。

表 3.1 仪器描述及安装情况

观测设备	设备名称	型号/规格	安装标准	产地
小型气象站	风速风向传感器	S-WDA-M003	草地 2 m	美国
	空气温度/相对湿度	S-THB-M002		
	大气压	S-BPB-CM50		
	雨量筒（0.02 mm 精度）	S-RGB-M002		
辐射观测	四分量传感器	KIPPZONEN	草地 2 m	美国
土壤水分观测	ECH2O	5 TE	农田、草地 0～5 cm、5～10 cm、10～15 cm、 15～30 cm、30～50 cm	美国
	CRNS	CRS-1000/B	草地 2 m	美国
蒸散量和渗漏量观测	微型蒸渗仪	LYS3040	地埋式安装	中国

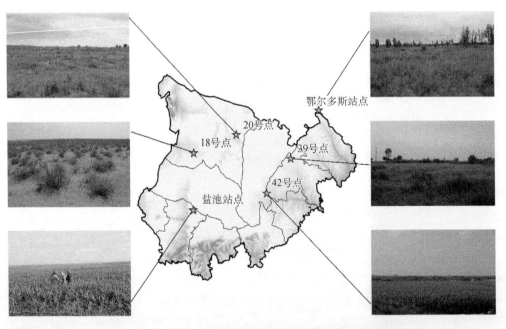

图 3.1 研究区点尺度定位观测系统的安装位置及下垫面信息

表 3.2　农牧交错带安装仪器及观测指标信息一览

观测站点名称	地理位置	行政区划	安装仪器	植被类型	观测指标
盐池站点	37°58'09.09″ N 107°23'06.04″ E	宁夏回族自治区盐池县花马池镇东塘村 3 组	四分量辐射仪	草地	太阳短波辐射、大气长波辐射、地面反射辐射、地面长波辐射、净辐射、地表反照率
			土壤热通量板	草地 农田	4 层（0～5 cm、5～15 cm、15～30 cm、30～50 cm）土壤热通量
			ECH2O	高盖度草地 中盖度草地 低盖度草地 农田	5 层（0～5 cm、5～10 cm、10～15 cm、15～30 cm、30～50 cm）土壤水分、土壤温度及电导率
			气象站	草地	气温、太阳辐射、光合有效辐射、降水、风速、风向、相对湿度、气压
			微型蒸渗仪	农田 草地	蒸散发
鄂尔多斯站点	39°29'24.60″ N 110°11'18.18″ E	内蒙古自治区鄂尔多斯市伊金霍洛旗龙王庙滩鄂尔多斯沙地草地生态研究站	德国进口蒸渗仪	草地	蒸散发
			微型蒸渗仪	中盖度草地 农田	蒸散发
			四分量辐射仪	中盖度草地	太阳短波辐射、大气长波辐射、地面反射辐射、地面长波辐射、净辐射、地表反照率
			土壤热通量板	草地 农田	4 层土壤热通量
			ECH2O	高盖度草地 中盖度草地 低盖度草地 农田 沙柳下垫面 臭柏下垫面	5 层土壤水分、土壤温度及电导率
			气象站	草地	气温、太阳辐射、光合有效辐射、降水、风速、风向、相对湿度、气压
			CRNS	草地	土壤水分
18 号点	38°54'14.52″ N 107°26'32.28″ E	内蒙古自治区鄂尔多斯市鄂托克旗乌兰镇查布苏木布隆嘎查	ECH2O	中盖度草地	5 层土壤水分、土壤温度及电导率
			气象站	中盖度草地	气温、太阳辐射、光合有效辐射、降水、风速、风向、相对湿度、气压
20 号点	39°10'24.44″ N 108°22'32.50″ E	内蒙古自治区鄂尔多斯市鄂托克旗乌兰苏吉嘎查	ECH2O	高盖度草地	5 层土壤水分、土壤温度及电导率
			气象站	高盖度草地	气温、太阳辐射、光合有效辐射、降水、风速、风向、相对湿度、气压

观测站 点名称	地理位置	行政区划	安装仪器	植被类型	观测指标
39 号点	38°44′12.28″ N 109°31′39.40″ E	陕西省榆林市榆 阳区耳林乡耳林 滩村	ECH2O	低盖度草地	5 层土壤水分、土壤温度及电导率
			气象站	低盖度草地	气温、太阳辐射、光合有效辐射、降水、 风速、风向、相对湿度、气压
42 号点	38°11′26.65″ N 108°58′29.01″ E	陕西省榆林市榆 阳区补浪河乡昌 汗放包村 5 组	ECH2O	农田	5 层土壤水分、土壤温度及电导率
			气象站	草地	气温、太阳辐射、光合有效辐射、降水、 风速、风向、相对湿度、气压

(a) 草地蒸渗仪

(b) 农田蒸渗仪

(c) 气象站

(d) 四分量辐射仪

(e) 土壤水分观测仪 (ECH2O)

(f) 宇宙射线中子传感器 (CRNS)

图 3.2　主要监测仪器野外照片

3.1.2　区域尺度遥感观测数据及方法概述

本章基于站点观测和多源遥感数据以及模型模拟从内在机理、外在趋势以及影响程度等分析了地表水热过程。站点观测侧重于地表水热过程的内在机制，反映水热参量在日尺度上的动态特征以及对微气候的响应，有助于农牧交错带典型下垫面水热过程的了解，但难以揭示区域及全球尺度的变化特征。遥感数据弥补了站点观测在区域尺度分析的缺陷，能够从全局角度了解本区域长时间尺度的变化趋势，了解本区域的普遍规律，但对于水热过程每小时的变化过程难以捕捉。因此两者相互补充，旨在更全面地揭示水热过程在小时及多年尺度的变化特征。物理模型以经验方程为基础，通过观测参数的修正以及遥感数据的驱动能够将遥感于观测难以反映的自然变量进行概化，为水热过程的进一步研究提供数据基础，也能通过情景假设等将难以重复的自然过程进行反演，虚拟化表达了不同情景下水热过程的变化状态。

1. 下垫面遥感数据的获取

1）遥感数据

本节使用到的 NDVI 遥感数据产品来自全球库存建模和制图研究（global inventory modeling and mapping studies，GIMMS）中的 NDVI3g V3.1 数据产品，时间跨度为 1982～2015 年的 AVHRR 的 NDVI 数据，空间分辨率为 0.05°，时间分辨率为 15 天。AVHRR 传感器是目前全球遥感数据中具有最长时间尺度的连续数据集，GIMMS 的 NDVI3g v3.1 作为近年更新的数据集，具备了时间尺度长、覆盖范围广、反映植被动态变化表征能力强的特点，被广泛应用于植被变化的监测研究中。叶面积指数（leaf area index，LAI）和地表反照率（albedo）数据来自于国家地球系统科学数据中心的全球陆表特征参量数据产品（global land surface satellite，GLASS）。该数据产品是由北京师范大学梁顺林教授团队在国家 863 计划项目的支持下自主研发，数据包括叶面积指数、反照率、地表温度和地表发射率等多种产品。GLASS 产品是综合多源遥感数据的长时间特性，并结合地面观测的高精度特性，将两者数据融合反演得到的具有长时间序列、高精度特点的全球尺度的遥感数据产品。该遥感数据产品已在全球、洲际和区域尺度的生态环境、气候变化等方面的动态监测和变化研究中得到广泛应用。本节中使用到的 LAI 和 Albedo 数据均源于 GLASS 数据产品中的 LAI-AVHRR 和 Albedo-AVHRR，时间分辨率为 1982～2017 年，空间分辨率为 0.05°。通过最大值合成法将旬值数据合成逐月的 NDVI 和 LAI 数据产品，从而减少数据中噪声对数据信号的干扰（Gim et al.，2020）。

地表反照率数据通过提取数据集中的可见光波段，包括白光反照率（white sky albedo）和黑光反照率（black sky albedo），结合太阳高度角，进一步获得蓝天地表反照率（blue sky albedo）（Liang et al.，2005）[式（3.1）和式（3.2）]。

$$\alpha = f_{dir}\alpha_{dir} + f_{dif}\alpha_{dif} \tag{3.1}$$

$$f_{dir} + f_{dif} = 1 \tag{3.2}$$

式中，α 是蓝天地表反照率，α_{dir} 和 α_{dif} 分别表示黑天反照率和白天反照率，f_{dir} 和 f_{dif} 分别表示入射阳光的直射和漫射比例（Long and Gaustad，2004）。

MODIS 数据中 MOD16A2 和 MOD17A2 的 ET 和 GPP 数据产品源于 NASA，时间范围为 2000～2012 年，空间分辨率为 500 m，该数据产品用于在空间尺度对模拟的 GPP 和 ET 空间上的分布进行验证。

土地利用和土地覆盖数据（1980 年、2000 年和 2015 年）来自中国科学院资源环境科学与数据中心。该土地利用数据集的空间分辨率为 1 km，主要包含 6 种一类土地利用类型，包括草地，耕地、森林、水体、建设用地、沙漠，以及 25 种二级土地利用类型。草原是北方农牧交错带分布最广泛的土地利用类型。综合研究区草地分布较广的特点，为了进一步细化研究区土地利用变化特征，因此在选取林地、耕地、水体、荒漠和建设用地外，选择二级草地分类标准，包括高覆盖草原、中覆盖草原、低覆盖草原。研究中所选的土地利用类型最后包括八种植被覆盖类型，即耕地、森林、水体、建设用地、沙漠、高覆盖草地、中盖度草地和低盖度草地。

为保证研究数据时段及空间分辨率的统一，本节所用到的遥感数据和气象数据时段为 1982～2015 年，通过 ArcGIS 10.3 软件中的双线性插值法将所有遥感数据参照气象数据重采样为 0.1°。

2）气象数据

本节所涉气象数据源于中国区域高时空分辨率地面气象要素驱动数据集（China Meteorological Forcing Dataset，CMFD）（Yang and He，2019）。CMFD 是专门为研究中国陆面过程而开发的一套高时空分辨率网格化近地表气象数据集。该数据集是通过将遥感产品、再分析数据集和气象站点观测数据融合而构成的。记录时间自 1979 年 1 月至 2018 年 12 月，空间分辨率为 0.1°。整个数据集包含 7 个近地面气象数据分量，包括近地面 2 m 气温、地面气压、比湿、10 m 风速、向下短波辐射、向下长波辐射和降水率等 7 个近地面气象要素，其中太阳辐射数据为向下短波辐射和向下长波辐射之和。CMFD 已被广泛应用于水文建模、地表建模、土地数据同化和其他的陆面模式研究过程中。

3）观测数据

本节采用通量观测站点观测的碳水通量数据来自于国家生态科学数据中心资源共享服务平台，所用数据包含 7 个涡度通量观测站点，涵盖草地、森林、灌丛、耕地等四个主要的生态系统类型。涡度相关的测量方法是目前公认的通量观测网络通用的技术手段，2001 年中国启动了陆地生态系统通量观测研究网络的建设，并于 2003 年正式建立首批观测站点，采集了典型生态系统碳通量的科学观测数据，其数据内容包括相对湿度、水汽压、风速、风向、大气压、太阳辐射、光合有效辐射、净辐射、土壤温度、土壤水分、降水量等气象要素以及生态系统呼吸、潜热和感热通量、净生态系统交换量 NEE 等通量数据。本节使用的通量站点包括三个森林生态系统（长白山、千烟州、鼎湖山），两个草地生态系统（当雄和内蒙古），一个灌丛生态系统（海北灌丛）和一个耕地（禹城），具体站点信息如

表 3.3 所示。

表 3.3　通量站点简介

站点名称	经度/(°E)	纬度/(°N)	植被类型	数据时段
长白山（CBS）	128.10	42.40	混交林	2004~2010 年
鼎湖山（DHS）	112.56	23.01	常绿阔叶林	2004~2010 年
当雄（DX）	91.08	30.85	高山草甸	2004~2010 年
海北灌丛（HBGC）	101.32	37.60	灌丛	2004~2010 年
内蒙古（NMG）	117.45	43.50	草地	2004~2010 年
千烟洲（QYZ）	115.07	26.73	常绿针叶林	2004~2010 年
禹城（YC）	116.60	26.95	耕地	2004~2010 年

2. 分析方法

1）经验模态分解方法

EEMD（ensemble empirical mode decomposition）集合经验模态分解方法通过在时序信号中多次添加均值为零的白噪声，使原始时序信号的极值点均匀分布在整个频带内，然后再对时序信号经过多次模态分解，将其非线性和非平稳时间序列数据分解为频率递减的多个本征模函数（$IMF_t=1, 2, \cdots, n$）和长期趋势（r_n）（Wu and Huang，2009）。

EEMD 方法的具体操作步骤如下：

步骤 1，将高斯白噪声序列 $w(t)$ 添加到原始数据 $y(t)$，得到新的时序信号数据 $x(t)$。

$$x(t) = y(t) + w(t) \tag{3.3}$$

步骤 2，对加入白噪声的时序信号进行曲线改造，提取频带信号的局部最大值和最小值，运用三次样条对极值点进行插值，然后将所有局部最大值和最小值点通过曲线进行链接，分别形成上包络线 $eu(t)$ 和下包络线 $el(t)$，计算 $eu(t)$ 和 $el(t)$ 的平均值 $m_1(t)$，然后用 $x_1(t)$ 减去 $e_1(t)$；

$$e_1(t) = \frac{eu(t) + el(t)}{2} \tag{3.4}$$

$$x_1(t) = x(t) - e_1(t) \tag{3.5}$$

步骤 3，判断 $x_1(t)$ 是否满足在任何点都足够接近零的筛选标准。如果满足标准，筛选过程将停止；否则，将 $x_1(t)$ 作为新的时间序列，然后重复进行步骤 2，直到第 i 个包络的平均值满足停止标准为止。由此得到的 $x_1(t)$ 是第一个本征模函数，即 IMF_t；

$$x_1(t) = x(t) - e_1(t) \tag{3.6}$$

$$IMF_t = x_i(t) - x_{i-1}(t) \tag{3.7}$$

步骤 4，从 $x_2(t)$ 中减去 IMF_t。将数 $x_2(t)$ 作为新的时间序列，并重复步骤直到第 n 个余数没有任何振荡成分。

$$x_i(t) = x_{i-1}(t) - IMF_t(t) \qquad (3.8)$$

至此，$x_1(t)$ 被分解为 i 个频率递减的本征模函数（IMF_t）和一个单调或仅包含一个极值的本征趋势（r_n）；

$$x_i(t) = \sum_{i=1}^{n} IMF_t + r_n \qquad (3.9)$$

步骤 5，重复步骤 1 至步骤 4 i 次，每次向原始数据 $x(t)$ 中添加不同的高斯白噪声序列，最终采用这 i 次计算得到的本征模函数和本征趋势的平均值作为最终结果，具体 EEMD 的计算流程如图 3.3 所示。

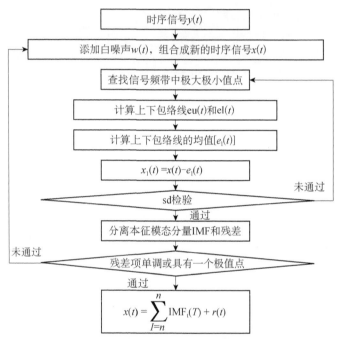

图 3.3　集合经验模态分解方法（EEMD）计算流程

根据本征趋势的单调性和极值点的特性，将数据信号的变化趋势分为单调递增、单调递减、先增后减和先减后增趋势，以及未通过显著性变化的趋势（图 3.4）。

2）一元线性回归方法

采用线性回归分析方法分析时间序列信号的时空变化，拟合信号数据在时间尺度上的回归方程，计算趋势系数作为趋势（周岩等，2021）。所有网格趋势值均采用 t 检验，只有通过显著性检验（$P<0.05$）的网格才能用于进一步分析。

$$Slope = \frac{n \times \sum_{i=1}^{n} i \times x_i - \left(\sum_{i=1}^{n} i\right) \times \left(\sum_{i=1}^{n} x_i\right)}{n \times \sum_{i=1}^{n} i^2 - \left(\sum_{i=1}^{n} i\right)^2} \qquad (3.10)$$

式中，Slope 为时序信号的变化趋势；n 为时序数据的时段长度；x_i 为第 i 年的样本数据。

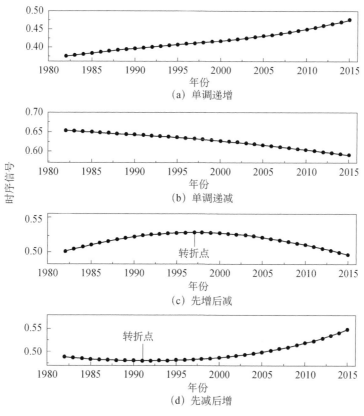

图 3.4　集合经验模态分解方法（EEMD）的变化趋势分类

3）偏相关性分析

相关性分析可以解释两个变量的相关性，但是在多变量分析中，变量和变量之间的关系具有多重相关的复杂性，因此采用偏相关分析来量化各变量之间的关系。偏相关的原理主要是在控制其他自变量线性影响的条件下分析其他变量与变量间的线性相关性，采用偏相关系数 R 来表征两个因子之间的相关程度（张景华等，2015）。

$$R = \frac{r_{xy} - r_{xy}r_{yz}}{\sqrt{1 - r_{xz}^2}\sqrt{1 - r_{yz}^2}} \tag{3.11}$$

式中，x 和 y 为变量要素；z 为控制变量；n 为变量要素的个数；r 为变量之间的相关性；R 值的意义与相关性的意义一致。

4）人类活动量化方法

为了区分气候因素和人类活动对植被的影响，本节使用残差趋势法（restrend）将 NDVI 分解成受气候驱动的 NDVIc 和受人类活动驱动的 NDVIa（Wessels et al.，2007）。RESTREND 方法的具体步骤如下。首先，对 1982～2015 年各像元的 NDVI 和气候变量（气温、降水、太阳辐射、地表风速）进行多元线性回归分析。根据多元线性回归模型的结果，进行模型线性回归计算，预测得到受气候驱动的 NDVIc。其次，计算观测 NDVI 与预测 NDVIc 的残差作为受人类活动驱动的 NDVIa。另外，在每个像元的多元回归模型中，

adj-R^2 一般被解释为 NDVI 受气候因素影响的程度。因此，1-adj-R^2 将剩余部分即视为人类活动对 NDVI 变化的影响。所有回归方程均采用 t 检验检验统计显著性，仅对具有显著（$P<0.05$）的像元进行进一步分析。

为了进一步区分和量化人类活动对 NDVI 的影响的正负效应，本节在 Liu（2018）量化人类活动方法的基础上扩展提出了一种定量方法作为量化人类活动的手段，与前人研究方法的优势在于能够对人类活动的正负效应进行量化。根据上述的计算，人为因素的贡献由方程式（3.12）计算：

$$C\_NDVI_a = NDVI_a^{t_n} - NDVI_a^{t_0} \qquad (3.12)$$

式中，C_NDVI_a 为人类活动的贡献 $NDVI_a^{t_n}$ 表示除第一年外其余年份的人类活动的贡献率，$NDVI_a^{t_0}$ 表示第一年 NDVI 受人类活动的贡献率。当 $C\_NDVI_a > 0$，表示人类活动对于 NDVI 的变化具有正效应（如植树造林、退耕还草），表示为 C_NDVI_{ap}；相反，当 $C\_NDVI_a < 0$，表示为人类活动对植被变化具有负效应，（如过度放牧、毁林滥伐），用 C_NDVI_{an} 来表示。因此，人类活动对于 NDVI 变化的正效应总和（$SUM\_C\_NDVI_{ap}$）和负效应总和（$SUM\_C\_NDVI_{an}$）通过式（3.13）和式（3.14）来表示（Xue et al.，2019）。

$$SUM\_C\_NDVI_{ap} = \frac{\left|\sum_{t_0}^{t_n}(C\_NDVI_{ap})\right|}{\left|\sum_{t_0}^{t_n}(C\_NDVI_{ap})\right| + \left|\sum_{t_0}^{t_n}(C\_NDVI_{an})\right|} \times 100\% \qquad (3.13)$$

$$SUM\_C\_NDVI_{an} = \frac{\left|\sum_{t_0}^{t_n}(C\_NDVI_{an})\right|}{\left|\sum_{t_0}^{t_n}(C\_NDVI_{ap})\right| + \left|\sum_{t_0}^{t_n}(C\_NDVI_{an})\right|} \times 100\% \qquad (3.14)$$

3. 模型简介

1）TL-LUE 两叶光能利用率模型

在节中，两叶光能利用率模型（即 Two-Leave-Light Use Efficiency，TL-LUE）被应用于计算 GPP，该模型是 He 等（2013）于 2013 年基于 MOD17 的 GPP 计算模型的基础上改进开发而来的，与原有的大叶模型相比，该模型将树冠分为日照和遮阴叶组，提高了模型的模拟精度，GPP 可计算如下：

$$GPP = (\varepsilon_{msu} \times APAR_{su} + \varepsilon_{msh} \times APAR_{sh}) \times f(VPD) \times f(T_{a\min}) \qquad (3.15)$$

$$APAR_{sh} = (1-\alpha) \times \left(\frac{PAR_{dif} - PAR_{dif,u}}{LAI} + C\right) \times LAI_{sh} \qquad (3.16)$$

$$APAR_{su} = (1-\alpha) \times \left(\frac{PAR_{dir} \times \cos\beta}{\cos\theta} + \frac{PAR_{dif} - PAR_{dif,u}}{LAI} + C\right) \times LAI_{su} \qquad (3.17)$$

$$f(VPD) = \begin{cases} 0 & VPD \geqslant VPD_{max} \\ \dfrac{VPD_{max} - VPD}{VPD_{max} - VPD_{min}} & VPD_{min} < VPD < VPD_{max} \\ 1 & VPD \leqslant VPD_{min} \end{cases} \qquad (3.18)$$

$$f(T_{a\min}) = \begin{cases} 0 & T_{a\min} \leqslant T_{a\min\_min} \\ \dfrac{T_{a\min} - T_{a\min\_min}}{T_{a\min\_max} - T_{a\min\_min}} T_{a\min} & T_{a\min\_min} < T_{a\min} < T_{a\min\_max} \\ 1 & T_{a\min} \geqslant T_{a\min\_max} \end{cases} \qquad (3.19)$$

式中，ε_{msu} 和 ε_{msh} 分别为光照和遮阴叶片的最大光利用效率；$APAR_{su}$ 和 $APAR_{sh}$ 为光照和遮阴叶片吸收的光合有效辐射（APAR）的分数；$f(VPD)$ 和 $f(T_{a\min})$ 为水汽压差（VPD）和最低气温（$T_{a\min}$）的应力标量；α 为反照率；PAR 为总光合有效辐射，PAR_{dir} 和 PAR_{dif} 分别为 PAR 的直接和扩散成分；$PAR_{dif,u}$ 为指冠层下的扩散 PAR；C 为总 PAR 的多次散射对冠层内单位叶面积漫辐照度的贡献。式中的 LAI_{su} 和 LAI_{sh} 是日照和遮阴叶片的 LAI；β 为平均叶倾角，设定为 60°；θ 为太阳天顶角。PAR_{dif}、PAR_{dir} 和 $PAR_{dif,u}$ 计算如下：

$$PAR_{dir} = PAR(0.7527 + 3.5453R - 16.316R^2 + 18.962R^3 - 7.0802R^4) \qquad (3.20)$$

$$PAR_{dir} = PAR - PAR_{dif} \qquad (3.21)$$

$$PAR_{dif,u} = PAR_{dif} \times \exp\left(-0.5 \times \Omega \times \frac{LAI}{\cos\theta}\right) \qquad (3.22)$$

式中，R 为天空晴空指数（$PAR/0.5S_0\cos\theta$），S_0 为太阳常数（为 1367 W/m²）。

其中，LAI_{sh} 和 LAI_{su} 计算公式为

$$LAI_{su} = 2 \times \cos\theta \times \left(1 - \exp\left(-0.5 \times \Omega \times \frac{LAI}{\cos\theta}\right)\right) \qquad (3.23)$$

$$LAI_{su} = LAI - LAI_{su} \qquad (3.24)$$

式中，Ω 为根据植被类型设置的聚集指数。在 TL-LUE 模型中，ε_{msu} 和 ε_{msh}、VPD_{max}、VPD_{min}、$T_{a\min\_min}$、$T_{a\min\_max}$ 和 Ω 为依赖于土地利用类型的参数（Zhou et al.，2016）。

2）PT-JPL 蒸散发模型

PT-JPL 蒸散发模型是 Fisher 等（2008）于 2008 年在原有的 Priestley 和 Taylor（1972）基础上所建立的一种新的实际蒸散发计算模型，该方法被广泛应用到蒸散发的计算当中。具体的计算公式如下：

$$ET = E_t + E_s + E_i \qquad (3.25)$$

$$E_t = (1 - f_{wet})f_g f_t f_m \alpha \frac{\Delta}{\Delta + \gamma}(R_{nc} - G) \qquad (3.26)$$

$$E_s = (1 - f_{wet} + f_{sm})(1 - f_{wet})\alpha \frac{\Delta}{\Delta + \gamma}(R_{ns} - G) \qquad (3.27)$$

$$E_i = f_{wet}\alpha \frac{\Delta}{\Delta + \gamma}R_{nc} \qquad (3.28)$$

式中，E_t 为植被冠层蒸腾；E_s 为土壤蒸发；E_i 为植被冠层截留蒸发；f_{wet} 为相对表面湿度，f_g 为绿色冠层部分；f_t 和 f_m 分别为植物的温度和湿度限制。另外，R_{nc} 和 R_{ns} 分别为冠层净辐射和表层土壤净辐射，W/m²；G 为土壤热通量，W/m²；α 为 Priestley-Taylor 系数（$\alpha = 1.26$）；Δ 为饱和蒸气压曲线的斜率，kPa/℃；γ 为湿度常数，kPa/℃。

$$R_{nc} = R_n - R_{ns} \quad\quad\quad (3.29)$$

$$f_{wet} = RH^4 \quad\quad\quad (3.30)$$

$$f_g = f_{APAR} / f_{IPAR} \quad\quad\quad (3.31)$$

$$f_m = f_{APAR} / f_{APARmax} \quad\quad\quad (3.32)$$

$$f_t = \exp\left(-\left(\frac{T_{max} - T_{opt}}{T_{opt}^2}\right)^2\right) \quad\quad\quad (3.33)$$

$$f_{sm} = RH^{VPD/\beta} \quad\quad\quad (3.34)$$

式中，R_n 为净辐射，采用 Shao 等（2019）提出的方法计算，W/m^2；RH 为相对湿度（%）；VPD 为饱和蒸气压差，kPa。同时，f_{APAR} 和 f_{IPAR} 分别为冠层吸收的 PAR 和光合有效辐射的分数；T_{max} 和 T_{opt} 贡献了植物生长的最高气温（℃）和最适温度。

$$f_{APAR} = b_1 \times 0.45 \times NDVI + 0.084 \quad\quad\quad (3.35)$$

$$f_{IPAR} = b_2 \times NDVI - 0.05 \quad\quad\quad (3.36)$$

式中，b_1 和 b_2 是取决于土地利用类型的参数（Niu et al., 2019）；NDVI 为归一化植被指数。

3.2　北方农牧交错带下垫面动态变化及其驱动因素分析

中国北方干旱半干旱农牧交错带是一个典型的生态过渡带（面积最大，空间尺度最长），有效地防止了西北部沙漠向南部和东部扩散（Yang et al., 2019）。然而，由于气候和人为因素的影响，北方农牧交错带的生态系统遭受了不同程度的退化。植被作为反映区域生态安全的敏感指标（Fang et al., 2018）。监测植被动态，并在时空尺度上对影响植被变化的因素进行定量分析，对于理解陆地生态系统的可持续性至关重要，尤其是在生态系统脆弱、对外部环境变化高度敏感的地区。

遥感技术为大规模植被变化监测提供了连续的时空观测数据（Pan et al., 2018）。归一化植被指数（NDVI）作为一种重要的遥感产品，与植被覆盖度、生物物理性质、生物量和光合强度密切相关，已被广泛用作植被密度、健康状况、净初级生产力和生长动态指标（Gonsamo et al., 2015；Neigh et al., 2008）。从区域到全球尺度的可靠网格化 NDVI 产品对于在大尺度上精确模拟陆地植被状态至关重要。全球库存建模和制图研究 NDVI 数据集已被证明是陆地生态系统的长期遥感测量，并已成功应用于量化植被活动和监测国内外许多生物群落的植被动态（Bhavani et al., 2017）。

在气候变化的背景下，随着人类活动的增加以及植被动态对环境变化的高度敏感性，利用 NDVI 分析时间趋势已被证明对描述植被在一系列时间尺度上对外部现象的响应特别有用（Jamali et al., 2015）。多时相数据分析的有效方法开发是遥感界最重要、最复杂的问题之一（Martinez and Gilabert, 2009）。除了传统的线性回归方法外，非线性拟合方法已被视为分析植被动态的一种新方法，包括傅里叶分析（Fourier analysis）（Roerink et al.,

2003）、基于小波的方法（wavelet-based methods）（Torrence and Compo，1998）、BFAST 检测方法和趋势中断（breaks for additive season and trend）（Verbesselt et al.，2010），以及检测断点和估计趋势分段（detecting breakpoints and estimating segments in trend）（Jamali et al.，2015）。虽然开发这些工具是为了检测植被变化趋势的变化，但傅里叶分析主要集中在年度波动上，需要分析的数据集应该是绝对周期性或平稳的（Wang and Heyns，2011）；小波分析对噪声敏感；趋势检测方法受到信号线性和非线性假设的限制（Liu et al.，2019）。同时，BFAST 分析将非线性趋势成分简化为一些趋势部分（Jamali et al.，2014），无法表达内在趋势；DBEST 分析对持续时间较短的趋势变化更为敏感，如趋势变化由野火和恢复引起（Yin et al.，2017）。然而，作为对经验模态分解（EMD）的改进，集成经验模态分解（EEMD）方法提供了一种新的研究方法时间序列（Wu and Huang，2009）。与传统方法相比，EEMD 的主要优点是自适应，在非常局部的尺度上具有强大的物理空间和频率空间能力（Wang et al.，2015）。EEMD 可以从信号序列中分离出固有的时间趋势和频率分量，尤其是非线性和非线性分量非平稳信号序列。因此，EEMD 作为一种创新的统计工具，已被广泛用于确定各个领域变量的时间序列趋势，如信号和图像处理与经济、健康、环境和气候测定（Ji et al.，2018；Rai and Upadhyay，2018）。最近，EEMD 已应用于遥感领域（Kong et al.，2015）。

准确描述植被变化是理解气候因素和人类活动对植被变化影响的前提。同时，识别植被驱动力，将人为驱动的植被变化与气候诱导的植被变化分开植被变化和量化人类活动的正负效应是保护生态系统服务和评估植被恢复政策的重要基础。在过去几十年中，为了保护生态系统免受进一步退化，我国政府在北方农牧交错带实施了许多恢复政策。包括"退耕还林"工程、"退耕还草"计划和京津风沙源控制项目（Robinson et al.，2017）。如上所述，该地区的植被状况不仅关系到当地的生态系统服务和人类福利，而且对中国北方的环境也有重要影响。以前的研究使用线性回归方法来调查植被变化以及气候和人类活动的相关影响（Tong et al.，2018）。然而，植被变化趋势检测方法的局限性阻碍了我们调查植被变化驱动因素的能力。因此，利用非线性方法评估植被变化有助于我们更深入地了解植被变化及其与气候变化和人类活动的关系。因此，本节的主要目的是①分析北方农牧交错带的时空植被变化，②确定不同的植被变化趋势，③将人类驱动的植被变化与气候诱导的植被变化进行区分，以及④量化人类活动对植被变化的正效应和负效应。在最近人类活动对植被造成压力的情况下，这种方法特别有利于土地利用管理和生态恢复政策的决策。

3.2.1　我国北方农牧交错带植被变化趋势分析

1. 时间变化趋势

通过对我国北方农牧交错带 1982～2015 年的年最大 NDVI 值进行一元线性回归和非线性 EEMD 的分析，结果如图 3.5 所示，两种趋势分析方法均表明我国北方农牧交错带

NDVI 在 1982~2015 年呈显著增加趋势，线性变化趋势为 0.001 年$^{-1}$，其中 2000~2015 年与 1982~2000 年相比，NDVI 变化趋势有了显著的增加，变化趋势由 0.0019 年$^{-1}$ 增加到 0.0032 年$^{-1}$，变化速率在 2000 年出现明显的转折。非线性的 EEMD 趋势结果显示，研究区 NDVI 在 1982~2015 年总体上呈增加趋势，年际变化速率在 0.002 年$^{-1}$，年际瞬时变化速率显示在研究时段内发生了先减后增的变化趋势。在 1982~2000 年，NDVI 的年际瞬时变化速率呈逐年降低趋势，2000~2015 年，NDVI 年际瞬时变化速率则呈逐年增加趋势，2000 年成为我国北方农牧交错带 NDVI 年际瞬时变化速率的转折年份。

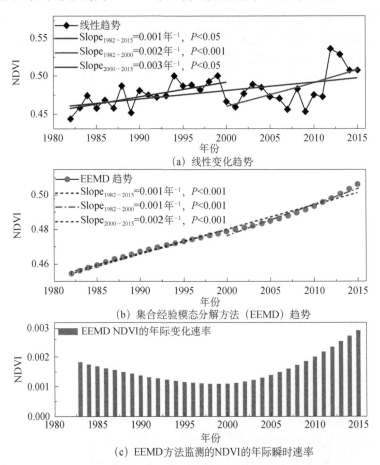

图 3.5　1982~2015 年归一化植被指数（NDVI）的年际变化趋势

Slope$_{1982~2015}$、Slope$_{1982~2000}$ 和 Slope$_{2000~2015}$ 分别代表 1982~2015 年、1982~2000 年和 2000~2015 年各变量的变化速率

2. 空间变化趋势

通过一元线性回归方法以及非线性的 EEMD 方法分析结果显示（图 3.6），线性趋势表明，1982~2015 年间，我国北方农牧交错带在空间上约有 49.03%的区域 NDVI 呈显著增加趋势，变化速率为 0.003 年$^{-1}$（$P<0.05$）。这些地区主要位于研究区的西南部和东北部，尤其

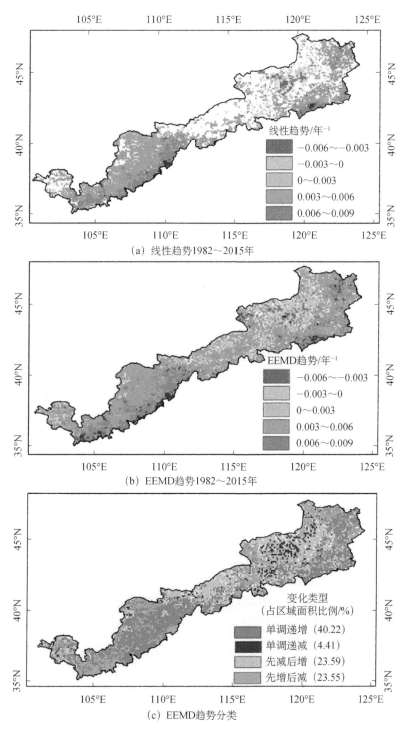

(a) 线性趋势1982~2015年

(b) EEMD趋势1982~2015年

(c) EEMD趋势分类

图 3.6　1982~2015 年我国北方农牧交错带归一化植被指数（NDVI）线性趋势和集合经验模态分解
（EEMD）的趋势空间分布以及 EEMD 变化趋势分类

图中仅显示显著性 $P<0.05$ 的区域

在西南部的黄土高原地区 NDVI 增加最为明显。相反，在研究区的东北部地区，约有 9.48% 的区域有明显的 NDVI 降低趋势，变化速率为-0.002 年$^{-1}$（$P<0.05$）。其余约占总面积的 41.49% 区域 NDVI 没有发生明显变化，并且主要分布于研究区的中北部。非线性的 EEMD 分析结果表明，在整个研究时段内，研究区约 96.24% 的区域 NDVI 表现出显著的变化趋势，其中约 74.60% 的区域 NDVI 呈显著的绿化现象，单调变绿的速率为 0.003 年$^{-1}$（$P<0.05$），约 21.64% 的区域 NDVI 呈褐变现象，变化速率为-0.001 年$^{-1}$（$P<0.05$）。除研究区中北部植被变化率相对较低外，EEMD 趋势的空间分布与线性趋势基本一致。

另外，从研究区 EEMD 趋势的空间分布格局来看 [图 3.6（c）]，我国北方农牧交错带 NDVI 变化趋势主要以单调递增为主，约占研究区面积的 40.22% 左右。相比之下，单调递减的区域较小，仅占研究区面积的 4.41%，NDVI 变化速率约为-0.002 年$^{-1}$（$P<0.05$）。除单调的变化趋势外，研究区 47.14% 以上的区域中 NDVI 的变化速率发生明显转折，由增变减和由减变增的面积分别占研究区总面积的 23.59% 和 23.55%。从空间分布上看，由增变减的区域主要集中在研究区中北部地区，由减变增的区域则广泛分布于整个研究区域内。

两种趋势方法的结果具有一致性，在一定程度上均能反映植被的绿化趋势，但一元线性趋势方法无法揭示在研究时段内植被变化趋势的转变。由于自然界中，植被、气候等自然变量的动态受多种因素的影响，其变化趋势并非简单的线性变化趋势，因而一元线性方法无法准确地反映复杂的变化模式。相反非线性的 EEMD 方法可以更准确地揭示植被变化的本征趋势，能够反映线性趋势无法揭示的隐藏于植被绿化趋势下的植被褐变现象。另外，非线性的 EEMD 方法能够计算出数据信号的瞬时速率。本节中 EEMD 方法对 NDVI 逐年瞬时速率的计算，从而揭示出 NDVI 年际瞬时速率以 2000 年为时间节点，2000 年前后 NDVI 变化速率发生明显转折。

3. 生态恢复工程实施前后研究区的植被变化趋势差异

自 1999 年以来，我国在四川、陕西和甘肃等地率先开展了退耕还林工程试点，从 2000 年开始，退耕还林生态恢复工程在我国大部分地区陆续实施。我国北方农牧交错带作为退耕还林工程实施的重点区域，本区域的植被变化与生态恢复工程的实施有着密切的联系。通过前一节对植被变化趋势的分析结果表明，一方面我国北方农牧交错带在 2000 年前后 NDVI 发生了明显的转变，另一方面 EEMD 趋势的年际瞬时速率证明了 2000 年为 NDVI 变化的转折点。因此，以 2000 年为时间节点，分析生态恢复工程实施前后植被变化的差异。

通过对比 1982～2000 年以及 2000～2015 年研究区植被变化趋势和变化类型的差异，结果显示（图 3.7），在 2000 年以后，研究区 NDVI 的变化速率（速率为 0.002 年$^{-1}$，$P<0.05$）显著高于 2000 年以前（速率为 0.001 年$^{-1}$，$P<0.05$）。NDVI 变化类型的对比结果显示，单调递增和单调递减的变化类型在研究区的分布面积在 2000 年以后均有所增加，分别由 2000 年以前的 53.50% 和 9.34% 增加到了 2000 年以后的 61.03% 和 21.18%。其中单调递增的区域主要集中分布于研究区的西北部和东北部边缘区域。相反，单调递减的变化类

型分布在研究区的中部区域，植被褐变速率不断增加。在先增后减和先减后增的变化类型中，2000 年以前，植被变化趋势不稳定，约 33.46% 的区域植被变化速率发生了转折，在 2000 年以后发生转折的区域仅占研究区面积的 12.07%。

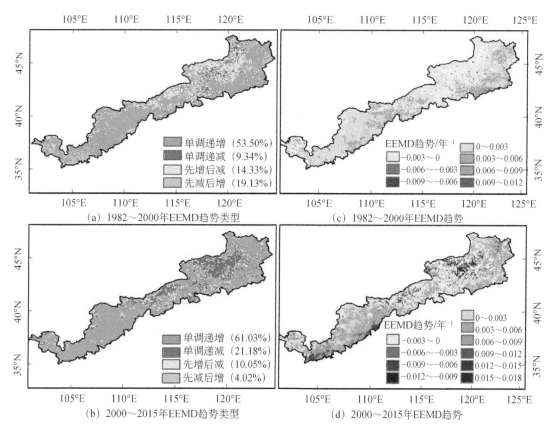

图 3.7　2000 年前后我国北方农牧交错带归一化植被指数（NDVI）的集合经验模态分解（EEMD）方法的趋势分类和变化速率的空间分布

图中仅显示显著性 $P<0.05$ 的区域

3.2.2　我国北方农牧交错带气候变化趋势分析

1. 时间趋势分析

研究区气候要素的线性和非线性 EEMD 趋势如图 3.8 所示，结果表明，在 1982～2015 年，气温、降水和太阳辐射均呈增加趋势，年际变化速率分别为 0.04 ℃/a（$P<0.001$）、1.36 mm/a 和 1.42 MJ/（m²·a）（$P<0.001$），34 年间变化增量分别为 1.169 ℃、255.93 mm 和 54.01 MJ。在 1982～2000 年，气温和太阳辐射均迅速增加，年际变化率分别为 0.08 ℃年⁻¹（$P<0.01$）和 4.45 MJ/（m²·a）（$P<0.001$），2000 年以后，气温维持在较高范围、年际变率较小，太阳辐射则呈下降趋势，年际变化率为 -1.98 MJ/（m²·a）。降水在 1982～2000

年波动较大，但未出现显著的增加或降低趋势，而在 2000～2015 年降水呈显著增加趋势，年际变化率达 9.95 mm/a（$P<0.05$）。地表风速在 1982～2015 年总体呈显著降低趋势，其中 1982～2000 年逐年有序降低，在 2000 年以后，尤其在 2010～2015 年地表风速发生显著的波动变化。非线性的 EEMD 趋势显示，在 34 年间气温和太阳辐射均呈先增加后平稳变化或略微降低的变化趋势，降水呈先降低后大幅增加变化的趋势。与其他 3 个气象因子的总体上升趋势相比，地表风速则在整个研究时段内呈降低趋势。

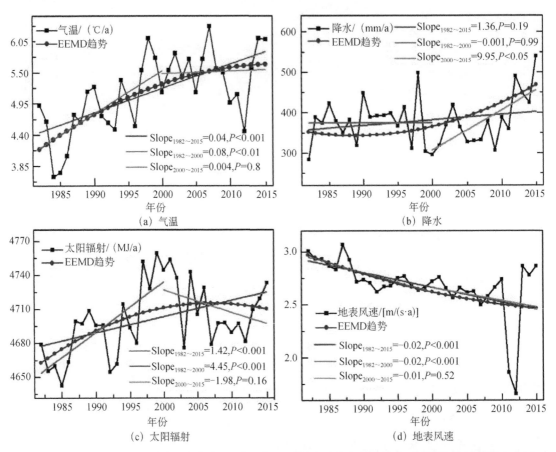

图 3.8　1982～2015 年我国北方农牧交错带的气温、降水、太阳辐射和地表风速的集合经验模态分解（EEMD）的趋势

Slope$_{1982\sim2015}$、Slope$_{1982\sim2000}$ 和 Slope$_{2000\sim2015}$ 分别代表 1982～2015 年、1982～2000 年和 2000～2015 年间各变量的斜率

2. 空间趋势分析

四种气候要素的线性和非线性 EEMD 空间变化趋势如图 3.9 所示，结果表明，气温在整个研究区的大部分区域呈显著增加趋势，线性和非线性趋势均揭示出气温变化的空间分布格局，即在研究区西南部的毛乌素沙地，气温增加最为显著，在东北部极少部分区域气温有 -0.02 ℃/a 的降低趋势。降水在研究区东北部的部分区域有显著减少趋势，而

在研究区中部和东北部北缘区域有显著的增加趋势，年际变化速率达 12 mm/a。太阳辐射的空间分布趋势与气温的空间分布范围相一致，但在东北部太阳辐射降低的区域有所扩大。研究区的风速整体呈降低趋势，尤其在东北部和中部呈显著降低趋势，年际变化率为 0.06 m/a。

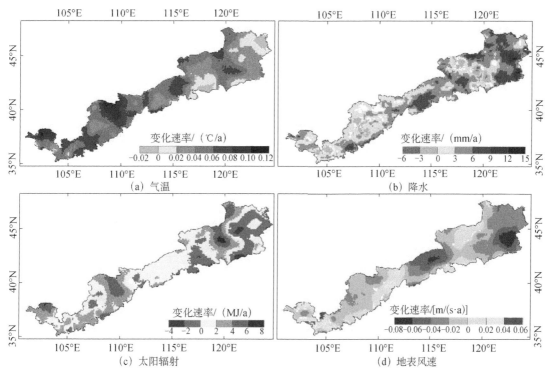

图 3.9　1982～2015 年我国北方农牧交错带的气温、降水、太阳辐射和地表风速的集合经验模态分解（EEMD）空间变化趋势

图中仅显示显著性 $P<0.05$ 的区域

2000 年前后各气候因素的变化趋势及变化类型结果显示（图 3.10），2000 年以前，气温除研究区中部的少部分区域外，其他区域均呈增加趋势，最高增加速率达 0.15 ℃/a。在 2000 年以后，气温的增加趋势有所减缓，降低趋势在整个研究区呈带状分布，最明显的区域主要分布于研究区的中北部区域。在 2000 年以前，研究区的降水的趋势主要以先减后增和单调递增为主，在 2000 年以后研究区降水呈整体增加趋势，先减后增的趋势类型大部分转为了单调递增类型，但在东北部偏中部的区域降水呈持续降低趋势。太阳辐射的变化与气温的变化具有高度的一致性，2000 年以前以单调递增的趋势为主，2000 年以后太阳辐射主要以降低趋势为主，尤其在研究区的东北部区域太阳辐射降低最为明显。地表风速的变化在 2000 年以前和 2000 年以后均是以单调递减的趋势类型为主，2000 年以后单调递增的趋势类型所占区域有所扩大。

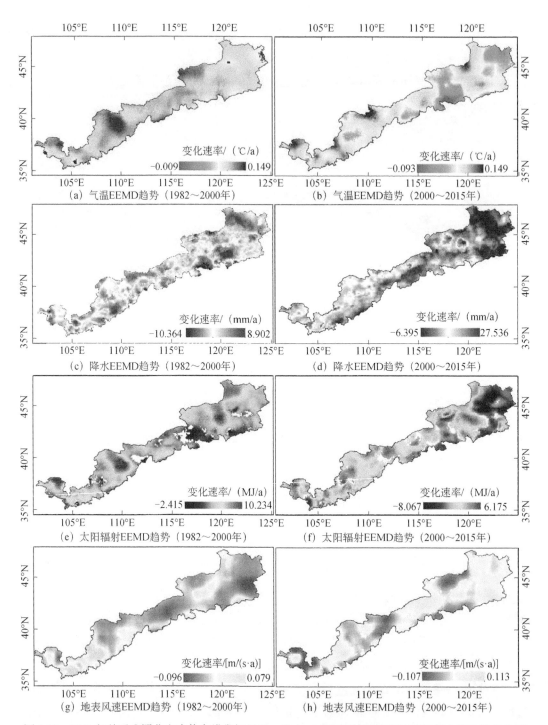

图 3.10　2000 年前后我国北方农牧交错带的气温、降水、太阳辐射和地表风速的集合经验模态分解
（EEMD）方法的空间变化趋势

图中仅显示显著性 $P<0.05$ 的区域

3.2.3　我国北方农牧交错带土地利用变化分析

在人类活动的影响下，我国北方农牧交错带土地利用在 1982~2015 年发生了明显的变化，通过 1982 年、2000 年和 2015 年三期土地利用类型分析了 1982~2000 年以及 2000~2015 年研究区的土地利用变化类型（图 3.11，表 3.4 和表 3.5）。在 2000 年以前，大量的草地、林地以及荒漠地区被开垦为耕地，这些区域主要分布在研究区西南部的黄土高原地区。在研究区的东北部，大量的林地被砍伐成为荒漠，高植被草地则转变成为低植被草地，草地面积和林地面积大量减少。2000 年以后，我国北方农牧交错带土地利用以植被恢复为主，大量耕地退耕为林地和草地，尤其在研究区的西南部即黄土高原地区，部分区域还存在荒漠区转为低盖度草地，以及低中盖度草地向中高盖度草地转换的现象。在大范围植被恢复的背景下，在研究区的东北部依旧存在自然植被被开垦为耕地的现象，包括大量的高、中和低盖度草地被开垦成为耕地。

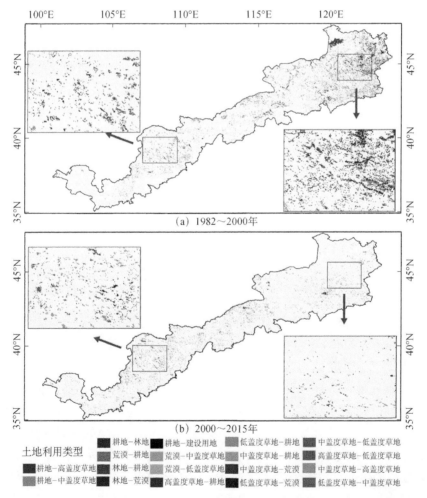

图 3.11　1982~2000 年和 2000~2015 年我国北方农牧交错带的土地利用变化类型

表 3.4 1980～2000 年研究区土地利用转移矩阵（$10^5 km^2$）

2000年 ＼ 1980年	耕地	林地	高盖度草地	中盖度草地	低盖度草地	水体	建设用地	荒漠
耕地	14.28	0.06	0.04	0.05	0.03	0.01	0.03	0.04
林地	0.20	5.96	0.10	0.27	0.02	0.02	0.01	0.96
高盖度草地	0.65	0.08	11.61	0.19	0.12	0.01	0.01	0.12
中盖度草地	0.42	0.06	0.08	10.78	0.16	0.01	0.01	0.16
低盖度草地	0.15	0.01	0.04	0.08	6.89	0.00	0.00	0.14
水体	0.05	0.00	0.01	0.01	0.01	0.98	0.00	0.07
建设用地	0.00	0.00	0.00	0.00	0.00	0.00	1.02	0.00
荒漠	0.08	0.03	0.04	0.09	0.18	0.01	0.01	5.68

表 3.5 2000～2015 年研究区土地利用转移矩阵（$10^5 km^2$）

2015年 ＼ 2000年	耕地	林地	高盖度草地	中盖度草地	低盖度草地	水体	建设用地	荒漠
耕地	15.32	0.10	0.08	0.10	0.05	0.02	0.13	0.03
林地	0.03	6.12	0.01	0.02	0.01	0.00	0.01	0.01
高盖度草地	0.14	0.04	11.47	0.12	0.06	0.01	0.04	0.04
中盖度草地	0.09	0.07	0.14	10.87	0.12	0.01	0.08	0.09
低盖度草地	0.06	0.03	0.08	0.12	6.94	0.00	0.06	0.12
水体	0.03	0.00	0.00	0.01	0.01	0.95	0.01	0.04
建设用地	0.01	0.00	0.00	0.00	0.00	0.00	1.08	0.00
荒漠	0.08	0.03	0.02	0.09	0.13	0.03	0.04	6.73

3.2.4 植被变化的影响因素分析

1. 气候因素对植被变化的影响

基于对 NDVI 和气候因素的偏相关计算，分析整个研究时段内气候因子对 NDVI 变化的影响，结果如图 3.12 所示。在四个气候因素中，降水与 NDVI 的相关性最高。研究区超过 47.79%的区域表现出降水对 NDVI 的增加具有显著的正相关性（$P<0.05$），平均相关系数大于 0.46，这些地区大部分位于非森林和非沙漠地区。由于研究区地处干旱半干旱地区，水分是限制研究区植被生长的首要环境因素，对于植被的生长至关重要。降水作为研究区植被获取水分的重要来源，是影响研究区植被变化最重要的气候因素。前人研究表明，自 20 世纪 80 年代末以来，我国北方地区的气候已经从暖干化转变为暖湿化趋势（Huang et al.，2013），北方地区降水明显增加，因此降水量的增多促进了研究区植被的绿化。另外，地表风速是影响研究区 NDVI 变化的第二重要的气候因子，大约 23.43%的区域中 NDVI 的变化与地表风速具有显著的负相关关系，主要分布在研究区东北部。该区域位

于京津冀地区，是我国风沙侵蚀最为严重的地区之一，风速过高会加速土壤中水分和养分的流失，制约植被的生长，导致植被退化，因此风速与植被变化呈负相关关系。气温对NDVI 的影响居于第三位，在空间上气温对 NDVI 的影响表现出明显的南北差异，约 9.14%的区域具有显著的正相关关系，且这些区域分布于耕地为主的西南部，约 4.01%的区域具有显著的负相关，主要集中在东北部，且植被类型以草地为主。与降水、地表风速和气温相比，太阳辐射对 NDVI 的影响很小，显著性区域仅占区域总面积的 7.68%。

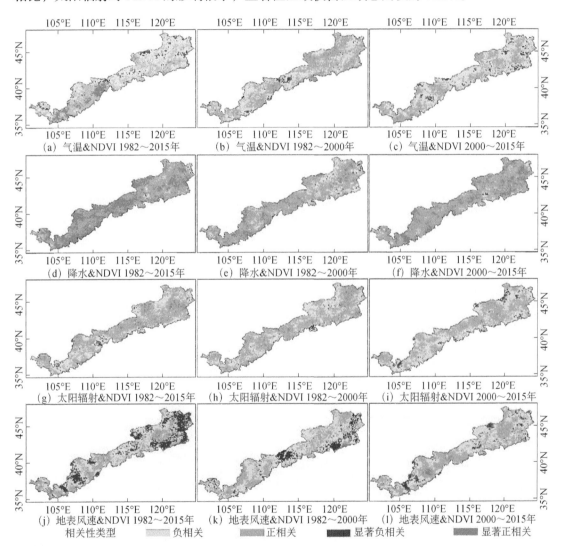

图 3.12　1982～2015 年我国北方农牧交错带归一化植被指数（NDVI）与气温、降水、太阳辐射和地表风速的偏相关性空间分布

图中仅显示显著性 $P<0.05$ 的区域

2000 年前后气候因素和 NDVI 的偏相关关系如图 3.12 所示。对降水而言，2000 年以后降水对 NDVI 的正效应在 2000 年以前的基础上有明显增加，且研究区东北部地区降水的

正效应显著增强，主要因为该区域降水量在 2000 年以后发生显著增加。就气温而言，随着气温的不断增加，NDVI 与气温之间负相关区域明显增加。太阳辐射与 NDVI 之间的相关性表现出与气温和 NDVI 相类似的特征。气温的升高和太阳辐射的增强则可能会加速地表的蒸散发，导致植物蒸腾和土壤蒸发作用的加强，加速地表水分消耗（Liu et al., 2018）。在我国北方农牧交错带东北部以草原为主的地区，气温和太阳辐射的增加对植被产生了负面影响，导致东北部出现大规模的植被退化现象，大多数植被在 1982~2000 年期间开始由绿化转变为退化。NDVI 与地表风速的相关性显示，2000 年以前，在研究区中北部的京津冀地区和中南部的鄂尔多斯地区具有显著的负相关性，随着京津冀防风固沙工程在 2000 年以后的实施，研究区风速显著降低，NDVI 与地表风速的负相关性在该区域也有所减弱。

2. 人类活动对植被变化的影响

除了气候因素对植被变化的影响外，人类活动对植被变化也产生着重要的作用，准确量化人类活动对植被的影响，有利于更全面了解植被变化的原因。本节通过残差趋势法（RESTREND）结合 NDVI 和气温、降水、太阳辐射和地表风速之间逐像元建立多元线性回归模型，从而区分了 1982~2015 年间气候和人为因素对植被的影响。计算结果表明（图 3.13），研究区中约 53.85% 的像元通过了显著性检验（$P<0.05$），这些区域主要分布在我国北方农牧交错带的西南部和东北部的草原和农田区域，中部森林区及西北部荒漠区通过显著性检验的像元数较少。基于此，在通过显著性检验的像元中分析人类活动对植被变化的影响。统计结果表明在研究区人类活动和气候变化对植被变化的贡献率分别为 63.85% 和 36.15%，其中在研究区的西南部，即黄土高原地区人类活动的贡献率较高。

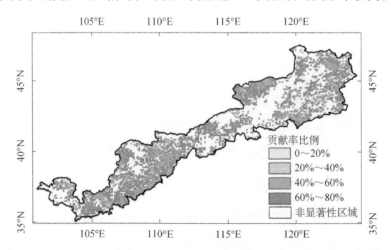

图 3.13　1982~2015 年人类活动对归一化植被指数（NDVI）变化的贡献率

通过对比 2000 年前后人类活动的贡献率差异（图 3.14），结果发现 2000 年以后，人类活动对我国北方农牧交错带 NDVI 的正效应贡献率显著增加，平均贡献率由 44.16% 增加到

54.53%，人类活动的负效应贡献率由 54.54% 下降到 45.46%。在空间分布上，研究区西南部人类活动的正效应大幅增加，尤其位于研究区西南部的黄土高原地区，人类活动的正效应由 20% 左右增加到 60% 左右。相反，研究区东北部人类活动的负贡献率有所增加，即表明该区人类活动的负作用导致该区域植被在一定程度上出现了退化现象。

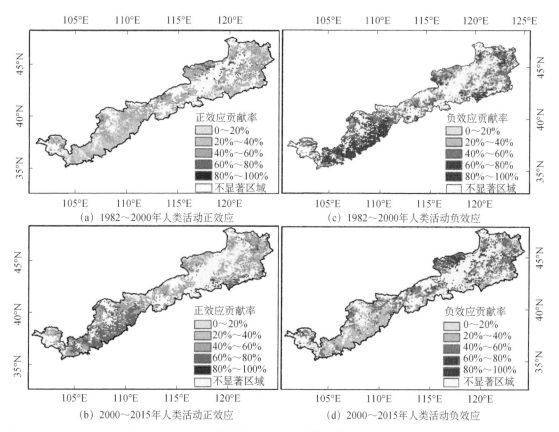

图 3.14　1982~2000 年和 2000~2015 年我国北方农牧交错带人类活动对归一化植被指数（NDVI）变化贡献率的正效应和负效应的空间分布

结合土地利用类型，进一步量化了土地利用类型变化中人类活动的正负效应，结果如表 3.6 所示。2000 年以前，在土地利用未发生变化的地区，持续性耕地和持续性中、低覆盖度草地受到人类活动的负面影响，其负面贡献率接近人类活动总贡献量的 60%；在土地利用发生变化的地区，主要的土地利用变化类型是草地（包括高、中、低覆盖度）转换为耕地，其中高盖度草地和中盖度草地向耕地的转移面积最大，人类活动以负效应为主。根据经济统计数据显示，自 1978 年中国进行经济改革以来，集体或人民公社拥有的农田和牲畜重新分配给个体户，牲畜数量显著增加（Hua and Squires，2015）。因此，大面积的毁草开荒和过度放牧是 1982~2000 年期间植被退化的重要原因，人类活动在该时段内以负效应为主。

表 3.6 人类活动对我国北方农牧交错带归一化植被指数（NDVI）变化的相对贡献率（%）

土地利用类型 （土地利用转变）	1982~2000 年贡献率		2000~2015 年贡献率	
	正效应	负效应	正效应	负效应
未变化耕地	43.15	56.85	56.45	43.55
未变化森林	49.08	50.92	50.01	49.99
未变化水体	43.79	56.21	56.76	43.24
未变化荒漠	47.43	52.57	53.36	46.64
未变化建设用地	44.76	55.24	55.15	44.85
未变化高盖度草地	51.49	48.51	46.25	53.75
未变化中盖度草地	43.08	56.92	56.55	43.45
未变化低盖度草地	40.37	59.63	58.65	41.35
耕地 → 森林	—	—	60.36	39.64
耕地 → 建设用地	—	—	56.94	43.06
耕地 → 高盖度草地	—	—	57.17	42.83
耕地 → 中盖度草地	—	—	58.04	41.96
森林 → 耕地	46.57	53.43	—	—
森林 → 中盖度草地	42.94	57.06	—	—
荒漠 → 耕地	45.80	54.20	57.39	42.61
荒漠 → 中盖度草地	47.02	52.98	54.46	45.54
高盖度草地 → 耕地	47.55	52.45	49.23	50.77
高盖度草地 → 荒漠	45.47	54.53	—	—
高盖度草地 → 中盖度草地	45.44	54.56	51.91	48.09
中盖度草地 → 耕地	46.10	53.90	54.85	45.15
中盖度草地 → 高盖度草地	—	—	54.94	45.06
中盖度草地 → 荒漠	46.89	53.11	—	—
中盖度草地 → 低盖度草地	42.70	57.30	53.31	46.69
低盖度草地 → 耕地	41.73	58.27	—	—
低盖度草地 → 中盖度草地	—	—	56.09	43.91

—代表面积小于 500 km²，忽略不计

在 2000 年以后，持续性耕地、水体、建设用地和中、低盖度草地受到人类活动的正影响，人类活动的正效应贡献率约占人类活动总贡献量的 55%以上。人类活动的负效应减少，正效应增加，植被恢复成为研究区土地利用类型转换的主要形式。研究区大量耕地、荒漠向草地转变，低覆盖度草地向高覆盖度草地转变。其中耕地转为中、高盖度的草地利用类型中，人类活动的正效应贡献率高达 60%，低、中盖度的草地向中、高盖度的草地转换中，人类活动的正效应也较 2000 年以前有明显的提高。这些土地利用变化归因于在

2000 年以后，我国实施的一系列植被恢复政策，包括退耕还林、退牧还草、休牧禁牧等措施。在生态恢复政策的驱动下，研究区草原逐渐得到恢复，高覆盖度和中等覆盖的草地面积都趋于增加，农田和荒漠逐渐转变为草地，人类活动在该时段内以正效应为主。

值得注意的是，虽然研究区整体植被变化以植被恢复类型为主，在研究区东北部的松辽平原依旧存在中、高盖度的草地转为耕地的现象，在这些转换类型当中，人类活动贡献率的负效应明显高于植被恢复类型中人类活动的负效应，尤其在高盖度草地转为耕地的变化类型中，人类活动的负效应为 50.77%，是各种转变类型中人类活动负效应最高的类型。Wei 等（2018）指出，2000 年以后，我国政府取消农业税和实施耕地保护制度是该区域耕地面积反弹的重要原因。另外，由于研究区植被的特点，以及土地利用数据集和 NDVI 遥感数据集分辨率的限制，在荒漠和低盖度草地类型的划分中并不能进行完全的区分，即在 1°×1° 的格点内存在荒漠和低盖度草地相互嵌套的现象，因此在人类活动的贡献计算中，这种土地利用类型的变化不纳入统计分析当中。

3.2.5 　 小结

本章采用一元线性趋势方法和 EEMD 方法对 1982～2015 年中国北方农牧交错带 NDVI 变化的时空动态进行了评价。在此基础上，运用偏相关分析方法和残差趋势方法区分并量化了气候和人为因素对 NDVI 变化的相对影响以及人类活动的正负效应，主要结论如下：

（1）在 1982～2015 年，我国北方农牧交错带大部分地区的植被都经历了绿化趋势，NDVI 的年际变化速率超 0.001 年$^{-1}$。然而，在整体绿化趋势的背景下，还存在植被褐变蔓延的现象，主要分布在研究区的中北部区域。EEMD 年际瞬时变化速率显示，在 1982～2000 年，年际瞬时变化速率呈逐年降低趋势，在 2000～2015 年，年际瞬时变化速率呈增加趋势，2000 年成为区域植被变化的转折年份。

（2）气候因素与 NDVI 的相关性分析表明，降水是整个区域植被变化的主要气候驱动因素，对植被变化的影响最大。此外，降水量的减少和气温的升高是我国北方农牧交错带中北部植被退化的两个重要原因。

（3）通过区分人类活动和气候因素的影响发现，人类活动是驱动研究区植被变化的主要因子，整个研究时段内人类活动的贡献率为 63.85%，并且在 2000 年以前人类活动的贡献以负效应为主，2000 年以后人类活动的贡献以正效应为主。在各土地利用类型的转换中，在植被退化的类型（林地转草地，高盖度草地转低盖度草地等）中人类活动起负效应，相反在植被恢复的类型（低盖度草地转高盖度草地等，耕地转为林地、草地等）中人类活动起正效应。

3.3　北方农牧交错带 GPP、ET 及 WUE 的时空变化及影响因素

WUE 是一个重要的综合生理计量变量，表示为水分损失和碳增益之间的关系，在光合作用和蒸腾过程中的碳循环和水循环之间起着至关重要的作用（Yu et al.，2008；Beer et al.，2009；Keenan et al.，2013）。在生态系统尺度上，WUE 通常估计为 GPP 和蒸散量（ET）的比率，以量化生态系统使用的水量与获得的碳量的关系。由于持续的气候变化和人为干扰，水和碳循环之间的平衡受到干扰，进一步威胁到生态系统的安全。因此，监测水分利用效率的变化并量化驱动因素将有助于解决水资源风险，并有助于基于科学的区域植被恢复项目。

准确获取碳水通量数据是监测区域尺度水资源利用效率变化的前提。基于涡度相关技术，可以监测植物光合作用吸收的碳和蒸腾过程中的水分损失，因此，可以用于估算 GPP 和 ET，以进一步计算生态系统规模上的 WUE。然而，由于通量塔的覆盖范围和数量的限制，从树冠到区域和全球尺度直接测量 GPP 和 ET 仍然不能够实现（Kulmala et al.，2014；Tian et al.，2020）。随着遥感技术的发展，基于大规模遥感数据、数百个通量塔站和半经验或经验方法，已经开发了各种模型，从站点 GPP 和 ET 的估计提升到区域和全球范围（Chen and Liu，2020；Miralles et al.，2011）。其中，机器学习和遥感驱动的模型已被广泛应用于区域和全球范围内估算 GPP 和 ET（Wang et al.，2021）。尽管如此，机器学习方法的准确性仍然受到数据量和大量计算成本的限制（Nguyen et al.，2021）。相比之下，基于遥感的模型在快速时空检测、高效率和多样性等方面具有独特的优势，已被广泛应用于在不同尺度上估计地面 GPP 和 ET（Feng et al.，2010；Shi et al.，2017）。

以前的研究已经发展了许多模拟 GPP 和 ET 的遥感驱动模型，对于 GPP，在这些模型中，光利用效率（LUE）模型具有更坚实的物理基础，很少的数据输入和高效率的模型结构，并且已经被广泛用于评估 GPP 的变化。LUE 模型基于光吸收和转换的生物物理过程，假设 GPP 与入射光合成有效辐射（PAR）呈线性相关关系，且在叶片尺度上冠层吸收直接辐射和漫射辐射的模式相同，被称为大叶模型（Goetz and Prince，1999）。然而，最近的文献表明，由于冠层结构的复杂性，吸收辐照度的分布往往是可变的，因此，这不一定遵循光合能力仅与吸收辐照度成正比的假设（Sprintsin et al.，2015）。为了弥补大叶光利用效率模型的不足，He 等（2013）开发了一个双叶光利用效率模型（TL-LUE），将树冠分为阳光照射和阴影照射的叶片，并考虑了漫射辐射的影响。经验证，TL-LUE 模型的模拟性能优于经典的大叶模型 MOD17（Zhou et al.，2016）。对于 ET 估算，常用的遥感模型主要包括表面能量平衡法（SEBS）（Su，2002）、Penman-Monteith（PM）（Monteith，1973）和 Priestley-Taylor 喷气推进实验室模型（PT-JPL）（Fisher et al.，2008）。然而，由于难以直接从遥感数据中获取某些参数，SEBS 模型的应用受到限制，PM 方法中电阻参数化的敏感性

也影响了模型的模拟精度（Hao et al., 2019）。在这些模型中，由于对观测变量的依赖性较低（Niu et al., 2019），且在大多数生态系统类型中表现最佳（Ren et al., 2019），PT-JPL模型已被广泛用于模拟 ET（Shao et al., 2019；Wang et al., 2021）。

大规模生态恢复工程的实施将不可避免地对生态系统碳循环、水平衡和水分利用效率的变化产生重要影响。水分利用效率作为耦合碳-水循环的一项重要指标，同时考虑了碳固存与水消耗，能够用于揭示植物对外部环境的响应关系（Yu et al., 2004）。因此，在生态系统脆弱地区，以及对外部环境变化高度敏感的地区，系统监测植被动态，探究气候变化背景下区域水分利用效率态势及其对环境因子的响应，对于全面理解陆地生态系统的稳定性和区域环境的可持续发展至关重要。

在本节中，我们试图探索我国北方农牧交错带的 GPP、ET 和 WUE 的变化趋势和空间格局，并通过影响权重分析揭示 GPP 和 ET 对 WUE 的影响程度。这项研究不仅有助于更好地了解陆地生态系统对气候变化的响应和适应，而且有助于指导生态恢复和在国家范围内维持生态系统的可持续性。

3.3.1　模型验证

1. 模型站点验证

通过基于全国 7 个通量站点 2004～2010 年的逐月净生态系统碳交换量（Net Ecosystem Exchange，NEE）观测数据同计算出的月尺度 GPP 数据，与 TL-LUE 模型的模拟结果进行对比，结果如图 3.15 所示。整体而言，TL-LUE 模型的模拟结果与观测站点的结果较为一致，R^2 在 0.86 以上，NSE 系数为 0.83 接近于 1，RMSE 在 44 g C/（m^2·mon）左右。不同的植被类型中，海北灌丛站代表的灌丛类型，模拟精度最高，R^2 达 0.92、NSE 系数约为 0.90、RMSE 为 26.55 g C/（m^2·mon）。林地类型中，除了鼎湖山外，长白山和千烟洲的模拟效果较好，R^2 均在 0.85 以上。耕地类型中，禹城站点的模拟效果也较好，R^2 和 NSE 均接近 0.8，但由于耕地本身的 GPP 量级较高，因此产生的误差也相对高于其他土地利用类型。草地类型中，当雄站点的模拟效果要优于内蒙古站点，当雄站点的 R^2 约为 0.76，NSE 系数约为 0.79，内蒙古站点的 R^2 为 0.53，NSE 系数为 0.39。

通过对通量站点所观测的 ET 数据与 PT-JPL 模型模拟的结果显示（图 3.16），ET 的模拟结果与 GPP 相比较弱，整体模拟的 R^2 为 0.68、NSE 为 0.57、RMSE 为 23.20 kg H_2O/（m^2·mon）。不同的植被类型中，海北灌丛的灌丛类型模拟精度最高，R^2 达 0.83，NSE 为 0.70，RMSE 为 19.81 kg H_2O/（m^2·mon）。林地类型中，长白山站点的模拟效果较好，R^2 均为 0.93，NSE 为 0.73，RMSE 为 16.67 kg H_2O/（m^2·mon），是 7 个站点中模拟效果较好的站点。耕地类型中，禹城站点的 R^2 为 0.76，NSE 为 0.69，RMSE 为 21.93 kg H_2O/（m^2·mon）。草地利用类型中，当雄站点和内蒙古站点的模拟效果相似，R^2 在 0.55 以上，NSE 约为 0.5，RMSE 控制在 30 kg H_2O/（m^2·mon）以内。

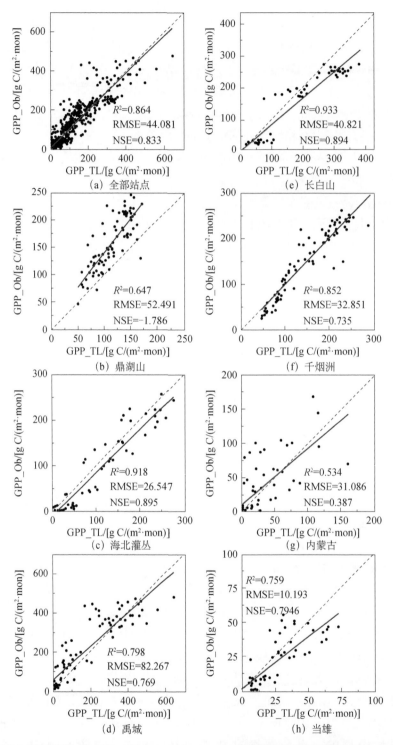

图 3.15　观测站点的总初级生产力（GPP_Ob）与 TL-LUE 模型模拟的总初级生产力（GPP_TL）对比

R^2 为回归方程拟合的决定系数；RMSE 为均方根误差，单位为 g C/（m^2·mon）；NSE 为纳什系数

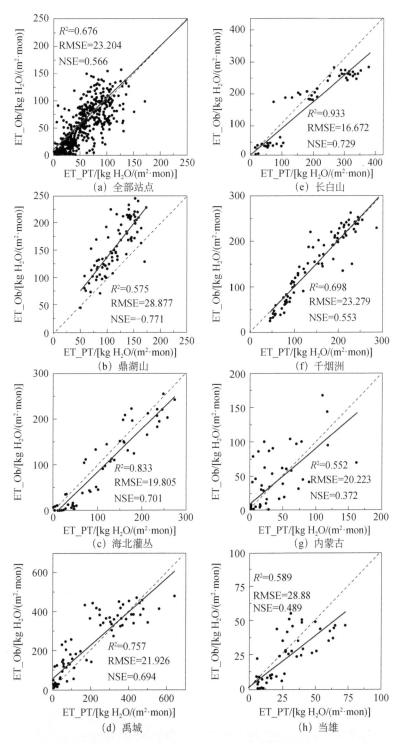

图 3.16　观测站点的蒸散发（ET_Ob）与 PT-JPL 模型模拟的蒸散发（ET_PT）对比

R^2 为回归方程拟合的决定系数；RMSE 为均方根误差，单位为 kg H₂O/（m²·mon）；NSE 为纳什系数

2. 模型空间验证

为了进一步对 TL-LUE 和 PT-JPL 模型模拟的 GPP 和 ET 结果进行评估，选择 2000～2012 年的 MODIS 的 GPP 和 ET 数据产品对模拟的 GPP 和 ET 空间上的分布进行评估。相关性分析结果如图 3.17 显示，TL-LUE 模型模拟的 GPP 在空间上与 MODIS 数据产品具有较高的一致性，TL-LUE 模拟的 GPP 与 MODIS 的 GPP 产品的平均相关性为 0.63，其中 57.62% 的区域相关性在 0.5 以上，另外还有 25% 的区域不具有相关性，这些区域集中于研究区的荒漠区，因为在荒漠区缺乏通量观测站点，从而不能实现对模型参数的率定，因此在该区域模型无法模拟荒漠区的 GPP。PT-JPL 模型模拟的 ET 与 GLEAM 和 MODIS 的相关性结果显示，研究区约 39.95% 的区域中 PT-JPL 模型模拟的结果和 MODIS 的相关性达 0.5 以上，这些区域以草地为主，而在荒漠区有 ET 的相关性不高，与 GPP 模拟结果类似，不具有显著性。

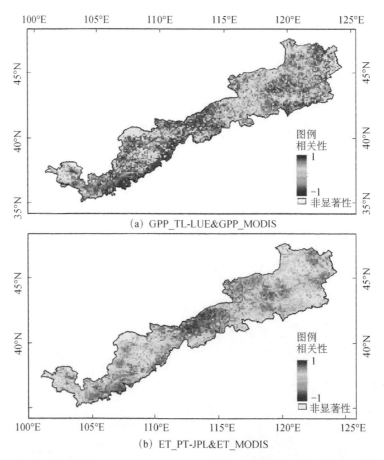

(a) GPP_TL-LUE&GPP_MODIS

(b) ET_PT-JPL&ET_MODIS

图 3.17　MODIS 的总初级生产力（GPP_MODIS）与 TL-LUE 模型模拟的总初级生产力（GPP_TL-LUE）空间相关性，MODIS 的蒸散发（ET_MODIS）与 PT-JPL 模型模拟的蒸散发（ET_PT-JPL）空间相关性

3.3.2　总初级生产力和蒸散发的时空变化趋势分析

1. 时空变化趋势

WUE 定义为 GPP 和 ET 的比值，WUE 的变化是 GPP 和 ET 共同作用的结果，因此为了分析 WUE 变化的原因，需要监测 GPP 和 ET 的变化趋势。通过对 GPP 和 ET 进行 EEMD 分解，得到了我国北方农牧交错带 1982～2015 年 GPP 和 ET 的时空变化趋势。就时间变化趋势而言（图 3.18），我国北方农牧交错带 1982～2015 年 GPP 和 ET 的变化均呈显著的增加趋势，年际变化速率分别为 4.18 g C/（$m^2 \cdot a$）和 1.96 kg H_2O/（$m^2 \cdot a$）（$P<0.001$），研究时段内的 GPP 和 ET 的增量分布为 137.83 g C/m^2 和 64.87 kg H_2O/m^2。对比分析 2000 年前后的 GPP 和 ET 的变化趋势，结果显示，在 2000～2015 年，研究区 GPP 和 ET 呈波动上升趋势，年际增加速率远大于 1982～2000 年，GPP 和 ET 的增速分别为 5.99 g C/（$m^2 \cdot a$）和 2.32 kg H_2O/（$m^2 \cdot a$）。

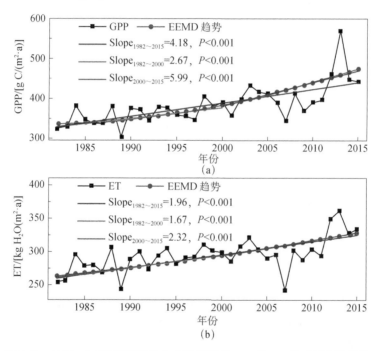

图 3.18　1982～2015 年我国北方农牧交错带 GPP 和 ET 的时间变化趋势

通过 EEMD 趋势分析得到研究区 1982～2015 年 GPP 和 ET 的空间变化趋势（图 3.19）。结果表明，与时间变化趋势一致，研究区 GPP 和 ET 在空间上表现出显著的增加趋势。就 GPP 的空间趋势分布而言，研究区约 69.44% 的区域呈显著的增加趋势，分布在研究区南部的黄土高原地区，年际增加速率较大，部分区域年际增加速率达到 8 g C/（$m^2 \cdot a$）。与此同时，依旧约有 9.05% 的区域 GPP 呈现出显著的降低趋势，这些区域主要分布在研究区东北部的内蒙古高原区。ET 变化趋势的空间分布具有明显的东南向和西北向

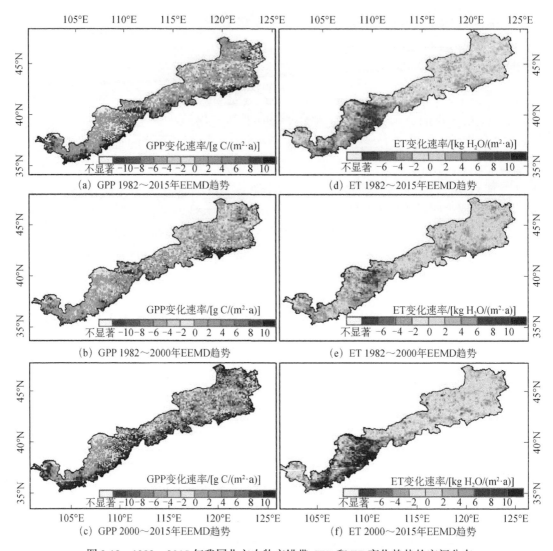

图 3.19 1982～2015 年我国北方农牧交错带 GPP 和 ET 变化趋势的空间分布

差异，在研究区东南部年际变化速率以增加趋势为主，主要的变化速率集中在 4～8 kg H_2O/（$m^2 \cdot a$），极少区域达 8 kg H_2O/（$m^2 \cdot a$）以上；而在研究区东北部，年际变化速率则以降低趋势为主，整个区域降低速率约为 1.34 kg H_2O/（$m^2 \cdot a$）。2000 年前后研究区 GPP 和 ET 的对比显示，GPP 和 ET 的变化主要发生在 2000 年以后，2000 年以前研究区南部和北部的 GPP 变化速率差异较小，在研究区东北部已经存在 GPP 降低的现象。2000 年以后研究区南部的 GPP 显著增加，变化速率在 10 g C/（$m^2 \cdot a$）以上，而东北部的部分区域 GPP 降低趋势有所缓解，其他区域依旧存在 GPP 降低的现象。在 2000 年以前，研究区 ET 增加的区域主要集中在西南部，即黄土高原区，而 ET 降低的区域则主要分布在内蒙古高原的中部，年际变化速率约为−4 kg H_2O/（$m^2 \cdot a$）。2000 年以后，研究区 ET 增加的区域扩展到西南部的大部分区域，且增加速率约为 5 kg H_2O/（$m^2 \cdot a$）左右，部分地区的增加速率达

10 kg H₂O/(m²·a)以上。与此同时，研究区中北部 ET 的降低趋势有所缓解，但在东北部的降低区域却表现出明显的扩展现象。

2. 时空变化趋势

研究区 GPP 和 ET 的变化类型如图 3.20。GPP 的变化类型中单调递增和先减后增为主要的变化类型，两者共占研究区总面积的 67%以上，其次是先增后减的变化类型，约占 10%。在空间分布上，GPP 中单调递增的区域主要集中于研究区的西南部，即黄土高原地区，而东北部的内蒙古高原则以先减后增和先增后减两种类型为主。ET 的变化类型以单调递增、先减后增和先增后减类型为主，共占研究区总面积的 88%。在研究区的西南部以单调递增为主，在研究区的东北部，变化类型以先增后减和先减后增的类型交错分布。2000

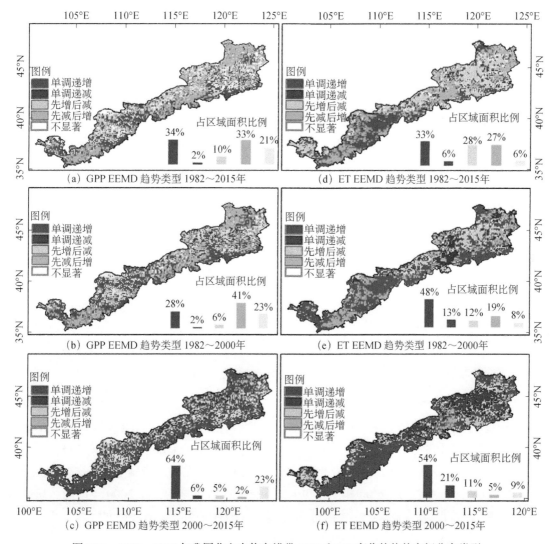

图 3.20　1982～2015 年我国北方农牧交错带 GPP 和 ET 变化趋势的空间分布类型

年前后的 GPP 和 ET 的空间变化类型进行对比分析结果表明，2000 年以前 GPP 的变化类型中先减后增占研究区面积的 41%以上，单调递增的区域仅为 27%，而 2000 年以后研究区的变化类型以单调递增为主，占研究区总面积的 64%以上，先减后增的区域缩减为 2%左右。ET 的空间变化类型显示，2000 年以前单调递增的区域占研究区总面积的 48%，而 2000 年以后单调递增的区域增加到了 54%，增加的区域主要位于研究区的西南部，并且该区域的变化是由先减后增的趋势转变为单调递增的变化趋势。与此同时，研究区的单调递减区域也呈大幅增加趋势，由 2000 年的 13%增加到了 2015 年的 21%，增加的区域主要分布于研究区的东北部，这些区域主要源于 2000 年以前先增后减区域的转变而来，尤其在研究区东北部的内蒙古高原区，降低范围扩张明显。

3.3.3 水分利用效率的时空变化趋势分析

1. 时空变化趋势

通过对计算出的 WUE 进行 EEMD 趋势分析，得到了我国北方农牧交错带 1982～2015 年 WUE 的时空变化趋势。就时间变化趋势而言（图 3.21），我国北方农牧交错带在整个研究时段内 WUE 呈显著的增加趋势，年际变化速率为 0.007 g C/（kg² H₂O·a）（$P<0.001$），34 年间 WUE 年际变化速率增加了 0.22 g C/（kg² H₂O·a）。2000 年前后线性变化趋势对比显示，在 1982～2000 年年均变化速率为 0.004 g C/（kg² H₂O·a），而 2000～2015 年，研究区 WUE 年际变化速率呈倍速增加，年际增加速率为 0.009 g C/（kg² H₂O·a）。

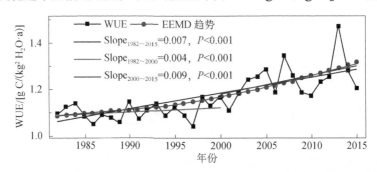

图 3.21　我国北方农牧交错带 WUE 集合经验模态分解（EEMD）的时间变化趋势

研究区 1982～2015 年 WUE 的空间变化趋势如图 3.22 所示。WUE 在空间上表现出显著的增加趋势，各区域的变化趋势略有差异。整体而言，研究区约 78.86%的区域表出显著的变化趋势，其中约 64.97%的区域为增加趋势，增加速率约 0.009 g C/（kg² H₂O·a），而 13.89%的区域为降低趋势，主要分布在研究区西南部偏北的毛乌素沙地，降低速率约 −0.004 g C/（kg² H₂O·a）。2000 年前后 WUE 变化速率对比显示，在 2000 年以前，研究区 WUE 降低趋势的区域分布较广，主要分布在研究区的东北部及西南部偏北区域，约占研究区总面积的 23.57%，降低速率为 −0.005 g C/（kg² H₂O·a）。WUE 变化速率呈增加趋势的区域占研究区总面积的 54.18%，增加速率为 0.018 g C/（kg² H₂O·a）。2000 年以后，研究区

WUE 变化呈降低趋势的区域显著减少，所占区域面积减少为 11.66%，变化速率减少为 −0.006 g C/（kg² H₂O·a），相反增加速率显著提高，变化速率为 0.013 g C/（kg² H₂O·a），比 2000 年以前提高了 0.003 g C/（kg² H₂O·a）。

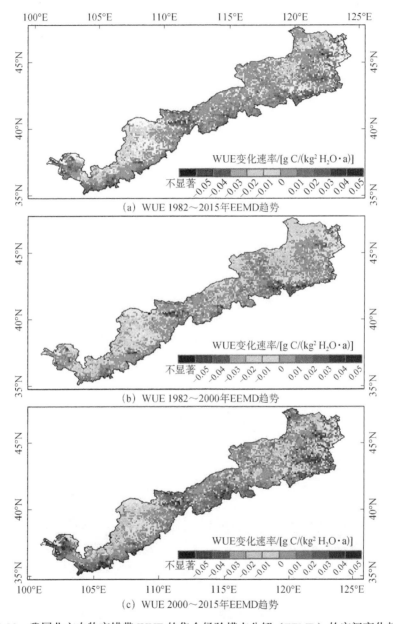

图 3.22　我国北方农牧交错带 WUE 的集合经验模态分解（EEMD）的空间变化趋势

2. 变化类型分布

通过对变化趋势进行分类，将研究区 WUE 的变化趋势分为单调递增、单调递减、先增后减和先减后增四种趋势变化类型，以及未有显著变化的类型（图 3.23）。1982～2015

年研究区 WUE 的变化类型中单调递增和先减后增为主要的变化类型，两者分别占研究区总面积的 32%和 33%左右，其次是先增后减的变化类型，约占 9%，单调递减的分布类型最少，仅为 4%左右。在空间分布上，WUE 的变化类型中单调递减和先减后增交错分布于整个研究区，而先增后减和单调递减的类型则集中于研究区中北部的内蒙古高原地区和西南部的毛乌素沙地区域。2000 年前后的对比结果显示，研究区单调递增类型显著增加，由2000 年以前的 38%增加到了 61%，增加的区域多为 2000 年以前先减后增的类型变化而来。同时，单调递减类型也有所减少，所占面积由 2000 年以前的 10%减少到了 9%。

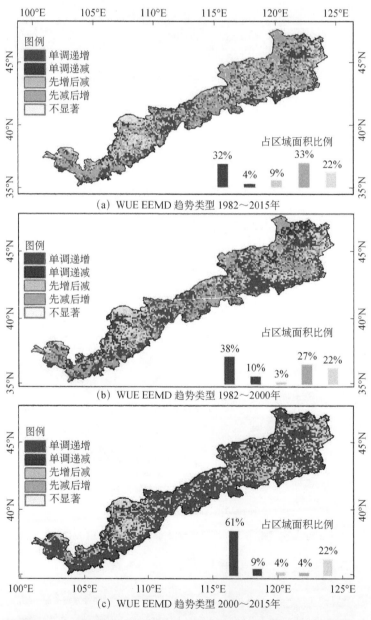

图 3.23 1982~2015 年我国北方农牧交错带 WUE 的空间变化格局

3.3.4　总初级生产力和蒸散发对水分利用效率影响的贡献率

1. 贡献率的空间分布

通过贡献率计算方法量化了 GPP 和 ET 对 WUE 变化的贡献率，并根据贡献率的大小，将 GPP 或者 ET 的贡献率大于 50%则认为该区域 GPP 或 ET 是驱动 WUE 变化的主导因素（图 3.24）。结果显示，研究区 1982～2015 年 WUE 的变化主要由 GPP 驱动，GPP 的总体贡献率为 61.82%，贡献率大于 50%的区域占研究区面积的 79%以上。GPP 贡献率的高值区在研究区的中北部区域，GPP 的贡献率集中在大于 60%，该部分区域约占研究区总面的 56%。GPP 的贡献率的低值区主要在研究区西南部的毛乌素沙地区域内，少量分布于研究区东北部的大兴安岭。ET 的贡献率在空间上的分布与 GPP 相反，总体的贡献率约为 28%，大于 50%的区域占研究区面积的 21%，这些区域主要分布于研究区东北部大兴安岭一带，其次在研究区西南部毛乌素沙地的北部（薛亚永，2021）。

进一步对比 2000 年前后研究区 GPP 和 ET 对 WUE 变化贡献率的差异（图 3.25），结果显示，在 2000 年以前 GPP 对 WUE 的总体贡献率为 61.80%，贡献率大于 50%的区域面积约 78%。2000 年以后，GPP 对 WUE 的总体贡献率约 59.02%，贡献率大于 50%的区域减少为 75%左右，其中在研究区的东北部区域 GPP 的贡献率大幅降低，而在研究区的西南部，即黄土高原地区 GPP 对 WUE 的贡献率显著增加。相反，ET 对 WUE 的贡献率呈增加态势，在空间上 WUE 的主导区域也发生了明显的变化。ET 对 WUE 的贡献率由 2000 年以前的 38.20%增加到 2000 年以后的 40.98%，尤其在研究区东北部区域增量最大。在整个研究区，约 15.78%的区域，WUE 变化的主要驱动力由 GPP 转为了 ET，反之约 12.08%的区域由 ET 转为了 GPP，ET 主导 WUE 变化的区域面积总体增加了约 3.7%。

2. 不同变化趋势类型中贡献率的差异

根据第 3.1.2 节对 WUE 变化趋势的划分，研究区 WUE 的变化趋势可以分为单调递增、单调递减、先增后减和先减后增四种变化类型。结合 GPP 和 ET 对 WUE 贡献率的空间分布结果，统计了四种变化类型中 GPP 和 ET 对 WUE 贡献率的差异（图 3.26）。结果显示，在 1982～2015 年中，单调递增和先减后增的变化类型中 GPP 的贡献率为 WUE 变化的主要驱动者，贡献率均超过 60%。相反，在单调递减和先增后减的变化类型中，GPP 虽然依旧为主要的驱动因素，但是贡献率明显低于单调递增和先减后增的变化类型。

2000 年前后 GPP 和 ET 对 WUE 的贡献率差异可以揭示其变化原因。2000 年以后单调递增和先减后增的变化类型中，GPP 的贡献率有所降低，反之 ET 的贡献率有所增加，在单调递增类型中，GPP 的贡献率降低了 6%。在单调递减的变化类型中，GPP 的贡献率大约增加了 7%。

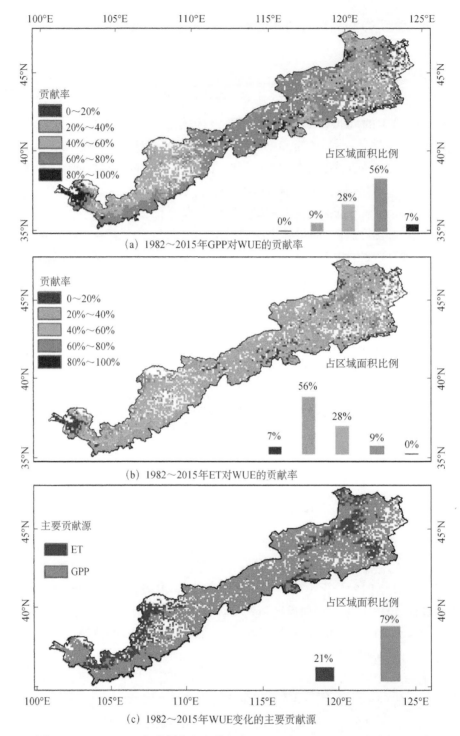

(a) 1982～2015年GPP对WUE的贡献率

(b) 1982～2015年ET对WUE的贡献率

(c) 1982～2015年WUE变化的主要贡献源

图 3.24　1982～2015 年我国北方农牧交错带 GPP 和 ET 对 WUE 变化的贡献率

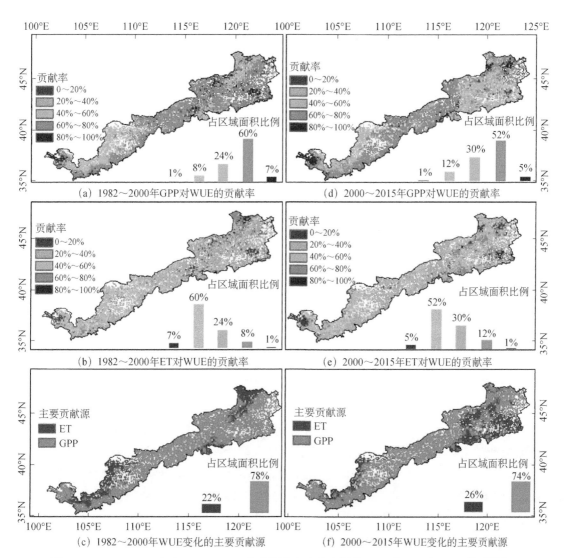

图 3.25　1982～2000 年和 2000～2015 年我国北方农牧交错带 GPP 和 ET 对 WUE 的贡献率

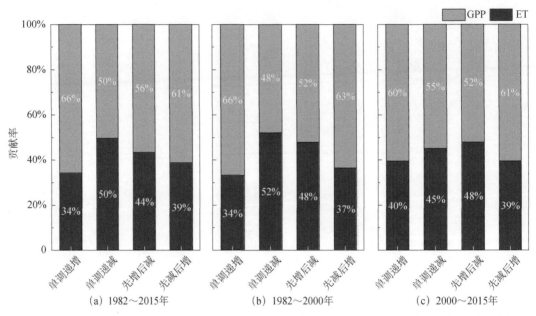

图 3.26　1982~2015 年、1982~2000 年和 2000~2015 年 GPP 和 ET 对 WUE 在不同趋势类型中的贡献率

3.3.5　水分利用效率变化的综合归因

1. 各因素对水分利用效率影响的贡献率

通过分析计算 GPP 和 ET 对 WUE 的贡献率，以及 NDVI、气温、降水、太阳辐射和地表风速对 GPP 和 ET 的贡献率及影响的正负效应，建立各因素对 GPP 和 ET 的影响的贡献程度，分析 GPP 和 ET 变化对 WUE 的影响的贡献程度，从而追踪并量化植被和气候因素对 WUE 变化贡献率的正负效应（图 3.27）。在整个研究时段中，GPP 主导着研究区 WUE 的变化（对 WUE 的贡献率约为 61.82%），而在各个因素中，植被因素即 NDVI 是影响 WUE 变化的主要因素，对 WUE 的总贡献率约为 41.36%，贡献率的正效应为 36.75%，其中 NDVI 对 GPP 的贡献率为 26.58%，对 ET 的贡献率约为 14.78%。在各气候因素中，降水和太阳辐射对于 WUE 变化的总贡献率分别约为 16.82% 和 16.71%，其中正效应贡献率为 11.03% 和 10.28%，其次是地表风速和气温的贡献率分别约为 12.92% 和 12.21%，其中气温的正效应贡献率约为 5.14%，而地表风速的正效应约为 4.42%。

对比 2000 年前后各因素对 WUE 贡献率正负效应的结果，在 2000 年以后 NDVI 对 WUE 变化的贡献率由 35.83% 增加到 38.34%，其中正效应由 26.69% 增加到 30.61%。在各气候因素的贡献率中，降水和太阳辐射对于 WUE 的贡献率在 2000 年后分别增加了约 1.81% 和 1.08%，正负效应的增量分别为 2.09% 和 3.21%。与降水和太阳辐射相反，气温和地表风速对于 WUE 变化的贡献率在 2000 年以后有所降低，其降低量分别为 1.08% 和 3.62%，其中气温的正效应和负效应的贡献率分别减少了 0.83% 和 1.17%，而地表风速的变化主要以负效应贡献率减少为主，减少量约为 1.87%。

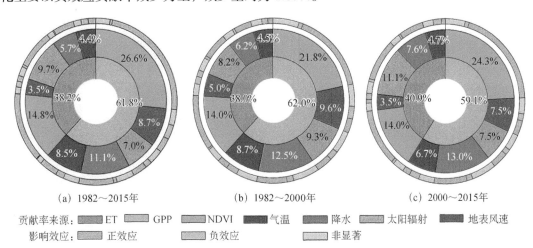

（a）1982～2015 年　　　　　（b）1982～2000 年　　　　　（c）2000～2015 年

贡献率来源：■ET　■GPP　■NDVI　■气温　■降水　■太阳辐射　■地表风速

影响效应：■正效应　　　■负效应　　　■非显著

图 3.27　1982～2015 年、1982～2000 年和 2000～2015 年归一化植被指数（NDVI）和气温、降水、太阳辐射和地表风速以及 GPP 和 ET 对 WUE 贡献率的正负效应

因数值修约，图中个别数据略有误差

2. 不同变化类型中贡献率差异

研究区 WUE 在各个时段表现出的变化类型是各因素综合影响的结果，通过分析各个变化类型中各因素对 GPP 和 ET 影响贡献率的差异，以及 GPP 和 ET 对 WUE 影响贡献率的差异，进而了解 WUE 在不同类型中变化的原因。在 1982～2015 年、1982～2000 年以及 2000～2015 年三个时段内，WUE 变化的四种类型受各因素影响的贡献率及正负效应结果如图 3.28 所示。首先，在单调递增的类型中，GPP 对 WUE 的贡献率在三个时段内均高于其他变化类型，在 2000 年以后 GPP 对 WUE 的贡献率降低为 60.17%左右，ET 对 WUE 的贡献率随之增加，约为 39.82%。在单调递减的类型中 GPP 和 ET 的贡献在整个研究时段内保持在 50%左右，在 2000 年以前，ET 为驱动该类型 WUE 变化的主要驱动力，贡献率达52.38%，2000 年以后该类型的变化驱动力则转变为 GPP，贡献率约为 54.59%。在先增后减的类型中，GPP 和 ET 对于 WUE 的贡献率在 2000 年前后没有显著的变化。在先减后增的变化类型中，GPP 对 WUE 的贡献率仅次于单调递增类型，在 2000 年前后，ET 对于WUE 变化的贡献率略有增加，增量达 2.59%。

综合分析各因素对 WUE 变化的贡献率。在各变化类型中，NDVI 的贡献率均高于气温、降水、太阳辐射和地表风速。就单调递增的变化类型而言，1982～2015 年 NDVI 对WUE 的总贡献率约为 41.12%，其中正效应的贡献率约为 36.88%，其次降水和太阳辐射的总贡献率均约为 16%，正效应贡献率分别为 10.85%和 9.16%左右。由此可知研究区 WUE的增加主要由 NDVI、降水和太阳辐射变化驱动。在单调递减的变化类型中，NDVI 对WUE 的贡献率达 46.24%，正效应贡献率达 43.59%，为四种变化类型中最高，结合 NDVI的变化趋势可知，在该区域植被退化导致的 NDVI 降低是 WUE 降低的主要原因。在先增后减的变化类型中，除 NDVI 占有的首要贡献率外，太阳辐射的贡献率为各气候因素之

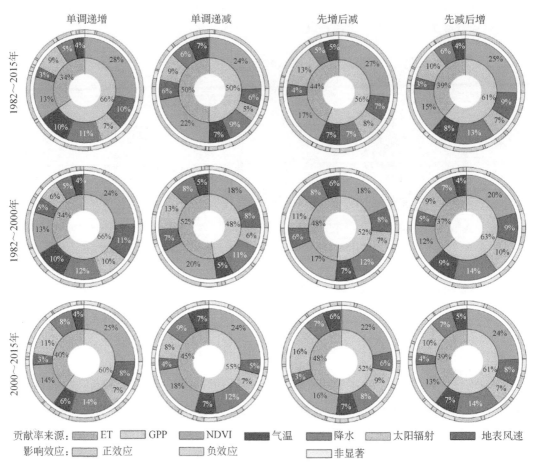

图3.28　1982～2015年、1982～2000年和2000～2015年归一化植被指数（NDVI）和气温、降水、太阳辐射和地表风速以及GPP和ET对WUE贡献率的正负效应

因数值修约，图中个别数据略有误差

首，约为20.95%，正效应贡献率约为14.31%，是1982～2015年的研究时段中各变化类型之最。在先减后增的变化类型中，NDVI、降水以及太阳辐射的贡献率较高，与单调递增的结果相一致。

2000年前后贡献率正负效应的差异结果显示，2000年以后NDVI对WUE贡献率在各个类型中均有不同程度的增加，其中在先减后增的变化类型中，NDVI的贡献率涨幅最大，约为4.72%。气候因素对各变化类型的贡献率差异显示，气温对WUE的贡献率在单调递增的变化类型当中最高（约为13.74%），正效应贡献率约为6.86%，2000年以后气温的贡献率显著降低；降水的贡献率则在先减后增的类型中最高（约为18.68%），正效应约为12.73%，2000年以后降水的贡献率由21.32%降低到15%。太阳辐射在先增后减的变化类型中具有较高的贡献率（约为20.95%），正效应的贡献率约为14.31%，在2000年以后太阳辐射的贡献率明显增加，总贡献率达24.95%，正效应贡献率高达15.61%。地表风速的贡献率较在单调递增的变化类型中最高，约为12.91%，在2000年以后，地表风速的贡献率降低了 4.53%。

3.3.6　小结

本章采用 TL-LUE 和 PT-JPL 模型计算了全国 1982～2015 年的 GPP 和 ET 逐月数据，并通过 7 个通量站点和 MODIS 的 GPP 和 ET 遥感产品对区域尺度上的模拟结果进行了验证，证明模拟结果可行前提下计算了 WUE。基于此，通过 EEMD 方法分析了研究时段内 GPP、ET 和 WUE 的年际变化趋势，并采用偏相关分析方法分析了 NDVI、气温、降水、太阳辐射和地表风速与 GPP、ET 和 WUE 的相关关系，主要结论如下。

（1）通过 7 个通量站点 2004～2010 年逐月的 GPP 和 ET 数据与 TL-LUE 和 PT-JPL 模型的模拟结果显示，模拟的 GPP 的 R^2 在 0.86 以上，NSE 系数为 0.83 接近于 1，RMSE 在 44 g C/（m^2·mon）左右。ET 的模拟结果 R^2 为 0.68，NSE 为 0.57，RMSE 为 23.20 kg H_2O/（m^2·mon）。整体而言，模拟结果与观测站点的结果较为一致。

（2）我国北方农牧交错带 1982～2015 年 GPP、ET 和 WUE 均呈显著的增加趋势，EEMD 方法揭示的年际变化速率分别为 4.18 g C/（m^2·a）、1.97 kg H_2O/（m^2·a）和 0.007 g C kg H_2O/a（$P<0.001$）。以植被变化转折年份 2000 年为时间节点，对比 2000 年前后的变化趋势显示，在 2000～2015 年，研究区的 GPP、ET 和 WUE 的年际增加趋势远大于 1982～2000 年，增加速率约为 2000 年以前的 2 倍。

（3）我国北方农牧交错带 1982～2015 年 WUE 变化主要由 GPP 的变化来主导，总体 GPP 的贡献率为 61.82%，贡献率大于 50% 的区域占研究区面积的 79%，主要分布在研究区的中北部区域，2000 年以后 ET 的贡献率增加。综合因素追踪分析结果显示，NDVI 是影响 WUE 变化的主要因素，对 WUE 的总贡献率为 42%，其中 NDVI 对 GPP 的贡献率为 27%，对 ET 的贡献率为 15%。在各气候因素中，降水和太阳辐射是影响 WUE 变化的主要因素，总贡献率约 17%，其中正效应贡献率分别为 11% 和 10%。其次是地表风速和气温的贡献率的和均约为 13%，气温的正负效应均为 5%，而地表风速的正负效应为 4%。

3.4　基于宇宙射线中子法的西北农牧交错带土壤水分观测

准确监测土壤水分在水文学和生态学研究中至关重要。宇宙射线中子传感器（cosmic-ray neutron sensor，CRNS）是一种被动的、非侵入性的土壤水分监测仪，具有满足获取中等田间尺度上土壤水分需求的潜力（Zreda et al.，2008）。宇宙射线穿过大气层进入土壤时，与土壤颗粒有效碰撞产生快中子（0.5～1000 eV）。氢原子在有效碰撞中起主要作用，土壤对中子的缓和能力则主要取决于氢原子含量。土壤水分是地表氢的主要来源，因此这种缓和能力随土壤水分的增加而显著增加（Zreda et al.，2008）。考虑到土壤水分与快中子强度呈负相关的这一物理基础，Desilets 等（2010）开发了用于将中子计数率转换为土壤水分的校准函数（即所谓的"N_0 方法"），在随后的多数 CRNS 相关研究中被视为标准函数（Schrön et al.，2017）。

CRNS 测量范围为半径 130～240 m 的圆形区域，具体半径取决于当地空气湿度、土壤水分和植被；测量深度为 15～83 cm，主要取决于土壤水分，也与植被生长等有关，测深随着与传感器的距离的增加呈指数减小（Köhli et al.，2015）。CRNS 测量田间尺度上的区域平均土壤水分的能力，填补了原位观测与遥感反演之间的空间尺度缺陷，为监测和了解区域尺度的土壤水分时空分布开辟了新的可能性。但是其在中国西北农牧交错带这样一个数据缺乏的干旱–半干旱地区的适用性研究还很缺乏。同时，迄今为止，CRNS 在如此生态脆弱地区的应用鲜有研究。因此，本节的总体目标是探究 CRNS 在 APENC 地区估算土壤水分的适用性，其具体内容包括 N_0 值得率定、不同土壤水分条件下的 CRNS 性能评估和生物量对 CRNS 土壤水分估算的影响分析（Tan et al.，2020）。

3.4.1　研究数据和方法

1. 数据

我们在中国科学院鄂尔多斯沙地草地生态研究站管理范围内安装了一台 CRNS（型号为 CRS-1000/B，由美国新墨西哥州 Albuquerque 有限责任公司的 Hydroinnova 公司制造）。同时，在 CRNS 附近安装了四组土壤水分和温度测量仪（ECH2O）和一个自动气象监测站。土壤水分和温度探头 ECH2O 5TE（Decagon Devices Inc.，Pullman，USA）水平插进土层中，以避免对垂直水流产生影响（Lozano-Parra et al.，2015）。在安装中设计 5TE 埋深为 5 cm、7.5 cm、12.5 cm、22.5 cm 和 40 cm，由此将土壤剖面分为 5 层，分别为 0～5 cm、5～10 cm、10～15 cm、15～30 cm 和 30～50 cm。在布设时，还收集每个 ECH2O 位置的土壤样品，用于对 ECH2O 进行校准。按照 Decagon 提供的仪器使用指南（Cobos，2009），对每个 5TE 探头进行了土壤特定的校准。经校准后的 5TE 探头测量土壤水分的精度为 ±0.03 m^3/m^3。同时，为了校准 CRNS，试验期间总共进行了 7 次土壤采样。其中 6 次使用了 COSMOS 标准采样方法（Zreda et al.，2012），采样日期为 2016 年 10 月 25 日、2017 年 3 月 29 日、2017 年 7 月 24 日、2017 年 9 月 27 日、2018 年 7 月 13 日、2018 年 9 月 25 日。样点布设方案为：①以 CRNS 为圆心，每 60° 一个采样方向，共计六个方向；②三个半径，分别为 25 m、75 m、200 m；③四个土壤层，分别为 0～5 cm、5～10 cm、10～20 cm、20～30 cm。第 7 次则基于 Schrön 等（2017）所提出的更先进的采样方法布设采样点，于 2019 年 4 月 27 日采集了 100 个土样。采样方案与 COSMOS 方案相似，但增加了 10 m 半径上和 CRNS 架设处（即半径为 0 m）的采样点。所有土壤样品都装在铝盒里用胶带封住，并及时在实验室称重，以防止水分流失。然后在兰州大学西部环境教育部重点实验室进行烘干以测量土壤水分（Tan et al.，2020）。

CRNS 中子强度、ECH2O 土壤水分和气象站数据连续记录起止时间为 2016 年 10 月 25 日至 2019 年 10 月 19 日。本研究区冬季的土壤温度经常低于 0 ℃，低温对 ECH2O 传感器测量土壤水分有很大影响。因此，本节中仅使用了每年生长季节（4～10 月）的数据。中子强度和气象站数据的采集记录间隔为 10 min，ECH2O 土壤水分为 30 min。在使用 CRNS 中子强度数据之前，要对其原始中子计数率（N_{raw}）进行质量控制（Zreda et al.，2012），即筛选去掉满足下列任一条件时的值：①计数间隔不足 10 分钟；②两次相邻中子计数的差值超过 20%；③探针盒内部的相对湿度大于 80%；④电池电压小于 11.8 V。此外，还需去除小于 0.02 m³/m³ 的 CRNS 土壤水分值。

研究中使用 MODIS MOD13Q1 遥感数据的归一化植被指数（NDVI）产品，作为分析地上生物量对 CRNS 土壤水分估算影响的辅助数据。NDVI 数据的时间分辨率为 16 天，空间分辨率为 250 m × 250 m。所下载的 MOD13Q1 数据产品时间范围是从 2017 年 1 月 1 日至 2019 年 1 月 1 日。研究中使用 MODIS 处理工具 MRT 批量处理 MOD13Q1 原始下载数据（hdf 格式），得到 Albers Conical Equal 面积投影的 WGS-1984 坐标系下的 Geo Tiff 格式文件，然后在 ArcGIS 10.2 中提取了本研究站点的 NDVI 值（Tan et al.，2020）。

2. 方法

1）CRNS 土壤水分反演

CRNS 测量的宇宙射线中子强度 N_{raw}，在用于估算土壤水分之前，需要针对大气压力（Desilets et al.，2006）、空气中的水汽（Rosolem et al.，2013）和太阳活动（Kuwabara et al.，2006）的变化进行校正。校正后的中子强度 N_{corr} 可通过式（3.37）计算得出：

$$N_{corr} = N_{raw} \cdot f_p \cdot f_{wv} \cdot f_i \tag{3.37}$$

式中，f_p、f_{wv}、f_i 分别为针对大气压力、大气水汽和入射中子强度的校正因子，可分别通过式（3.38）、式（3.39）、式（3.40）进行计算：

$$f_p = e^{\frac{P-P_0}{L}} \tag{3.38}$$

$$f_{wv} = 1 + 0.0054\left(\rho_{v0} - \rho_{v0}^{ref}\right) \tag{3.39}$$

$$f_i = \frac{I_m}{I_{ref}} \tag{3.40}$$

式中，P 为当地实际大气压；P_0 为参考标准大气压，接近于研究区当地的长期平均大气压；根据 Andreasen 等（2017）的研究结果，计算出本站点的高能中子的大气衰减长度 L 等于 138 g/cm²；ρ_{v0} 和 ρ_{v0}^{ref} 分别为测量和参考绝对湿度；I_m（counts per hour，cph）为给定时间特定地点的入射中子强度；I_{ref}（cph）为基准参考强度，两者均使用 Neutron Monitor Database（NMDB）中子监测器数据库的数据；研究中使用经过基于截止刚度的强度校正（Hawdon et al.，2014；Nguyen et al.，2017）后的瑞士少女峰（Jungfraujoch，Switzerland）NMDB 数据进行入射中子校正计算。

通过以上校正后的 CRNS 中子计数率（N_{corr}），可用式（3.41）计算出土壤水分值（Lv et al.，2014）：

$$\theta(N) = \left(\frac{a_0}{\frac{N_{corr}}{N_0} - a_1} - a_2 - (\theta_{lw} + \theta_{SOC}) \right) \rho_{bd} \qquad （3.41）$$

式中，θ 为体积含水量，m^3/m^3；a_0、a_1、a_2 为三个恒定的形状参数，当 $\theta > 0.02$ m^3/m^3 时取值为 0.0808、0.372、0.115（Desilets et al.，2010）；N_0 定义为当地条件下干燥土壤的中子强度。θ_{lw} 为土壤矿物质中的晶格水（在本研究区中约为 0.01 g/g），定义为在 105 ℃ 干燥后在 1000 ℃ 释放的水量；θ_{SOC} 为土壤有机质水当量，研究区 0～30 cm 土层的均值约为 0.0043 g/g（熊好琴等，2012）。

除 θ_{lw} 和 θ_{SOC} 以外，环境中还存在如地上生物量和降雨截留等随时间变化的氢源。Baroni 和 Oswald（2015）建议使用式（3.42）量化这些次级时变氢源［second time-varying hydrogen pools，SHP（mm）］。

$$SHP = (\theta_{CRNS} - \theta_{tot}) \cdot z^* \cdot 10 \qquad （3.42）$$

式中，θ_{CRNS} 为 CRNS 估算水分值；θ_{tot} 代表 CRNS 足迹内的加权实测土壤水分，即 $\theta_{ECH2O,rescaled}$；z^* 为 CRNS 的有效测深。为了量化生物质水的贡献，将 SHP 与 NDVI 数据进行比较分析。为更好地对两者进行对比分析，将 SHP 日值平滑平均到与 NDVI 相同的时间间隔和时间点的 16 天时间分辨率上。除植被本身生物量所含氢源外，冠层截留则会通过影响到达地面的水分总量，从而影响降雨期间 CRNS 估算土壤含水量测准确性。冠层截留过程能被 CRNS 探测到，而 ECH2O 无法监测这种变化，于是便有了降雨期间 CRNS 相较于 ECH2O 明显的高估现象以及 SHP 值的增加。NDVI 无法记录这种短期内的冠层活动，于是我们通过在日尺度上分析降雨期间 SHP 的变化规律，来尝试从 CRNS 信号中分离出冠层截留的影响。

将 7 个烘干法土壤水分代入式（3.41）中，计算出 7 个 N_0 值，然后采用多项式拟合选择出 N_0 最优解。具体来说，我们假设从任一次校准中获得的 N_0 为最佳值，然后将其应用于其他采样期间来估算 CRNS 土壤水分。结合每次采样活动的烘干法土壤水分数据，每个 N_0 可用于计算出一组 CRNS 中子强度（N_{sim}），然后将其与校正后的中子强度（N_{corr}）对比。最终计算出 7 个 RMSE，再与对应的 N_0 值进行多项式拟合，将最小 RMSE 对应的 N_0 值作为最佳值（Tan et al.，2020）。

2）原位观测数据的加权计算

原位点测量和中尺度 CRNS 测量的空间覆盖范围是不同的，因此需使用加权平均方法以实现 CRNS 和 ECH2O 观测以及烘干法土壤水分的可比性。本节中使用了 Schrön 等（2017）提出的垂直-水平加权方法。

此外，CRNS 足迹内的植被类型相对统一，为 10% 的农田和 90% 的草地。其中，草地上有 3 个 ECH2O 传感器，农田有 1 个 ECH2O 传感器，它们与 CRNS 之间的距离分别约为 83 m、100 m、107 m 和 125 m。因此，还参考 Schrön 等（2017）的研究，添加了面积加权方法来尝试减少由部分覆盖 CRNS 足迹的现场监测网的不规则分布引起的不确定性。值得注意的是，在使用 ECH2O 数据与 CRNS 进行比较之前，我们还通过建立烘干法和 ECH2O 土壤水分之间的线性回归关系，进一步对 ECH2O 加权平均土壤水分进行了重新计算（Tan et al.，2020）。

3）N_0 方程参数本地化

CRNS 土壤水分数据集中约有 25% 被认为是无效的（即低于 0.02 m³/m³，甚至低于 0），研究中尝试依据校准算法和目标函数，并参考 Villarreyes 等（2011）和 Heidbüchel 等（2016）的研究，对式（3.41）（N_0 方程）进行了经验修正。考虑到土壤采样方案的合理性和实验结果的准确性，理论上使用烘干法数据进行形状参数校准将获得最理想的结果。在这里，我们称其为第一次参数本地化过程（FPCP），即仅使用重量土壤水分来校准参数。此外，考虑到烘干法土壤水分数据有限，其最小值为 0.065 m³/m³，我们随机选择了一些值小于 0.06 m³/m³ 的 ECH2O 土壤水分数据添加到参数校准数据集，此改进称为“第二次参数本地化过程（SPCP）”，即使用烘干法和 ECH2O 土壤水分的混合数据集校准参数（Tan et al.，2020）。

4）评价指标

研究中使用的评价指标有皮尔逊相关系数（R_P）、均方根误差（RMSE）和 Kling-Gupta 系数（KGE′）（Kling et al.，2012）。在这里，我们将加权平均原位观测土壤水分用作实测值，CRNS 土壤水分作为模拟值。KGE′ 的范围是 [1，−∞），1 为理想结果。有关 KGE′ 的详细说明，可参考文献 Gupta 等（2009）和 Kling 等（2012）。

3.4.2　CRNS 的 N_0 值和有效测量范围

不同的 N_0 值产生不同的拟合曲线形状，对应不同的土壤水分转换结果。N_0 的选择非常重要，因为它直接关系到 CRNS 土壤水分结果的准确性。Iwema 等（2015）建议采用多个校准运动，并发现当使用 6 个以上的随机采样数据时，其校准结果并没有得到更好的改善。此外，他们发现选择不同土壤水分条件下的采样日期可以减少所需的采样数量。Heidbüchel 等（2016）报告称，两点校准足以定义两个足够不同校准时间的校准函数的正确形状。本节基于烘干法采样数据，发现在 7 个采样周期内，它的变化范围为 3049～4041 cph（表 3.7）。为了确定更合适的 N_0 值，我们计算了烘干法和由不同 N_0 计算出的 CRNS 土壤水分之间的 R_P 和 RMSE，结果如表 3.7 所示。结果显示由 2019 年 4 月 27 日的采样活动获得的 N_0 值（3756 cph）具有高的 R_P（0.904）和最小的 RMSE 值（0.016 m³/m³），因此选择 3756 cph 作为研究区的 N_0 值。

表 3.7　烘干法的采样时间和体积含水量以及由每次采样结果计算出的 N_0 值、CRNS 数据集期望值（μ_{CRNS}）、由每个 N_0 计算出的 7 组 7 个周期内 CRNS 土壤水分值的均值、与烘干法土壤水分值的相关系数（R_P）和 RMSE

日期（年-月-日）	N_0/cph	烘干法/（m³/m³）	μ_{CRNS}/（m³/m³）	R_P	RMSE/（m³/m³）
2016-10-25	3721	0.112	0.084	0.904**	0.018
2017-03-29	3930	0.103	0.110	0.902**	0.018
2017-07-24	3049	0.101	0.116	0.902**	0.021
2017-09-27	3612	0.106	0.071	0.905**	0.026
2018-07-13	3936	0.072	0.111	0.902**	0.018
2018-09-25	4041	0.065	0.125	0.901**	0.028
2019-04-27	3756	0.119	0.088	0.904**	0.016

**代表相关性达到99%的显著性，全书同

　　本节估算了 CRNS 的有效测量范围。研究中使用了 Schrön 等（2017）描述的方法计算了水平权重。图 3.29（a）展示了水平权重 $W_r\left(\overline{h}=17.78, \overline{\theta}=0.065\right)$ 和其累计值，发现超过 90% 的被测中子被分配到 200 m 半径以内的区域，其中 50 m 半径的圆形区域内的累积权重超过 60%。因此，可认为美国 COSMOS 观测网络的标准采样方案 $R_i=\{25,75,200\}$ m（Franz et al.，2012）仍适用于该研究区，但需要增加 50 m 范围内的采样点。研究中还估算了 CRNS 的有效测量深度，结果表明有效测深随距离的增加而减小，变化范围从 CRNS 仪器附近的约 50 cm 到远离 CRNS 的 20 cm。在 CRNS 所在的位置（即 $r=0$ m）处，有效测深 D_{86} 取决于土壤含水量，随着含水量的减少而增加。在湿润条件下测深大于 20 cm，在极端干燥条件下约为 60 cm [图 3.29（b）]。

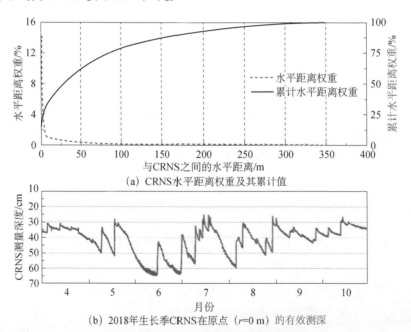

（a）CRNS水平距离权重及其累计值

（b）2018年生长季CRNS在原点（$r=0$ m）的有效测深

图 3.29　CRNS 水平距离权重及其累计值和 2018 年生长季 CRNS 在原点（$r=0$ m）的有效测深

3.4.3　CRNS 和 ECH2O 结果对比

在将 ECH2O 数据作为 CRNS 的验证数据之前，进一步通过在烘干法和 ECH2O 土壤水分之间建立线性回归关系来重新计算 ECH2O 的加权平均土壤水分值。数据表明烘干法和 ECH2O 测量值具有很好的一致性，两者相关性高达 0.953，且 RMSE 仅有 0.013 m^3/m^3。通过线性拟合，得到烘干法和 ECH2O 土壤水分数据之间的线性关系式（图 3.30）。使用该关系式对所有的 ECH2O 数据进行重新计算，得到 $\theta_{ECH2O, rescaled}$。

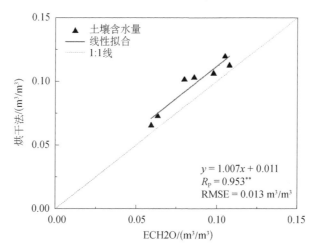

图 3.30　七个野外采样期内的 ECH2O 传感器和烘干法土壤水分线性拟合

x 轴为 ECH2O 土壤水分，R_p 代表皮尔逊相关系数

图 3.31 展示了 2017～2019 年三年生长季期间 CRNS 测量的校正中子计数率（N_{corr}）、CRNS 估算出的土壤水分、烘干法以及 CRNS 测量范围内四个 ECH2O 的加权平均土壤水分的时间序列。结果显示，中子强度与土壤水分呈显著负相关，与 Zreda 等（2008）的理论一致。在生长季内（4～10 月），CRNS 土壤水分与 ECH2O 土壤水分表现出良好的一致性，两者之间的 R_p 大于 0.80，RMSE 约为 0.03 m^3/m^3（表 3.7）。

然而，KGE′值小于 0。CRNS 和 ECH2O 土壤水分的估计相比，具有更大的变化范围，表现为更大的标准差（σ）值，ECH2O 和 CRNS 土壤水分样本的 σ 分别为 0.022 m^3/m^3 和 0.038 m^3/m^3（表 3.8），后者约为前者的两倍。其中，两者之间的差异 2018 年略大于其他两年。然而，CRNS 土壤水分时间序列的均值却略小于 ECH2O 的，总体上约小了 0.02 m^3/m^3。CRNS 土壤水分与 ECH2O 土壤水分具有显著相关性，R_p 大于 0.80，但数值上存在较大的差距，RMSE 达到 0.032 m^3/m^3 左右（表 3.8）。在三年的生长季中，最好的 R_p（0.854）、最差的 RMSE（0.038 m^3/m^3）以及 KGE′值（-0.563）都出现在 2019 年。而 2017 年生长季 CRNS 与 ECH2O 的相关性相对较差（0.816），却有最小的 RMSE（0.026 m^3/m^3）和最大的 KGE′值（0.028）。

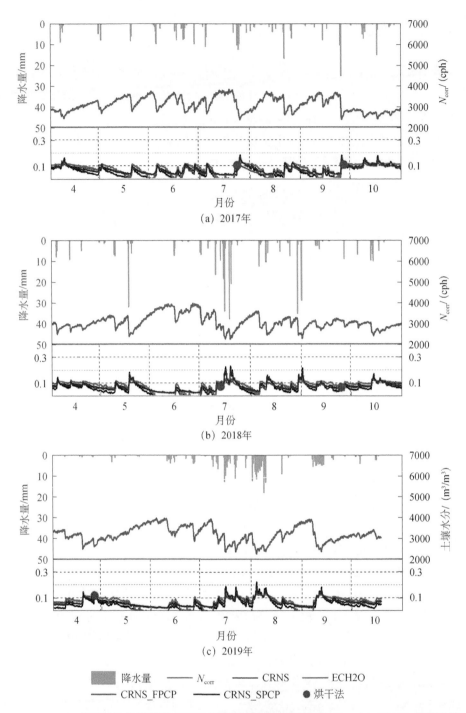

图 3.31 2017～2019 年三年生长季期间 CRNS 测量的校正中子计数率（N_{corr}）、CRNS 估算出的土壤水分、烘干法以及 CRNS 测量范围内四个 ECH2O 的加权平均土壤水分的时间序列图

图中蓝条为 12 小时累计降水量，灰线为校正后的中子强度 N_{corr}，黑线为 CRNS 土壤水分，绿线为 CRNS_FPCP，紫线为 CRNS_SPCP 土壤水分，红线为加权平均 ECH2O，红点为烘干法土壤水分的 12 小时移动平均值。其中 FPCP 是第一次参数本地化过程，即仅使用烘干法土壤水分校准参数；SPCP 是第二次参数本地化过程，即使用烘干法和 ECH2O 土壤水分的混合数据集校准参数

表 3.8　2017～2019 年生长季 3 种土壤水分的对比结果

指标	σ_{ECH2O} /(m³/m³)	σ_{CRNS} /(m³/m³)	μ_{ECH2O} /(m³/m³)	μ_{CRNS} /(m³/m³)	R_P	RMSE /(m³/m³)	KGE′	$R_{invalid}$ /%
2017 年	0.022	0.035	0.086	0.072	0.816**	0.026	0.028	26.79
2018 年	0.020	0.038	0.090	0.071	0.822**	0.031	−0.457	18.50
2019 年	0.023	0.039	0.094	0.064	0.854**	0.038	−0.563	29.55
重度干旱	0.005	0.013	0.052	0.032	0.318**	0.014	−2.390	74.78
轻微干旱	0.015	0.033	0.091	0.067	0.721**	0.025	−1.024	3.21
湿润	0.010	0.041	0.131	0.145	0.578**	0.043	−1.561	0
均值	0.022	0.038	0.090	0.069	0.806**	0.032	−0.309	24.85

注：表为 2017～2019 年生长季以及 3 种土壤水分条件下的 ECH2O 和 CRNS 数据集各自的标准差（ σ ）和均值（ μ ）、CRNS 土壤含水量小于 0.02 m³/m³ 的数据量占各个样本容量的百分比（ $R_{invalid}$ ），以及两个数据集之间的皮尔逊相关系数（ R_P ）、RMSE 以及 KGE′

为了分析不同土壤湿度情况下 CRNS 的表现性能，我们根据李柏贞和周广胜（2014）的研究，将土壤水分条件划分为三类（重度干旱、轻微干旱和湿润）。研究区田间持水量（ θ_{fc} ）约为 0.20m³/m³，我们设定土壤水分低于 θ_{fc} 的 30%时为重度干旱（低于 0.06 m³/m³），高于 θ_{fc} 的 60%时为湿润（高于 0.12 m³/m³）， θ_{fc} 的 30%～60%为轻微干旱（0.06～0.12 m³/m³）。重度干旱、轻微干旱和湿润三种土壤水分条件下的各项统计指标也在表 3.8 中列出，结果较为复杂。在重度干旱条件下，虽然具有相对来说最小的 RMSE 值，但 CRNS 土壤水分模拟性能的表现最差，因为约有 75%的数据无效，且相关性仅为 0.318。其低的 RMSE 值可能是由于计算时没有考虑 CRNS 小于 0.02 m³/m³ 的这一大部分数据。湿润条件下的 RMSE 最大。而 KGE′ 在三种干旱条件下均表现差，其中，重度干旱条件下最差。可以看出，CRNS 的性能在轻微干旱条件下的表现要优于其他两种情况，这反映在最佳的 R_P 和 KGE′ 都出现在轻微干旱条件下，而不是重度干旱条件下。而且，如果不过滤掉小于 0.02 m³/m³ 的 CRNS 数据，那么 R_P 最高、偏差和 RMSE 最小以及 KGE′ 最接近 1 的最佳结果就会出现在轻微干旱条件下。这也意味着在重度干旱和湿润条件下 CRNS 的土壤水分模拟性能受到了影响。

在对比分析 CRNS 与 ECH2O 数据时，由于 ECH2O 传感器测量值与 CRNS 估计值之间存在固有的差异，因此也需要考虑其不确定性。CRNS 对地表水分的变化更敏感。一旦发生降雨事件，足迹中的水分立即增加，导致中子强度迅速降低，计算出的 CRNS 土壤水分则迅速增加。水分只有在到达地面并渗入土壤至少 5 cm 深度时才会被 ECH2O 传感器检测到，其中最浅的 5TE 探头被放置在土壤中，而 CRNS 可以快速检测到其足迹内的水分变化。因此，一方面，当降雨事件发生时，CRNS 比 ECH2O 传感器具有更短的响应时间和更明显的土壤水分增值。另一方面，当土壤变干时，CRNS 土壤水分下降的速度也快于 ECH2O 传感器所探测到的。此外，CRNS 与 ECH2O 测量范围的不同也是一个不容忽视的误差来源。一方面，尽管加权方法是在 ECH2O 传感器上进行的，但这些传感器强烈地聚集在 CRNS 足迹内的特定区域，这已被证实会妨碍对 CRNS 土壤水分估计值的正确评估

（Schrön et al., 2017）。另一方面，ECH2O 和烘干法的测量深度小于 50 cm 且固定不变，而 CRNS 的测量深度一直在变化，在湿润条件下为 20 cm，在重度干旱条件下可达到 60 cm，这也能在一定程度上解释 ECH2O 和烘干法与 CRNS 土壤水分之间的差异。2017 年的比较结果要优于 2018 年和 2019 年，这可能是由于 2017 年的降雨量略低于其他两年。这与 Bogena 等（2013）的报道相似，即 CRNS 在潮湿森林中的土壤水分估计性能比在干旱地区差。区内更多水分的存在不可避免地降低了 CRNS 和 ECH2O 之间的一致性（Tan et al., 2020）。

3.4.4　形状参数本地化

使用形状参数 a_0, a_1, a_2=（0.0808, 0.372, 0.115）时的式（3.41）计算的 CRNS 土壤水分数据集中约有 25%被认为是无效的（即低于 0.02 m^3/m^3，甚至低于零），尤其是当 ECH2O 加权平均土壤水分小于 0.06 m^3/m^3 时，即土壤重度干旱条件下，超过 70%的数据被认为是无效的。这可能是由于原始形状参数 a_0, a_1, a_2 值不再适用于这种情况。我们的结果显示：与原始值相比，第一次参数本地化过程（FPCP）改善了 R_P，并减少了 RMSE 和无效数据的数量（图 3.31 和表 3.9），这意味着 FPCP 改善了 CRNS 对土壤水分的估计。在所有 3 个生长季节的湿润条件下，FPCP 土壤水分估算值都得到最大改善，其次是轻微干旱条件，而在重度干旱条件下，仍然存在无效的 CRNS 土壤水分。值得注意的是，即使我们使用烘干法数据校准了式（3.41）的参数，CRNS 的表现仍然不能令人满意，特别是在极端干燥的土壤条件下。但根据先前的研究，CRNS 在干燥条件下应该是表现最佳的（Franz et al., 2012; Bogena et al., 2013; Nguyen et al., 2017）。

表 3.9　校准函数［式（3.41）］中参数 a_0、a_1、a_2 和 N_0 的标准值、FPCP 和 SPCP 值，以及由每组参数值得到的 CRNS 土壤水分与原位观测土壤水分数据之间的 R_P 和 RMSE

参数/指标	标准值	FPCP	SPCP
a_0	0.0808	0.0235	0.0531
a_1	0.372	1.035	0.0384
a_2	0.115	0.1998	0.0395
N_0/cph	3756	3960	3801
R_P	0.908**	0.955**	0.934**
RMSE/（m^3/m^3）	0.189	0.0129	0.0097

FPCP 是第一次参数本地化过程，即仅使用烘干法土壤水分数据校准形状参数；SPCP 是第二次参数本地化过程，即使用烘干法和 ECH2O 土壤水分的混合数据集校准参数

通过进一步分析（即进行第二次参数本地化），发现 CRNS_SPCP 性能显著提升，总体上 KGE′值达到 0.65。SPCP 提高了 CRNS 与 ECH2O 土壤水分时间序列之间的相关性（ΔR_P=0.077），且 RMSE 减少了 0.015 m^3/m^3，皆优于 CRNS_FPCP 的结果。在 3 年生长季

中，CRNS_SPCP 在 2017 年表现最佳（KGE'值达到 0.758），2018 年次之。在 3 种土壤水
分条件下，SPCP 对重度干旱条件下的 CRNS 模拟性能改进程度最大（表 3.10）。这表明
SPCP 对 CRNS 在较干燥的土壤中的估算性能改进最大。此外，与 FPCP 不同的是 SPCP 保
留了 CRNS 在湿润条件下应有的土壤水分高估现象。

表 3.10　在重度干旱、轻微干旱和湿润土壤水分条件下，在 2017～2019 年生长季中，第二次参数校准后的 CRNS（CRNS_SPCP）与 ECH2O 土壤含水量时间序列之间的 R_P、RMSE 和 KGE'值，以及与参数校正之前两者之间的 R_P 和 RMSE 的差值 ΔR_P、ΔRMSE

指标	土壤水分条件			生长季			均值
	重度干旱	轻微干旱	湿润	2017 年	2018 年	2019 年	
R_P	0.612**	0.738**	0.580**	0.894**	0.886**	0.908**	0.883**
ΔR_P	0.294	0.017	0.002	0.078	0.064	0.054	0.077
RMSE/（m³/m³）	0.011	0.018	0.026	0.014	0.016	0.020	0.017
ΔRMSE/（m³/m³）	0.003	0.007	0.017	0.012	0.015	0.018	−0.015
KGE'	0.021	0.308	0.690	0.758	0.630	0.553	0.650

3.4.4 节中研究发现使用形状参数计算 CRNS 土壤水分中约有 25%甚至高达 70%的数据
被认为是无效的。这可能是由于环境干燥时中子强度对氢的敏感性更高（Andreasen et al.，
2017）。按理说，较高的灵敏度应可使 CRNS 在重度干燥或轻微干燥的条件下具有良好的土
壤水分估算结果。但是在非常干燥的情况下，土壤水分含量甚至低于 CRNS 土壤水分估算
阈值（约为 0.03 m³/m³），其他时变氢源的总和（如生物量水当量）会造成 CRNS 估算的不
确定性。此时 CRNS 将无法正确估算土壤水分，尤其是对于重度干旱的情况。

尽管理论上式（3.41）是针对所有环境开发的校准函数，但尚未在半干旱的农牧交错
带环境中进行充分的测试，其适用性可能在此类环境下受到限制。最有可能是式（3.41）
中的形状参数常数 a_0，a_1，a_2 不再适用于这种情况。Villarreyes 等（2011）也曾指出，仅校准
N_0 并不能顾及所有重要特征。Lv 等（2014）和 Iwema 等（2015）也后续证明了针对特定
地点的优化可能会导致不同的参数集。

从长时间序列上来看，与 CRNS_FPCP 相比，CRNS_SPCP 土壤水分随时间的变化趋
势也更加合理，即土壤干燥时能有效地估算出土壤水分值，而当土壤湿润时，也保留了
其估算环境中所有现存氢源的能力（表现出一定程度的土壤水分高估现象）。SPCP 和
FPCP 之间的区别在于前者添加了重度干旱条件下（土壤水分小于 0.06 m³/m³）的加权平
均 ECH2O 土壤水分数据。这说明在重度干燥的土壤环境中收集土壤水分数据对于 CRNS
的校准很重要。在重度干燥的土壤中缺少重量土壤水分数据可能会导致 CRNS 对土壤水分
估计得不正确。在以后的工作中，需要在重度干燥的时期获得烘干法采样数据（Tan et al.，
2020）。

3.4.5　CRNS 与地上生物量的关系

NDVI 对植被的生长和覆盖度非常敏感（González-Alonso et al.，2006；Meng et al.，2013；Zhang et al.，2016），与地上生物量呈正相关。图 3.32 显示了站点 NDVI 的变化。可以看出，NDVI 在 5 月左右开始出现明显的上升趋势，在 8 月左右达到峰值，然后下降，在 12 月至翌年 2 月之间达到低谷。这种变化模式与植被生物量有关。采用 Baatz 等（2015）的方法，利用 CRNS 的校准数据集，建立了站点特异性 N_0 与 NDVI 之间的回归方程：

$$N_0 = r \cdot \text{NDVI} + N_{0,\text{NDVI}=0} \tag{3.43}$$

式中，参数 r 单位为 cph；$N_{0,\text{NDVI}=0}$ 为荒地的参考 N_0，即地上生物量为 0kg/m² 时的 N_0 值。通过计算，r 和 $N_{0,\text{NDVI}=0}$ 分别为 144 cph 和 3844 cph。说明植被生物量是影响 N_0 稳定性的重要因素之一。

SHP 和 NDVI 日值变化趋势如图 3.32 所示。发现两者总体上有相似的趋势，但是 SHP 的变异性更大，因为 NDVI 数据的分辨率为 16 天，其日值是通过 16 天区间内的线性内插得到的，这使得 NDVI 的变化看起来更加平滑。另外，SHP 的变化可能是由短期降雨截留引起的，而 NDVI 并未记录该变化。还发现 16 天平均 SHP 与 NDVI 之间呈显著正相关关系（图 3.32）。这表明植被也是我们站点中时变次生氢源池的重要组成部分，会降低 CRNS 估算土壤水分的准确性。除植被本身外，冠层截留还会对 CRNS 中子信号产生干扰。Baroni 和 Oswald（2015）认为生物质水和降雨截留使宇宙射线中子产生了令人困惑的氢信号，从而导致 CRNS 测得的中子计数增加了土壤水分估计值。

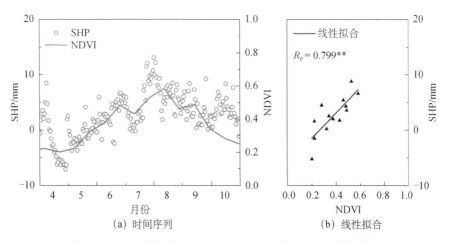

图 3.32　2017 年生长季 SHP 和 NDVI 的时间序列、线性拟合

为了分析降雨对 SHP 的影响，随机选取了 2018 年的几组具有不同降雨量和降雨强度特征的降雨事件（图 3.33）。结果显示 SHP 与降雨量呈正相关。降雨发生，SHP 值增加达到一个峰值，雨停后又表现出明显的减少趋势。当连续几天没有降雨时，SHP 甚至下降至0。SHP 在第一段时间内［图 3.33（a）］和第三段时间内［图 3.33（c）］的峰值近似，约13 mm，而第二段时间内［图 3.33（b）］的峰值相对较小，约 8 mm。结果还表明 SHP 主

要受雨量的影响而不是降雨强度，例如，第一个时间段的雨强远大于第三个时间段的雨强，但具有几乎相同的降水量，导致两次降雨期间具有近似的 SHP 值。

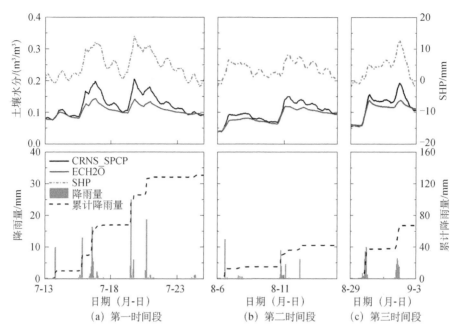

图 3.33　2018 年降雨事件中随机选取的三组降雨事件期间的降雨量（蓝条）和累计降雨量（黑色虚线）、ECH2O 土壤含水量（红色实线）、CRNS_SPCP 土壤含水量（黑色实线）以及 SHP 值（灰色虚线）

（a）降雨事件频繁发生、单次降雨降雨量大（$P_{max}=37.8\text{mm}$）且降雨强度大（$i_{max}=18.4\text{mm/h}$）；（b）降雨事件较多但分散、各个降雨事件的雨量、雨强均不大（$P_{max}=12.2\text{ mm}$，$i_{max}=12.2\text{ mm/h}$）；（c）降雨事件少、雨强小（$i_{max}=9.8\text{mm/h}$），但单次降雨总降雨量大（$P_{max}=37.2\text{ mm}$）

当降雨事件发生时，CRNS 可能会产生很大的高估。这表明 CRNS 不仅对土壤水分敏感，而且还受到源区存在的其他氢源的影响（如土壤有机质、植被、冠层截留、枯枝落叶层、积雪等）。此外，通过现场调查发现，2018 年的植被比 2017 年和 2019 年的茂密。这归因于年降水量的变化，2018 年的最大值为（449.8 mm），而 2017 年和 2019 年的最大值分别为 314 mm 和 335.8 mm。降雨越多，植被生长越旺盛。地上生物量可能会降低中子计数率，从而降低传感器的灵敏度（Bogena et al.，2013）。生物量的变化可以解释超过 80% 的中子数变化（Hawdon et al.，2014；Baatz et al.，2015）。Coopersmith 等（2014）发现当叶面积指数（LAI）相对较低时，玉米田中的土壤水分常常被低估。Tian 等（2016）利用 CRNS 研究植物水分，指出湿润时期植物的水分储存量高，而干旱时期的水分储存量低，植物遭受水分流失。

研究区的降雨强度在 0～40 mm/d 之间，考虑到雨量太小的时候 CRNS 信号无法明显地区分出冠层截留信号（表现为小降雨事件发生时 SHP 没有明显的增加）。于是进一步选取几场 2017～2018 年 24 h 降水量为 10～40 mm 的降雨事件，并将它们按雨强（i）分为三类（图 3.34）。有研究表明油蒿（本研究区的优势种）群落冠层截留率约为 30%（王新平

等，2004）。可见此时 SHP 值与当地的降雨截留值相当（约为 0.3 P）。不同降雨强度等级
下也有不同的特征，总体上 SHP 表现出随着降雨量的增大而增加的趋势，但是差异不大。

除植被本身生物量所含氢源外，降雨期间的冠层截留则会通过影响到达地面的水分总
量，从而会在短期内影响 CRNS 估算土壤含水量测准确性。冠层截留过程能被 CRNS 探测
到，而 ECH2O 无法监测这种变化，于是便有了降雨期间 CRNS 相较于 ECH2O 更明显的高
估现象。SHP 与降雨量也呈正相关关系。当降雨量大于 10 mm/d 时，SHP 等于或大于降雨
截留量，这可归因于 SHP 信号除截留量外还包含其他氢源信号的事实。由于截留量是仅根
据降雨量估算的，在分析中未考虑其他因素，因此对于相同的降雨量，SHP 和截留量估算
之间的差异会有所不同。如果使用更先进的中子探测器将中子信号与其他信号区分开，则
有可能最小化甚至消除冠层截留对 CRNS 信号的影响。

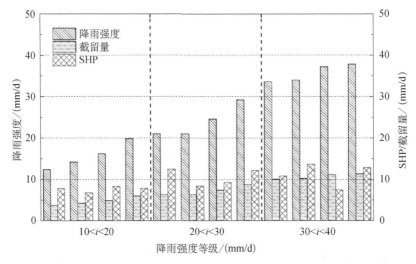

图 3.34　不同降雨强度等级（i）下的时变氢源（SHP）与油蒿群落冠层截留量估计值（θ_{canopy}=0.3 P）

值得注意的是，研究区的优势种是油蒿（*Artemisia Ordosica*）。它具有广泛的微生物土
壤结皮的特征，其定义为由在土壤表面和土壤下方生长的微小生物成分（如细菌、真菌、
苔藓和地衣）相互作用形成的有机复合物层（Eldridge and Greene，1994）。油蒿群落中普
遍存在的生物结皮会影响该地区的降雨-入渗-径流过程。熊好琴等（2011）发现生物结皮
会导致渗透率显著下降以及渗透深度的浅层化。Wu 等（2012）还发现结皮的发育对降水具
有显著的拦截作用，导致地表径流增加。卢晓杰等（2008）则指出，在结皮覆盖范围和降
雨入渗深度之间存在负线性相关。因此，可合理地认为在该区域广泛分布的生物土壤结皮
是另一个降低 CRNS 对土壤水分估算敏感性的重要生物量因子。另外，结皮减少了入渗量
并增加了截留率，这也可以部分解释 ECH2O 和 CRNS 的土壤水分数据之间的差异，当降
雨事件发生时，这一差距将被放大。在未来的工作中，我们需要将 CRNS 中子土壤水分信
号中的其他信号进一步分离，以提高 CRNS 的估算性能。

3.4.6　小结

本节评估了宇宙射线中子传感器（CRNS）在位于中国西北农牧交错带的鄂尔多斯草地生态系统国家野外科学观测研究站估算土壤水分的适用性。主要发现如下：

（1）与烘干法相比，表明 CRNS 能够测量该地区的实际土壤水分。与 ECH2O 传感器相比，发现 CRNS 对环境中水分的变化更加敏感，表现为降雨时的高估和土壤干燥时的低估。

（2）标准校准方程（N_0 方法）中三个形状参数（a_0，a_1，a_2）的参考值在本研究区不适用。参数本地化提高了 CRNS 土壤水分估算的准确性。缺少低烘干法土壤水分数据导致在极端干燥的条件下，参数本地化后的 N_0 函数性能仍然很差。

（3）地上生物量是本研究区中随时间变化氢源的重要组成部分。除植被本身外，降雨期间的冠层截留也会影响 CRNS 土壤水分估算结果的准确性。此外，该地区广泛分布的微生物土壤结皮是降低 CRNS 敏感性的另一个重要生物量因子。

由于资源限制，我们的研究地点只安装了 4 个 ECH2O 土壤水分观测系统。考虑到这些 ECH2O 探针的安全性，我们将它们安装在内蒙古鄂尔多斯草地生态系统国家野外科学观测研究站附近，这导致了 4 组探针的集中分布。这可能是造成我们研究地点原位 ECH2O 和 CRNS 土壤水分数据时间序列之间差异的原因。为了解决这个问题，我们依靠烘干法测量来校准和验证 CRNS 的土壤水分，并使用加权的 ECH2O 土壤水分数据对 CRNS 时间序列进行趋势验证。未来的工作需要增加土壤干燥期间 CRNS 附近（<25 m）的土壤水分采样点，以更好地校准 N_0。并从 CRNS 中子信号中分离出其他信号以改善 CRNS 在土壤水分方面的性能。经过这些改良后的 CRNS 土壤水分可以用作像本研究区这样数据缺乏地区的卫星土壤水分产品的校准和验证数据（Tan et al., 2020；谈幸燕，2020）。

3.5　不同下垫面的土壤含水量及土壤水力学属性变化研究

土壤含水量通常指储存在非饱和土壤层中的水（Fritton and Daniel, 1999；He et al., 2012）。它通过控制水分和能量的分配在全球水循环中扮演重要角色，是连接大气圈和生物圈的重要纽带（Albertson and Montoldo, 2003；Pan and Wang, 2009），影响着地球系统水文过程在空间和时间尺度的相互作用（Wei, 1995）。土壤水分受自然和人为因素的影响，在时间和空间上存在一定的变异性，即在一定的区域内，不同时间、地点和土层的土壤水分特征存在明显的差异性和多样性。土壤水分变异研究是根据原样地实际观测、遥感资料或实验室测定的数据分析反映土壤水分特征各指标参数的时空分布和变化特征，及其与影响因子的时空关系（邱扬等，2007）。这种变异不仅受到海拔、地形、土壤性质、植被类型、降水、气候、和人为干扰等因素的影响，也受到自相关和随机因素的影响（Li et al., 2013；Penna et al., 2013）。

北方农牧交错带是我国农业种植区与草原畜牧区相连接的过渡地带，为典型的生态脆弱带，植被在该区域不同下垫面的水热变化过程中起着重要作用。大气-土壤-植被的相互作用通过自然演化的过程达到平衡，在这样的系统中，植被与水文循环密切相互作用（Troch et al.，2009；Trancoso et al.，2016）。土壤水分含量和分布直接影响着植物的数量和个体大小（Nash et al.，1991；Pan et al.，2008）以及退化生态系统的恢复与重建（李新荣等，2001）。植被依靠在供水和吸水之间取得平衡的植物-土壤生态系统，起到保护土壤和水，提高土壤持水能力，改善当地小气候和环境的作用（Mcvicar et al.，2010）。植被的盖度、种类、生长阶段等与水平衡的关系一直是国际水文学科研究的热点问题和难点问题（Zhu et al.，2017；王根绪等，2003），对当地的水碳循环和生态系统的可持续性有深远的影响（Chen et al.，2015；Zhang et al.，2015，2018）。

本节基于植被盖度，对不同盖度草地土壤水分的连续观测，结合降水、气温等气象要素的同步观测和土壤理化性质分析，分析研究区土壤水分动态和时空变异特征，揭示西北农牧交错带土壤水分时空变化的基本规律和机制。

3.5.1 研究区概况及研究方法

研究区盐池县隶属于宁夏回族自治区，位于宁夏东部，是农区向牧区的过渡地带，地理坐标 106°30′～107°47′ E，37°04′～38°10′ N，总面积 8661.3 km²。海拔约 1500～1600 m。南与黄土高原相邻，北靠毛乌素沙地，南北分别为黄土丘陵和鄂尔多斯缓坡丘陵两大地貌单元。气候上属于温带沙漠性气候，年平均气温 8.7 ℃，年平均无霜期约 165 天，年平均风速 2.8 m/s，多年平均降水量 280 mm，多年平均蒸发量 2100 mm。降水主要集中在 7～9 月，占全年降水的 60%以上（李亚等，2009）。植被主要以农业种植的玉米和草地植物黑沙蒿（*Artemisia ordosica*）、白草（*Pennisetum flaccidum*）、甘草（*Glycyrrhiza uralensis*）和苦豆子（*Sophora alopecuroides*）为主（李柏，2015）。土壤类型以灰钙土为主，其次是黑垆土和风沙土，结构松散，肥力较低（许冬梅等，2009），该地区的自然条件和资源具有多样性和脆弱性的特点（程中秋等，2011）。

在选定的研究区域内确定典型的研究样地，在每个样地人工开挖剖面，分别在剖面 0～5 cm、5～10 cm、10～15 cm、15～30 cm 和 30～50 cm 深度处沿着 3 个不同的方向各取 1 kg 的土壤均匀混合，装在土样布袋中带回实验室进行土壤理化性质的分析。同时，在剖面上相应深度处用 100 cm³ 的环刀采集原装土样，现场称重，带回实验室置 105 ℃±2 ℃的恒温干燥箱中烘干至质量恒定（24 h），计算土壤容重和质量含水量。

每个采样点分别在 2.5 cm、7.5 cm、12.5 cm、22.5 cm 和 40 cm 深度处插入 Decagon 公司研制的土壤水分传感器 ECH2O（5TE 探头）并用 EM50 数据采集仪进行土壤水分、土壤温度和电导率的连续监测，测定结果可靠、精度高，数据精度为±3%，用环刀法校正后可达±1%～2%（白晓等，2017）。数据处理时去掉土壤水分小于2%和探头损坏的异常值，定位观测点系统采集时间为 2016 年 9 月 14 日至 2019 年 4 月 24 日，数据采集间隔为 30 min。

同时在观测样地采用自动气象站进行气温、降雨、风速和空气湿度等气象要素的观测，采集频率为 10 min/次。观测时间为 2016 年 9 月 14 日至 2019 年 4 月 24 日。2017 年 7 月用冠层分析仪分别测定两个草地的冠层叶面积指数（LAI），每处取两次测量的均值。高盖度草地 LAI 为 0.55±0.1，低盖度草地为 0.34±0.1。

　　土壤粒径采用英国 Malvern 公司生产的 Mastersizer 2000 激光粒度仪测定，按照美国粒径分级标准，将土壤划分为黏粒（粒径<2 μm）、粉粒（粒径 2～50 μm）和砂粒（粒径 50～2000 μm）。土壤有机碳用德国耶拿 HT 1300 总碳分析仪测定。

3.5.2　植被盖度对土壤含水量的影响

　　本节首先对我国西北宁夏盐池县境内的典型农牧交错带研究样地，2017 年各季节的不同深度土壤含水量监测结果进行统计分析（表 3.11）。各层土壤水分经过 Kolmogorov-Smirnov（KS）方法检验，均满足正态分布。其中，土壤水分在各土层的平均值和中值较为接近，这表明土壤水分的中心趋向分布并不被异常值所影响和决定，土壤水分资料系列较为合理（王军德等，2006）。总体上分析，当植被盖度降低时，同一层土壤水分含量都明显降低。0～15 cm 层土壤水分降低 35.4%；15～30 cm 层土壤水分流失 21.2%；30～50 cm 层土壤水分流失 37.8%。而高盖度和低盖度变异系数（CV）变化范围分别为 0.24～0.32、0.39～0.42，且高盖度表层 0～15 cm 和深层 30～50 cm 土壤水分 CV 较小而低盖度表层和深层 CV 值最大。说明植被退化对土壤水分含量的变化影响非常剧烈，尤其是对表层 0～15 cm 和 30～50 cm 的深层土壤。

表 3.11　各季节土壤含水量的描述性统计

植被盖度	季节	深度/cm	平均值/%	标准差/%	变异系数 CV	极差/%	中值/%
高	春（3～5 月）	0～15	9.94	2.02	0.20	7.88	10.55
		15～30	6.76	1.45	0.22	4.40	6.40
		30～50	9.40	1.46	0.16	4.37	9.09
	夏（6～8 月）	0～15	8.52	3.33	0.39	10.09	6.72
		15～30	6.04	2.57	0.43	8.69	4.41
		30～50	7.65	1.38	0.18	7.07	7.36
	秋（9～11 月）	0～15	10.10	1.85	0.18	8.51	10.35
		15～30	9.72	1.05	0.11	4.04	9.45
		30～50	12.43	0.66	0.05	2.69	12.57
	总体（3～11 月）	0～15	9.52	2.58	0.27	10.09	9.99
		15～30	7.50	2.41	0.32	8.70	8.14
		30～50	9.82	2.32	0.24	7.13	9.63
低	春（3～5 月）	0～15	7.07	1.38	0.20	6.21	7.25
		15～30	6.06	1.70	0.28	5.07	6.32
		30～50	5.91	2.43	0.41	5.82	6.77

植被盖度	季节	深度/cm	平均值/%	标准差/%	变异系数 CV	极差/%	中值/%
低	夏 （6～8月）	0～15	6.00	2.79	0.47	8.74	4.81
		15～30	5.22	2.43	0.47	8.34	3.94
		30～50	4.40	1.59	0.36	7.55	3.78
	秋 （9～11月）	0～15	8.00	1.79	0.22	6.94	8.07
		15～30	7.60	1.49	0.20	5.44	7.55
		30～50	8.51	1.42	0.17	4.84	8.60
	总体 （3～11月）	0～15	6.15	2.58	0.42	8.75	5.64
		15～30	5.91	2.29	0.39	8.36	5.55
		30～50	6.11	2.43	0.40	7.55	6.11

从季节尺度上看，不同深度的土壤含水量均表现出较强的时间变异性（表3.11）。除冬季外，夏季不同深度的变异系数均大于其他季节。高盖度草地春季平均土壤含水量为7%～10%，夏季为6%～9%，秋季为10%～12%，土壤含水量随深度的增加呈先降低再升高趋势，变异系数范围在0.05～0.43之间。低盖度草地春季平均土壤含水量为6%～7%，夏季为4%～6%，秋季为8%～9%，在春夏两季，土壤含水量随深度的增加呈下降趋势，只有在秋季30～50 cm层的水分才得到明显补充，变异系数范围在0.17～0.47之间。春夏季节，高盖度土壤含水量的变异系数，随土壤深度增加呈先升高后降低趋势，15～30 cm是植物根系主要分布层，变异性较大。低盖度土壤含水量的变异系数在春季随深度增加而逐渐升高，夏季随深度增加而降低。春季由于低盖度草地风力侵蚀导致浅层土壤粗粒化严重，土壤孔隙大，下渗速度快而又容易通过表层蒸发，使深层的变异系数最大；夏季由于根系对水分的吸收和调节作用使根系层的变异系数较大。秋季植物处于生长末期阶段，两种盖度的土壤水分的变异系数均随深度增加而减小，植物耗水量减少，且降雨量较多，使整个剖面能得到持续的补给，水分下渗可以补给到30～50 cm土层中。

这些观测资料研究表明，西北干旱地区的植被退化对土壤水文过程具有强烈的影响，植物生长过程是导致土壤水分剖面变异性的原因之一。植被退化后，除冬季外，各个季节的土壤水分含量的变异性均增大，相比于盖度高的草地，其更容易受气温和降水等因素的影响，导致西北干旱地区农牧交错带的草地生态系统的稳定性降低。

3.5.3　植被盖度对土壤温度的影响

土壤温度在土壤水分循环和热量平衡中扮演重要角色。研究区不同植被盖度条件下（低盖度的数据有部分缺失），不同深度土壤温度的变化特征分析如图3.35所示，不同盖度草地、不同土壤深度的地温与气温趋势基本一致，春夏两季表层土壤温度高，深层土壤温度低，秋冬季表层土壤温度低，深层土壤温度高。随着盖度的降低，地温整体升高，且冻结时间缩短。高盖度草地浅层地温日最大值与最小值分别为34.97 ℃和-12.29 ℃。低盖度草地浅层地温日最大值与最小值分别为 41.20 ℃和−9.85 ℃。高盖度草地土壤温度的变化幅度和速率<低盖度土壤温度的变化幅度和变化速率，表层 0~15 cm 的变化最明显。

以每日测量的土壤温度开始持续<0 ℃时计为土壤的冻结日期，以每日土壤温度开始持续>0 ℃时计为土壤的消融日期，并统计土壤冻结天数。在三年冻结期中，低盖度草地整个土壤剖面的总冻结天数为 929 天，高盖度草地的总冻结天数为 1080 天。低盖度草地的土壤冻结时间缩短，冻结天数共缩短 151 天，每层土壤的冻结时间均小于高盖度草地。

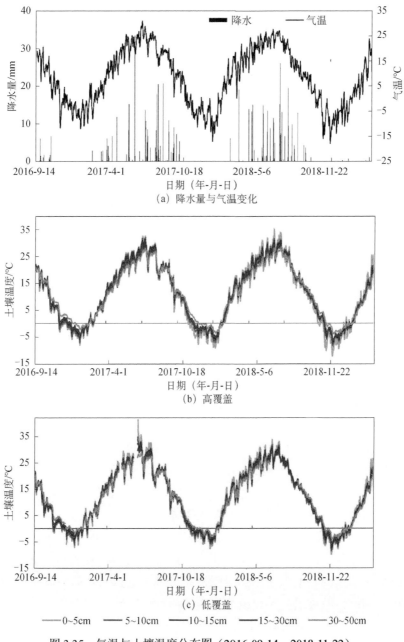

图 3.35　气温与土壤温度分布图（2016-09-14~2018-11-22）

在 2016 年 11 月 22 日，由于气温骤降，各盖度由表层开始达到 0 ℃，并在 11 月 24 日达到短期内地温的最小值，之后由于气温回升，地温也有所升高。厚度为 0～5 cm、5～10 cm、10～15 cm、15～30 cm 的温度在 2016 年 12 月 8 日达到短期内的最大值，30～50 cm 在 12 月 9 日达到最大值。短期内高盖各层温度最大值分别为 1.69 ℃、1.87 ℃、2.11 ℃、2.20 ℃、3.21 ℃；低盖度草地为 4.49 ℃、3.98 ℃、4.34 ℃、4.02 ℃、4.28 ℃。相比于 11 月 24 日，高盖度草地各层分别升高了 4.93 ℃、4.07 ℃、2.82 ℃、1.66 ℃、0.75 ℃；低盖度草地各层分别升高了 6.18 ℃、5.05 ℃、4.24 ℃、2.69 ℃、1.30 ℃。可以看出，低盖度草地的地温升高幅度大于高盖度，低盖度草地地温对气候变化的响应更加剧烈迅速。植被覆盖对热能的传输起到一定的减缓作用，对土壤有保温和冷却的作用。因此，植被退化对土壤的保护作用减小，土壤表层失去植被的调节，地温的改变必定会对土壤水分的储存和传输运移产生很大影响，土壤-植被-大气之间的水-热交换过程发生改变，生态系统也会变得更加脆弱敏感。

3.5.4　降水对土壤含水量的影响

土壤含水量的补给来源主要是大气降水，尤其在西北干旱地区，大气降水的多少和降水过程对土壤水分的变化有强烈的影响。通过典型农牧交错带研究区降水与不同植被条件下土壤水分的变化，揭示干旱区土壤水分在不同时段上对降水的响应（图 3.36）。不同植被盖度条件下，0～50 cm 土壤平均含水量呈现秋季＞春季＞夏季的总趋势，干旱区的降水主要发生在秋季，秋季的植被蒸腾和土壤蒸发耗水相对较低，土壤的水分相对较多。相同降雨条件下，高盖度草地全剖面的土壤含水量为 1.13%～15.26%，表层 0～5 cm 土层的土壤含水量对降水的响应最明显，2017 年 7 月和 8 月降水较少，表层土壤水分变化与 5～15 cm 范围的土壤水分变化基本一致，在 2018 年 7 月和 8 月降水较多，降水量相对较均匀，且持续时间长，表层 0～5 cm 范围土壤的含水量比 5～15 cm 范围土壤水分变化强烈。表层土壤受到风力和太阳的辐射影响与大气之间进行水分交换，水分流失速度快。但是，深层土壤15～30 cm 及 30～50 cm 范围的土壤水分变化与表层的相反，在该层的土壤主要是以黏粒为主，且有机质含量较多（图 3.37），说明在干旱地区土壤水分主要以薄膜水和少量弱毛管水形态存在于浅层包气带层，当有降水补给到表层土壤中，土壤毛管力就会增大，把存在15 cm 以下相对干的土壤加以水分补给，导致该层土壤水分在表面张力的作用下向浅层土壤层运移，所以出现了降雨后，深层土壤含水量降低的现象。低盖度草地全剖面的土壤含水量在 0.92%～14.29%之间，表层 0～5 cm 土层含水量最低，10～15 cm 范围的土壤含水量相对较高并且土壤表层主要是沙质土壤（图 3.37），土壤的有机质含量较低。有研究表明，有机质通过改变土壤结构和增强土壤的吸附性而影响土壤持水性能，同时影响程度取决于有机质的多少。因此，植被退化不仅改变了土壤的物理特性，同时也改变了土壤的化学属性，降低了土壤的肥力和土壤的持水能力（孙岩等，2017）。在相同降水条件下，降水主要在浅层土壤中储存，低盖度草地由于没有植物根系的调节和拦蓄，直接与大气之间以蒸发

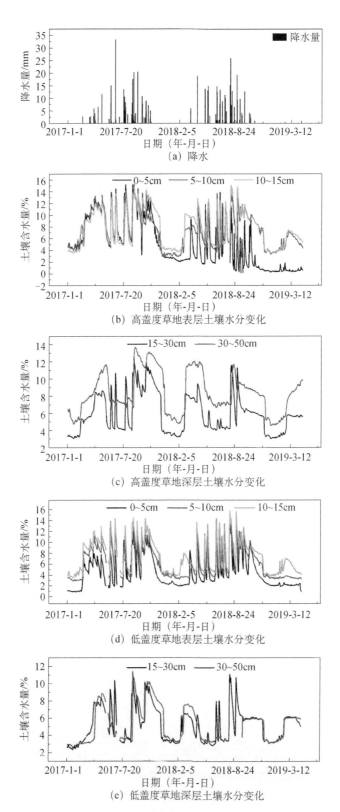

图 3.36　不同草地盖度各层土壤含水量变化

的形式快速流失。连续两年的实际观测资料显示（图 3.36），在低盖度条件下中小型的降雨对深层土壤水分的补给非常有限，降水的补给深度基本在 15 cm 范围。在西北干旱地区生态一旦出现退化，植被覆被降低，土壤—大气之间的能量和水分的通道及过程发生改变，一次小降水在低盖度的土壤浅层很难保持，会直接反馈到大气中，自然条件下自身恢复的能力非常有限，一般会出现荒漠化和沙化过程。

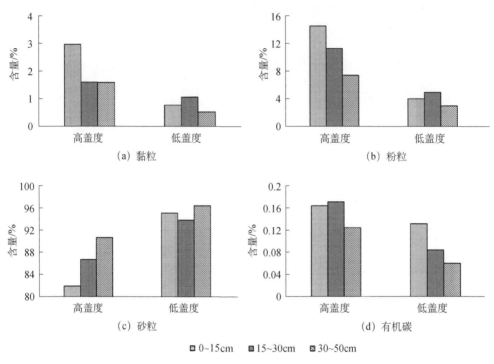

图 3.37　土壤剖面的颗粒及有机碳含量

3.5.5　植被生长过程对土壤含水量的影响

土壤水分在土壤中是一个相对动态的过程，在时间上有很明显的差异，尤其在干旱地区的土壤含水量很低，含水量在小尺度上的变化对这个土壤水文过程的影响非常突出。土壤水分在日尺度上呈周期性变化，与土壤温度变化具有很强的一致性（图 3.38）。以 2017年植被生长旺季的 7 月 15 日 0:00 至 7 月 18 日 0:00 连续三天土壤含水量在不同深度的日变化过程分析结果显示，在不同盖度条件下，0～15 cm 土壤水分的日变化曲线均呈单峰形，随着土层深度的增加每层土壤含水量达到峰值的时间有不同程度延迟。低盖度各层土壤水分含量变化剧烈且差异较大。高盖度土壤浅层（0～15 cm）含水量比低盖度高，在日尺度上变化频率高，以 7 月 15 日为例，高盖度 0～5 cm、5～10 cm 和 10～15 cm 范围内每层土壤水分峰值分别为 5.73%、5.53%、5.03%，出现时段分别在 16:00～18:00、16:30～19:00、17:00～22.30，随后不断降低，在次日 7:00 左右达到最小值；低盖度峰值为 2.24%、

3.65%、4.11%出现在 14:00～14:30、16:00～16:30、16:30～20:00，之后土壤含水量不断降低，在次日 5:00 左右达到最小值。高盖度草地达到峰值的增加幅度为 21.3%，14.6%，6.4%；低盖度草地达到峰值的增加幅度为 44.2%，18.5%，9.6%。

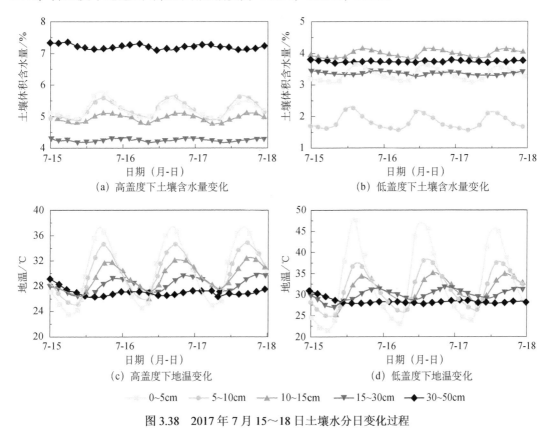

图 3.38　2017 年 7 月 15～18 日土壤水分日变化过程

　　植被退化使其保温作用减小，土壤含水量和地表温度的变化幅度加大，达到峰值的时间前移，意味着土壤水分变化对温度变化的响应加快，导致土壤水分运移速度加快，生态系统的敏感性和脆弱性增加。随着全球变暖的趋势增强，在西北干旱地区如果植被出现退化，会影响土壤温度持续升高且在日尺度上波动强烈，导致土壤水分含量的日变化会更加剧烈，同时植被退化使得浅层土壤颗粒粗粒化加强，土壤持水能力减弱，导水性能增加，加速草地退化的速度，在脆弱的西北干旱地区这种植被-土壤-水分之间的强烈耦合关系一旦被破坏，直接导致生态系统出现不可逆转的退化。

3.5.6　不同植被盖度土壤容重和孔隙度差异分析

　　植物群落的变化总是与土壤的演化相关联，土壤为植被的存在和发展提供必要的物质基础，土壤的分异导致植被的变化，反过来植被的变化也必将影响土壤发育（曲国辉和郭继勋，2003）。在农牧交错带，过度放牧和风蚀造成的荒漠草原沙漠化是土壤退化主要形式之一（Zhao et al., 2005；刘思源，2021）。沙漠化过程中，首先表现为地上植物群落组成和结构的退化，其次为草地生态系统的土壤物理和化学性质的改变（李亚娟等，2016）。

本节在宁夏盐池县境内的典型农牧交错带区域，对研究样地土壤样品的土壤物理化学属性进行分析，结果如图 3.38。随着植被盖度的降低，砂粒含量相对增加，黏粒和粉粒含量相对减少。其中，黏粒含量在每层分别降低 73.6%、33.5%、66.3%；粉粒含量在每层分别降低 72.4%、56.0%、59.5%。黏粒和粉粒在表层（0～15 cm）和深层（30～50 cm）变化最明显。砂粒含量在 0～15 cm 由 82.0%增加为 95.0%，在 15～30 cm 由 86.7%增加为 93.8%，在 30～50 cm 由 90.7%增加为 96.3%，在 0～15 cm 土层的增加幅度最大。说明当植被退化以后，草地土壤表层 0～15 cm 出现了明显的粗粒化过程，植被对土壤物理特征有强烈的影响。土壤有机碳含量也出现了明显的变化，土壤剖面的有机碳由原来的 0.12%～0.17%减少为 0.06%～0.13%。通过对比研究发现，在不同植被覆盖条件下，30～50 cm 的土壤砂粒含量基本是相对应盖度条件下的最高水平，而黏粒、粉粒含量及有机碳含量基本处在各盖度的最低水平。研究区植物根系主要分布在 0～30 cm 范围，可见，植被的生长过程是影响土壤质地和性质的重要原因之一。

3.5.7　小结

本节基于植被盖度，对不同盖度草地土壤水分的连续观测，结合降水、气温等气象要素的同步观测和土壤理化性质分析，分析研究区土壤水分动态和时空变异特征，主要结果如下：

（1）随着植被盖度的降低，土壤每层的粒度有相似的变化过程，即各层粒度均表现为砂粒含量增加，黏粒和粉粒含量减少。植被退化使土壤粗粒化，加快了土壤沙化的进程。

（2）在三年冻结期中，低盖度草地整个土壤剖面的总冻结天数为 929 天，高盖度草地的总冻结天数为 1080 天，冻结天数共缩短 151 天，多年平均地温升高 8.5 ℃且变化速度增大。

（3）不同深度的土壤含水量均表现出较强的时空变异性，受降水影响，夏季不同深度的变异系数大于其他季节。植物根系的存在和植物的生长过程是导致土壤水分剖面的变异性的原因之一。

（4）SWC 在秋季最大，当植被盖度降低时，同一层土壤水分含量均降低。0～5 cm 土层和 30～50 cm 层最明显，土壤水分降低超过 38.73%。只有生长季后期连续较大的几次降雨发生，较深层的 SWC 才出现对降雨的响应现象。

参 考 文 献

白晓, 张兰慧, 王一博, 等. 2017. 祁连山区不同土地覆被类型下土壤水分变异特征. 水土保持研究, 24 (2): 17-25.

程中秋, 张克斌, 刘建, 等. 2011. 宁夏盐池荒漠草原区天然草地植物生态位研究. 水土保持研究, 18 (3): 36-40.

李柏. 2015. 不同荒漠生态系统生物结皮分布及水文特征研究. 北京: 北京林业大学博士研究生学位论文.

李柏贞, 周广胜. 2014. 干旱指标研究进展. 生态学报, 34 (5): 1043-1052.

李新荣, 马凤云, 龙立群, 等. 2001. 沙坡头地区固沙植被土壤水分动态研究. 中国沙漠, (3): 3-8.

李亚, 何彤慧, 璩向宁. 2009. 盐池县气候要素对农牧业的影响评价及产业调适研究. 干旱区资源与环境, 23 (12): 82-86.

李亚娟, 曹广民, 龙瑞军, 等. 2016. 三江源区土地利用方式对草地植物生物量及土壤特性的影响. 草地学报, 24 (3): 524-529.

刘思源. 2021. 陕北农牧交错带沙地农业利用规模的水资源调控研究. 西安: 西安理工大学博士研究生学位论文.

卢晓杰, 李瑞, 张克斌. 2008. 农牧交错带地表覆盖物对土壤入渗的影响. 水土保持通报, 28 (1): 1-5.

邱扬, 傅伯杰, 王军, 等. 2007. 土壤水分时空变异及其与环境因子的关系. 生态学杂志, 26 (1): 100-107.

曲国辉, 郭继勋. 2003. 松嫩平原不同演替阶段植物群落和土壤特性的关系. 草业学报, 12 (1): 18-22.

孙岩, 王一博, 孙哲, 等. 2017. 有机质对青藏高原多年冻土活动层土壤持水性能的影响. 中国沙漠, 37 (2): 288-295.

谈幸燕. 2020. 宇宙射线中子法在西北农牧交错带土壤水分测量中的适用性研究. 兰州: 兰州大学硕士研究生学位论文.

谈幸燕, 张兰慧, 贺缠生, 等. 2020. 宇宙射线中子法在西北农牧交错带土壤水分测量中的适用性研究. 中国科学: 地球科学, 50 (11): 1596-1610.

王根绪, 沈永平, 钱鞠, 等. 2003. 高寒草地植被覆盖变化对土壤水分循环影响研究. 冰川冻土, 25 (6): 653-659.

王军德, 王根绪, 陈玲. 2006. 高寒草甸土壤水分的影响因子及其空间变异研究. 冰川冻土, 28 (3): 428-433.

王新平, 康尔泗, 张景光, 等. 2004. 荒漠地区主要固沙灌木的降水截留特征. 冰川冻土, 26 (1): 89-94.

熊好琴, 段金跃, 王妍, 等. 2011. 毛乌素沙地生物结皮对水分入渗和再分配的影响. 水土保持研究, 18 (4): 82-87.

熊好琴, 段金跃, 王妍, 等. 2012. 围栏禁牧对毛乌素沙地土壤理化特征的影响. 干旱区资源与环境, (3): 155-160.

许冬梅, 刘彩凤, 谢应忠, 等. 2009. 盐池县草地沙化演替过程中土壤理化特性的变化. 水土保持研究, 16 (4): 85-88.

薛亚永. 2021. 植被恢复对我国北方农牧交错带水分利用效率的影响. 兰州: 兰州大学博士研究生学位论文.

张景华, 封志明, 姜鲁光, 等. 2015. 澜沧江流域植被 NDVI 与气候因子的相关性分析. 自然资源学报, 30 (9): 1425-1435.

周岩, 刘世梁, 谢苗苗, 等. 2021. 人类活动干扰下区域植被动态变化——以西双版纳为例. 生态学报, 41 (2): 565-574.

Albertson J D, Montaldo N. 2003. Temporal dynamics of soil moisture variability: 1. Theoretical basis. Water Resources Research, 39 (10): 1274.

Andreasen M, Jensen K H, Desilets D, et al. 2017. Status and perspectives on the cosmic-ray neutron method for soil moisture estimation and other environmental science applications. Vadose Zone Journal, 16 (8): 1-11.

Baatz R, Bogena H R, Hendricks-Franssen H J, et al. 2015. An empirical vegetation correction for soil water content quantification using cosmic ray probes. Water Resources Research, 51 (4): 2030-2046.

Baroni G, Oswald S E. 2015. A scaling approach for the assessment of biomass changes and rainfall interception using cosmic-ray neutron sensing. Journal of Hydrology, 525: 264-276.

Beer C, Ciais P, Reichstein M, et al. 2009. Temporal and among-site variability of inherent water use efficiency at the ecosystem level. Global Biogeochemical Cycles, 23 (2): GB2018.

Bhavani P, Roy P S, Chakravarthi V, et al. 2017. Satellite remote sensing for monitoring agriculture growth and agricultural drought vulnerability using long-term (1982-2015) climate variability and socio-economic data set. Proceedings of the National Academy of Sciences India Section A-physical sciences, 87 (4): 733-750.

Bogena H R, Huisman J A, Baatz R, et al. 2013. Accuracy of the cosmic-ray soil water content probe in humid forest ecosystems: The worst case scenario. Water Resources Research, 49 (9): 5778-5791.

Chen J M, Liu J. 2020. Evolution of evapotranspiration models using thermal and shortwave remote sensing data. Remote Sensing of Environment, 237: 111594.

Chen J M, Liu J, Cihlar J, et al. 1999. Daily canopy photosynthesis model through temporal and spatial scaling for remote sensing applications. Ecological Modelling, 124 (2-3): 99-119.

Chen Y P, Wang K B, Lin Y S, et al. 2015. Balancing green and grain trade. Nature Geoscience, 8 (10): 739-741.

Cobos D R. 2009. Calibrating ECH2O soil moisture sensors. Application Note.

Coopersmith E J, Cosh M H, Daughtry C S T. 2014. Field-scale moisture estimates using cosmos sensors: A validation study with temporary networks and leaf-area-indices. Journal of Hydrology, 519: 637-643.

Desilets D, Zreda M, Ferré T P A. 2010. Nature's neutron probe: Land surface hydrology at an elusive scale with cosmic rays. Water Resources Research, 46 (11): W11505.

Desilets D, Zreda M, Prabu T. 2006. Extended scaling factors for in situ cosmogenic nuclides: New measurements at low latitude. Earth and Planetary Science Letters, 246 (3-4): 265-276.

Eldridge D J, Greene R S B. 1994. Microbiotic soil crusts-a review of their roles in soil and ecological processes in the rangelands of Australia. Australian Journal of Soil Research, 32 (3): 389-415.

Fang X Q, Zhu Q A, Ren L L, et al. 2018. Large-scale detection of vegetation dynamics and their potential drivers using MODIS images and BFAST: A case study in Quebec, Canada. Remote Sensing of Environment, 206: 391-402.

Feng X M, Fu B J, Yang X J, et al. 2010. Remote sensing of ecosystem services: An opportunity for spatially explicit assessment. Chinese Geographical Science, 20 (6): 522-535.

Fisher J, Tu K, Baldocchi D. 2008. Global estimates of the land-atmosphere water flux based on monthly AVHRR andISLSCP-II data, validated at 16 FLUXNET sites. Remote Sensing of Environment, 112: 901-919.

Franz T E, Zreda M G, Rosolem R, et al. 2012. Field validation of a cosmic-ray neutron sensor using a distributed sensor network. Vadose Zone Journal, 11 (4): 1-10.

Fritton D D. 1999. Environmental soil physics. Eos Transactions American Geophysical Union, 80 (25): 284.

Gim H J, Ho C H, Jeong S, et al. 2020. Improved mapping and change detection of the start of the crop growing season in the US Corn Belt from long-term AVHRR NDVI. Agricultural and Forest Meteorology, 294: 108143.

Gupta H V, Kling H, Yilmaz K K, et al. 2009. Decomposition of the mean squared error and nse performance criteria: implications for improving hydrological modelling. Journal of Hydrology, 377 (1-2): 80-91.

Goetz S J, Prince S D. 1999. Modelling Terrestrial carbon exchange and storage: Evidence and implications of functional convergence in light-use efficiency. Advances in Ecological Research, 28: 57-92.

Gonsamo A, Chen J M, D'Odorico P. 2015. Underestimated role of east Atlantic-West Russia pattern on Amazon vegetation productivity. Proceedings of the National. Academy of Sciences of the United States of America, 112 (15): E1967.

González-Alonso F, Merino-De-Miguel S, Roldán-Zamarrón A, et al. 2006. Forest biomass estimation through NDVI composites. The role of remotely sensed data to assess Spanish forests as carbon sinks. International Journal of Remote Sensing, 27 (23-24): 5409-5415.

Hao Y, Baik J, Choi M. 2019. Combining generalized complementary relationship models with the Bayesian Model Averaging method to estimate actual evapotranspiration over China. Agricultural and Forest Meteorology, 279: 107759.

Hawdon A, Mcjannet D, Wallace J. 2014. Calibration and correction procedures for cosmic-ray neutron soil moisture probes located across Australia. Water Resources Research, 50 (6): 5029-5043.

He M, Ju W, Zhou Y, et al. 2013. Development of a two-leaf light use efficiency model for improving the calculation of terrestrial gross primary productivity. Agricultural and Forest Meteorology, 173: 28-39.

He Z B, Zhao W Z, Liu H, et al. 2012. The response of soil moisture to rainfall event size in subalpine grassland and meadows in a semi-arid mountain range: A case study in northwestern China's Qilian Mountains. Journal of Hydrology, 420: 183-190.

Heidbüchel I, Güntner A, Blume T. 2016. Use of cosmic-ray neutron sensors for soil moisture monitoring in forests. Hydrology and Earth System Sciences, 20 (3): 1269-1288.

Hua L M, Squires V R. 2015. Managing China's pastoral lands: Current problems and future prospects. Land Use Policy, 43: 129-137.

Huang W, Chen F H, Feng S, et al. 2013. Interannual precipitation variations in the mid-latitude Asia and their association with large-scale atmospheric circulation. Chinese Science Bulletin, 58 (32): 3962-3968.

Iwema J, Rosolem R, Baatz R, et al. 2015. Investigating temporal field sampling strategies for site-specific calibration of three soil moisture-neutron intensity parameterisation methods. Hydrology and Earth System Sciences, 19 (7): 2349-2389.

Jamali S, Jonsson P, Eklundh L, et al. 2015. Detecting changes in vegetation trends using time series segmentation. Remote Sensing of Environment, 156: 182-195.

Jamali S, Seaquist J, Eklundh L, et al. 2014. Automated mapping of vegetation trends with polynomials using NDVI imagery over the Sahel. Remote Sensing of Environment, 141: 79-89.

Ji Q, Geng J B, Tiwari A K. 2018. Information spillovers and connectedness networks in the oil and gas markets. Energy Economics, 75: 71-84.

Keenan T, Hollinger D, Bohrer G, et al. 2013. Increase in forest water-use efficiency as atmospheric carbon dioxide concentrations rise. Nature, 499 (7458): 324-327.

Kling H, Fuchs M, Paulin M. 2012. Runoff conditions in the upper Danube basin under an ensemble of climate change scenarios. Journal of Hydrology, 424: 264-277.

Köhli M, Schrön M, Zreda M, et al. 2015. Footprint characteristics revised for field-scale soil moisture monitoring with cosmic-ray neutrons. Water Resources Research, 51 (7): 5772-5790.

Kong Y L, Meng Y, Li W, et al. 2015. Satellite image time series decomposition based on EEMD. Remote Sensing, 7 (11): 15583-15604.

Kulmala M, Nieminen T, Nikandrova A, et al. 2014. CO_2-induced terrestrial climate feedback mechanism: From carbon sink to aerosol source and back. Boreal Environment Research, 19: 122-131.

Kuwabara T, Bieber J W, Clem J, et al. 2006. Real-time cosmic ray monitoring system for space weather. Space Weather-The International Journal of Research and Applications, 4 (8): S08001.

Li H D, Shen W S, Zou C X, et al. 2013. Spatio-temporal variability of soil moisture and its effect on vegetation in a desertified aeolian riparian ecotone on the Tibetan Plateau, China. Journal of Hydrology, 479 (5): 215-225.

Liang X Z, Xu M, Gao W, et al. 2005. Development of land surface albedo parameterization based on Moderate Resolution Imaging Spectroradiometer (MODIS) data. Journal of Geophysical Research-Atmospheres, 110: D11107.

Liu H M, Zhang Q M, Yang C. 2019. The multi-timescale temporal patterns and dynamics of land surface temperature using Ensemble Empirical Mode Decomposition. Science of the Total Environment, 265: 243-255.

Liu R, Xiao L L, Liu Z, et al. 2018. Quantifying the relative impacts of climate and human activities on vegetation changes at the regional scale. Ecological Indicators, 93: 91-99.

Long C N, Gaustad K L. 2004. The Shortwave (SW) Clear-Sky detection and fitting algorithm: Algorithm Operational Details and Explanations. United States: Office of entific and Technical Information Technical Reports.

Lozano-Parra J, Schnabel S, Ceballos-Barbancho A. 2015. The role of vegetation covers on soil wetting processes at rainfall event scale in scattered tree woodland of Mediterranean climate. Journal of Hydrology, 529: 951-961.

Lv L, Franz T E, Robinson D A, et al. 2014. Measured and modeled soil moisture compared with cosmic-ray neutron probe estimates in a mixed forest. Vadose Zone Journal, 13 (12): 1-13.

Martinez B, Gilabert M A. 2009. Vegetation dynamics from NDVI time series analysis using the wavelet transform. Remote Sensing of Environment, 113 (9): 1823-1842.

Mcvicar T R, Niel T G V, Li L T, et al. 2010. Parsimoniously modelling perennial vegetation suitability and identifying priority areas to support China's re-vegetation program in the Loess Plateau: matching model complexity to data availability. Forest Ecology & Management, 259 (7): 1277-1290.

Meng J H, Du X, Wu B F. 2013. Generation of high spatial and temporal resolution NDVI and its application in crop biomass estimation. International Journal of Digital Earth, 6 (3): 203-218.

Miralles D G, De Jeu R A M, Gash J H, et al. 2011. Magnitude and variability of land evaporation and its components at the global scale. Hydrology and Earth System Sciences, 15 (3): 967-981.

Monteith J. 1973. Principles of Environmental Physics. London: Edward Arnold Press.

Nash M S, Wierenga P J, Gutjahr A. 1991. Time series analysis of soil moisture and rainfall along a line transect in arid rangeland. Soil Science, 152 (3): 189-198.

Neigh C S R, Tucker C J, Townshend J R G. 2008. North American vegetation dynamics observed with multi-resolution satellite data. Remote Sensing of Environment, 112 (4): 1749-1772.

Nguyen C T, Oterkus S, Oterkus E. 2021. A physics-guided machine learning model for two-dimensional structures based on ordinary state-based peridynamics. Theoretical and Applied Fracture Mechanics, 112: 102872.

Nguyen H H, Kim H, Choi M. 2017. Evaluation of the soil water content using cosmic-ray neutron probe in a heterogeneous monsoon climate-dominated region. Advances in Water Resources, 108: 125-138.

Niu Z G, He H L, Zhu G F, et al. 2019. An increasing trend in the ratio of transpiration to total terrestrial evapotranspiration in China from 1982 to 2015 caused by greening and warming. Agricultural and Forest

Meteorology, 279: 107701.

Pan N Q, Feng X M, Fu B J, et al. 2018. Increasing global vegetation browning hidden in overall vegetation greening: Insights from time-varying trends. Remote Sensing of Environment, 214: 59-72.

Pan Y X, Wang X P. 2009. Factors controlling the spatial variability of surface soil moisture within revegetated-stabilized desert ecosystems of the Tengger Desert, Northern China. Hydrology Process, 23 (11): 1591-1601.

Pan Y X, Wang X P, Jia R L, et al. 2008. Spatial variability of surface soil moisture content in a re-vegetated desert area in Shapotou, Northern China. Journal of Arid Environments, 72 (9): 1675-1683.

Peng J, Li Y, Tian L, et al. 2015. Vegetation dynamics and associated driving forces in eastern China during 1999-2008. Remote Sensing, 7 (10): 13641-13663.

Penna D, Brocca L, Borga M, et al. 2013. Soil moisture temporal stability at different depths on two alpine hillslopes during wet and dry periods. Journal of Hydrology, 477 (1): 55-71.

Priestley C H B, Taylor R J. 1972. On the assessment of surface heat flux and evaporation using large scale parameters. Monthly Weather Review, 100 (2): 81-92.

Rai A, Upadhyay S H. 2018. An integrated approach to bearing prognostics based on EEMD-multi feature extraction, Gaussian mixture models and Jensen-Renyi divergence. Applied Soft Computing, 71: 36-50.

Ren X L, Lu Q Q, He H L, et al. 2019. Estimation and analysis of the ratio of transpiration to evapotranspiration in forest ecosystems along the North-South Transect of East China. Journal of Geographical Sciences, 29 (11): 1807-1822.

Robinson B E, Li P, Hou X Y. 2017. Institutional change in social-ecological systems: The evolution of grassland management in Inner Mongolia. Global Environmental Change-Human and Policy Dimensions, 47: 64-75.

Roerink G J, Menenti M, Soepboer W, et al. 2003. Assessment of climate impact on vegetation dynamics by using remote sensing. Physics and Chemistry of the Earth, Parts A/B/C, 28 (1-3): 103-109.

Rosolem R, Shuttleworth W J, Zreda M, et al. 2013. The effect of atmospheric water vapor on neutron count in the cosmic-ray soil moisture observing system. Journal of Hydrometeorology, 14 (5): 1659-1671.

Schrön M, Köhli M, Scheiffele L, et al. 2017. Improving calibration and validation of cosmic-ray neutron sensors in the light of spatial sensitivity. Hydrology and Earth System Sciences, 21 (10): 5009-5030.

Shao R, Zhang B Q, Su T X, et al. 2019. Estimating the Increase in Regional Evaporative Water Consumption as a Result of Vegetation Restoration Over the Loess Plateau, China. Journal of Geophysical Research-Atmospheres, 124 (22): 11783-11802.

Shi H, Li L H, Eamus D, et al. 2017. Assessing the ability of MODIS EVI to estimate terrestrial ecosystem gross primary production of multiple land cover types. Ecological Indicators, 72: 153-164.

Sprintsin M, Chen J M, Desai A, et al. 2015. Evaluation of leaf-to-canopy upscaling methodologies against carbon flux data in North America. Journal of Geophysical Research-Biogeosciences, 117: G01023.

Su Z. 2002. The surface energy balance system (SEBS) for estimation of turbulent heat fluxes. Hydrology and Earth System Sciences, 6 (1): 85-99.

Tan X Y, Zhang L H, He C S, et al. 2020. Applicability of cosmic-ray neutron sensor for measuring soil moisture at the agricultural-pastoral transitional zone in Northwest China. Science China Earth Science, 63 (11): 1730-1744.

Tian F, Zhang Y, Lu S H. 2020. Spatial-temporal dynamics of cropland ecosystem water-use efficiency and the responses to agricultural water management in the Shiyang River Basin, northwestern China. Agricultural

Water Management, 237: 106176.

Tian Z C, Li Z Z, Liu G, et al. 2016. Soil water content determination with cosmic-ray neutron sensor: Correcting aboveground hydrogen effects with thermal/fast neutron ratio. Journal of Hydrology, 540: 923-933.

Tong S Q, Zhang J Q, Bao Y H, et al. 2018. Analyzing vegetation dynamic trend on the Mongolian Plateau based on the Hurst exponent and influencing factors from 1982-2013. Journal of Geographical Sciences, 28 (5): 595-610.

Torrence C, Compo C P. 1998. A practical guide to wavelet analysis. Bulletin of the American Meteorological Society, 79: 61-78.

Trancoso R, Larsen J R, Mcalpine C, et al. 2016. Linking the Budyko framework and the Dunne diagram. Journal of Hydrology, 535: 581-597.

Troch P A, Martinez G F, Pauwels V R N, et al. 2009. Climate and vegetation water use efficiency at catchment scales. Hydrological Processes, 23 (16): 2409-2414.

Verbesselt J, Hyndman R, Newnham G. 2010. Detecting trend and seasonal changes in satellite image time series. Remote Sensing of Environment, 114: 106-115.

Villarreyes C A, Baroni G, Oswald S E. 2011. Integral quantification of seasonal soil moisture changes in farmland by cosmic-ray neutrons. Hydrology and Earth System Sciences, 15 (12): 3843-3859.

Wang K S, Heyns P S. 2011. The combined use of order tracking techniques for enhanced Fourier analysis of order components. Mechanical Systems and Signal Processing, 25 (3): 803-811.

Wang S H, Zhang Y G, Ju W M, et al. 2021. Tracking the seasonal and inter-annual variations of global gross primary production during last four decades using satellite near-infrared reflectance data. Science of the Total Environment, 755 (2): 142569.

Wang W C, Chau K W, Xu D M, et al. 2015. Improving forecasting accuracy of annual runoff time series using ARIMA based on EEMD decomposition. Water Resources Management, 29 (8): 2655-2675.

Wei B C, Xie Y W, Jia X, et al. 2018. Land use/land cover change and it's impacts on diurnal temperature range over the agricultural pastoral ecotone of Northern China. Land Degradation and Development, 29 (9): 3009-3020.

Wei M Y. 1995. Soil moisture: Report of a workshop held in Tiburon. California: Conference Publication.

Wessels K J, Prince S D, Malherbe J, et al. 2007. Can human-induced land degradation be distinguished from the effects of rainfall variability? A case study in South Africa. Journal of Arid Environments, 68 (2): 271-297.

Wu Y S, Hasi E, Wu G, et al. 2012. Characteristics of surface runoff in a sandy area in southern Mu Us sandy land. Chinese Science Bulletin, 57: 270-275.

Wu Z, Huang N E. 2009. Ensemble empirical mode decomposition: A Noise-Assisted data analysis method. Advances in Adaptive Data Analysis, 1 (1): 1-41.

Xue Y Y, Zhang B Q, He C S, et al. 2019. Detecting vegetation variations and main drivers over the agropastoral ecotone of northern China through the ensemble empirical mode decomposition method. Remote sensing, 11 (16): 1860.

Yang K, He J. 2019. China meteorological forcing dataset (1979-2018) . National Tibetan Plateau Data Center.

Yang Y J, Wang K, Liu D, et al. 2019. Spatiotemporal variation characteristics of ecosystem service losses in the agro-pastoral ecotone of Northern China. International Journal of Environment Research and Public Health, 16 (7): 1199.

Yin Y H, Ma D Y, Wu S H, et al. 2017. Nonlinear variations of forest leaf area index over China during 1982-2010 based on EEMD method. International Journal of Biometeorology, 61 (6): 977-988.

Yu G R, Song X, Wang Q F. et al. 2008. Water-use efficiency of forest ecosystems in eastern China and its relations to climatic variables. New Phytologist, 177 (4): 927-937.

Yu G R, Wang Q F, Zhuang J. 2004. Modeling the water use efficiency of soybean and maize plants under environmental stresses: Application of a synthetic model of photosynthesis-transpiration based on stomatal behavior. Journal of Plant Physiology, 161 (3): 303-318.

Zhang B H, Zhang L, Xie D, et al. 2016. Application of synthetic NDVI time series blended from Landsat and MODIS data for grassland biomass estimation. Remote Sensing, 8 (1): 10.

Zhang S L, Yang D W. Yang Y T. 2018. Excessive afforestation and soil drying on China's Loess Plateau. Journal of Geophysical Research: Biogeosciences, 123 (3): 923-935.

Zhang S L, Yang H B, Yang D W, et al. 2015. Quantifying the effect of vegetation change on the regional water balance within the Budyko framework. Geophysical Research Letters, 43 (3): 1140-1148.

Zhao H L, Zhao X Y, Zhou R L. 2005. Desertification processes due to heavy grazing in sandy range land. Inner Mongolia Journal of Arid Environments, 62 (2): 309-319.

Zhou Y L. Wu X C. Ju W C, et al. 2016. Global parameterization and validation of a two-leaf light use efficiency model for predicting gross primary production across FLUXNET sites. Journal of Geophysical Research: Biogeosciences, 121 (4): 1045-1072.

Zhu X, He Z B, Du J, et al. 2017. Temporal variability in soil moisture after thinning in semi-arid Picea crassifolia plantations in northwestern China. Forest Ecology and Management, 401: 273-285.

Zreda M, Desilets D, Ferré T P A, et al. 2008. Measuring soil moisture content non-invasively at intermediate spatial scale using cosmic-ray neutrons. Geophysical Research Letters, 35 (21): L21402.

Zreda M, Shuttleworth W J, Zeng X, et al. 2012. COSMOS: The cosmic-ray soil moisture observing system. Hydrology and Earth System Sciences, 16 (11): 4079-4099.

第 4 章 典型区不同土地利用方式对地表水热过程的影响机理

西北农牧交错带具有草地-农田-裸地大面积相互镶嵌的独特下垫面，该地区土地利用变化剧烈，生态脆弱，对气候变化敏感，是我国典型的过渡带、敏感带与脆弱带。不同土地利用方式下的地表反照率、叶面积指数、地表粗糙度等地表物理特征参数具有明显差异，而这些差异显著影响着地表的水分和能量传输机制，对地表水热过程产生着复杂的影响。探究农牧交错带典型下垫面下的地表水热过程影响机理，有助于构建该地区可持续发展的土地利用格局，为区域水资源的合理利用和规划提供理论支持，并为世界范围内具有农牧交错特征的地区提供生态建设参考。

本章从四个方面入手，4.1 节中选取草地、农田两种典型下垫面，评估了不同版本的 CLM 模型在不同下垫面的模拟性能；4.2 节中基于野外观测实验所获得的数据分析了草地和农田两种下垫面的地表水热过程变化规律；4.3 节中评估了气候变化和人类活动对植被和土壤水分的影响，并量化分析了人类活动对植被和土壤水分变化的正负效应；4.4 节中选择了 FAO56 Penman-Monteith、Priestley-Taylor 和 Hargreaves 三种不同类型的蒸散发估算模型评价了它们在不同下垫面上的适用性。

4.1 CLM4.5 和 CLM5.0 在西北农牧交错带典型下垫面的模拟性能对比

不同土地利用方式上其地表反照率、叶面积指数、地表粗糙度等地表物理特征不同，使得其地表的水分和能量传输不同，因此，不同土地利用方式下的地表水热过程特征具有明显差异（Crooks and Davies，2001；Tian et al.，2020）。

模型模拟是研究不同土地利用下水热过程差异的普遍方法之一，具有数据时空分辨率高、精度高等优点（Pipunic et al.，2008；Zhao et al.，2017）。CLM（The Community Land Model）是基于物理机制和参数化方案建立起的陆面过程模型，可以对陆地表面与大气之间水分、热量和动力等交换过程进行准确的数学模拟，其综合了众多陆面过程模式的优点，在国内外应用广泛，是目前国际上发展最为完善的陆面过程模型之一（Oleson et al.，

2013）。相比于其他模型，CLM 中以嵌套的次网格结构来表示地表的空间异质性，每个网格单元可以有不同数量的土地单元，每个土地单元可以有不同数量的列，每个列可以表示为不同的土地利用类型，是刻画复杂下垫面的理想模型。目前，CLM 模型已在国内外得到广泛的评估与验证。例如，Sun 等（2016）验证了 CLM 4.0 在青藏高原中部高寒草甸中模拟多层土壤水分，发现模拟性能总体较好，但表层土壤水分略低，并在未冻结时高估了深层的土壤水分；Cai 等（2014）在北美区域对 CLM 4.0、Noah、Noah-MP、VIC 四种陆面模式的水文性能进行了评价，发现 CLM 在蒸散发模拟方面性能最好；宋耀明等（2014）在半干旱区退化草原采用 CLM 4.5 较好地模拟了辐射通量、水热交换、土壤温湿的空间分布和时间变化特征，但模型低估了地表吸收辐射和土壤水分，且在冬季模拟误差较大。众多研究表明，CLM 模型在不同地区应用广泛且都有着较好的适应性。

2018 年 2 月，CLM 5.0 版本正式发布，其与水文过程相关的改进主要有：①改进了蒸散发机制，引入了基于干表层的土壤蒸发阻力参数化；②改进了灌溉触发条件与灌溉量模拟，不再采用水分胁迫系数（Lawrence et al.，2019）。目前，已有一些学者对 CLM 5.0 在不同地区进行了评估与应用，例如，宋海燕（2021）利用 CLM 5.0 模拟评估了东北地区地表温度；Yang 等（2021）在青藏高原多年冻土区将不同的土壤热导率方案引入到 CLM 5.0 并进行了评估；Boas 等（2021）将作物进行了新的特定参数化，改进了作物产量的预测。众研究对 CLM 5.0 在不同地区进行了评估与应用，但对其相较于 CLM 4.5 性能差异却探讨较少，仅 Deng 等（2020）在青藏高原地区的草甸下垫面对比了两版本的模拟性能差异，探讨了干表层对该地区蒸散发模拟的影响。同时，针对 CLM 5.0 改进模块的性能评估较少，尤其是对改进的蒸散发与灌溉机制的适应性是否优于 CLM 4.5 尚未探讨。

本节以地处农区、牧区相互过渡的典型区，宁夏盐池县和内蒙古鄂尔多斯，评估 CLM 4.5 与 CLM 5.0 在草地与农田两种典型下垫面上的性能，探究两版本模型在西北农牧交错带复杂下垫面的适用性，并分析模型改进对其模拟性能的影响。

4.1.1　数据和方法

1. 站点数据

本节选取了西北农牧交错带中的农牧结合典型区——盐池县、鄂尔多斯市进行模拟。本节中，两观测站点位于 37°58′8.4″ N、107°23′6″ E 和 39°29′38.4″ N、110°11′56.4″ E，并以其为中心选取 0.1°×0.1°区域作为模拟区域。如表 4.1 所示，研究区下垫面主要以草地、裸地、农田为主，其中盐池的农田为灌溉农田、鄂尔多斯为雨养农田。

土地利用数据为来自中国科学院地理科学与资源研究所的 2015 年西北农牧交错带土地利用数据（表 4.1）。气象数据、辐射数据与土壤水分数据来源于贺缠生研究团队 2015 年在盐池站架设的四分量传感器、小型气象站和 ECH2O 土壤水分监测仪，本节使用了 2017 年 1 月 1 日至 2019 年 12 月 31 日的观测数据。由于研究区冬季温度多低于 0 ℃，而 ECH2O

无法测量冻结的土壤水分，因此本节只选取了研究区 4~10 月生长季进行模型性能对比。此外，为对模型进行参数本地化，本节采用团队实测的土壤理化性质进行了参数校正，其中包括土壤质地、有机碳含量、容重（表 4.2）。

表 4.1　盐池、鄂尔多斯观测站土地利用类型（%）

典型区	草地	未利用土地	农田	林地	水域	灌木	城乡工矿用地
盐池	42.77	23.54	13.80	8.73	6.17	3.04	1.95
鄂尔多斯	84.27	0.44	7.48	0.36	0.01	0.12	7.32

数据来源：http://www.resdc.cn/

表 4.2　实测土壤参数

土壤深度/cm	砂粒/%	黏粒/%	粉粒/%	有机碳含量/（g/kg）	容重/（g/cm^3）
2.5	89.59	1.35	9.06	1.78	1.51
7.5	89.67	1.60	8.74	1.77	1.70
12.5	88.27	1.58	10.15	1.58	1.67
22.5	91.43	1.51	7.06	1.45	1.31
40	91.91	0.92	7.17	1.28	1.58

2. 模型简介

与 CLM 4.5 相比，CLM 5.0 中与水文过程主要改进了蒸散发机制与灌溉机制。下面分别进行介绍。

1）蒸散发机制

CLM 4.5 中，土壤蒸发的计算如式（4.1）所示。计算公式如下：

$$E_{soil} = -\rho_{atm} \frac{\beta_{soil}(q_{atm} - q_{soil})}{r_{aw}} \qquad (4.1)$$

式中，ρ_{atm} 为大气密度，kg/kg；q_{atm} 为大气比湿，kg/kg；q_{soil} 为土壤中的比湿，kg/kg；r_{aw} 为空气动力对水汽输送的阻力，s/m；β_{soil} 为水分胁迫系数，是土壤水分的经验函数，取值范围为 0~1（Sellers et al., 1996）。

CLM 5.0 在计算土壤蒸发时则不再使用水分胁迫系数，而是引入了土壤干表层（DSL）替代，土壤蒸发受到水蒸气通过土壤干表层的扩散速率控制，如式（4.2）所示（Swenson and Lawrence，2014）。

$$E_{soil} = -\rho_{atm} \frac{q_{atm} - q_{soil}}{r_{aw} + r_{soil}} \qquad (4.2)$$

式中，r_{soil} 为指土壤对水汽输送的抵抗力，与土壤干表层厚度有关的，计算方式为

$$r_{soil} = \frac{DSL}{D_V \tau} \qquad (4.3)$$

式中，DSL 为干表层厚度，m；D_V 为水汽在空气中的分子扩散率，m^2/s；τ 为描述通过水

蒸气通过土壤基质时曲折度的参数。

2）灌溉机制

在 CLM 中，当灌溉启用时，每个网格单元的作物区域将分为灌溉和雨养两部分，灌溉作物不与其他植被产生"水分竞争"（Portmann et al.，2010）。CLM4.5 中，灌溉的触发由水分胁迫系数 β_{soil} 控制，该系数受到土壤水势、植被根系分布以及植被对水分胁迫的响应三方面影响（Sellers et al.，1996）。当 $\beta_{\text{soil}} < 1$ 时，触发灌溉，灌溉量计算公式如下：

$$w_{\text{target}} = (1 - 0.7)w_{\text{o}} + 0.7w_{\text{sat}} \tag{4.4}$$

$$w_{\text{deficit}} = \sum \max\left(w_{\text{target}} - w_{\text{liq}}\right) \tag{4.5}$$

式中，w_{target} 是土壤水分目标量，mm；w_{deficit} 是需灌溉量，mm；w_{o} 是无水分胁迫时最小含水量；w_{sat} 是饱和含水量，mm；w_{liq} 是土壤含水量，mm。

在 CLM 5.0 中，灌溉的触发不再采用水分胁迫系数，而是采用由土壤基质势反演确定的枯萎系数和目标土壤含水量（Ozdogan et al.，2010）。当土壤中的有效水分低于目标土壤含水量时，则触发灌溉，目标含水量 w_{thresh} 与灌溉量 D_{irrig} 计算公式如下：

$$w_{\text{thresh}} = f_{\text{thresh}}\left(w_{\text{target}} - w_{\text{wilt}}\right) + w_{\text{wilt}} \tag{4.6}$$

$$D_{\text{irrig}} = \begin{cases} w_{\text{thresh}} - w_{\text{avail}} & w_{\text{thresh}} > w_{\text{avail}} \\ 0 & w_{\text{thresh}} \leq w_{\text{avail}} \end{cases} \tag{4.7}$$

式中，w_{target} 是土壤水分目标量，mm；w_{wilt} 是田间枯萎系数，mm；f_{thresh} 是一个优化参数，值为 1，w_{avail} 是土壤有效水分，mm。

3. 模型模拟

本节中，分别利用 CLM 4.5、CLM 5.0 在盐池观测站的草地、灌溉农田、鄂尔多斯站的草地、雨养农田进行模拟分析。为了更准确地比较模型性能，利用相同的 BGC-CROP（BioGeoChemical Cycles-Crop）模式驱动 CLM 4.5 和 CLM 5.0，使用 2017～2019 年半小时分辨率的风速、温度、相对湿度、降雨、地面气压、太阳短波辐射和大气长波辐射数据制作大气强迫场。考虑到模式对初始场的敏感性及对土壤"记忆性"，对两个模型分别进行了1250 年的 spinup（Koster and Suarez，2009；Li and Islam，2002）。由于鄂尔多斯站 2017 年1～3 月气象数据缺失，两站点均采用 2018 年气象强迫场进行 spinup 获取初始场。将spinup 后的初始场与 2017～2019 年大气强迫数据作为输入进行模拟，输出分辨率为半小时的模拟结果。模式中，自然植被与作物不共用水资源，可分开输出草地、农田的土壤水分。

4. 评价指标

土壤水分是陆面过程中重要的水文参数，也是评估陆面过程最主要、最常用的水文参数之一，因此，本节采用其作为性能评估标准（苏凤阁和郝振纯，2001）。考虑到实测数据为 0～50 cm，采用线性插值将模拟土壤水分对应实测数据分层进行评估。采用相关系数（R）、平均偏差（BIAS）和均方根误差（RMSE）来定量评估模式的土壤水分性能。

$$R = \frac{\sum_{i=1}^{N}\left(\mathrm{SM}_i^{\mathrm{obs}} - \overline{\mathrm{SM}_i}^{\mathrm{obs}}\right)\left(\mathrm{SM}_i^{\mathrm{sim}} - \overline{\mathrm{SM}_i}^{\mathrm{sim}}\right)}{\sqrt{\sum_{i=1}^{N}\left(\mathrm{SM}_i^{\mathrm{obs}} - \overline{\mathrm{SM}_i}^{\mathrm{obs}}\right)^2}\sqrt{\sum_{i=1}^{N}\left(\mathrm{SM}_i^{\mathrm{sim}} - \overline{\mathrm{SM}_i}^{\mathrm{sim}}\right)^2}} \tag{4.8}$$

$$\mathrm{BIAS} = \frac{1}{N}\sum_{i=1}^{N}\left(\mathrm{SM}_i^{\mathrm{sim}} - \mathrm{SM}_i^{\mathrm{obs}}\right) \tag{4.9}$$

$$\mathrm{RMSE} = \sqrt{\frac{1}{N}\sum_{i=1}^{N}\left(\mathrm{SM}_i^{\mathrm{obs}} - \mathrm{SM}_i^{\mathrm{sim}}\right)^2} \tag{4.10}$$

式中，$\mathrm{SM}_i^{\mathrm{obs}}$ 和 $\mathrm{SM}_i^{\mathrm{sim}}$ 分别为观测值和模拟值；$\overline{\mathrm{SM}_i}^{\mathrm{obs}}$、$\overline{\mathrm{SM}_i}^{\mathrm{sim}}$ 分别为观测值和模拟值的平均值；N 为模拟值总个数；i 代表模拟值的个数（$i=1,2,3,\cdots,N$）。R 越大，BIAS 的绝对和 RMSE 值越小说明模式模拟能力越好。

4.1.2　土壤水分模拟性能评估

1. 草地土壤水分模拟性能

1）生长季模型性能评估对比

CLM 模型在鄂尔多斯与盐池的草地土壤水分模拟趋势如图 4.1、图 4.2 所示。从相关系数上看，CLM 4.5 在前 3 层（0～15 cm）相关性均较好，两站点均在 0.680 之上；但 4～5 层相关性有所下降，盐池站尤为明显，4～5 层分别下降至 0.414 与 0.251。CLM 4.5 的各层均方根误差为 0.027～0.044 mm³/mm³，平均偏差为 -0.011～0.028 mm³/mm³，模拟精度较好，模拟值与实测值相近，无明显的偏高偏低。CLM 5.0 中，前 3 层相关系数在 0.463～0.796 之间，相关性较好；4～5 层在 0.198～0.507 之间，相关性有所下降。CLM 5.0 的各层均方根误差在 0.034～0.059 mm³/mm³ 之间，平均偏差在 0.012～0.048 mm³/mm³ 之间，模拟精度较好，模拟值偏高于实测值。因此，两版本 CLM 在前 3 层具有较好的模拟结果，4～5 层模拟性能有所下降。

相关性上看，两版本在盐池草地上模拟土壤水分随着深度加深，趋势拟合变差。两站点相关性差距较小。CLM 5.0 相较于 CLM 4.5，均方根误差均升高 0.003～0.019 mm³/mm³，各层模拟精度变差，平均偏差均升高 0.003～0.033 mm³/mm³，模拟值比 CLM 4.5 偏高。综上，从生长季看，草地上两版本趋势拟合都较好，但 CLM5.0 各层模拟精度下降，模拟值偏高，整体模拟性能变差。

2）月尺度模型性能评估对比

在月尺度上，模型在鄂尔多斯、盐池站点的相关性图 4.3 所示，两版本相关性差距较小。在草地上，4～9 月前 3 层 CLM 4.5 相关系数在 0.461～0.902 之间，CLM 5.0 除鄂尔多斯草地 4 月和 5 月第 3 层相关性较差外，其他月份则在 0.412～0.922 之间，两版本在 4～9 月的前 3 层均有着较好的相关性。在 4～5 层，两版本相关系数出现个别的负值与极低值，趋势拟合明显变差。此外，两版本在 10 月的趋势拟合极差，鄂尔多斯站相关系数均在

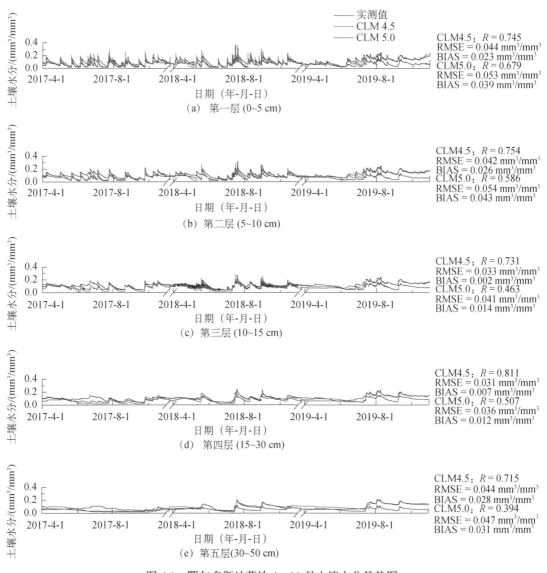

图 4.1　鄂尔多斯站草地 4～10 月土壤水分趋势图

0.141 之下，盐池站 1～3 层相关性在 0.373～0.579 之间，4～5 层则均为负值，两版本 10 月模拟均较差。综上，从相关性看，两版本模拟性能无明显差距，均在 4～9 月的 1～3 层趋势拟合较好，深层于 10 月变差。

由两站点的草地月尺度均方根误差（图 4.3）可见，CLM 4.5 各层均方根误差为 0.011～0.062 mm³/mm³ 之间，CLM 5.0 的均方根误差为 0.009～0.072 mm³/mm³，两版本模拟精度均较好，但在 5～9 月的 1～3 层，CLM 5.0 的均方根误差均高于 CLM 4.5（0～0.034 mm³/mm³），模拟精度变差。图 4.3（c）与图 4.3（f）为鄂尔多斯、盐池的草地月尺度平均偏差值，CLM 4.5 平均偏差在 −0.031～0.046 mm³/mm³ 之间，CLM 5.0 平均偏差在 −0.028～0.066 mm³/mm³ 之间。与 CLM 4.5 相比，CLM 5.0 的 5～9 月 1～3 层平均偏差均

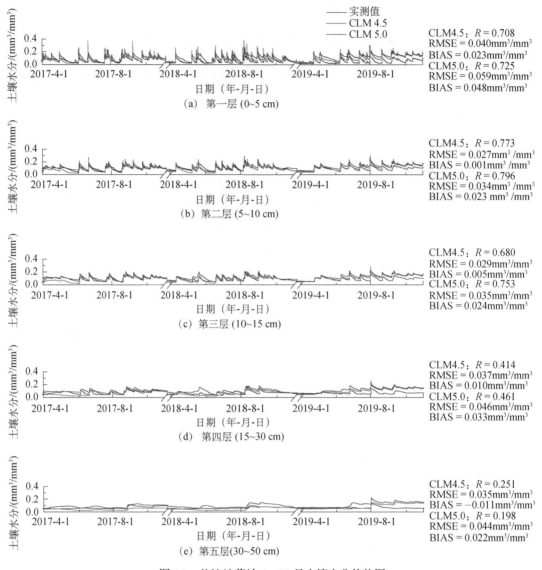

图 4.2　盐池站草地 4～10 月土壤水分趋势图

高于 CLM 4.5（0.030～0.048 mm³/mm³），模拟值更为偏高，模拟性能变差。从均方根误差与平均偏差看，CLM 5.0 在 5～9 的 1～3 层模拟值偏高，模拟精度变差，模拟性能差于 CLM 4.5。

　　综上，从月尺度上分析，两版本在草地上模拟的土壤水分在 10 月模拟性能较差，4～9 月的 1～3 层模拟性能较好；相较于 CLM 4.5，CLM 5.0 趋势拟合无明显差距，但模拟精度下降，模拟值偏高，模拟性能下降。

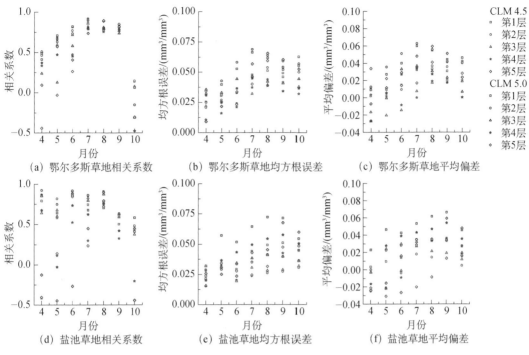

图 4.3　鄂尔多斯与盐池草地月尺度土壤水分相关系数、均方根误差、平均偏差
图中相关系数通过 0.05 显著性检验

2. 雨养农田土壤水分模拟性能

1）生长季模型性能评估对比

两版本 CLM 在鄂尔多斯站雨养农田土壤水分的模拟趋势如图 4.4 所示。从相关系数上看，CLM 4.5 在各层都有较好的相关性，相关系数在 0.650 之上，各层趋势拟合较好。CLM 4.5 中前 4 层均方根误差均在 0.040～0.042 mm³/mm³ 之间，平均偏差在 0.006～0.019 mm³/mm³ 之间，模拟精度较好，整体模拟值偏高于实测值，但第 5 层均方根误差达到 0.074 mm³/mm³，平均偏差为–0.007 mm³/mm³，模拟精度稍差，且模拟值偏低。因此，鄂尔多斯站的雨养农田上，CLM 4.5 前 4 层具有较好的土壤水分模拟性能，但第 5 层模拟精度较差。CLM 5.0 各层相关系数在 0.675 之上，趋势拟合较好，各层均方根误差在 0.044～0.054 mm³/mm³ 之间，平均偏差在–0.048～0.041 mm³/mm³ 之间，模拟精度较好，整体模拟值偏高实测值。

从相关系数上看，两版本模拟的相关性无明显差距，但相比 CLM 4.5，CLM 5.0 前 4 层均方根误差升高（0.006～0.014 mm³/mm³），平均偏差升高（0.016～0.023 mm³/mm³），模拟精度下降，且模拟偏高于实测。综上，从生长季看，CLM 5.0 在鄂尔多斯的雨养农田上整体模拟性能差于 CLM 4.5。

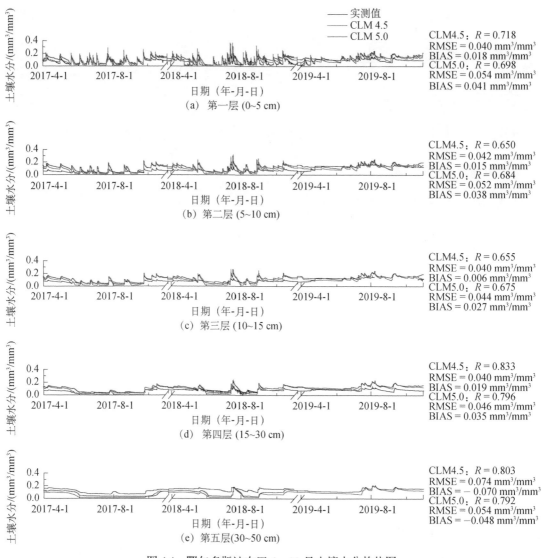

图4.4 鄂尔多斯站农田4~10月土壤水分趋势图

2）月尺度模型性能评估对比

在月尺度上，模型在鄂尔多斯站雨养农田上土壤水分模拟相关性如图4.5（a）所示，两版本趋势拟合差异较小。在6~9月的前4层，CLM 4.5相关系数均在0.705~0.918之间，CLM 5.0相关系数0.664~0.967之间，两版本趋势拟合均较好，相关性差异较小。在4月、5月、10月，两版本相关系数均出现较多低值，甚至出现了负值，趋势模拟较差。从月尺度相关系数上来看，在鄂尔多斯雨养农田上，CLM 4.5与CLM 5.0相关性没有明显差距，都在6~9月趋势拟合较好。

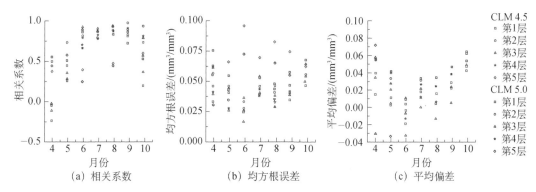

图 4.5　鄂尔多斯农田月尺度土壤水分相关系数、均方根误差、平均偏差

图中相关系数通过 0.05 显著性检验

鄂尔多斯雨养农田月尺度土壤水分均方根误差见图 4.5（b），CLM 4.5 在 4～10 月前 4 层均方根误差为 0.027～0.054 mm^3/mm^3，第 5 层为 0.056～0.096 mm^3/mm^3，前 4 层模拟精度较好。CLM 5.0 在 3～10 月各层均方根误差为 0.017～0.074 mm^3/mm^3，模拟精度均较好。与 CLM 4.5 相比，CLM 5.0 前 4 层均方根误差明显偏高，模拟精度差于 CLM 4.5。从月尺度来看，两版本模拟精度均较高，但 CLM 5.0 前 4 层模拟精度差于 CLM 4.5。

由鄂尔多斯雨养农田月尺度土壤水分平均偏差值如图 4.5（c）所示，前 4 层 CLM 4.5 在 4～10 月平均偏差在−0.033～0.049 mm^3/mm^3 之间，CLM 5.0 在 4～10 月平均偏差在−0.007～0.071 mm^3/mm^3 之间，两版本整体模拟值偏高于实测值。但两版本第 5 层平均偏差均为负值，模拟值偏低于实测值。

综上，从月尺度上分析，两版本在鄂尔多斯草地上模拟的土壤水分在 4 月、10 月模拟性能均较差，5～9 月模拟性能较好；相较于 CLM 4.5，CLM 5.0 前 4 层模拟精度下降，模拟值偏高，模拟性能下降。

3. 灌溉农田土壤水分模拟性能

1）生长季模型性能评估对比

CLM 对盐池站灌溉农田土壤水分的模拟性能如图 4.6 所示。由图 4.6 可见，CLM 4.5 在农田各层上相关性较差，相关系数均在 0.375 以下，且 4～5 层相关系数过低，模拟趋势与实际不符。其各层均方根误差在 0.053～0.080 mm^3/mm^3 之间，平均偏差在 0.027～0.071 mm^3/mm^3 之间，模拟精度较差，模拟值整体偏高。CLM 4.5 对盐池站农田土壤水分的各层模拟结果都较差，难以反映实际情况。CLM 5.0 在农田上各层相关系数在 0.321～0.688 之间，相关性依旧较差且随着深度加深相关性下降，但相较于 CLM 4.5 各层都有了明显提升。CLM 5.0 第 1 层均方根误差为 0.081 mm^3/mm^3，平均偏差为 0.076 mm^3/mm^3，模拟值整体偏高，模拟精度较差；在 2～5 层，均方根误差在 0.038～0.055 mm^3/mm^3 之间，平均偏差在 0.027～0.047 mm^3/mm^3 之间，模拟精度较第 1 层有了明显提升。CLM 5.0 第 1 层模拟性能较差，2～5 层模拟性能有所提升。

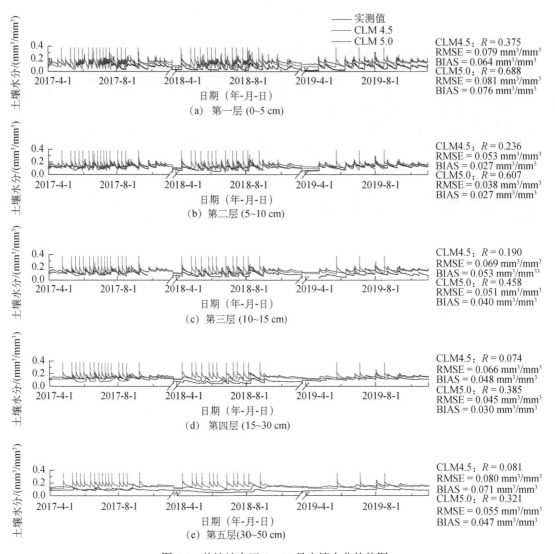

图 4.6　盐池站农田 4～10 月土壤水分趋势图

相比 CLM 4.5，CLM 5.0 在各层上相关系数均较高，模拟的农田土壤水分在趋势拟合程度上优于 CLM 4.5。相比 CLM 4.5，CLM 5.0 第 1 层均方根误差增大 0.002 mm³/mm³，平均偏差增大 0.012 mm³/mm³，模拟值整体偏高，模拟精度有所下降；在 2～5 层上，均方根误差明显减小（0.015～0.025 mm³/mm³），模拟精度明显提高，在 3～5 层上，平均偏差也均降低（0.013～0.024 mm³/mm³），整体值比 CLM 4.5 更接近实测值。

综上，CLM 5.0 在灌溉农田上整体模拟性能优于 CLM 4.5，主要体现各层相关性提升，2～4 层模拟精度提升。

2）月尺度模型性能评估对比

在盐池灌溉农田上，如图 4.7（a）所示，在 5～8 月，CLM 4.5 相关系数均在 0.267 之下，且有较多低值与负值，相关性极差；在 4 月、9 月、10 月，1～2 层的相关系数在

0.394 之上，相关性较好，深层相关性变差。CLM 5.0 相关性较 CLM 4.5 有了明显的提升，
1～2 层相关系数均达到了 0.420 之上，具有较好的相关性，趋势拟合较好，3～5 层相关性
有所下降。在 4～9 月，CLM 5.0 相关系数均在高于 CLM 4.5（0.009～0.765），相比 CLM
4.5 提升明显，10 月则性能有所下降。综上，在 5～8 月，CLM 5.0 在灌溉农田上模拟的相
关性较 CLM 4.5 有了明显提升。

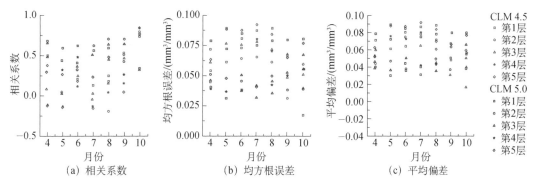

图 4.7　盐池农田月尺度土壤水分相关系数、均方根误差、平均偏差
图中相关系数通过 0.05 显著性检验

由盐池农田月尺度均方根误差图 4.7（b）可见，CLM 4.5 在 5～8 月均方根误差为
0.062～0.091 mm³/mm³，各层模拟精度差。CLM 5.0 中，第 1 层均方根误差均为 0.074～
0.086 mm³/mm³，模拟精度差；2～5 层上，5～8 月的均方根误差为 0.032～0.052 mm³/mm³，
均低于 CLM 4.5（0.005～0.052 mm³/mm³），模拟精度明显变好。从均方根误差看，CLM
5.0 与 CLM 4.5 在第 1 层模拟精度都较差，但在 5～8 月的 2～5 层上，CLM 5.0 模拟精度提
升明显。因此，盐池灌溉农田上，CLM 5.0 整体模拟精度优于 CLM 4.5。由盐池农田月尺
度平均偏差图 4.7（c）可见，CLM 4.5 平均偏差均在 0.015～0.083 mm³/mm³ 之间，CLM
5.0 平均偏差均为 0.002～0.124 mm³/mm³，两版本模拟值均偏高于实测值。

综上，在月尺度上，相比 CLM 4.5，CLM 5.0 相关性变好，模拟精度提升明显，尤其
是在 2～5 层的 5～8 月，这导致了 CLM 5.0 在农田上整体模拟性能明显提升。

4.1.3　讨论

1. 蒸散发改进机制的影响

由性能评估可见，无论年月尺度上，相比 CLM 4.5、CLM 5.0 在草地及雨养农田上的
模拟性能都有所下降，主要表现为模拟值偏高，模拟精度下降。两版本在草地与雨养农田
上的土壤水模拟差异主要受到蒸散发机制改进的影响。

在 CLM 模型中，总水量平衡如下：

$$\Delta W_{\text{can,liq}} + \Delta W_{\text{can,sno}} + \Delta W_{\text{sfc}} + \Delta W_{\text{sno}} + \sum_{i=1}^{N_{\text{levsoi}}} \left(\Delta w_{\text{liq},i} + \Delta w_{\text{ice},i} \right) + \Delta W_{\text{a}}$$
$$= \left(q_{\text{rain}} - E_{\text{v}} - E_{\text{g}} - q_{\text{over}} - q_{\text{h2osfc}} - q_{\text{drai}} - q_{\text{rgwl}} - q_{\text{snwcp,ice}} \right) \Delta t \tag{4.11}$$

式中，$\Delta W_{\text{can,liq}}$ 为冠层截留水；$\Delta W_{\text{can,sno}}$ 为冠层积雪；ΔW_{sfc} 为地表水；ΔW_{sno} 为积雪；$\Delta w_{\text{liq},i}$ 和 $\Delta w_{\text{ice},i}$ 分别为土壤液态水、土壤冰；ΔW_{a} 为土壤含水量；q_{rain} 为降雨；E_{v} 是植被蒸散发；E_{g} 是地面蒸发；q_{over} 是产生的地表径流；q_{h2osfc} 为地表水；q_{drai} 为地下排水；q_{rgwl} 和 $q_{\text{snwcp,ice}}$ 为来自冰川与湖泊的径流以及积雪覆盖导致的地表径流，$\text{kg/}(\text{m}^2 \cdot \text{s})$；$N_{\text{levsoi}}$ 为土层数目；t 为时间步长，s。

在本节研究中，只探究生长季的土壤水分模拟，因此，研究中忽略积雪与土壤冰。此外，研究区内无湖泊与冰川，且降雨时几乎不产生地表径流与地下排水，通过将两版本模拟结果输出，发现均无地表径流与地下排水产生，与实际情况一致。因此，在无灌溉时，蒸散发成为影响两版本土壤水分模拟性能的主要因素。CLM 5.0 中改进了蒸散发机制，在计算土壤蒸发时引入了土壤干表层（DSL）。Deng 等（2020）在青藏高原的四站点评估了两个版本，指出了 CLM 5.0 中基于干表层（DSL）的土壤蒸发阻力参数化，降低了半干旱地区的土壤蒸发模拟，并会引起土壤水分的高估（Deng et al.，2020）。

在 2017～2019 年生长季期间，鄂尔多斯草地、雨养农田及盐池草地上蒸散发模拟与实测值如图 4.8 所示。本节挑选拥有实测数据的天数进行统计对比，发现在草地及雨养农田上，CLM 4.5 模拟的蒸散发总量均高于实测值，而 CLM 5.0 则低于实测值。CLM 5.0 降低了研究区的土壤蒸散发模拟，这与 Deng 等（2020）在青藏高原的研究结果一致。因此，CLM 4.5 对蒸散发模拟有所高估，CLM 5.0 引入的土壤干表层机制后，显著降低了蒸散发估算值，但过于低估，从而使得其土壤水分模拟值明显增加，进而导致模拟性能降低。

2. 灌溉机制改进的影响

在灌溉农田上，与 CLM 4.5 相比，CLM 5.0 在 5～8 月的模拟性能提升明显，导致了其整体模拟性能的提升，这是由于两版本灌溉模拟机制不同引起的。

由图 4.9 可知，CLM 4.5 在 2017～2019 年分别触发灌溉 16 次、13 次、3 次，年灌溉总量分别为 4441.03 mm、3941.83 mm、1516.11 mm。CLM 5.0 在 2017～2019 年分别触发灌溉 67、55、0 次，灌溉总量为 330.50 mm、208.53 mm、0 mm。经实际调查，当地年灌溉量多在 300～600 mm 之间（朱昱作，2019），CLM 4.5 各年对灌溉量模拟有明显的高估，CLM 5.0 在 2017 与 2018 年灌溉量模拟较为合理，但 2019 年未能触发灌溉。两版本在灌溉农田上性能的不同是由灌溉触发机制、灌溉深度及灌溉量计算方式的不同引起的。

CLM 4.5 中灌溉触发依赖水分胁迫系数，该系数受到土壤水势、植被根系分布以及植被对水分胁迫的响应三方面影响，而盐池农田根系分布的相关参数至模型土层第九层，因此模拟灌溉深度达 2.2961 m，这与当地实际情况出入较大。灌溉量由目标含水量与实际有效含水量相减得到，目标含水量的计算由式 $W_{\text{target},i} = \left(1 - 0.7 \right) W_{o,i} + 0.7 W_{\text{sat},i}$ 得到，其中

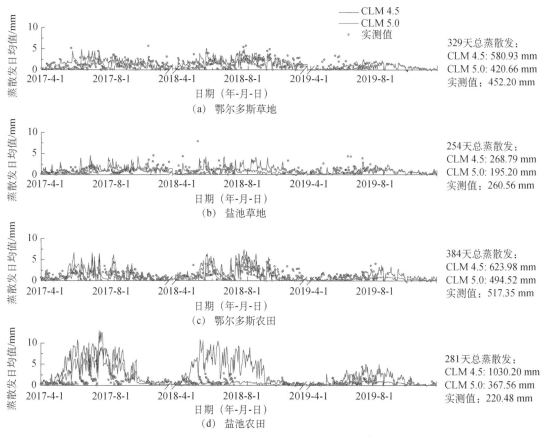

图 4.8　鄂尔多斯、盐池蒸散发日均值

$W_{o,i}$ 为 i 层无水分胁迫时的含水量，$W_{sat,i}$ 为 i 层饱和含水量，0.7 为经验系数，该公式得到的目标灌溉量较为接近饱和含水量。灌溉深度与灌溉量的计算方式，使得当触发灌溉后，CLM 4.5 模拟灌溉量较大，单次均在 200 mm 以上，模拟效果较差。

　　CLM 5.0 灌溉机制改进后，灌溉触发与灌溉量均取决于土壤水分阈值，阈值的计算由目标含水量与凋萎系数计算得到，目标含水量则由土壤基质势反演确定。CLM 5.0 中灌溉深度有着指定的参数指标 Z_{irrig}=0.6 m，灌溉至模型土层第 7 层，和当地实际情况相比，较 CLM 4.5 更为合理。由 CLM 5.0 的前七层土壤水分趋势（图 4.10）可见，盐池农田的土壤水分阈值为 0.1 mm³/mm³，当土壤水分低于阈值时，将触发灌溉，而 2019 年由于土壤水分模拟较高，未能触发灌溉。CLM 中土壤水分的模拟与植被蒸腾息息相关，由图 4.10 可见，2019 年盐池农田上的作物蒸腾量模拟较低，导致了该年土壤水分模拟值高，未能触发灌溉。为探究 2019 年蒸腾量模拟较低的原因，将农田上的作物 LAI 模拟值输出（图 4.11），可见在作物出苗生长的 5～6 月，2019 年模拟的作物 LAI 的峰值仅为 0.504，明显不符合实际。有研究指出，CLM 中作物的生长模拟主要依赖于光合作用，其光合作用的模拟主要受限于温度、光照、水分等因素，而模型对作物生长周期特别是峰值与收获方面普遍存在不足（Lu et al.，2017；Boas et al.，2021）。根据盐池 2017～2019 年的每月的日均温度

（图 4.12）与月均太阳辐射值（图 4.13）可见，在 2019 年的 5～6 月，日均温度与太阳辐射均明显低于 2017～2018 年，较低的气温与太阳辐射造成了该年未能正常模拟作物生长，导致了该年作物蒸腾量较小，土壤水分较高，未能触发灌溉。

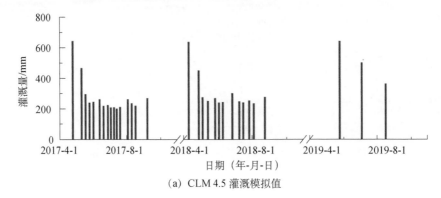

（a）CLM 4.5 灌溉模拟值

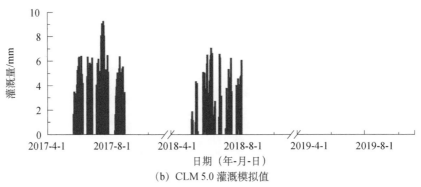

（b）CLM 5.0 灌溉模拟值

图 4.9　CLM 4.5 与 CLM 5.0 模拟灌溉量

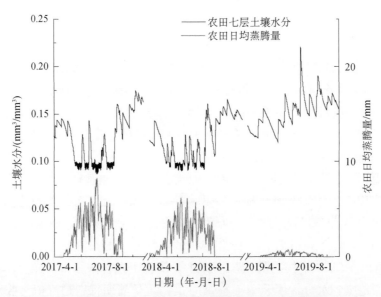

图 4.10　CLM 5.0 盐池农田土壤水分变化与日均蒸腾量

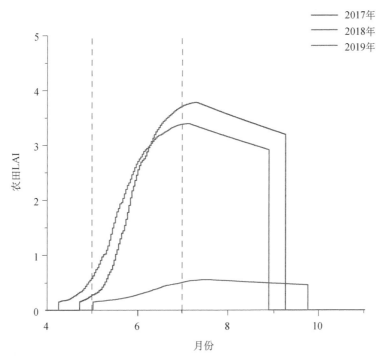

图 4.11　CLM 5.0 盐池农田 LAI 模拟值

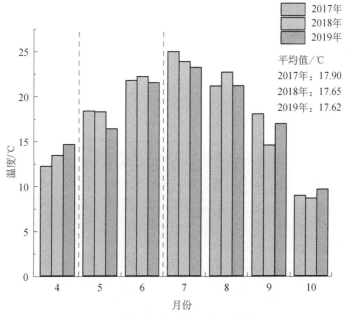

图 4.12　盐池农田各月平均温度

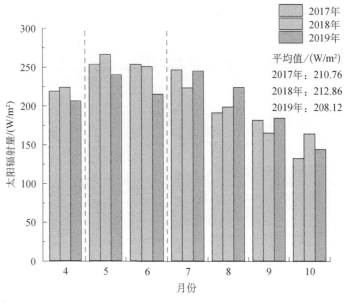

图 4.13　盐池农田月份平均太阳辐射

总体而言，CLM 5.0 灌溉机制相较于 CLM 4.5 有了更合理的灌溉触发机制、灌溉深度及灌溉量计算方式，对灌溉总量的模拟性能有了明显的提升，进而使得 CLM 5.0 对在农田中有灌溉月份（5～8 月）的模拟性能也有了明显的提升，从而进一步提高了农田的模拟性能。但是，CLM 5.0 的灌溉机制也存在着触发次数频繁，单次灌溉量较小，灌溉的触发受限于作物生长模拟等问题。

4.1.4　结论

本节使用 CLM 4.5 与 CLM 5.0 在盐池对草地和农田系统进行了模拟，分析了典型区草地、灌溉农田、雨养农田的土壤水分特征与差异，得到主要结论如下：

（1）草地与雨养农田上，CLM 4.5 与 CLM 5.0 在前 3 层 0～15 cm 上相关系数均在 0.463 之上，均方根误差为 0.027～0.059 mm³/mm³，模拟性能较好，能够模拟土壤水分实际情况；在 4～5 层上，两版本相关性降低，均方根误差升高，模拟性能下降。两者相比较，CLM 5.0 的模拟精度有所下降，模拟值偏高，模拟性能变差。这是由于 CLM 5.0 在土壤蒸发中引入土壤干表层之后，模拟的蒸散发减少，使得土壤水分模拟值增加，模拟性能降低。CLM 5.0 引入的土壤干表层不适应西北农牧交错带地区，有待进一步改进完善。

（2）灌溉农田上，CLM 4.5 各层上相关系数均在 0.375 以下，均方根误差为 0.053～0.080 mm³/mm³，相关性与模拟精度较差，CLM 5.0 各层相关系数为 0.321～0.688，2～4 层均方根误差为 0.038～0.055 mm³/mm³，土壤水分的相关性、模拟精度有了明显的提升。这是因为 CLM 5.0 灌溉机制改进后，有着更合理的灌溉触发机制、灌溉深度及灌溉量计算方式，对灌溉总量有了合理的模拟，灌溉模拟性能提升，使得在 5～8 月模拟性能有了明显提升。但 CLM 5.0 的灌溉机制也依旧存在着灌溉次数频繁，单次灌溉量较少，灌溉触发受限于作物生长模拟等问题。

本节对比评估了 CLM 4.5、CLM 5.0 两版本不同下垫面的模拟性能，明确了两版本在不同下垫面的适应性，并分析了其灌溉及蒸散发机制改进对模拟性能的影响，为模型的应用与进一步改进提供了理论依据。本节在研究过程中，主要分析了对研究区模拟性能影响最大的蒸散发与灌溉机制，对其影响较弱的其他机制改进未进行更加深入的分析，在未来工作中有待进一步完善。

4.2　典型区不同土地利用方式水热过程特征和差异性的分析

地表水热过程中，地表与大气能量的交换影响着大气物理气候系统的下边界条件，进而影响区域气候和大气环流，准确地评估地表水热参数并清楚地理解地表水热过程，对理解水分循环和气候变化极为重要（孙睿和刘昌明，2003；丁永建等，2013）。同时，陆地下垫面由森林、草地、沙漠、城市和农田等构成，并具有复杂的几、物理、化学、生物属性和土壤特性；大气中的风速、温度、湿度、压强、降水和辐射等因子不断驱动地表水热过程；陆地表面复杂多样的下垫面与大气相互输送感热、潜热、辐射、水分和动量等，这些参数随着时空变化，使得精确刻画地表水热过程存在较大挑战性（Xu et al.，2020；孙菽芬，2002）。因此，研究不同土地利用方式下的地表水热过程特征和差异既是当前研究的热点也是难点。

西北农牧交错带受人为和气候因素的影响，下垫面复杂且变化剧烈，是一个集中体现地表水热过程中土壤、水文、大气和人类活动相互作用的典型区域（程序，1999；朱震达和刘恕，1981；李旭亮等，2018）。研究西北农牧交错带的地表水热过程有助于理解复杂下垫面的地表水热过程，从而更深入地探究全球地表能量和水分的交换过程，为保护生态环境和促进可持续发展提供科学依据。因此，研究团队在西北农牧交错带开展地表水热过程野外观测实验，基于观测数据分析西北农牧交错带其草地下垫面的短波辐射、地面反射辐射、净辐射，以及草地和农田下垫面的土壤温度和土壤含水量等物理量的年内变化和月平均日变化两个特征，以期深入了解西北农牧交错带典型区不同土地利用方式的地表水热过程特征差异。

4.2.1　辐射变化特征

1. 年内变化特征

根据 2017 年西北农牧交错带盐池站草地观测数据，可以看出短波辐射、地面反射辐射和净辐射具有显著的年内变化特征（图 4.14），与西北干旱区的规律相似（黄荣辉等，2013；杨扬，2014）。1～12 月短波辐射随着太阳高度角的变化先增加后降低，日均短波辐射在 2 月 6 日到达最小值为 19.10 W/m², 在 7 月 6 日达到最大为 364.17 W/m², 表明西北农牧交错带 7 月短波辐射最强, 是草地光热资源最为丰富的时段。西北农牧交错带的日均最大辐射较典型黄土高原地区 (565 W/m²) 偏小 (杨兴国等, 2005; 刘远永等, 2007), 这与云、气溶胶、水汽及大气分子散射和吸收等共同作用有关 (申彦波等, 2008)。地面反射辐射受短波辐射和反照率共同影响, 最大值和最小值分别出现在 5 月 11 日为 77.47 W/m² 和 10 月 17 日为 1.85 W/m²。净辐射的日均最大值出现在 7 月 6 日为 194.04 W/m², 较黄土高原地区偏低 (212 W/m²; 杨兴国等, 2005)。

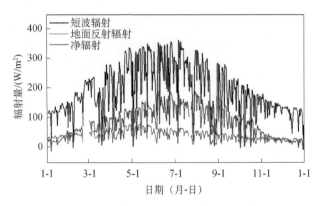

图 4.14　2017 年盐池站草地辐射的日均变化

2. 月平均日变化特征

对观测数据进行月平均得到了 2017 年西北农牧交错带草地短波辐射、地面反射辐射和净辐射的月平均日变化趋势图 (图 4.15), 可以看出各辐射的日变化曲线较为光滑, 呈单峰形。短波辐射的日变化特征为白天为正, 夜间为零, 峰值出现在 12:30～13:30, 在 7 月最大为 785.78 W/m²。地面反射辐射的日变化规律和短波辐射相似, 峰值也出现在 12:30～13:30, 最大在 4 月为 159.34 W/m²。净辐射的日变化规律呈现白天为正值夜间为负值, 峰值出现在 12:30～13:30, 最大在 7 月为 516.77 W/m²。

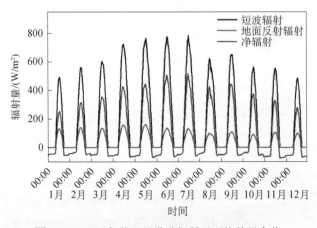

图 4.15　2017 年盐池站草地辐射月平均的日变化

地表反照率能综合反映出植被覆盖度、土壤湿度等物理因子对辐射平衡的影响过程（张强等，2003）。反照率由地面反射辐射与短波辐射的比值得到，在清晨和傍晚短波辐射较小，导致地面反照率的偏差较大，所以剔除了短波辐射小于 50 W/m² 的数值以减小微弱辐射产生的误差（李德帅等，2014）。2017 年西北农牧交错带草地下垫面的地表反照率的年均值为 0.21。平均状况下的日变化（图 4.16）近似于典型晴天的日变化曲线，呈 U 形，夜间太阳在地平线以下，反照率为零，清晨和傍晚较高，白天稍低。干旱半干旱区的地表反照率主要随着下垫面类型变化而改变（刘辉志等，2008）、植被覆盖度变大而减小（岳平等，2010）、土壤含水量增大而减小（张果等，2009）、太阳高度角增大而减小（陈继伟等，2014）。西北农牧交错带由于在冬季（1~3 月和 11~12 月）较为干燥，下垫面植被覆盖度下降，导致反照率较高；在夏季（4~8 月）地表植被较为茂盛，地表裸露较少，且 7~10 月降雨较多导致地表较为湿润，反照率要小于其他时期，所以反照率在 8~10 月到达最小为 0.17。根据表 4.3 可以看出西北农牧交错带草地反照率介于干旱区沙漠和绿洲之间（季国良和邹基玲，1994），较半干旱区退化草地（刘辉志，2008）和内蒙古荒漠草原（张果等，2009）偏低，较黄土高原地区的半干旱草地（李德帅，2014）略为偏高。

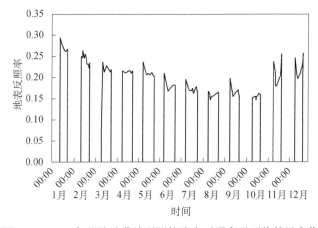

图 4.16　2017 年盐池站草地观测的地表反照率月平均的日变化

表 4.3　2017 年盐池站草地与其他地区地表反照率的比较

测站	1 月	2 月	3 月	4 月	5 月	6 月	7 月	8 月	9 月	10 月	11 月	12 月	数据来源
干旱区沙漠（1991 年）	—	0.31	0.29	0.27	0.27	0.26	0.26	0.26	0.28	0.30	0.32	0.37	季国良和邹基玲，1994
干旱区张掖（1991 年）	—	—	0.19	0.16	0.17	0.16	0.14	0.13	0.18	0.18	0.15	0.28	季国良和邹基玲，1994
半干旱区退化草地（2005 年）	0.37	0.31	0.27	0.24	0.22	0.19	0.20	0.22	0.23	—	0.25	0.39	刘辉志，2008
荒漠草原（2008 年）	0.56	0.48	0.32	0.30	0.29	0.25	0.24	0.23		0.27	0.30	0.37	张果等，2009
半干旱区草地（2010 年）	0.21	0.23	0.23	0.20	0.19	0.18	0.17	0.18	0.16	0.17	0.19	0.22	李德帅等，2014
干旱区草地（2017 年）	0.28	0.26	0.23	0.22	0.22	0.19	0.18	0.17	0.17	0.17	0.20	0.22	本研究

4.2.2 土壤温度特征

1. 年内变化特征

根据 2017 年西北农牧交错带盐池站的观测数据，得到草地和农田下垫面 0～5 cm、5～10 cm、10～15 cm、15～30 cm 和 30～50 cm 土壤温度的日均变化（图 4.17）。可以观察到土壤温度各层都有着显著的年内变化，从冬季到春季，随着净辐射增强和气温升高，土壤温度由负值慢慢升高，在 0 ℃附近波动，各层土壤温度差距减小至基本同温；随后由春季进入秋季，净辐射继续增大，土壤温度升高至正值，各层土壤温度差距增大；由秋季进入冬季，随着净辐射减小和气温降低，土壤温度降低为负值，最终完成一个完整的年循环。土壤温度在夏季随着土壤深度加深而降低，在冬季则表现为随着土壤深度加深而增高，在草地下垫面，最大值从浅层土壤到深层土壤依次为 34.42 ℃（7 月 12 日）、32.98 ℃（7 月 12 日）、31.63 ℃（7 月 20 日）、30.03 ℃（7 月 20 日）和 27.70 ℃（7 月 20 日）；最小值从浅层土壤到深层土壤依次为 −6.57 ℃（1 月 20 日）、−6.23 ℃（1 月 20 日）、−5.16 ℃（1 月 20 日）、−4.01 ℃（1 月 20 日）和 −1.76 ℃（1 月 21 日）。在农田下垫面，由于缺测 0～5 cm，最大值由 5～10 cm 到 30～50 cm 依次为 30.62 ℃（7 月 19 日）、30.55 ℃（7 月 19 日）、29.87 ℃（7 月 19 日）、28.14 ℃（7 月 20 日），最小值由 5～10 cm 到 30～50 cm 依次为 −7.45 ℃（1 月 20 日）、−6.03 ℃（1 月 20 日）、−4.18 ℃（1 月 20 日）、−1.30 ℃（1 月 21 日）。在 7～8 月灌溉引起土壤增湿降温，玉米冠层覆盖度达到最大造成地表吸收的热量较少（何汇虹和刘文兆，2013），导致农田土壤温度在此期间较草地低。冬季因为草地和农田下垫面均裸露，土壤温度没有显著差距。

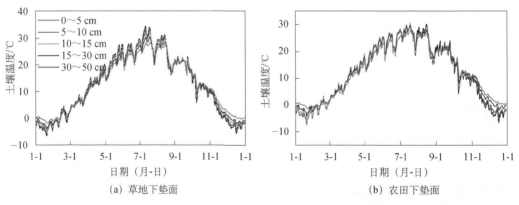

图 4.17　2017 年盐池站观测的土壤温度的日均变化

2. 月平均日变化特征

对观测数据进行月平均得到 2017 年草地和农田下垫面土壤温度的月平均日变化趋势图（图 4.18）。由于浅层土壤受短波辐射、天气状况等的影响较大，所以深层土壤温度变化较

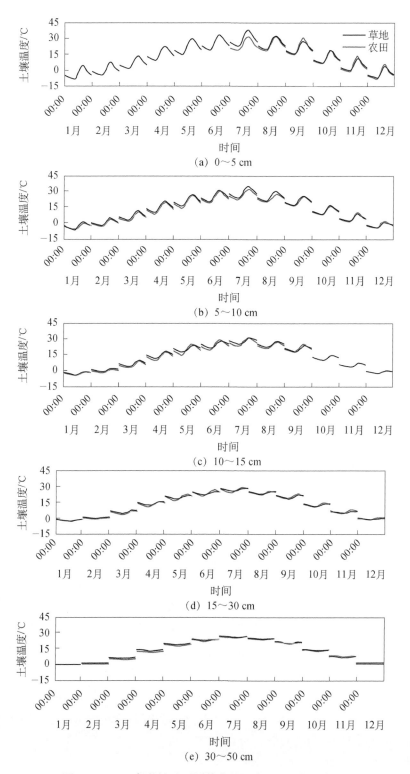

图 4.18　2017 年盐池站观测的土壤温度月平均的日变化

浅层平滑，可以发现 0～5 cm、5～10 cm、10～15 cm 的日变化较为明显，呈正弦曲线变化，15～30 cm 以下日变化趋势较弱，30～50 cm 仅随年内变化各月的值有所不同。各层土壤峰值和谷值随深度存在滞后现象，如草地下垫面 8 月，各层峰值出现的时间分别是 0～5 cm 为 15:00，5～10 cm 为 16:00，10～15 cm 为 17:30，15～30 cm 为 20:30，各层谷值出现的时间分别是 0～5 cm 为 6:30，5～10 cm 为 7:00，10～15 cm 为 8:30，15～30 cm 为 10:30，整年平均来看 5～10 cm 较 5 cm 以上滞后约 0.5～1 h，10～15 cm 较 5～10 cm 滞后 0.5～1.5 h，15～30 cm 较 10～15 cm 滞后约 2～3 h，滞后时间随着土壤深度加深变长。

4.2.3　土壤含水量特征

1. 年内变化特征

根据 2017 年农牧交错带盐池站的观测数据，得到草地和农田下垫面 0～5 cm、5～10 cm、10～15 cm、15～30 cm 和 30～50 cm 土壤含水量的日均变化图（图 4.19）。需要说明的是仪器在冬季土壤温度小于 0 时，只能测得液态水的含水量，且仪器故障导致农田下垫面 0～5 cm 的 1 月 1 日至 7 月 23 日和 10～15 cm 的 7 月 23 日至 12 月 31 日的数据缺失，不做统计分析。1～4 月随着气温逐渐增高，固态水解冻，土壤含水量的观测值逐渐增高，4 月以后植被开始生长，由于根系吸水和植被蒸腾作用，土壤含水量降低，10 月之后随着气温降低和植被凋零，土壤含水量也逐渐降低。土壤含水量对降雨有较强响应，在降雨后有一个回落的过程。在草地下垫面，五层土壤含水量的年平均值分别为 0.062 mm^3/mm^3，0.081 mm^3/mm^3、0.084 mm^3/mm^3、0.069 mm^3/mm^3、0.066 mm^3/mm^3。在农田下垫面，5～10 cm 的土壤含水量年平均值为 0.107 mm^3/mm^3，15～30 cm 的为 0.106 mm^3/mm^3，30～50 cm 为 0.084 mm^3/mm^3。对应相同土层，农田土壤含水量要大于草地土壤含水量。由于实验农田与草地毗邻，气象因子相同，土壤组分相差不大（表 4.4）。草地的土壤压实，孔隙分布均匀，非饱和状态下，导水率缓慢减小，而翻耕后的土壤孔隙主要以少量的大孔隙存在，虽然在饱和状况下这些孔隙的导水率较高，但在非饱和状况下，大孔隙中的水迅速排空，土壤中的细小孔隙仍充满水分，导水断面减少，有效导水率急剧减小，随着基质吸附和土壤含水量的减少，大孔隙土壤的导水率小于孔隙分布均匀的土壤的导水率，这就使得农田在松土翻耕后土壤水分得以保持（张艳丽和张国珍，2010）。由于野外数据在 0～5 cm 和 10～15 cm 部分缺测，以 8 月的土壤含水量为代表对西北农牧交错带农田土壤含水量的垂直变化进行分析，在 8 月五层土壤含水量的平均值分别为 0.081 mm^3/mm^3，0.124 mm^3/mm^3、0.115 mm^3/mm^3、0.132 mm^3/mm^3、0.101 mm^3/mm^3，0～5 cm 的含水量最低，15～30 cm 的土壤含水量最高。

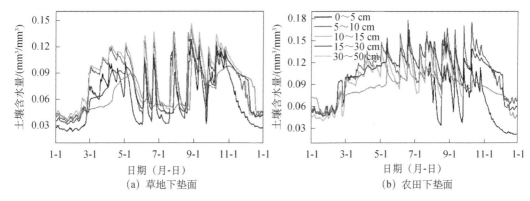

图 4.19　2017 年盐池站观测的土壤含水量的日均变化

表 4.4　2017 年盐池站草地和农田下垫面的土壤质地组成

土壤分层/cm	草地			农田		
	砂粒/%	粉粒/%	黏粒/%	砂粒/%	粉粒/%	黏粒/%
0～5	90.08	8.44	1.48	89.10	9.68	1.22
5～10	90.94	7.58	1.50	88.40	9.90	1.69
10～15	88.36	9.32	1.75	88.18	10.41	1.39
15～30	90.10	10.55	1.99	92.75	7.63	1.01
30～50	91.04	7.47	0.98	92.78	4.98	0.86

注：因数值修约表中个别数据略有误差

2. 月平均日变化特征

对观测数据进行月平均得到 2017 年草地和农田下垫面土壤含水量的月平均日变化趋势图（图 4.20），0～5 cm 和 5～10 cm 在 10～12 月和 1～3 月的日变化特征较为显著，呈单峰型，4～9 月受降雨事件影响土壤含水量没有出现较为显著的日变化特征。10～15 cm 以下的土壤水分没有显著的日变化特征。农田土壤含水量高于草地，在生长季偏差较大是由于农田进行灌溉使土壤含水量增高。

4.2.4　结论

（1）西北农牧交错带草地短波辐射、地面反射辐射和净辐射具有显著的年内变化特征和日变化特征。7 月是西北农牧交错带草地光热资源最为丰富的时段，短波辐射和净辐射的最大日均值均低于黄土高原地区。西北农牧交错带地表反照率的年均值为 0.21，日变化呈 U 形，年内变化受植被覆盖度、土壤含水量和降雨影响，表现为冬半年偏低，夏半年偏高，在 8 月、9 月、10 月达最小值 0.17。地表反照率月均值介于干旱区沙漠和绿洲之间，较半干旱退化草地和内蒙古荒漠草原偏低，较黄土高原半干旱草地略为偏高。

（2）西北农牧交错带草地和农田的土壤温度趋势相似，年内受短波辐射和气温影响呈现一个由负转正再转负的年循环。在夏季土壤温度随土壤深度加深递减，在冬季随土壤深

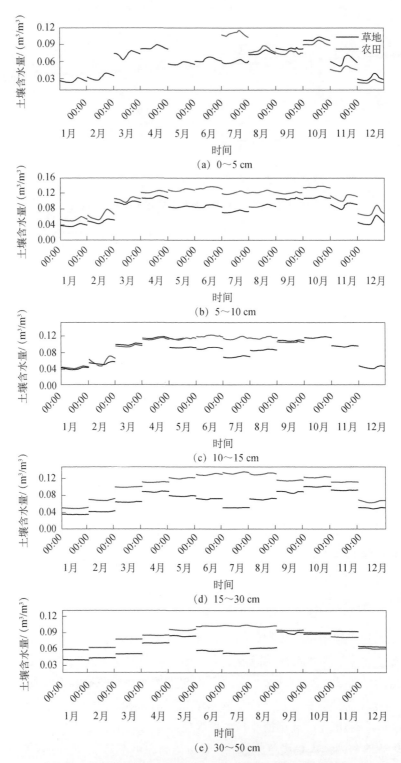

图 4.20 2017 年盐池站观测的土壤含水量月平均的日变化

度加深递增，草地和农田的土壤温度日变化在 10～15 cm 以上变化呈正弦曲线，15～30 cm 的日变化较弱，30～50 cm 没有日变化。在 7～8 月由于灌溉作用和玉米冠层覆盖度较大，导致农田土壤温度较草地低。农田和草地土壤温度随土壤深度加深滞后时间越长。

（3）西北农牧交错带草地在 10～15 cm 土壤含水量最高，农田在 15～30 cm 土壤含水量最高。农田土壤含水量整体高于草地，这是由于农田翻耕产生大孔隙，导致在非饱和状态下大孔隙中的水迅速排空，土壤中的细小孔隙仍充满水分，导水断面减少，有效导水率急剧减小。在生长季，由于农田进行灌溉导致农田和草地的土壤含水量偏差较大。

4.3 土地利用变化对土壤水分影响的定量评估

土壤干旱是由气候和/或不合理的土地管理引起的典型现象（Wang et al., 2011）。土壤水分不足可能对植被和农业生产造成严重的负面影响，如植物生长受阻、植被对外部胁迫的抵抗力下降、作物产量下降，甚至植物死亡（Fu et al., 2012；Wang et al., 2012；Jian et al., 2015）。长期过度消耗土壤水分会导致土壤干燥，这将影响局地-区域尺度的水文循环，并可能导致土壤退化，从而威胁生态系统的健康和服务。在过去的几十年里，中国政府实施了几个大规模的生态恢复（ER）项目，以保护和恢复脆弱和/或退化的生态系统。这些生态项目的具体措施主要包括植树造林、飞机播种、退耕还草、固沙、禁牧和限制放牧等活动（Liu et al., 2020）。研究表明，植被增加可有效对抗土地退化和荒漠化（Liu et al., 2020）、增加生物量（Tong et al., 2018）、减少土壤流失（He et al., 2016）并增强退化生态系统中的生物多样性（Huang et al., 2019）等。然而，最近的一些研究也表明，生态工程可能会导致新种植植被的高耗水量，从而导致土壤水分亏缺加剧和植物水分胁迫增加（Wang et al., 2011；Liang et al., 2015；Deng et al., 2016；Feng et al., 2017a；Zhang and Wu, 2020）。尤其在水资源有限的干旱半干旱地区，退化地区的植被恢复会导致土壤水资源的严重枯竭（Deng et al. 2016；Zhang and Wu, 2020），类似现象也得到田间试验的证实，其中在密集植被恢复下观察到土壤水分消耗增加（Chen et al., 2007；Wang et al., 2010；Fu et al., 2012；Jian et al., 2015）。总而言之，这表明半干旱地区不合理的生态恢复项目可能会通过消耗土壤水分而导致土地退化加剧，不利于甚至妨碍土地的可持续利用。

过去的几十年中国政府在西北农牧交错带实施了许多生态恢复项目，取得了有效成果（Tian et al., 2015；Zhang and Huisingh, 2018）。自 2000 年以来，由于实施生态工程增加了水资源的需求，一些地区出现土壤干燥化情况（Wang et al., 2011；Fu et al., 2012；Yang et al., 2014；Zhao et al., 2021a）。然而，目前西北农牧交错带中土壤水分变化研究多基于原位测量或土壤水分卫星数据，难以在与生态工程规模兼容的尺度上准确描述人类活动对土壤水分消耗的影响。因此，了解植被生长的长期趋势和动态，并在合理的空间尺度上评估土壤水分指标，有助于更深入地了解生态工程对土壤水分变化的影响。本书使用改进后的残差分析（residual trend analysis，RESTREND）方法来探讨人类活动对植被和土壤水分的影响，本节研究选择北方农牧交错带的核心区作为研究区，使用广义加性模型（generalized additive model，GAM）来揭示非线性生态系统对植被和土壤水分的响应。具体而言，将温度、降水、风速和向下辐射作为解释变量包含在广义加性模型中，以确定2000～2015年西北农牧交错带植被和土壤水分的非线性动态。本节的研究目标如下：①评估气候变化和人类活动对植被和土壤水分的重要性；②量化分析人类活动对植被和土壤湿度变化的正负效应；③绘制由于人类活动和植被增长引起西北农牧交错带土壤水分过度消耗热点区域，以支持水资源的可持续利用。

4.3.1 数据和方法

1. 遥感数据

2000～2015年4～9月的MODIS NDVI（MOD13A1，空间分辨率为1 km，时间分辨率为16天）和MODIS LST（MOD11A2，空间分辨率为1 km，时间分辨率为8天）数据来自美国国家航空航天局的土地处理分布式活动档案中心（LPDAAC）。本书分别使用最大值合成法和平均值法生成对应的月合成NDVI和LST数据集。

2. 气象数据

本节研究使用到的气温（TEM）、降水量（PRE）、近地表风速（SWS）和总向下太阳辐射，包括短波辐射和长波辐射（RAD）数据来源于中国区域高时空分辨率地表气象数据集（CMFD）（Yang and He，2019），空间分辨率为0.1°。本节研究使用的数据集跨度为2000～2015年，使用双线性插值的方法将所有变量重新采样到1 km空间分辨率。

3. 土壤水分数据

月平均土壤体积含水量（0～7 cm）数据来源于欧洲中期天气预报中心，空间分辨率为0.1°，本节研究通过双线性插值法将其重新采样到1 km的空间分辨率。

4. 人类活动净蒸散数据

生态恢复工程影响下的净蒸散量数据（ER_ET）来源于Wang等（2020）的计算结果。为了明确生态恢复工程对农牧交错带蒸散发的影响，Wang等（2020）首先使用PT-JPL（priestley-taylor jet propulsion laboratory）模型模拟了1995～2015年整个时期内北方农牧交错带植被变化下的实际蒸散发，即在PT-JPL模型中输入与实际地表植被变化符合的相关参数，然后设置未实施大规模生态恢复工程的模拟情景，在模型中输入1995年的植被参数来模拟气候和大气驱动下1995～2015年地表蒸散量。两种情景模拟结果之差则代表生态恢复造成的地表蒸散量（ER_ET）。Wang等（2020）计算结果的可靠性通过相关涡度塔的观测数据得到验证。本将 2000～2015 年的 ER_ET 数据作为独立数据源，对 4.3.3 节部分得到的由生态恢复引起土壤干旱的相关结果进行验证。

5. 温度植被干旱指数

温度植被干旱指数（temperature-vegetation dryness index，TVDI）是 Sandholt 等（2002）利用地表温度–植被指数（LST-NDVI）特征空间提取水分胁迫指标来估算植被覆盖区域土壤水分的一种光学遥感方法（屈创等，2013）。TVDI 由 NDVI 和 LST 计算得出：

$$TVDI = \frac{T_s - T_{smin}}{T_{smax} - T_{smin}} \tag{4.12}$$

传统的 TVDI 计算方法通过构建线性函数拟合 NDVI-Ts 空间干边和湿边：

$$T_{smax} = a_1 + b_1 \times NDVI \tag{4.13}$$

$$T_{smin} = a_2 + b_2 \times NDVI \tag{4.14}$$

式中，T_s 为地表温度；T_{smin} 和 T_{smax} 是相同 NDVI 像元对应的最低温度和最高温度。式（4.13）、式（4.14）分别是湿边和干边拟合方程，a_1 和 b_1 为干边拟合方程系数；a_2 和 b_2 为湿边拟合方程的系数。由于研究区位于干旱半干旱脆弱区，植被覆盖度较低，为了更加准确估算土壤水分，本节研究借鉴 Liu 等（2015）的研究，通过二项式函数拟合 NDVI-Ts 空间的干边和湿边：

$$T_{smax} = a_3 \times NDVI^2 + b_3 \times NDVI + c_1 \tag{4.15}$$

$$T_{smin} = a_4 \times NDVI^2 + b_4 \times NDVI + c_2 \tag{4.16}$$

式（4.15）、式（4.16）分别是二项式干边和湿边拟合方程；a_3 和 b_3 是干边拟合方程系数；a_4 和 b_4 是干边拟合方程系数。TVDI 的值范围从 0 到 1，高 TVDI 值代表干燥条件，低值代表湿润条件。关于 TVDI 计算的更多信息，可参阅相关文献（Sandholt et al.，2002；Liu et al.，2015）。

6. 量化气候和人类活动对植被和土壤水分变化的贡献

本书采用残差趋势分析方法区分气候变化和人类活动对区域 NDVI 和 TVDI 的影响。传统的残差趋势分析方法假设 NDVI（或 TVDI）与气候因素呈线性相关，线性拟合值与实际值之间的偏差被认为是由人类活动引起的。然而实际上 NDVI 和 TVDI 的动态变化是复杂的，具有不确定性和非线性等特征，线性模型无法充分捕获气候-NDVI 和气候-TVDI 之间的非线性信息（Burkett et al.，2005）。广义加性模型（generalized additive models，GAM）是线性模型的非参数扩展形式，可以分析各种因子对因变量的非线性作用。本书参考 Xue 等（2019）在北方农牧交错带人类活动对植被变化的研究，选择气温（TEM）、降水（PRE）、近地表风速（SWS）和向下太阳总辐射（RAD）作为自变量纳入广义加性模型，以量化 2000～2015 年气候变化对西北农牧交错地植被变化和土壤水分变化的影响：

$$g(\mathrm{NDVI}) = \beta_0 + f_1(\mathrm{PRE}) + f_2(\mathrm{TEM}) + f_3(\mathrm{RAD}) + f_4(\mathrm{SWS}) \qquad (4.17)$$

以 NDVI 为例，其中 g 为连接函数；β_0 为截距；f_1、f_2、f_3 和 f_4 分别为降水、气温、向下太阳总辐射和近地表风速非参数的函数。

气候对植被变化的贡献率可以通过方差分解（adj-R^2）来量化。然后将剩余部分（即 1-adj-R^2）解释为人类活动对植被变化的贡献率（NDVI_a）。计算气候变化和人类活动对 TVDI 贡献率的方法与 NDVI 相同。

为了进一步区分和量化人类活动对 NDVI 和 TVDI 的影响的正负效应，本书在 Xue 等（2019）量化人类活动影响的基础上扩展提出了一种定量方法作为量化人类活动的手段，和前人研究方法相比，它能够对人类实际影响的正负效应进行量化：

$$\mathrm{C\_NDVI}_a = \mathrm{NDVI}_a^{t_n} - \mathrm{NDVI}_a^{t_0} \qquad (4.18)$$

式中，$\mathrm{C\_NDVI}_a$ 为人类活动的贡献率；$\mathrm{NDVI}_a^{t_n}$ 表示受人类活动影响的生长季年平均 NDVI（2000 年除外）；$\mathrm{NDVI}_a^{t_0}$ 表示 2000 年受人类活动影响的 NDVI 值。$\mathrm{C\_NDVI}_a > 0$ 表示人类活动对植被变化的正面效应（例如封山育林，灌溉），$\mathrm{C\_NDVI}_a < 0$ 表示人类活动造成植被衰退的负面效应（如过度放牧，砍伐森林）。本书分别用 $\mathrm{C\_NDVI}_{ap}$ 和 $\mathrm{C\_NDVI}_{an}$ 表示人类活动对植被变化的正面和负面效应。正面效应 $\mathrm{SUM\_C\_NDVI}_{ap}$ 和负面效应 $\mathrm{SUM\_C\_NDVI}_{an}$ 的总贡献率计算如下：

$$\mathrm{SUM\_C\_NDVI}_{ap} = \frac{\left| \sum_{t_{2000}}^{t_n} \left(\mathrm{C\_NDVI}_{ap} \right) \right|}{\sum_{t_{2000}}^{t_n} \left(\mathrm{C\_NDVI}_{ap} \right) + \left| \sum_{t_{2000}}^{t_n} \mathrm{C\_NDVI}_{an} \right|} \times \mathrm{AC\_NDVI} \times 100\% \qquad (4.19)$$

$$\mathrm{SUM\_C\_NDVI}_{an} = \frac{\left| \sum_{t_{2000}}^{t_n} \left(\mathrm{C\_NDVI}_{an} \right) \right|}{\sum_{t_{2000}}^{t_n} \left(\mathrm{C\_NDVI}_{ap} \right) + \left| \sum_{t_{2000}}^{t_n} \left(\mathrm{C\_NDVI}_{an} \right) \right|} \times \mathrm{AC\_NDVI} \times 100\% \qquad (4.20)$$

量化人类活动对 TVDI 影响正负效应方法与 NDVI 相同。需要说明的是，$\mathrm{C\_TVDI}_a > 0$ 表示人类活动导致土壤水分损耗的负面效应，该值越高，由人类活动（如过度种植和过度植被恢复）导致土壤干燥的风险就越高。这种情况意味着西北农牧交错带的降水量无法维持人工植被的需水量。$\mathrm{C\_TVDI}_a < 0$ 则表示人类活动引起的土壤水分增加的正面效应，即人类活动有助于土壤湿润。

4.3.2 两种指标与气候和人类活动之间的关系

本书使用广义加性模型对降水、气温、太阳辐射和近地表风速这四个气象因子影响下的 NDVI 和 TVDI 进行拟合，可以看出，西北农牧交错带 98.05% 和 80.19% 的 NDVI 和 TVDI 拟合结果通过了统计学显著性检验（图 4.21）。对于整个西北农牧交错带地区，气候变化对 NDVI 和 TVDI 变化的贡献率分别为 43.62% 和 19.81%。人类活动影响的 NDVI 和 TVDI 变化的贡献为模拟（气候驱动的）NDVI 和 TVDI 的残差。本研究发现人类活动影响植被增加或减少的贡献率为 56.38%，而影响土壤水分上升或下降的贡献率为 77.86%［分别为图 4.21（c）和图 4.21（d）］。人类活动对植被变化影响较大的区域集中在研究区西北部，而对土壤水分影响较大的区域基本上遍布整个研究区。

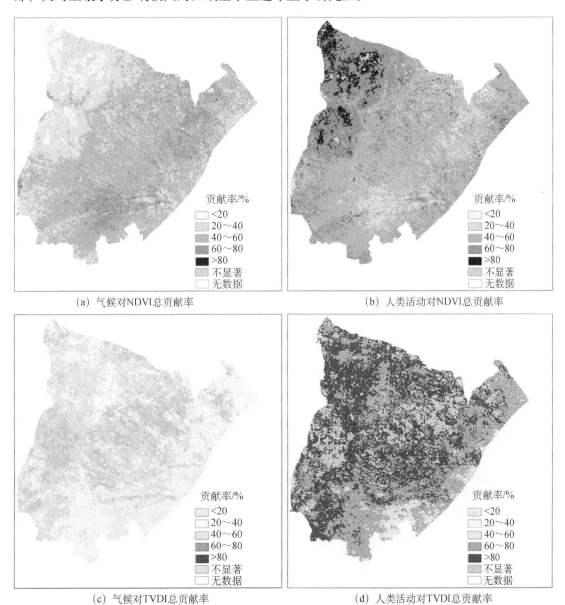

图 4.21　西北农牧交错带 2000～2015 年生长季期间气候对 NDVI 和 TVDI 的总贡献率、人类活动对 NDVI 和 TVDI 的总贡献率的空间格局

图中仅显示通过显著性检验的区域（$p < 0.05$）

　　为了在空间上量化人类活动影响植被和土壤水分的变化方向，基于上部分内容，本研究计算了人类活动对植被变化和土壤水分的正负贡献率。其中正向贡献率代表人类活动促进植被生长［图4.22（a）］和土壤水分增加［图4.22（c）］的程度，负贡献率代表人类活动导致植被退化［图4.22（b）］和土壤水分降低的程度［图4.22（d）］。可以看出，人类活动对整个西北农牧交错带的植被绿化起到了促进作用，人类活动引起的植被增加的积极贡献率（36.84%）远高于引起植被减少的消极贡献率（19.55%）。与此相反的是，人类活动造

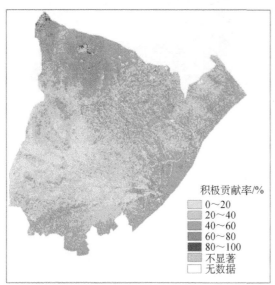

（a）人类活动对NDVI的积极贡献率

（b）人类活动对NDVI的消极贡献率

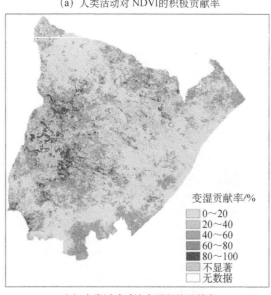

（c）人类活动对地表湿润的贡献率

（d）人类活动对地表干旱的贡献率

图4.22　西北农牧交错带2000～2015年人类活动对NDVI和TVDI正负贡献率的空间分布图
图中仅显示通过显著性检验的区域（$p < 0.05$）

成整个研究区土壤水分降低，其对地表干旱的负面贡献率（46.67%）高于土壤水分增加地表湿润的贡献率（30.95%）。本研究观察到西北农牧交错带东部和西北部的人类活动引起土壤水分消耗的程度非常高。值得注意的是，人类活动加剧土壤水分消耗的地区主要分布在人类活动对植被增加贡献率高的地区。这些结果表明人类活动可能导致 2000～2015 年生长季期间西北农牧交错带土壤水分亏缺的增加。

4.3.3　绘制由于生态恢复植被覆盖增加引起的土壤水分过度消耗热点区域图

本书将人类活动对地表变干的贡献程度（DC）从低到高依次划分为 DC1（0～20%）、DC2（20%～40%）、DC3（40%～60%）、DC4（60%～80%）和 DC5（0～20%）五个等级，为了确保划分标准合理性以及每个 DC 等级能够正确反映人类活动引起的土壤水分亏缺程度，对研究结果做了以下验证和分析。Wang 等（2020）使用 PT-JPL（Priestley-Taylor jet propulsion laboratory）蒸散发模型模拟了人类活动（无气候变化）对蒸散发（ER_ET）的净影响，模拟结果的可靠性已经从观测数据得到验证。在这里，我们使用 2000～2015 年的 ER_ET 数据作为独立数据源来评估本研究量化的人类活动影响地表干空间模式的效果。不同等级 DC 的 ER_ET 统计如图 4.23 所示，可以看出人类活动对地表变干的贡献率和 ER_ET 呈显著相关（$p<0.05$），相关性高达 0.74，蒸散发的增加导致土壤水分消耗程度增加，进而导致地表干旱程度加剧，因此不同等级的 DC 能够反映人类活动引起土壤水分消耗情况。

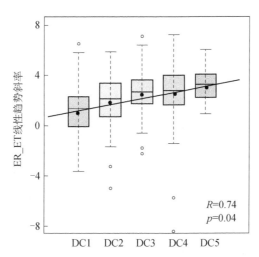

图 4.23　2000～2015 年生长季不同等级 DC 下 ER_ET 统计箱型图

灰线代表线性趋势，空心点代表异常值，实心点代表不同类别 DC 下 ER_ET 的平均值。ER_ET 数据来自于 Wang 等（2020）的研究

其次，本书分别统计了每个 DC 等级下的人类活动对地表湿润贡献率（WC）、人类活动对植被增长的积极贡献率（PC）、生长季年平均降水量（APRE）和生长季年均土壤体积

含水量（ASW）（表 4.5）。结果表明，DC1 和 DC2 区域人类活动引起地表湿润的贡献率（WC）均高于人类活动引起地表干旱的贡献率（DC），人类活动对植被增长的贡献率（PC）平均值大约为 33%，平均土壤体积含水量（ASW）为 0.2 m³/m³（ASW 值高于其他 DC 地区），因此这些地区人类活动下的植被增加主要引起土壤水分增加。DC3 区域人类活动引起地表干旱的贡献率（DC）略高于人类活动引起地表湿润的贡献率（WC），该地区降水量（APRE）最高，但土壤体积含水量（ASW）低于 DC1 和 DC2 地区，该地区由人类活动引起植被增加对地表湿润的主导效果有所降低。人类活动主要导致 DC4 和 DC5 地区地表变干（DC 值明显高于 WC 值），人类活动对植被增长的贡献率（PC）和人类活动引起地表湿润的贡献率（WC）显著增加，该地区的降水量（APRE）和土壤体积含水量（ASW）最少。

表 4.5　西北农牧交错带人类活动引起地表干旱（DC）不同等级下人类活动对地表湿润的贡献率（WC）、人类活动增加植被贡献率（PC）、生长季年平均降水量（APRE）和年平均土壤体积含水量（ASW）统计表

DC	WC/%	PC/%	APRE/mm	ASW/（m³/m³）
DC1（0～20%）	87.92	32.98	293.59	0.20
DC2（20%～40%）	59.23	35.82	298.78	0.20
DC3（40%～60%）	30.68	38.64	306.01	0.19
DC4（60%～80%）	10.97	43.37	291.13	0.18
DC5（80%～100%）	3.69	45.53	278.67	0.17

最后，本书选取 DC3、DC4 和 DC5 的像元作为研究区人类活动主导土壤水分消耗的区域，PC3（40%～60%）、PC4（60%～80%）和 PC5（80%～100%）代表人类活动主导植被绿化区域，随着等级的增加，人类活动引起的土壤水分消耗程度和植被增加程度也在增加。我们将选择的三种 DC 和 PC 区域进行重叠，根据 DC 和 PC 不同等级的组合绘制由人为植被绿化引起的土壤水分亏缺的高风险热点图（图 4.24）。结果显示，西北农牧交错带西北部地区植被增加造成的土壤水分消耗十分严重，该地区土壤干燥风险非常高，其次是北部地区，东部和南部部分地区土壤干燥风险比较高。

4.3.4　讨论

本节得出人类活动对 NDVI 和 TVDI 的贡献率分别达 50% 和 78%，然而，与人类活动相关影响的实际贡献率可能要小。尽管生态恢复工程会轻微改变土壤的理化性质，但改善土壤的性质和养分需要很长时间（Yang et al.，2014）。除了生态恢复工程以外，其他人类活动对水资源的影响可以忽略不计，因为西北农牧交错带几乎没有引水和大型水库建设（Zhao et al.，2021b）。土壤水分空间变异性主要取决于降水，尤其是表层土壤水分（Jin et al.，2011）。因此，残差趋势主要反映了像元尺度上人类活动引起的植被和土壤水分的变化。植被变化和土壤水分消耗总是需要权衡取舍（Zhang et al.，2018），虽然生态恢复工程

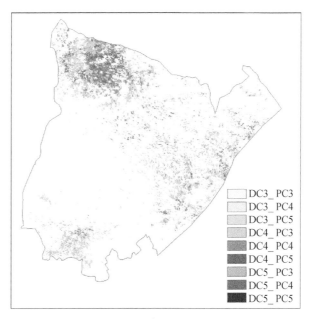

图 4.24　人类活动引起土壤水分亏缺热点图

DC3、DC4 和 DC5 分别代表不同程度的人为增加的植被活动引起的中度、中度和重度土壤水分消耗区域；PC3、PC4 和 PC5 代表人为活动导致植被增加的中、中强和高度区域。从 DC3_PC3 到 DC5_PC5 的类别组合代表了由于人为增加的植被活动导致的土壤水分消耗增加

改善了西北农牧交错带的植被覆盖率，但人类活动对土壤水分消耗的影响不容忽视。本节发现 DC4 和 DC5 地区的降水量和土壤体积含水量均低于 DC1、DC2 和 DC3 地区。然而人类活动作用与植被增加的积极贡献率随着土壤水分消耗贡献率的增加而增长，尤其是在具有高贡献率的土壤水分消耗地区（DC4 和 DC5），土壤体积含水量几乎接近枯萎点，这些地区不能支撑人工植被的生长（Jin et al.，2011；Deng et al.，2016）。另外，大规模的生态恢复通过蒸腾作用消耗更多的土壤水分，特别是草根集中在上层 20 cm 处的干旱半干旱地区，容易造成上层土壤水分的过度损耗（Deng et al.，2014，2016），甚至土壤干燥（Feng et al.，2017a；Bryan et al.，2018）。

本节为确定干旱和半干旱地区大型生态恢复项目造成的土壤水分亏缺空间分布提供了一种方法。然而存在一些不确定性，由于在区域尺度上没有关于人类活动引起的土壤水分亏缺或土壤干燥的空间明确数据，因此本节研究的准确性无法得到原位观测数据的验证。未来需要收集与其有关的更全面、空间位置更明确的调查数据和具有更精细空间分辨率的遥感数据，以提高研究能力。本节研究通过建立的广义加性模型残差法分离人类活动对 NDVI 和 TVDI 的影响时，没有考虑气候因素对植被变化的响应，土地利用和土地覆被变化对局地气候的潜在反馈可能导致西北农牧交错带个别区域降水增加（Wang et al.，2021），因此本节研究可能高估了人类活动对植被和土壤水分的影响。此外本研究只选择了四个主要气候因素，其他气候因素也可能对植被变化和土壤水分产生影响，未来研究应将更多的气象因子纳入残差趋势分析方法。

4.3.5　小结

本章使用改进后的残差趋势分析方法，分别区分并量化了气候和人类活动对 NDVI 和 TVDI 变化的影响，通过区分人类活动对 NDVI 和 TVDI 的正负效应，识别并绘制人类活动引起的地表干旱热点地区，主要结论如下：

（1）通过区分人类活动和气候因素的影响发现，人类活动对植被和地表干湿变化起主导作用，气候因素贡献了约 43.12% 的植被变化和 22.14% 的地表干湿变化，人类活动贡献了 56.88% 和 77.86% 的植被和地表干湿变化。

（2）通过研究人类活动对植被和地表干湿的正负效应发现，随着人类活动引起植被增加的同时，人类活动引起的土壤水分的消耗程度也在增大。研究区西北部、东部小部分和南部部分地区植被扩张引起的土壤水分亏缺严重，土壤干燥风险很高。

4.4　不同蒸散发估算方法在农牧交错带典型区的适用性评价

蒸散发（evapotranspiration，ET）包括陆面蒸发和植被蒸腾，在地表水文循环和能量交换过程中起着重要作用（Fisher et al.，2017）。全球约有 2/3 的降水通过陆地蒸散发过程重返大气（Rivas and Caselles，2004）。同时，蒸散发又是潜热通量的具体表现，约占地表净辐射的 60%（Trenberth et al.，2009）。准确获取蒸散发数据对于农业生产管理，水资源高效利用以及生态保护有着重大意义，在干旱区尤为重要（Fisher et al.，2017；Xu et al.，2020）。

目前，蒸散发的获取手段主要可以分为直接观测法和间接计算法。直接观测法即通过仪器测量来获取蒸散发数据，包括蒸渗仪法、大孔径通量仪、涡度相关法等（杨文静，2020）。这些方法虽然能够准确地获得蒸散量，但成本高，需要大量的人力物力，数据处理复杂（Wang and Dickinson，2012）。因此，在实际应用中多使用间接计算法来进行蒸散发的模拟计算。间接计算法主要包括传统蒸散发模型、遥感模型和陆面过程模型三类（邵蕊，2020；杨文静，2020）。相较于遥感模型和陆面过程模型，传统蒸散发模型有着数据获取方便、计算简捷的优点，在监测网络稀少，数据观测缺乏的干旱区有着独特的优势（Paredes et al.，2020）。

传统蒸散发模型按照其推导过程和所需参数可划分为三大类：一是包含能量平衡和空气动力学项的综合法。FAO56 Penman-Monteith（FAO56）（Allen et al.，1998）是目前最常用的综合法，该方法作为联合国粮农组织推荐的作物蒸散量计算方法，因其优异的精度表现，在全球范围应用广泛。然而，以 FAO56 为代表的综合法需要更多的气象观测数据，这使得其在实际观测匮乏地区的应用仍存在困难（Xiang et al.，2020）。二是以能量平衡原理为基础，基于辐射等少量数据对蒸散发进行估算的辐射法。Priestley-Taylor（P-T）（Priestley and Taylor，1972）是目前应用最广的辐射法之一，该方法忽略了风速对蒸散发的影响，仅考虑辐射和经验性的植被系数 α。P-T 方法在许多地方都表现出良好的适用性

（Xiang et al.，2020）。三是基于温度和蒸散发之间经验关系而建立的温度法，Hargreaves 和 Samani（Har）（George and Zohrab，1985）是最常用的温度法之一，因其仅需要温度这一气象要素且与实测蒸散发（ET_a）数据一致性良好。1998 年，FAO 推荐 Hargreaves 和 Samani 方法作为气象数据有限时计算蒸散量的方法（Allen et al.，1998）。然而，由于陆地–植被–大气系统的复杂相互作用，蒸散发的时空变异性极强，因此亟须评估不同地区传统蒸散发模型的适用性（Xu and Singh，2005；Li et al.，2014；Hu et al.，2018）。

目前，国内外已经开展了一系列对传统蒸散发模型的适用性研究。如 Incrocci 等（2020）在欧洲农田上对 FAO56 进行了评估，结果表明，当结合了改进后的净辐射计算方法时，FAO56 对农田作物蒸散量的估算结果良好。Xu 等（2013）基于我国华东湿润地区草地蒸渗仪的实测蒸散发（ET_a）数据，对 FAO56、P-T 和 Har 三种模型进行了评估，结果表明 FAO56 表现最佳，P-T 次之，Har 最差。Wu（2016）在侧柏下垫面上的蒸散发估算模型比较研究也得到了相似的结果，FAO56 表现最好，P-T 次之。Liu 等（2017）在华北平原，基于蒸渗仪实测数据对 16 种蒸散发估算模型进行了评估，结果显示由于模型中表面阻力值过高，FAO56 相较于其他综合法表现不佳。Douglas 等（2009）在美国佛罗里达对 Penman-Monteith、P-T 和 Turc 公式三种模型进行了评估，结果显示 P-T 在草地上表现明显优于 Penman-Monteith 模型。总的来说，目前对传统蒸散发模型的评估大多集中于单一下垫面，且在干旱区研究较少，缺乏在不同下垫面上综合对比评估。

由于地表高度异质性以及人为干扰，我国北方农牧交错带蒸散发具有强烈的时空变异性（Cao et al.，2015；朱昱作等，2019）。目前，已有学者基于遥感反演、模型模拟等手段对该地区的蒸散发进行了研究（Li et al.，2021；Xu et al.，2020），主要是对蒸散发时空分布特征、模型精度验证等方面进行分析，但对于实用性高、数据获取容易的传统蒸散发估算方法的评估则相对较少。同时，北方农牧交错带实际蒸散发观测站点稀疏，在该地区开展蒸散发估算方法的研究尤为重要（Wang et al.，2020）。因此本节基于农牧交错带农田、草地两种典型下垫面类型，选择 FAO56、P-T 和 Har 三种不同类型的估算模型对蒸散发进行估算并评价它们在不同下垫面上的适用性，旨在探究适用于农牧交错带典型下垫面的蒸散发估算方法。

4.4.1　数据与方法

本节选取了内蒙古站、奈曼站、沙坡头站和榆林站的实际蒸散发观测数据和气象数据进行蒸散发模型的计算与评估，其中内蒙古站、奈曼站、沙坡头站的数据来自中国通量观测研究联盟（Chen et al.，2019a，2019b；Ma et al.，2019），榆林站的数据来自 Gong 等（2017）和 Wang 等（2016）。各站点的地理位置、数据的获取年份、时间分辨率以及下垫面类型见表 4.6（因数据异常，剔除了榆林站 2012 年 5 月和内蒙古站 2005 年的数据）。

表 4.6　站点详情

站点名称	地理位置	数据年份	时间分辨率	下垫面类型
内蒙古站	120.70 °E，42.92 °N	2004~2010 年	30 分钟	草地
奈曼站	109.47 °E，38.45 °N	2005~2008 年	月	农田
沙坡头站	37.53 °E，105.03 °N	2005~2008 年	月	农田
榆林站	116.70 °E，43.63 °N	2011 年 7 月~2012 年 6 月	30 分钟	草地

在本节中，奈曼站和沙坡头站的实测蒸散发（ET_a）数据基于蒸渗仪观测得到，内蒙古站和榆林站的 ET_a 数据来自涡度相关系统。气象数据则来自各站点的气象站观测，包括最高气温 T_x、最低气温 T_n、平均气温 T、风速 U、最高相对湿度 RH_x、最低相对湿度 RH_n、平均相对湿度 RH、净辐射 R_n、总辐射 R_s、实际水汽压 e_a 和降水量 P 等。由于各站点数据的年份和时间分辨率不一致，因此在剔除异常值后，将各站点的气象数据和 ET_a 数据均统一至月平均值。

在本研究区，年内的蒸散发主要集中在生长季，非生长季蒸散量仅占全年蒸散发总量的约 20%（龚婷婷，2017；李旭亮等，2020）。因此，依照前人研究（侯学会等，2013；王静璞等，2015），本节选择 4~9 月作为研究时段。

4.4.2　蒸散发估算方法

1. 参考作物蒸散量计算方法

1）FAO56 Penman-Monteith 法

FAO56 Penman-Monteith 是以能量平衡和水汽扩散理论为基础，同时考虑了空气动力学项和植被生理参数的影响，具有较为明确的物理意义，且计算精度较高，具体计算公式为

$$ET_0 = \frac{0.408\Delta(R_n - G) + \gamma U(e_s - e_a)[900/(T+273)]}{\Delta + \gamma(1 + 0.34U)} \qquad (4.21)$$

式中，ET_0 为参考作物蒸散量，mm/d；R_n 为净辐射，MJ/（$m^2 \cdot d$）；G 为土壤热通量，MJ/（$m^2 \cdot d$）；Δ 为饱和水汽压–气温关系斜率，kPa/℃；γ 为干湿计常数，kPa/℃；U 为 2 m 高度风速，m/s；e_s 为饱和水汽压，kPa；e_a 为实际水汽压，kPa；T 为平均气温，℃。

2）Prisetley-Taylor 法

Priestley-Taylor 法是对 Penman-Monteith 法的简化，将空气动力学项折算为辐射量的 0.26 倍（Priestley and Taylor，1972），计算相对简便，计算公式为

$$\lambda \cdot ET_0 = \alpha \frac{\Delta}{\Delta + \gamma}(R_n - G) \qquad (4.22)$$

式中，λ 为水的汽化潜热，MJ/kg；$\alpha = 1.26$。

3）Hargreaves-Samani 法

Hargreaves-Samani 法主要考虑平均温度和温差的影响，同时利用大气顶层辐射进行计

算。由于仅需温度这一气象数据，FAO 推荐 Har 法作为气象数据缺失时的参考作物蒸散量计算方法，且在全球范围内应用广泛，具体计算公式为

$$ET_0 = 0.0023(T + 17.8)\sqrt{T_x - T_n}\,R_a \tag{4.23}$$

式中，T_x、T_n 分别为最高、最低气温，℃；R_a 为大气顶层辐射，MJ/（m²·d）。

2. 实际蒸散发 ET_c 的计算

本节选取 FAO 推荐的单作物系数法计算实际蒸散发 ET_c，单作物系数（K_c）法可以较好地计算包括植被蒸腾和土壤蒸发在内的陆表蒸散发过程（Rallo et al., 2021）。查阅文献可知各站点的作物系数，具体值如表 4.7 所示（李玉霖等，2003；侯琼等，2010；赵娜娜等，2010）。

$$ET_c = ET_0 \times K_c \tag{4.24}$$

表 4.7　各站点不同年份植被类型和作物系数

站点名称	主要植被（数据时段）	生长初期作物系数	生长中期作物系数	生长末期作物系数
内蒙古站	草地（2004~2010 年）	0.40	0.93	0.8
榆林站	草地（2011~2012 年）	0.30	0.75	0.75
沙坡头站	玉米（2006 年、2008 年）	0.77	1.02	0.86
	小麦（2005 年、2007 年）	0.61	1.29	0.25
奈曼站	玉米（2005 年、2007 年、2008 年）	0.52	1.13	0.64
	小麦（2006 年）	0.45	1.11	0.52

3. 评价指标

本节选取了皮尔逊相关系数 r、均方根误差 RMSE、平均绝对误差 MAE 和偏差 BIAS 来评价各模型模拟值与实测值的相关性和精度（Douglas et al., 2009；Liu et al., 2017），具体计算公式如下。

$$r = \frac{\sum_{i=1}^{n}(ET_i^{sim} - \overline{ET^{sim}})(ET_i^{obs} - \overline{ET^{obs}})}{\sqrt{\sum_{i=1}^{n}(ET_i^{sim} - \overline{ET^{sim}})^2}\sqrt{\sum_{i=1}^{n}(ET_i^{obs} - \overline{ET^{obs}})^2}} \tag{4.25}$$

$$RMSE = \sqrt{\frac{1}{n}\sum_{i=1}^{n}(ET_i^{sim} - ET_i^{obs})^2} \tag{4.26}$$

$$MAE = \frac{1}{n}\sum_{i=1}^{n}\left|ET_i^{sim} - ET_i^{obs}\right| \tag{4.27}$$

$$BIAS = \frac{1}{n}\sum_{i=1}^{n}(ET_i^{sim} - ET_i^{obs}) \tag{4.28}$$

式中，ET^{sim} 为模拟值；ET^{obs} 为实测值；n 为样本数。

4.4.3　结果

1. 不同生长期三种模型的性能对比分析

在生长初期（4～5月），FAO56、P-T和Har三种模型的BIAS分别为0.407 mm/d、−1.146 mm/d、3.628 mm/d（图4.25和表4.8），因此FAO56略微高估蒸散发，P-T明显低估，Har则严重高估。从精度上来看，FAO56精度最高，RMSE为1.397 mm/d，MAE为1.145 mm/d；P-T精度次之，RMSE为1.849 mm/d，MAE为1.185 mm/d；Har精度最差，RMSE为4.418 mm/d，MAE为3.699 mm/d。

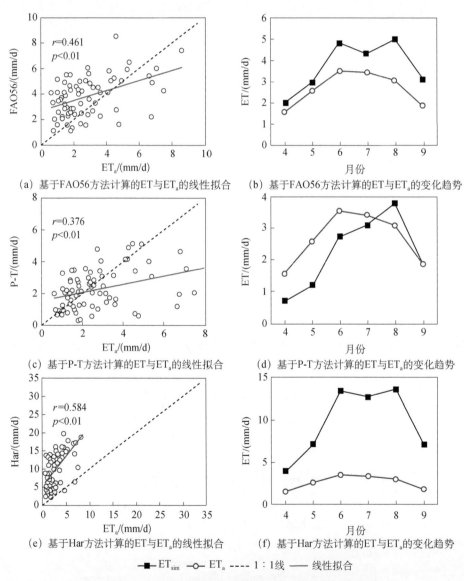

（a）基于FAO56方法计算的ET与ET$_a$的线性拟合　　（b）基于FAO56方法计算的ET与ET$_a$的变化趋势

（c）基于P-T方法计算的ET与ET$_a$的线性拟合　　（d）基于P-T方法计算的ET与ET$_a$的变化趋势

（e）基于Har方法计算的ET与ET$_a$的线性拟合　　（f）基于Har方法计算的ET与ET$_a$的变化趋势

ET$_{sim}$　　ET$_a$　---- 1∶1线　—— 线性拟合

图4.25　三种模型估算值与实测值的相关性和趋势比较

表 4.8　不同生长期模型估算值与实测值的统计指标值

生长期	RMSE/(mm/d)			MAE/(mm/d)			BIAS/(mm/d)		
	FAO56	P-T	Har	FAO56	P-T	Har	FAO56	P-T	Har
全生长期	1.991	1.780	8.345	1.665	1.208	7.278	1.028	−0.473	7.246
生长初期	1.397	1.849	4.418	1.145	1.185	3.699	0.407	−1.146	3.628
生长中期	2.234	1.880	10.432	1.907	1.264	9.877	1.320	−0.237	9.858
生长末期	2.082	1.201	5.640	1.836	1.059	5.256	1.221	0.011	5.256

在整个生长中期（6～8 月），FAO56、P-T 和 Har 的 BIAS 分别为 1.320 mm/d、0.237 mm/d 和 9.858 mm/d，FAO56 明显高估蒸散发，P-T 在 6 月和 7 月低估、8 月高估，Har 则严重高估（图 4.25 和表 4.8）。根据 RMSE，各模型的精度排序为 P-T>FAO56>Har，其中 P-T 的 RMSE 为 1.880 mm/d，MAE 为 1.264 mm/d；FAO56 的 RMSE 为 2.234 mm/d，MAE 为 1.907 mm/d；Har 的 RMSE 为 10.432 mm/d，MAE 为 9.877 mm/d。

在生长末期（9 月），FAO56、P-T 和 Har 的 BIAS 分别为 1.221 mm/d、0.011 mm/d、5.256 mm/d，三种模型均高估了蒸散发，FAO56 和 Har 明显高估，P-T 则略微高估。精度上，FAO56 的 RMSE 和 MAE 分别为 2.082 mm/d、1.836 mm/d；P-T 的 RMSE 和 MAE 分别为 1.201 mm/d 和 1.059 mm/d；Har 的 RMSE 和 MAE 分别为 5.640 mm/d 和 5.256 mm/d。根据 RMSE，三种模型在生长末期的精度排序为 P-T>FAO56>Har，这与生长中期的表现一致。

在整个生长期内，FAO56、P-T 和 Har 三种模型的估算值与实测值的相关系数 r 分别为 0.461、0.379 和 0.584（图 4.25），表明 Har 的估算值与实测值相关性最好，FAO56 次之，P-T 最差。此外，由图 4.25 还可知，当实际蒸散发较强时，FAO56 估算性能更好，蒸散发较弱时 P-T 估算性能较好，Har 在整体上表现出严重高估，误差较大。在整个生长期内，FAO56、Har 的 BIAS 分别为 1.028 mm/d 和 7.246 mm/d，整体表现高估，P-T 的 BIAS 为 −0.473 mm/d，整体表现低估。从精度上来说，P-T 整体精度表现最佳，RMSE 和 MAE 分别为 1.780 mm/d、1.208 mm/d，FAO56 表现次之，RMSE 和 MAE 分别为 1.991 mm/d 和 1.665 mm/d，Har 则表现最差，RMSE 和 MAE 分别为 8.345 mm/d 和 7.278 mm/d。

总而言之，在整个生长期内，P-T 精度最好，相关性最差；Har 精度最差，相关性最好；FAO56 则表现居中。

2. 三种模型在不同下垫面上的性能对比分析

在农田上，FAO56、P-T 和 Har 三种模型的估算值与实测值的相关系数 r 分别为 0.567、0.388 和 0.527 [图 4.26（a）（c）（e）]，且均为显著正相关关系（p<0.05），表明在农田上 FAO56 的估算值与 ET_a 变化趋势相关性最好，P-T 趋势最差，Har 趋势表现居中。FAO56、P-T、Har 三种模型的 BIAS 分别为 0.092 mm/d、−1.379 mm/d、7.335 mm/d（表 4.9），表明 FAO56 略微高估了农田蒸散发，P-T 明显低估了农田蒸散发，Har 则严重高

估。从精度上看，FAO56 的 RMSE 和 MAE 分别为 1.732 mm/d、1.333 mm/d；P-T 的 RMSE 和 MAE 分别为 2.323 mm/d、1.683 mm/d；Har 的 RMSE 和 MAE 分别为 8.843 mm/d、7.387 mm/d。因此，在农田上 FAO56 估算精度最高，且明显好于其他两种模型，P-T 次之、Har 精度最差。

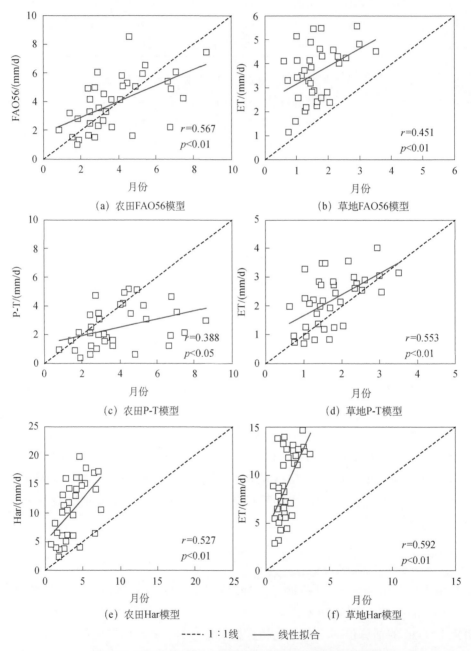

图 4.26　不同下垫面上三种模型估算值与实测值的相关性

由图 4.26（b）（d）（f）可知，FAO56、P-T 和 Har 三种模型在草地上的估算值与实测值的相关系数 r 分别为 0.451、0.553 和 0.592，均为显著正相关（$p<0.01$），表明草地上 Har 的估算值与 ET_a 变化趋势相关性最好，P-T 次之，FAO56 最差。此外，三种模型均高估了草地蒸散发（表 4.9），FAO56、P-T、Har 的 BIAS 分别为 1.870 mm/d、0.343 mm/d、7.166 mm/d，表明 P-T 略微高估草地蒸散发，而 FAO56 则明显高估，Har 仍是严重高估。精度上，P-T 的 RMSE 和 MAE 分别为 1.078 mm/d、0.780 mm/d，估算精度最高；FAO56 的 RMSE 和 MAE 分别为 2.199 mm/d、1.964 mm/d，估算精度次之；Har 的 RMSE 和 MAE 分别为 7.869 mm/d 和 7.180 mm/d，估算精度最差。从精度上来看，P-T 在草地上表现最好，FAO56 次之，这与两种模型在农田上的表现相反，而 Har 在两种下垫面上精度表现均不佳。

总的来说，农田上 FAO56 表现最好，草地上 P-T 表现最好，Har 模型则在两种下垫面情况上都表现不佳。

表 4.9　不同下垫面模型估算值与实测值的统计指标值

下垫面	RMSE/（mm/d）			MAE/（mm/d）			BIAS/（mm/d）		
	FAO56	P-T	Har	FAO56	P-T	Har	FAO56	P-T	Har
农田	1.732	2.323	8.844	1.333	1.683	7.387	0.092	−1.379	7.335
草地	2.199	1.078	7.869	1.964	0.780	7.180	1.870	0.343	7.166

4.4.4　讨论

1. 三种模型机理对模型性能的影响

FAO56 的蒸散发估算性能在本研究区表现不佳，这是因为 FAO56 中的表面阻力参数存在着误差（Liu et al.，2017）。FAO56 中表面阻力使用固定值 70 s/m，这是在理想作物条件下的阻力参数，适用于下垫面覆盖度高的情况（Allen et al.，1998）。而本研究区植被盖度较低，主要优势作物羊草（*Leymus chinensis*）、大针茅（*Stipa grandis* P. A. Smirn）等植被在 8 月盖度仅为 7.1% 和 18.7%（Ma et al.，2019），FAO56 中表面阻力参数并不适用，故而在本研究区表现不佳。尹剑等（2018）的研究也指出，当地表为稀疏、复杂植被或裸土下垫面时，使用 FAO56 估算蒸散发的误差较大。此外，不合理的空气动力学项权重是导致 FAO56 表现不佳的另一原因。由表 4.10 可知，本研究区各站点实际蒸散发与风速之间均为负相关。而敏感性分析表明，FAO56 的蒸散发估算值对风速的敏感系数（黄悦和李思恩，2021）为 0.391，即风速对 FAO56 的估算值为正贡献（图 4.28）。因此，不合理的空气动力学权重也使得 FAO56 在本研究区估算性能不佳。

相较于 FAO56，P-T 忽略了空气动力学项的影响（Priestley and Taylor，1972），排除了 U 对估算结果的误差。同时，根据 Dogulas（2009）的研究，P-T 在复杂、稀疏下垫面情况下表现较好。因此本研究区 P-T 估算性能表现最佳，好于 FAO56。Har 在本研究区的估算结果存在着明显的高估，这是因为 Har 是基于温度的经验公式，过高的经验系数使得其估算结果偏高（Feng et al.，2017b）。此外，由表 4.10 可知，温差 dT 在全生长期、各个站点与 ET$_a$ 的相关系数均较低，而 dT 在 Har 中所占敏感系数（黄悦和李思恩，2021）为 0.512（图 4.28）。因此，Har 模型中过高的温差权重和经验系数，是其估算性能在本研究区内表现不佳的原因（Raziei and Pereira，2013；Feng et al.，2017b）。

2. 不同环境条件对模型性能的影响

本节中选取的三种模型均基于气象要素计算蒸散发。为探究各模型性能表现差异的原因，本节选取各模型中考虑的气象变量（平均气温 T、风速 U、平均相对湿度 RH、净辐射 R_n、水汽压差 VPD 和温差 dT），与实测蒸散发 ET$_a$ 做相关分析。通过分析研究区影响蒸散发的主导因素，从而说明各模型在不同生长期、不同下垫面情况下的性能差异（Liu et al.，2017；龚婷婷，2017；方蓓婧，2018）。

由图 4.27 可知，在生长初期，各站点的 ET$_a$ 与 R_n、T 和 VPD 的变化趋势最为接近，表明生长初期本研究区的蒸散发主要受 R_n、T 和 VPD 的影响。FAO56 全面考虑了这些气象因子，而 P-T 仅考虑了辐射，Har 仅考虑了温度，因此生长初期 FAO56 估算性能最好。在生长中期，各站点的 ET$_a$ 与 R_n 变化趋势最为接近。沙坡头、内蒙古和榆林站的气温 T 在 6～7 月与 ET$_a$ 变化趋势相反，奈曼站 T 在 7～8 月与 ET$_a$ 变化趋势相反。奈曼、内蒙古和榆林的 VPD 也在 6～7 月与 ET$_a$ 变化趋势相反。这表明在生长中期，R_n 是本研究区蒸散发的主导因素。T 和 VPD 在本时期存在着与 ET$_a$ 趋势相反的情况，这影响了 FAO56 在中期和末期的估算性能，使得 FAO56 表现差于 P-T。与生长中期一致，生长末期 ET$_a$ 与 R_n 变化趋势最为接近，其次是 T 和 VPD。因此在生长末期仍是 P-T 性能最佳，FAO56 次之。由表 4.10 可知，全生长期内 R_n 和 T 与 ET$_a$ 的相关性最好，相关系数 r 平均分别为 0.476 和 0.435，而 VPD 的相关系数 r 平均为 0.243，表明本研究区净辐射 R_n 对 ET$_a$ 的影响最大。同时，由于 T 和 VPD 在生长中期和生长末期的个别月份与 ET$_a$ 趋势相反，影响了 FAO56 在生长中期和生长末期估算性能，进而使得其在整个生长季性能差于 P-T。

结合图 4.27 和表 4.10 可知，奈曼站的温度 T 和净辐射 R_n 与 ET$_a$ 相关性最好，相关系数分别为 0.645 和 0.623，均通过显著性检验；沙坡头站的 T、VPD 和 R_n 与 ET$_a$ 相关性较高，相关系数 r 分别为 0.405、0.316 和 0.251。因此，在农田上，ET$_a$ 主要受 R_n、T 和 VPD 的影响，相较于仅考虑一种气象变量的 P-T 和 Har，FAO56 考虑因素全面，估算性能最好，许多研究（Jensen et al.，1990；Yoder et al.，2005；Zhao et al.，2010；Ji et al.，2017）也都表明了这一点。由于榆林站仅有 5 个样本且未通过显著性检验，因此草地上的分析以内蒙古站为主。内蒙古站的 R_n 与 ET$_a$ 相关性最好，r 为 0.494 且通过了显著性检验，温度 T 和水汽压差 VPD 的相关系数 r 为 0.289 和 0.261，草地上 R_n 对 ET$_a$ 的影响明显高于 T 和 VPD 对 ET$_a$ 的影响，表明草地上 R_n 是 ET$_a$ 的主导因素。此外，在草地上，U 对 ET$_a$ 的影响较小（表 4.10），而 FAO56 中的空气动力学项权重较高（图 4.28），这使得 FAO56 在草地上表现不佳。P-T 忽略了空气动力学项，排除了 U 对 P-T 估算结果的影响，且把握住了影响蒸散发的主导因素 R_n，在草地下垫面上估算性能最佳。

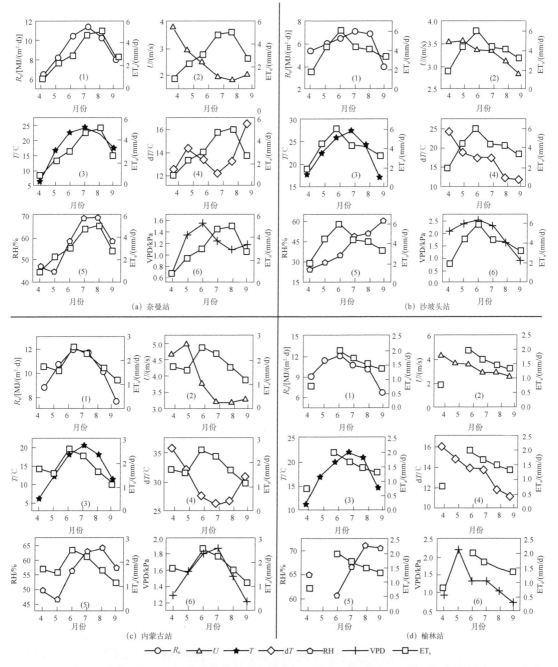

图 4.27 各站点气象变量与 ET_a 的变化趋势：净辐射 R_n、风速 U、温度 T、温差 dT、相对湿度 RH、水汽压差 VPD 与实测蒸散发 ET_a 的变化趋势

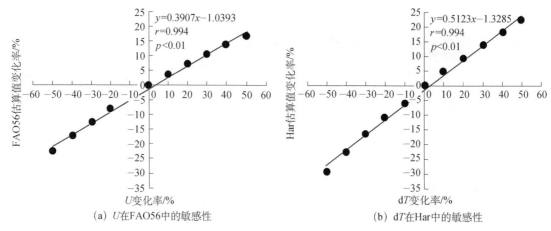

图 4.28　参数敏感性分析

表 4.10　各气象要素与 ETₐ 的相关系数

下垫面类型	站点	R_n	U	T	dT	RH	VPD	样本数
农田	奈曼站	0.623**	−0.565*	0.645**	−0.335	0.641**	0.009	18
	沙坡头站	0.251	−0.299	0.405	0.147	0.062	0.316	18
草地	内蒙古站	0.494**	−0.043	0.289	−0.171	0.130	0.261	36
	榆林站	0.629	−0.460	0.845	−0.351	−0.339	0.686	5

*代表相关性达到 95% 的显著性，全书同

4.4.5　结论

本节基于内蒙古、奈曼、榆林、沙坡头四个站点的实测蒸散发数据和气象数据，对 FAO56、P-T、Har 三种模型在农田和草地上的性能进行了评价，通过各模型考虑的气象变量与实际蒸散发的相关关系，结合模型机理，对各模型在不同下垫面、不同生长期的性能差异进行了分析，得出了如下结论：

在本研究区，P-T 蒸散发估算性能最好，FAO56 次之，Har 最差。P-T 排除了 U 对其估算结果的影响，同时更适用于稀疏、复杂下垫面情况，在本研究区整体估算性能最佳。FAO56 因其不合理的表面阻力值和空气动力学权重，在蒸散发估算中存在误差，性能差于 P-T，Har 因其过高的温差权重和经验系数，在本研究区估算性能最差。

本研究区生长初期的蒸散发受 R_n、T 和 VPD 的影响，FAO56 性能最佳，P-T 次之；生长中期和末期，蒸散发主要受 R_n 的影响，T 和 VPD 在生长中期和末期存在着与 ETₐ 趋势相反的情况，这影响了 FAO56 在中期和末期的估算性能，使得 FAO56 表现差于 P-T。FAO56 在蒸散发较强、受多种气象变量共同影响的农田下垫面上估算性能最佳；P-T 在蒸散发较弱、受 R_n 主导的草地下垫面上性能最佳。受观测数据所限，本节未研究 FAO56 表面阻力系数值变化对 ET 估算的影响，在以后的研究中应观测表面阻力系数值，深入探究其变化对 FAO56 估算结果的影响。

参考文献

陈继伟, 左洪超, 王颖, 等. 2014. 西北干旱区不同下垫面反照率随太阳高度角变化的参数化方案. 高原气象, 33 (1): 80-88.

程序. 1999. 农牧交错带研究中的现代生态学前沿问题. 资源科学, 21 (5): 1-8.

丁永建, 周成虎, 邵明安, 等. 2013. 地表过程研究进展与趋势. 地球科学进展, 28 (4): 407-419.

方蓓婧. 2018. 华北平原蒸散发估算及其时空变化规律研究. 北京: 清华大学硕士研究生学位论文.

方梓行, 何春阳, 刘志锋, 等. 2020. 中国北方农牧交错带气候变化特点及未来趋势——基于观测和模拟资料的综合分析. 自然资源学报, 35 (2): 358-370.

傅伯杰, 刘国华, 欧阳志云. 2013. 中国生态区划研究. 北京: 科学出版社.

龚婷婷. 2017. 中国北方荒漠区水碳通量变化规律研究. 北京: 清华大学博士研究生学位论文.

何汇虹, 刘文兆. 2013. 黄土塬区农田土壤温度变化特征研究. 水土保持研究, 20 (5): 124-128.

侯琼, 王英舜, 杨泽龙, 等. 2010. 内蒙古典型草原作物系数的动态模拟与确定. 植物生态学报, 34 (12): 1414-1423.

侯学会, 牛铮, 高帅, 等. 2013. 基于 SPOT-VGT NDVI 时间序列的农牧交错带植被物候监测. 农业工程学报, 29 (1): 142-150.

黄荣辉, 周德刚, 陈文, 等. 2013. 关于中国西北干旱区陆-气相互作用及其对气候影响研究的最近进展. 大气科学, 37 (2): 189-210.

黄悦, 李思恩. 2021. 气象因素对民勤地区参考作物腾发量变化的贡献分析. 中国农业大学学报, 26 (5): 118-128.

季国良, 邹基玲. 1994. 干旱地区绿洲和沙漠辐射收支的季节变化. 高原气象, 13 (3): 323-329.

李德帅, 王金艳, 王式功, 等. 2014. 陇中黄土高原半干旱草地地表反照率的变化特征. 高原气象, 33 (1): 89-96.

李旭亮, 杨礼箫, 田伟, 等. 2018. 中国北方农牧交错带土地利用/覆盖变化研究综述. 应用生态学报, 29 (10): 3487-3495.

李旭亮, 杨礼箫, 胥学峰, 等. 2020. 基于 SEBAL 模型的西北农牧交错带生长季蒸散发估算及变化特征分析. 生态学报, 40 (7): 2175-2185.

李玉霖, 崔建垣, 张铜会. 2003. 奈曼地区灌溉麦田蒸散量及作物系数的确定. 应用生态学报, 14 (6): 930-934.

刘辉志, 涂钢, 董文杰. 2008. 半干旱区不同下垫面地表反照率变化特征. 科学通报, 53 (10): 1220-1227.

刘远永, 文军, 韦志刚, 等. 2007. 黄土高原塬区地表辐射和热量平衡观测与分析. 高原气象, 26 (5): 928-937.

屈创, 马金辉, 田菲, 等. 2013. 基于 MODIS 数据的白龙江流域土壤湿度反演研究. 节水灌溉, (12): 23-27.

邵蕊. 2020. 黄土高原大规模植被恢复的区域蒸散耗水规律及其生态水文效应. 兰州: 兰州大学硕士研究生学位论文.

申彦波, 赵宗慈, 石广玉. 2008. 地面太阳辐射的变化、影响因子及其可能的气候效应最新研究进展. 地球科学进展, 23 (9): 915-923.

宋海燕. 2021. CLM5.0 对东北地区地表温度的数值模拟及评估. 哈尔滨师范大学自然科学学报, 37 (2):

90-94.

宋耀明, 范轶, 马天娇. 2014. 陆面过程模式 CLM4.5 在半干旱区退化草原站的模拟性能评估. 大气科学学报, 37 (6): 794-803.

苏凤阁, 郝振纯. 2001. 陆面水文过程研究综述. 地球科学进展, (6): 795-801.

孙睿, 刘昌明. 2003. 地表水热通量研究进展. 应用生态学报, 14 (3): 434-438.

孙菽芬. 2002. 陆面过程研究的进展. 沙漠与绿洲气象, 25 (6): 1-6.

王静璞, 刘连友, 贾凯, 等. 2015. 毛乌素沙地植被物候时空变化特征及其影响因素. 中国沙漠, 35 (3): 624-631.

杨文静. 2020. 青藏高原蒸散发动态过程及其对气候变化响应研究. 兰州: 兰州大学硕士研究生学位论文.

杨兴国, 马棚里, 王润元, 等. 2005. 陇中黄土高原夏季地表辐射特征分析. 中国沙漠, 25 (1): 55-62.

杨扬. 2014. 干旱区荒漠草原过渡带快速变化的陆面过程的观测与数值研究. 兰州: 兰州大学硕士研究生学位论文.

尹剑, 欧照凡, 付强, 等. 2018. 区域尺度蒸散发遥感估算——反演与数据同化研究进展. 地理科学, 38 (3): 448-456.

岳平, 牛生杰, 张强, 等. 2010. 春季晴天与阴天草原辐射和能量平衡特征的一次对比观测. 中国沙漠, 30 (6): 1464-1468.

张果, 周广胜, 阳伏林. 2009. 内蒙古荒漠草原地表反照率变化特征. 生态学报, 30 (24): 6943-6951.

张强, 王胜, 卫国安. 2003. 西北地区戈壁局地陆面物理参数的研究. 地球物理学报, 46 (5): 616-623.

张艳丽, 张国珍. 2010. 黄土高原典型塬区土壤湿度特征分析. 干旱区资源与环境, 24 (5): 190-195.

赵娜娜, 刘钰, 蔡甲冰. 2010. 夏玉米作物系数计算与耗水量研究. 水利学报, 41 (8): 953-959.

朱昱作. 2019. 西北农牧交错带地表水热过程的观测和 CLM 模拟研究. 兰州: 兰州大学硕士研究生学位论文.

朱昱作, 张兰慧, 谈幸燕, 等. 2019. CLM4.5 在西北农牧交错带盐池站的模拟性能评估. 干旱气象, 37 (3): 430-438.

朱震达, 刘恕. 1981. 我国北方地区沙漠化过程及其治理区划. 北京: 农业出版社.

Allen R, Pereira L, Raes D, et al. 1998. Crop evapotranspiration: Guidelines for computing crop water requirements. FAO Irrigation and Drainage Paper: 56.

Boas T, Bogena H, Grünwald T, et al. 2021. Improving the representation of cropland sites in the community land model (CLM) Version 5.0. Geoscientific Model Development, 14 (1): 573-601.

Bryan B A, Gao L, Ye Y Q, et al. 2018. China's response to a national land-system sustainability emergency. Nature, 559 (7713): 193-204.

Burkett V R, Wilcox D A, Stottlemyer R, et al. 2005. Nonlinear dynamics in ecosystem response to climatic change: Case studies and policy implications. Ecological Complexity, 2 (4): 357-394.

Cai X T, Yang Z L, Xia Y L, et al. 2014. Assessment of simulated water balance from Noah, Noah-MP, CLM, and VIC over CONUS using the NLDAS test bed. Journal of Geophysical Research-Atmospheres, 119 (4): 13751-13770.

Cao Q, Yu D Y, Georgescu M, et al. 2015. Impacts of land use and land cover change on regional climate: A case study in the agro-pastoral transitional zone of China. Environmental Research Letters, 10 (12): 124025.

Chen L, Huang Z, Gong J, et al. 2007. The effect of land cover/vegetation on soil water dynamic in the hilly area of the loess plateau, China. Catena, 70 (2): 200-208.

Chen M, Zhao X Y, Zuo X A. 2019a. Comparative pollen limitation and pollinator activity of *Caragana korshinskii*

Kom in natural and fragmented habitats. Science of the Total Environment, 654: 1056-1063.

Chen N, Liu X D, Zheng K, et al. 2019b. Ecohydrological effects of biocrust type on restoration dynamics in drylands. Science of the Total Environment, 687: 527-534.

Chen Y P, Wang K B, Lin Y S, et al. 2015. Balancing green and grain trade. Nature Geoscience, 8 (10): 739-741.

Crooks S, Davies C H. 2001. Assessment of land use change in the thames catchment and its effect on the flood regime of the river. Physics and Chemistry of the Earth, Part B: Hydrology, Oceans and Atmosphere, 26 (7-8): 583-591.

Deng L, Liu G, Shangguan Z. 2014. Land-use conversion and changing soil carbon stocks in China's 'Grain-for-Green' Program: A synthesis. Global Change Biology, 20 (11): 3544-3556.

Deng L, Yan W M, Zhang Y M, et al. 2016. Severe depletion of soil moisture following land-use changes for ecological restoration: Evidence from northern China. Forest Ecology and Management, 366: 1-10.

Deng M S, Meng X H, Lyv Y Q, et al. 2020. Comparison of soil water and heat transfer modeling over the Tibetan Plateau using two Community Land Surface Model (CLM) versions. Journal of Advances in Modeling Earth Systems, 12 (10): e2020MS002189.

Douglas E M, Jacobs J M, Sumner D M, et al. 2009. A comparison of models for estimating potential evapotranspiration for Florida land cover types. Journal of Hydrology, 373 (3-4): 366-376.

Feng X M, Li J X, Cheng W, et al. 2017a. Evaluation of AMSR-E retrieval by detecting soil moisture decrease following massive dryland re-vegetation in the Loess Plateau, China. Remote Sensing of Environment, 196: 253-264.

Feng Y, Jia Y, Cui N B, et al. 2017b. Calibration of Hargreaves model for reference evapotranspiration estimation in Sichuan basin of southwest China. Agricultural Water Management, 181: 1-9.

Fisher J B, Melton F, Middleton E, et al. 2017. The future of evapotranspiration: Global requirements for ecosystem functioning, carbon and climate feedbacks, agricultural management, and water resources. Water Resources Research, 53 (4): 2618-2626.

Fu W, Huang M B, Gallichand J, et al. 2012. Optimization of plant coverage in relation to water balance in the Loess Plateau of China. Geoderma, 173: 134-144.

George H H, Zohrab A S. 1985. Reference crop evapotranspiration from temperature. Applied Engineering in Agriculture, 1 (2): 96-99.

Gong T T, Lei H M, Yang D W, et al. 2017. Monitoring the variations of evapotranspiration due to land use/cover change in a semiarid shrubland. Hydrology and Earth System Sciences, 21 (2): 863-877.

He S X, Liang Z S, Han R L et al. 2016. Soil carbon dynamics during grass restoration on abandoned sloping cropland in the hilly area of the Loess Plateau, China. Catena, 137: 679-685.

Hu Z Y, Wang G X, Sun X Y, et al. 2018. Spatial-temporal patterns of evapotranspiration along an elevation gradient on mount Gongga, Southwest China. Water Resources Research, 54 (6): 4180-4192.

Huang C B, Zhou Z X, Peng C H, et al. 2019. How is biodiversity changing in response to ecological restoration in terrestrial ecosystems? A meta-analysis in China. Science of The Total Environment, 650 (1): 1-9.

Incrocci L, Thompson R B, Fernandez-Fernandez M D, et al. 2020. Irrigation management of European greenhouse vegetable crops. Agricultural Water Management, 242: 106393.

Jensen M E, Burman R D, Allen R G. 1990. Evapotranspiration and Irrigation Water Requirements. New York: A merican Society of Civil Engineers.

Ji X B, Chen J M, Zhao W Z, et al. 2017. Comparison of hourly and daily Penman-Monteith grass-and alfalfa-reference evapotranspiration equations and crop coefficients for maize under arid climatic conditions. Agricultural Water Management, 192: 1-11.

Jian S Q, Zhao C Y, Fang S M, et al. 2015. Effects of different vegetation restoration on soil water storage and water balance in the Chinese Loess Plateau. Agricultural and Forest Meteorology, 206: 85-96.

Jin T T, Fu J B, Liu H G, et al. 2011. Hydrologic feasibility of artificial forestation in the semi-arid Loess Plateau of China. Hydrology and Earth System Sciences, 15 (8): 2519-2530.

Koster D R, Suarez M J. 2009. Soil moisture memory in climate models. Journal of Hydrometeorology, 2 (6): 558-570.

Lawrence M D, Fisher A R, Koven D C, et al. 2019. The Community Land Model version 5: Description of new features, benchmarking, and impact of forcing uncertainty. Journal of Advances in Modeling Earth Systems, 11 (12): 4245-4287.

Li J K, Islam S. 2002. Estimation of root zone soil moisture and surface fluxes partitioning using near surface soil moisture measurements. Journal of Hydrology, 259 (1-4): 1-14.

Li X L, Xu X F, Wang X J, et al. 2021. Assessing the effects of spatial scales on regional evapotranspiration estimation by the SEBAL model and multiple satellite datasets: A case study in the agro-pastoral ecotone, Northwestern China. Remote Sensing, 13 (8): 1524.

Li X P, Wang L, Chen D L, et al. 2014. Seasonal evapotranspiration changes (1983-2006) of four large basins on the Tibetan Plateau. Journal of Geophysical Research Atmospheres, 119 (23): 13079-13095.

Liang W, Bai D, Wang F, et al. 2015. Quantifying the impacts of climate change and ecological restoration on streamflow changes based on a Budyko hydrological model in China's Loess Plateau. Water Resources Research, 51 (8): 6500-6519.

Liu Q F, Zhang Q, Yan Y Z, et al. 2020. Ecological restoration is the dominant driver of the recent reversal of desertification in the Mu Us Desert (China) . Journal of Cleaner Production, 268: 122241.

Liu X Y, Xu C Y, Zhong X L, et al. 2017. Comparison of 16 models for reference crop evapotranspiration against weighing lysimeter measurement. Agricultural Water Management, 184: 145-155.

Liu Y, Wu L X, Yue H. 2015. Biparabolic NDVI-Ts space and soil moisture remote sensing in an arid and semi arid area. Canadian Journal of Remote Sensing, 41 (3): 159-169.

Lu Y, Williams N I, Bagley E J, et al. 2017. Representing winter wheat in the Community Land Model (version 4.5) . Geoscientific Model Development, 10 (5): 1873-1888.

Ma T, Dai G H, Zhu S S, et al. 2019. Distribution and preservation of root-and shoot-derived carbon components in soils across the Chinese-Mongolian grasslands. Journal of Geophysical Research: Biogeosciences, 124 (2): 420-431.

Oleson K W, Lawrence D M, Bonan G B, et al. 2013. Technical description of version 4.5 of the Community Land Model (CLM) University Corporation for Atmospheric Research, doi: 10.5065/D6FB50WZ.

Ozdogan M, Rodell M, Beaudoing K H, et al. 2010. Simulating the effects of irrigation over the United States in a land surface model based on satellite-derived agricultural data. Journal of Hydrometeorology, 11 (1): 171-184.

Paredes P, Pereira L S, Almorox J, et al. 2020 Reference grass evapotranspiration with reduced data sets: Parameterization of the FAO Penman-Monteith temperature approach and the Hargeaves-Samani equation using local climatic variables. Agricultural Water Management, 240: 106210.

Pipunic R C, Walker J P, Western A. 2008. Assimilation of remotely sensed data for improved latent and sensible heat flux prediction: A comparative synthetic study. Remote Sensing of Environment, 112 (4): 1295-1305.

Poniatowski D, Beckmann C, Löffler F, et al. 2020. Relative impacts of land-use and climate change on grasshopper range shifts have changed over time. Global Ecology and Biogeography, 29 (12): 2190-2202.

Portmann F T, Siebert S, Döll P. 2010. MIRCA2000-Global monthly irrigated and rainfed crop areas around the year 2000: A new high-resolution data set for agricultural and hydrological modeling. Global Biogeochemical Cycles, 24: GB1011.

Priestley C H B, Taylor R J. 1972. On the assessment of surface heat flux and evaporation using large scale parameters. Monthly Weather Review, 100 (2): 81-92.

Rallo G, Paco T A, Paredes P, et al. 2021. Updated single and dual crop coefficients for tree and vine fruit crops. Agricultural Water Management, 250: 106645.

Raziei T, Pereira L S. 2013. Estimation of ET_0 with Hargreaves-Samani and FAO-PM temperature methods for a wide range of climates in Iran. Agricultural Water Management, 121: 1-18.

Rivas R, Caselles V. 2004. A simplified equation to estimate spatial reference evaporation from remote sensing-based surface temperature and local meteorological data. Remote Sensing of Environment, 93 (1-2): 68-76.

Sandholt I, Rasmussen K, Andersen J. 2002. A simple interpretation of the surface temperature/vegetation index space for assessment of surface moisture status. Remote Sensing of Environment, 79 (2-3): 213-224.

Sellers J P, Randall A D, Collatz J G, et al. 1996. A revised land surface parameterization (SiB2) for atmospheric GCMs. Part I: Model formulation. Journal of Climate, 9 (4): 676-705.

Sun S B, Chen B Z, Chen J, et al. 2016. Comparison of remotely sensed and modeled soil moisture using CLM4.0 within situ measurements in the central Tibetan Plateau area. Cold Regions Science and Technology, 129: 31-44.

Swenson S C, Lawrence D M. 2014. Assessing a dry surface layer-based soil resistance parameterization for the Community Land Model using GRACE and FLUXNET-MTE data. Journal of Geophysical Research-Atmospheres, 119 (17): 10299-10312.

Tian H J, Cao C X, Chen W, et al. 2015. Response of vegetation activity dynamic to climatic change and ecological restoration programs in Inner Mongolia from 2000 to 2012. Ecological Engineering, 82: 276-289.

Tian W, Bai P, Wang K M, et al. 2020. Simulating the change of precipitation-runoff relationship during drought years in the eastern monsoon region of China. Science of the Total Environment, 723: 138172.

Tong X W, Brandt M, Yue Y M, et al. 2018. Increased vegetation growth and carbon stock in China karst via ecological engineering. Nature Sustainability, 1 (1): 44-50.

Trenberth K, Fasullo J, Kiehl J. 2009. Earth`s Global Energy Budget. Bulletin of the American Meteorological Society, 90 (3): 311-323.

Wang K C, Dickinson R E. 2012. A Review of global terrestrial evapotranspiration: Observation, modeling, climatology, and climatic variability. Reviews of Geophysics, 50 (2): RG2005.

Wang L, Wang P S, Shao B H, et al. 2012. Simulated water balance of forest and farmland in the hill and gully region of the Loess Plateau in China. Plant Biosystems, 146: 226-243.

Wang S R, Lei H M, Duan L M, et al. 2016. Attribution of the vegetation trends in a typical desertified watershed of northeast China over the past three decades. Ecohydrology, 9 (8): 1566-1579.

Wang X J, Zhang B Q, Li F, et al. 2021. Vegetation restoration projects intensify intraregional water recycling processes in the Agro-Pastoral ecotone of Northern China. Journal of Hydrometeorology, 22 (6): 1385-1403.

Wang X J, Zhang B Q, Xu X F, et al. 2020. Regional water-energy cycle response to land use/cover change in the agro-pastoral ecotone, Northwest China. Journal of Hydrology, 580: 124246.

Wang Y Q, Shao M A, Shao H B. 2010. A preliminary investigation of the dynamic characteristics of dried soil layers on the Loess Plateau of China. Journal of Hydrology, 381 (1-2): 9-17.

Wang Y Q, Shao M A, Zhu Y, et al. 2011. Impacts of land use and plant characteristics on dried soil layers in different climatic regions on the Loess Plateau of China. Agricultural and Forest Meteorology, 151 (4): 437-448.

Woodward C, Shulmeister J, Larsen J, et al. Landscape hydrology. The hydrological legacy of deforestation on global wetlands. Science, 2014.346 (6211): 844-847.

Wu H L. 2016. Evapotranspiration estimation of *Platycladus* orientalis in Northern China based on various models. Journal of Forestry Research, 27 (4): 871-878.

Xiang K Y, Li Y, Horton R, et al. 2020. Similarity and difference of potential evapotranspiration and reference crop evapotranspiration-a review. Agricultural Water Management, 232: 106043.

Xu C Y, Singh V P. 2005. Evaluation of three complementary relationship evapotranspiration models by water balance approach to estimate actual regional evapotranspiration in different climatic regions. Journal of Hydrology, 308 (1-4): 105-121.

Xu J Z, Peng S Z, Ding J L, et al. 2013. Evaluation and calibration of simple methods for daily reference evapotranspiration estimation in humid East China. Archives of Agronomy and Soil Science, 59 (6): 845-858.

Xu X F, Li X L, Wang X J, et al. 2020. Estimating daily evapotranspiration in the agricultural-pastoral ecotone in Northwest China: A comparative analysis of the Complementary Relationship, WRF-CLM4.0, and WRF-Noah methods. Science of the Total Environment, 729: 138635.

Xue Y Y, Zhang B Q, He C S, et al. 2019. Detecting vegetation variations and main drivers over the agropastoral ecotone of Northern China through the ensemble empirical mode decomposition method. Remote Sensing, 11 (16): 1860.

Yang K, He J. 2019. China Meteorological Forcing Dataset (1979-2018) . National Tibetan Plateau Data Center.

Yang L, Wei W, Chen L D, et al. 2014. Response of temporal variation of soil moisture to vegetation restoration in semi-arid Loess Plateau, China. Catena, 115: 123-133.

Yang S H, Li R, Wu T H, et al. 2021. Evaluation of soil thermal conductivity schemes incorporated into CLM5.0 in permafrost regions on the Tibetan Plateau. Geoderma, 401: 115330.

Yoder R E, Odhiambo L O, Wright W C. 2005. Evaluation of methods for estimating daily reference crop evapotranspiration at a site in the humid Southeast United States. Applied Engineering in Agriculture, 21 (2): 197-202.

Zhang M M, Wu X Q. 2020. The rebound effects of recent vegetation restoration projects in Mu Us Sandy land of China. Ecological Indicators, 113: 106228.

Zhang S L, Yang D W, Yang Y T, et al. 2018. Excessive afforestation and soil drying on China's Loess Plateau. Journal of Geophysical Research-Biogeosciences, 123 (3): 923-935.

Zhang Z H, Huisingh D. 2018. Combating desertification in China: Monitoring, control, management and revegetation. Journal of Cleaner Production, 182: 765-775.

Zhao C, Yan Y, Ma W, et al. 2021a. Restrend-based assessment of factors affecting vegetation dynamics on the

Mongolian Plateau. Ecological Modelling, 440: 109415.

Zhao M, Geruo A, Zhang J E, et al. 2021b. Ecological Restoration Impact on Total Terrestrial Water Storage. Nature Sustainability, 4 (1): 56-85.

Zhao W, Hu Z M, Li S G, et al. 2017. Comparison of surface energy budgets and feedbacks to microclimate among different land use types in an agro-pastoral ecotone of northern China. Science of the Total Environment, 599: 891-898.

Zhao W Z, Ji X B, Kang E S, et al. 2010. Evaluation of Penman-Monteith model applied to a maize field in the arid area of northwest China. Hydrology and Earth System Sciences, 14 (7): 1353-1364.

第5章　区域尺度土地利用变化
对地表水热过程的影响机理

中国北方农牧交错带实施了一系列的生态恢复工程，大量的耕地转化为林地和草地，土地利用变化剧烈，LUCC 改变了地表特征，并通过生物物理过程与生物化学过程以直接和间接的方式影响了地表水分和能量平衡关系。从而导致地表辐射、热量和水分的变化，这些变化又会进一步改变局地或区域尺度的气候，由此引发干旱等一系列的生态问题。地表温度与蒸散发是水热因子变化的主要指示器，受土地利用变化影响较大，因而，理解地表与水热之间交互作用过程对于推动本地区的生态建设与可持续发展至关重要。

本章从七方面入手，首先在 5.1 节中基于遥感分析了土地利用变化对于气温日较差的影响，并结合蒸散发与地表反照率探究了其变化机理；5.2 节将研究区扩大至西北内陆河流域，该地区包括了农牧交错带的大部分区域，且大部分地区也具备农牧交错的特征，利用 GLDAS2.0/NOAH 陆气双向耦合模式数据构建了考虑地表水热循环物理过程的多时间尺度干旱指数，模拟了西北内陆河地区 1948～2010 年区域干旱发生发展过程；5.3 节中基于改进的 Budyko 模型，分析了不同土地利用方式下水文过程的差异；5.4 节中利用 SEBAL 模型估算了西北农牧交错带生长季的日蒸散量，探讨了蒸散发与地表特征参数之间的关系；5.5 节中基于 WRF 模型探究了土地利用变化对区域气候（水热循环过程）的双向反馈动力学机制；最后在 5.6 和 5.7 节中通过设计植被动态实验情景定量分析了土地利用变化调节局地水汽循环的动态及远程水热效应过程。

5.1　区域土地利用变化对气温日较差影响

LUCC 通过生物物理过程（地表反射率、植被结构、地表粗糙度、土壤水分、地表温度）和生物化学过程（碳、氮循环），在区域，甚至全球尺度对气候变化产生影响（Foley et al., 2005；Luyssaert et al., 2014）。地表温度（land surface temperature, LST）是衡量地–气能量平衡的重要参量，可以作为气候变化的指示器（Amiri et al., 2009；Srivastava et al., 2009）。在与 LST 有关的指标中，平均温度和日较差（diurnal temperature range, DTR）被广泛应用于气候变化研究。相比于平均温度，DTR 被认为能够提供更多的气候变化信息。人类活动引起的 LUCC（如农田扩张、毁林、植树造林以及城市化等）对 DTR 产生了重要影响（Dai et al., 1999; Defries et al., 2002; Oleson et al., 2004; Jackson et al., 2008; Wang et al., 2011; Mohan and Kandya, 2015）。大多数研究主要基于数值模拟（如 SiB2、GCMs、WRF 以及 RCMs 等）和虚拟实验分析 LUCC 对 DTR 的影响。它们都无法正确厘定在真实情况下 LUCC 对气候变化的贡献。同时在分析 LUCC 对气候变化的影响时，背景气候不可忽略（Pitman et al., 2011）。因此，削弱背景气候效应，利用实际土地利用观测数据，深入分析 LUCC 对 LST 的影响具有更加重要的实用价值。

自 20 世纪 60～70 年代，为了发展经济，解决人民温饱问题，在国家政策与人为干预下，中国北方农牧交错土地利用覆被发生了急剧变化，并且产生一系列生态环境问题，如土地退化，水土流失，黄河断流，荒漠化进程加剧，自然灾害频发等。北方农牧交错带生态屏障作用遭受破坏，使其成为一条"生态环境脆弱带"（Xiang et al., 2014）。1999 年以后，中国大力发展生态文明建设，随着退耕还林还草、三北防护林、京津风沙治理等工程的实施，该区域土地利用覆被得到极大改善（Zhang et al., 2010），但是 LUCC 对 DTR 的影响研究相对较少。此外，研究 LUCC 与 DTR 之间的关系，将有助于揭示和加深 LUCC 对地表水热过程和未来气候变化影响机制的理解。

5.1.1　材料与方法

1. 数据收集与预处理

土地利用数据采用 Wei 等（2020）基于 MODIS-NDVI 时间序列数据和动态时间规整方法构建的研究区 2003～2017 年连续土地利用数据集，时间分辨率为 1 年。数据集提供了 10 种土地利用类型分类，即常绿针叶林、混交林、一年一季耕地、一年两季耕地、高覆盖度草地、中覆盖度草地、低覆盖度草地、水体、建设用地以及裸地。

LST 数据来自 Aqua/MODIS 的 MYD11A2 06 版本数据集，空间分辨率 1 km，时间分辨率 8 天（Wan, 2008），数据的时间范围为 2003～2013 年。卫星过境时间为当地时间 12:42～13:30 和 1:42～2:30。相比于 Terra/MODIS 的 MOD11A2 数据集，MYD11A2 记录了白天 LST 最大值和夜间 LST 最小值。为了得到准确的 LST 数据，首先对其进行数据质量分析。对于低质量和云覆盖像元，利用时间序列谐波分析进行重建，并用气象站 0 cm-LST 数据对重建结果进行精度验证（Wei et al., 2021）。最后利用均值合成法，将重建后 LST 进行月合成，进一步合成季节（冬季=12 月，1～2 月；春季=3～5 月；夏季=6～8 月；冬季=9～11 月）和年际尺度的 LST 数据。

蒸散发采用 MOD16 数据进行估算。MOD16 由 NASA 在 Penman-Monteith 公式的基础

上改进估算得到的，空间分辨率为 1 km，时间分辨率为 1 月，数据的时间范围为 2003～2013 年（Mu et al.，2011）。该数据集包含 ET、潜热通量（latent heat flux，LE）、潜在蒸散发（potential evapotranspiration，PET）和潜在潜热通量（potential latent heat flux，PLE）4 个子数据集。

地表反照率（Albedo）和质量控制数据采用的 MCD43B3 和 MCD43B2 数据，均来自于 Google Earth Engine 数据平台。这两种数据集的空间分辨率为 1 km，时间分辨率为 8 天，时间范围为 2003～2013 年。MCD43B3 提供了黑空和白空反照率以及宽波段反射率信息，且两者之间具有极其显著的相关性（Li et al.，2015）。在已有的研究中，对于黑空和白空反照率的使用并没有达成共识，如 Luyssaert 等（2014）和 Peng 等（2014）分别使用黑空和白空反照率相关研究。而 Li 等（2015）使用黑空和白空反照率的平均值来表征反照率状况。本书采用白空反照率来表征研究区反照率变化情况，并使用 MCD43B2 对白空反照率进行质量控制，以剔除积雪区域。

为了更好反映研究区 LUCC 情况，我们建立年际时间尺度（2003～2004 年，2004～2005 年，…，2016～2017 年）LUCC 数据集。充分利用 GIS 空间统计和空间分析工具，挖掘不同土地利用类型之间转化的数量特征和空间位置变化特征。

2. LUCC 对 DTR 影响的分析方法

分析 LUCC 对 DTR 的影响，可以采用最直接的方法计算 LUCC 前后 DTR 的差异，计算公式如下：

$$\text{M-}\Delta\text{DTR}_{i\to j} = \text{M-}\Delta T_{\max,\, i\to j} - \text{M-}\Delta T_{\min,\, i\to j} \tag{5.1}$$

式中，$\text{M-}\Delta\text{DTR}_{i\to j}$ 为在月尺度上由第 i 类土地利用类型转为第 j 类土地利用类型所引起的 DTR 差异；$\text{M-}\Delta T_{\max,\, i\to j}$ 和 $\text{M-}\Delta T_{\min,\, i\to j}$ 分别为由第 i 类土地利用类型转为第 j 类土地利用类型所引起的 $T_{\max}$ 和 $T_{\min}$ 差异。M-ΔDTR 为正值时，表示 LUCC 导致 DTR 增加；反之则减小。季节尺度上，$\text{S-}\Delta\text{DTR}_{i\to j}$、$\text{S-}\Delta T_{\max,\, i\to j}$ 和 $\text{S-}\Delta T_{\min,\, i\to j}$ 的定义与月尺度一致。

LUCC 引起的地表反照率变化（ΔAlbedo）、蒸散发变化（ΔET）和潜热通量变化（ΔLE）也采用上式进行计算。

由于受到 Albedo、ET 和 LE 数据的限制，本书仅分析了 2003～2013 年 LUCC 对 DTR 的影响。

但是，LUCC 并不是导致 LST 发生变化的唯一因素。在 LST 数据的获取的过程中，温室气体和其他环境因素的变化所导致的全球变暖也是重要因素。因此，应该首先考虑如何从全球变暖的背景下，剔除或者削弱其他因素对 LST 的影响，从而分离出 LUCC 对 LST 的影响作用。本书采用对 LST 进行线性变化的方式以消除或弱化背景气候对 LST 变化的贡献（Wei et al.，2018）。

5.1.2　LUCC 过程分析

1. 土地利用变化过程

2001～2017 年耕地（27.96%）、林地（6.91%）和草地（59.34%）集中了整个研究区 94.21%的面积；而水体（0.6%）、建设用地（0.49%）和裸地（4.7%）的面积仅占研究区面积的 5.79%（表 5.1）。其中，耕地以一年一季的旱地为主。林地主要以针阔混交林为主（占研究区总面积的 6.63%），包括白扦（*Picea meyeri*），冷杉（*Abies nephrolepis*），白桦（*Betula platyphylla*）和枫桦（*Betula costata*），常绿针叶林仅占 0.29%。草地类型主要以典型草原和荒漠草原为主，高覆盖度草地、中覆盖度草地和低覆盖度草地的面积占比依次减小，分别为 26.12%、18.85%和 14.38%。

2. 年际 LUCC 过程分析

研究区内与人类活动相关的 LUCC 主要有农田耕作、放牧、森林砍伐和植树造林。因此，我们更关注耕地、林地和草地及其相互转化的时空过程。总体来看，耕地面积表现为先增加，后减少，再缓慢增加的趋势［图 5.1（a）］。2001～2003 年呈增加趋势，2003～2008 年呈减少趋势，2008～2017 年又表现为缓慢增加趋势。耕地总面积在 2008 年达到最小值，约为 17.7 万 km²，耕地转出是转入的 1.79 倍；2009 年耕地面积迅速扩大，耕地转入是转出的 2.53 倍；2012 年耕地面积最大，约为 26.5 万 km²。18 年里，耕地面积累计转入了 122 万 km²，累计转出了 116 万 km²，耕地净增长为 6 万 km²。

林地面积的变化总体表现为在波动中上升的变化趋势［图 5.1（b）］。2001 年的林地面积最小，约为 2.35 万 km²；2014 年的林地面积最大，约为 8.30 万 km²。2002 年、2005 年、2007 年、2009 年和 2014 年林地的转入量远大于转出量；而 2006 年和 2010 年表现出相反的变化。在 18 年里，林地面积累计增加了 25.3 万 km²，累计减少了 19.8 万 km²，净增长为 5.5 万 km²。

草地面积的变化呈缓慢减小的趋势［图 5.1（c）］。2008 年和 2009 年的草地面积变化较为剧烈，分别取得最大值（56.7 万 km²）和最小值（46.5 万 km²）。研究时段内，草地累积增加了 153 万 km²，累计减少了 157 万 km²，净减少量为 4 万 km²。我们进一步对比了耕地和草地的面积变化曲线，看到二者的变化基本表现为相反趋势，在年际尺度上，两者之间的相互转化非常频繁，反映出研究区农-牧交替演化的剧烈性。

3. 2001～2017 年 LUCC 趋势

林地的总面积以 14.61%的年际变化率增加了 5.51 万 km²（表 5.2），主要由草地转移而来，转移面积约为 4.10 万 km²，其次来自于耕地的转移，面积约为 1.51 万 km²（表 5.3）。林地面积的增加主要表现为混交林面积的增加，其增加面积和增加速率分别为 5.18 万 km² 和 14.17%；而常绿针叶林的增加速率虽高，但增加面积有限（3289.43 km²）。林地面积增加

表5.1 2001~2017年研究区各种土地利用类型的面积比例（%）

体系1	体系2	2001年	2002年	2003年	2004年	2005年	2006年	2007年	2008年	2009年	2010年	2011年	2012年	2013年	2014年	2015年	2016年	2017年	均值
林地	常绿针叶林	0.09	0.11	0.15	0.14	0.15	0.25	0.25	0.27	0.28	0.28	0.26	0.50	0.38	0.33	0.45	0.50	0.48	0.29
	针阔混交林	2.74	5.33	6.25	5.76	6.84	3.81	6.34	5.59	8.31	6.07	5.99	6.64	7.65	9.61	8.75	8.04	8.94	6.63
耕地	一年一季耕地	22.20	26.37	25.67	24.40	21.46	23.51	25.45	17.87	24.30	24.90	23.02	26.50	24.75	25.96	19.95	23.43	24.16	23.76
	一年两季耕地	1.57	1.29	3.73	4.21	3.49	2.69	1.69	3.37	5.55	4.52	4.16	5.16	5.45	3.91	6.81	6.83	6.94	4.20
草地	高覆盖度草地	18.46	23.63	26.34	26.19	28.47	29.00	19.95	31.48	14.92	23.48	29.20	33.63	33.51	24.12	28.17	25.63	27.79	26.12
	中覆盖度草地	22.63	22.82	17.37	19.04	17.19	19.28	22.03	21.97	20.45	18.70	17.85	15.93	15.28	18.35	15.33	20.36	15.78	18.85
	低覆盖度草地	19.22	14.93	15.60	13.70	13.17	12.69	18.35	14.18	20.32	17.06	14.70	8.69	9.51	13.32	15.11	11.73	12.14	14.38
水体	水体	0.54	0.48	0.67	0.56	0.63	0.61	0.56	0.50	0.51	0.58	0.55	0.63	0.94	0.69	0.60	0.60	0.57	0.60
建设用地	建设用地	0.22	0.27	0.31	0.36	0.38	0.40	0.43	0.47	0.47	0.50	0.52	0.57	0.61	0.68	0.71	0.72	0.73	0.49
裸地	裸地	12.34	4.76	3.90	5.66	8.21	7.75	4.96	4.29	4.89	3.91	3.75	1.74	1.92	3.04	4.12	2.16	2.47	4.70

注：表中个别数据因数值修约略有误差

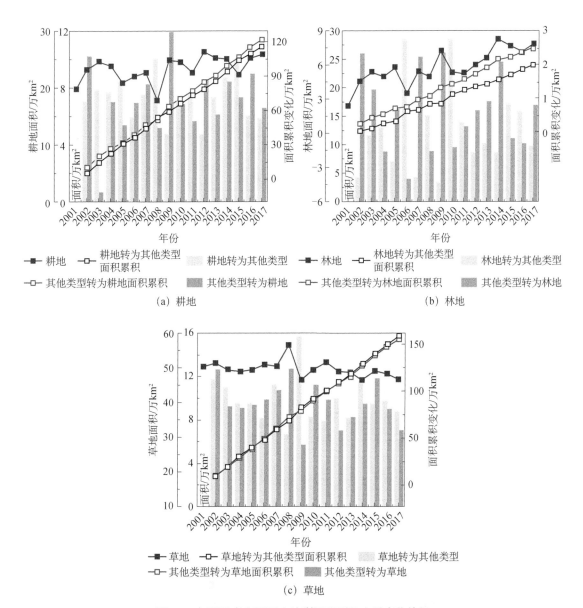

（a）耕地　　　　　　　　　　　　　　　（b）林地

（c）草地

图 5.1　年际尺度上不同土地利用类型的定量变化特征

的区域主要位于研究区西南部的莲花-太子-积石山山脉、中部的吕梁山-燕山以及东部的大兴安岭山脉沿线（图 5.2）。

表 5.2　2001～2017 年不同土地覆被的面积变化（km²）与年际变化率（%）

体系 1	林地		耕地		草地			水体	建设用地	裸地
体系 2	常绿针叶林	混交林	一年一季耕地	一年两季耕地	低覆盖度草地	中覆盖度草地	高覆盖度草地	水体	建设用地	裸地
面积变化	3289.43	51822.51	16354.51	44818.67	−59081.03	−57197.12	77877.02	249.47	4290.28	−82423.75
	55111.94		61173.18		−38401.12					

续表

体系1	林地		耕地		草地			水体	建设用地	裸地
体系2	常绿针叶林	混交林	一年一季耕地	一年两季耕地	低覆盖度草地	中覆盖度草地	高覆盖度草地	水体	建设用地	裸地
年际变化率	28.58	14.17	0.55	21.31	−2.30	−1.89	3.16	0.34	14.87	−5.00
	14.61		1.93		−0.48					

注：表中个别数据因数值修约略有误差

表 5.3　2001～2017 年土地覆被变化的转移矩阵（km²）

指标	2017 年						2001 年总计
	林地	耕地	草地	水体	建设用地	裸地	
林地	22522.69	466.09	573.40	4.40	4.19	1.77	23572.55
耕地	15122.77	112712.4	68761.59	297.84	1539.73	119.98	198554.4
草地	40989.81	136917.4	321719.1	713.57	2046.46	1373.58	503759.9
水体	19.81	246.74	774.08	3145.29	7.52	328.82	4522.25
建设用地	0	20.78	0	1.23	1727.90	53.15	1803.06
裸地	29.31	9363.88	73530.74	609.38	767.53	18758.04	103058.9
2017 年总计	78684.39	259727.3	465358.9	4771.73	6093.34	20635.34	835271

注：表中个别数据因数值修约略有误差

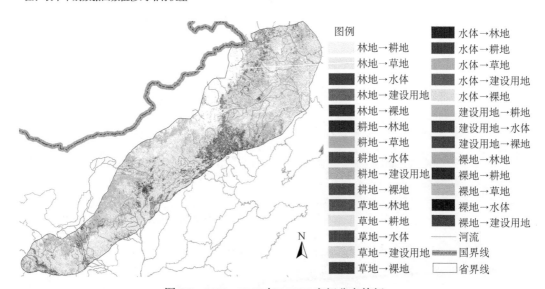

图 5.2　2001～2017 年 LUCC 空间分布特征

　　耕地面积以 1.93% 的年际变化率增加了 6.12 万 km²，主要由草地转移而来，转移面积约为 11.27 万 km²（表 5.2 和表 5.3）。耕地的增加区域主要位于研究区西南界线的黄土丘陵区以及东北部的黄土区，耕地形式主要为梯田（图 5.2）。耕地类型以一年一季耕地为主，其面积以 0.55% 的年际变化率增加了 1.64 万 km²（表 5.2）。

草地总面积以-0.48%的年际变化率减少了 3.84 万 km²，主要转为如林地和耕地，转出面积分别为 4.1 万 km² 和 13.7 万 km²（表 5.2 和表 5.3）。草地面积的减少主要表现为低覆盖度和中覆盖度草地的减小，其减小速率分别为 2.3% 和 1.89%，减少面积分别为 5.91 万 km² 和 5.72 万 km²（表 5.2）；而高覆盖度草地的面积却以 3.16% 的年际变化率增加了 7.79 万 km²，增加区域主要分布在黄南-甘南高寒草地区，锡林郭勒盟典型草原区以及大兴安岭-阴山山脉的高山草地区（图 5.2）。

水体和建设用地的面积分别以 0.34% 和 14.87% 的年际变化率增加了 249.47 km² 和 4290 km²。而裸地面积以-5% 的年际变化率减小了 8.24 万 km²，主要转化为草地。约有 7.35 万 km² 的裸地转为草地类型（表 5.2 和表 5.3），这可能与 2000 以来国家实施的一系列生态恢复工程有关，例如，退耕还林还草、三北防护林、京津风沙源治理等。

5.1.3　LUCC 对 DTR 的影响

针对研究区 LUCC 特点，主要讨论退耕还草（耕地向草地转化）、农田开垦（草地向耕地的转化）、草地退化（以草地转裸地为例）和草地恢复（以裸地转草地为例）对 DTR 的影响。

1. 退耕还草对 DTR 的影响

耕地转为草地，M-ΔT_{max} 显著增加，导致 M-ΔDTR 在 7～9 月和 11 月增加（增幅约为 0.564～4.592 ℃）；而其他月份由于 M-ΔT_{max} 的显著减小使得 M-ΔDTR 有所下降［降幅约为-2.097～-0.161 ℃；图 5.3（a）］。夏季和秋季，由于 S-ΔT_{max} 的增加和 S-ΔT_{min} 的减小，S-ΔDTR 分别增加了 2.902 ℃ 和 0.188 ℃；春季的 S-ΔT_{max} 显著减小，而冬季 S-ΔT_{min} 显著增加，使得 S-ΔDTR 分别减小了-1.603 ℃ 和-0.593 ℃（表 5.4）。

ΔAlbedo 变化可以较好地解释 M-ΔT_{max} 的变化［图 5.3（b）］；夏季和秋季 ΔAlbedo 的减小与 S-ΔT_{max} 的增加一一对应（表 5.4）。ΔET 和 ΔLE 在 1～2 月和 4 月有所增加；其他月份均在减小［图 5.3（c）（d）］。对比分析 ΔET 和 M-ΔT_{max} 的变化，看到 ΔET 也可以很好地解释 M-ΔT_{max} 的变化，并且这与 ΔAlbedo 引起的 M-ΔT_{max} 的变化是一致的。在季节尺度上 ΔET 和 ΔLE 全部呈减小变化，尤其是在夏季和秋季，ΔET 和 ΔLE 的减小幅度分别达到了-13.684 mm 和-3.985 mm 以及-0.319 MJ/m² 和-0.108 MJ/m²（表 5.4）。

2. 农田开垦对 DTR 的影响

草地转为耕地由于 M-ΔT_{max}、S-ΔT_{max} 减小和 M-ΔT_{min}、S-ΔT_{min} 增加，使得 M-ΔDTR 和 S-ΔDTR 分别减小了-5.172～-0.001 ℃ 和-3.375～-0.56 ℃［图 5.4（a）和表 5.5］。ΔAlbedo 基本呈减小趋势［减幅介于-0.01631～-0.00072；图 5.4（b）］；ΔET 和 ΔLE 在月尺度上增加和减小的幅度分别为 0.009～10.965 mm 和 0.001～0.864 MJ/m² 以及 -0.984～

−0.163 mm 和−0.082～−0.013 MJ/m² ［图 5.4（c）（d）］。在植被生长期，看到由于 ET 显著增加产生的降温效应大于 Albedo 减小产生的增温效应，引起 T_{max} 的显著减小是草地转为耕地 DTR 减小的原因。

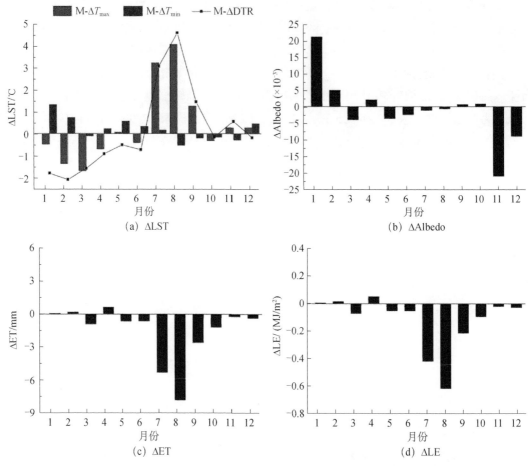

图 5.3　耕地转为草地对 M-ΔDTR 的反馈及其对 Albedo、ET 和 LE 的影响

表 5.4　耕地转为草地对 S-ΔDTR 的反馈及其对 Albedo、ET（mm）和 LE（MJ/m²）的影响

指标	春季	夏季	秋季	冬季
S-ΔT_{max}	−1.480	2.788	0.072	0.030
S-ΔT_{min}	0.123	−0.114	−0.115	0.623
S-ΔDTR	−1.603	2.902	0.187	−0.593
ΔAlbedo	−0.00183	−0.00138	−0.00646	0.0057
ΔET	−0.892	−13.684	−3.985	−0.094
ΔLE	−0.023	−0.319	−0.108	−0.002

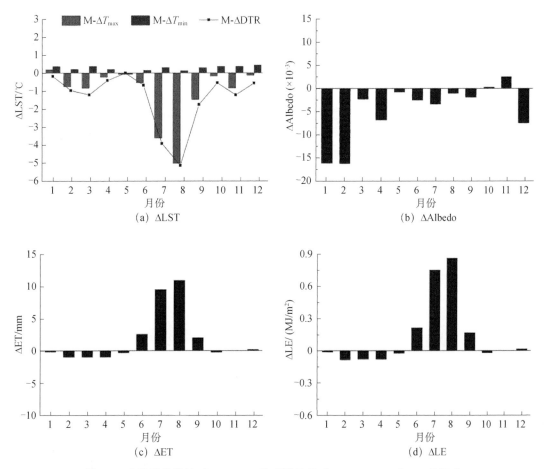

图 5.4　草地转为耕地对 M-ΔDTR 的反馈及其对 Albedo、ET 和 LE 的影响

表 5.5　草地转为耕地对 S-ΔDTR 的反馈及其对 Albedo、ET（mm）和 LE（MJ/m²）的影响

指标	春季	夏季	秋季	冬季
S-ΔT_{max}	−0.452	−3.174	−0.491	−0.075
S-ΔT_{min}	0.125	0.201	0.223	0.485
S-ΔDTR	−0.577	−3.375	−0.714	−0.560
ΔAlbedo	−0.00328	−0.00234	0.00034	−0.01336
ΔET	−2.278	23.094	1.828	−0.956
ΔLE	−0.062	0.606	0.050	−0.028

3. 草地退化对 DTR 的影响

草地转为裸地 M-ΔDTR 仅在 2 月、3 月和 11 月表现为减小（减幅为−1.052～−0.177 ℃），而在其他月份均呈增加趋势［增幅为 0.204～3.007 ℃；图 5.5（a）］。S-ΔDTR 在夏季、秋季和冬季呈增加变化（增幅约 0.136～2.461 ℃）；春季 S-ΔDTR 减小了−0.147 ℃（表 5.6）。

草地转为裸地会引起 ΔAlbedo 增加［图 5.5（b）和表 5.6］。ΔET 和 ΔLE 仅在 2 月分别增加了 0.036 mm 和 0.003 MJ/m²；而其他月份 ΔET 和 ΔLE 均在减小，减小幅度分别为 $-6.061 \sim -0.649$ mm 和 $-0.479 \sim -0.053$ MJ/m²［图 5.5（c）（d）］。季节尺度上，ΔET 和 ΔLE 全部在减小，减小幅度介于 $-9.865 \sim -1.892$ mm 和 $-0.28 \sim -0.051$ MJ/m² 之间，两者在夏季、秋季和冬季的变化与 S-ΔT_{max} 的增加相对应（表 5.6）。由此可见，草地退化趋向于增加 DTR。其原因是 ET 显著减小产生的增温效应大于 Albedo 增加产生的降温效应，从而导致 T_{max} 显著增加。

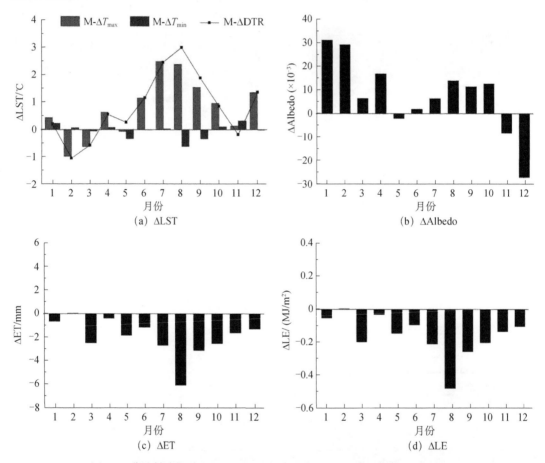

图 5.5　草地转为裸地对 M-DTR 的反馈及其对 Albedo、ET 和 LE 的影响

表 5.6　草地转为裸地对 **S-DTR** 的反馈及其对 **Albedo**、**ET**（**mm**）和 **LE**（**MJ/m²**）的影响

指标	春季	夏季	秋季	冬季
S-ΔT_{max}	−0.112	2.202	0.874	0.248
S-ΔT_{min}	0.035	−0.259	0.122	0.112
S-ΔDTR	−0.147	2.461	0.752	0.136
ΔAlbedo	0.00717	0.00750	0.00533	0.01124
ΔET	−4.631	−9.865	−7.262	−1.892
ΔLE	−0.124	−0.280	−0.197	−0.051

4. 草地恢复对 DTR 的影响

裸地转为草地后，M-ΔDTR 仅在 4～6 月增加了 0.147～0.314 ℃，而其他月份的 M-ΔDTR 减小了−2.209～−0.21 ℃。S-ΔDTR 仅在春季增加了 0.077 ℃；夏季、秋季和冬季的 S-ΔDTR 减小了−0.942～−0.370 ℃［图 5.6（a）和表 5.7］。从月/季节尺度 ΔAlbedo、ΔET 和 ΔLE 变化上看，在草地生长期草地恢复会引起 ΔAlbedo 的减小，而 ΔET 和 ΔLE 显著增加［图 5.6（b）（d）和表 5.7］。总体来看，草地恢复趋向减小 DTR，其减小原因与草地退化正好相反。

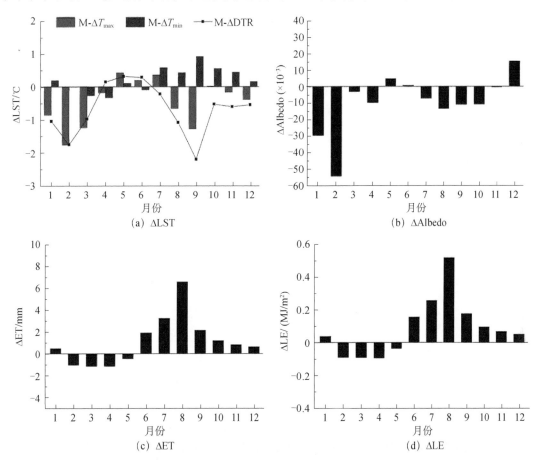

图 5.6　裸地转为草地对 M-DTR 的反馈及其对 Albedo、ET 和 LE 的影响

表 5.7　裸地转为草地对 S-DTR 的反馈及其对 Albedo、ET（mm）和 LE（MJ/m²）的影响

指标	春季	夏季	秋季	冬季
S-ΔT_{max}	−0.328	−0.103	−0.285	−0.974
S-ΔT_{min}	−0.405	0.267	0.425	−0.032
S-ΔDTR	0.077	−0.370	−0.710	−0.942
ΔAlbedo	−0.003	−0.007	−0.007	−0.023
ΔET	−2.744	11.736	4.156	0.057
ΔLE	−0.074	0.318	0.113	0.000

5.1.4 结论

（1）2001～2017年草地和裸地面积呈减小趋势；耕地，林地，水体和建设用地面积总体呈增加趋势。耕地与草地的交替演化是研究区最主要的 LUCC 过程。在研究时段内，耕地以 1.93%的年际变化率增加了 61173.18 km^2，表现为一年一季耕地和一年两季耕地的同时增加。林地面积以 14.61%的年际变化率增加了 55111.94 km^2，主要表现为混交林的增加。草地面积以-0.48%的速度减小了 35401.12 km^2。草地面积的减少主要表现为低覆盖度草地和中覆盖度草地面积的减小，而高覆盖度草地则以 3.16%的年际变化率增加了 77877.02 km^2。

（2）退耕还草和草地退化由于 T_{max} 的增加，T_{min} 的减少，使得 DTR 呈增加变化。退耕还草趋向于增加 DTR 是由于 Albedo 和 ET 同时减少导致 T_{max} 显著增加所致。而草地退化引起 DTR 增加是由于 Albedo 减少产生的增温效应大于 ET 增加产生的降温效应，引起 T_{max} 的显著增加所致。

（3）农田开垦和草地恢复由于 T_{max} 的减小，T_{min} 的增加，使得 DTR 呈减小变化。其原因是 ET 显著增加产生的降温效应大于 Albedo 减小产生的增温效应，引起 T_{max} 显著减小。

5.2　基于地表水热循环物理过程的不同类型干旱过程的多时间尺度模拟与评估

干旱是一种在全球持续且反复发生的自然灾害。由于其发生频率高，持续时间长，影响范围广，不仅造成严重的经济损失，而且还威胁着人们的生命安全，每年对生态和经济破坏力在全球范围内会影响数百万人（Chen et al.，2020；Li et al.，2020）。20 世纪 90 年代以来，由于中国东部和南部经济的高速发展，使得国家农业生产中心从东南部地区向中西部地区转移，西北地区逐渐成为我国粮食的主要产区之一（徐海亚和朱会义，2015），因此分析和评价该区干旱时空变化过程对保障国家粮食安全和社会稳定有着重要意义。

干旱是由地表水分供需不平衡引起的，其不仅与降水量有关，气候变暖引起蒸散发、土壤水分和径流等因子的变化，以及各因子间的相互作用均会对干旱过程产生影响。此外，地表干湿变化将会对区域气候产生反馈作用，打破地表与大气间原有的水量和能量平衡关系，对区域气候产生影响（增加或降低局地降水），而区域气候的改变将反过来进一步影响地表干湿变化过程。因此，干旱是区域气候与地表水热过程共同作用的结果，准确还原区域干旱发生发展过程对于区域生态建设和水资源规划具有重要意义。

考虑到干旱评估涉及的水量平衡关系问题，本节在农牧交错带现有范围的基础上将研究区扩大至西北内陆河流域，该地区的部分区域不仅具有农牧交错的特征，更是水热条件组合复杂的地区，通过这一评估对于探讨农牧交错带地表水热变化对干旱过程影响具有一定的参考意义。

本节基于 GLDAS2.0/NOAH 陆气双向耦合模式数据构建了考虑地表水热循环物理过程

的多时间尺度干旱指数，模拟了西北内陆河地区 1948～2010 年区域干旱发生发展过程。

5.2.1　GLDAS2.0/NOAH 数据在西北内陆河地区的适用性评估

第二代全球陆地数据同化系统（Global Land Data Assimilation System Version 2，GLDAS2.0）在通过融合基于卫星和基于地面的观测数据的基础上，使用先进的陆地表面建模和数据同化技术陆地–大气相互作用过程进行模拟（Rodell et al.，2004）。目前陆面同化数据集中的陆面模式主要有 CLM，VIC，NOAH，NOAH-MP。GLDAS 在欧洲、美国和世界上其他观测丰富的地区得到了很好的验证（Kato et al.，2007；Zaitchik et al.，2010；Xia et al.，2014a，2014b；Spennemann et al.，2015），但在我国进行的验证较少，因此在本书中，验证 GLDAS2.0/NOAH 数据在西北内陆河地区的准确性是模拟地表水热过程对干旱影响的前提。

本书基于气象站点实测数据、CMFD，以及 GLEAM 蒸散发数据集对 GLDAS2.0/NOAH 数据集在西北内陆河地区的准确性进行评估。根据气象站点位置（图 5.7）从 GLDAS2.0/NOAH 数据集提取相应格点数据，并将其与气象站实测数据进行验证，验证时段为 1948～2010 年。对于栅格形式的 CMFD 和 GLEAM 数据，本书利用 NCL 工具面积权重插值法将二者插值到与 GLDAS2.0/NOAH 数据集分辨率（0.25°）相同的网格，根据图 5.7 中边界提取西北内陆河地区的区域尺度水文、气象数据，并将区域尺度 GLDAS2.0/NOAH 数据与 CMFD、GLEAM 数据进行比较，验证 GLDAS2.0/NOAH 数据集的准确性。

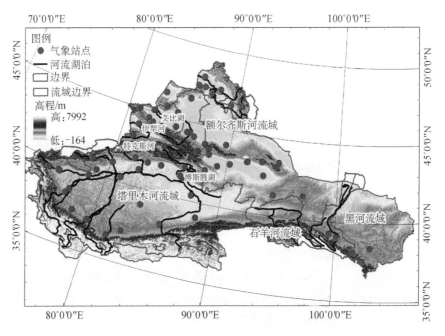

图 5.7　研究区和气象站点分布图

图 5.8 显示了 GLDAS2.0/NOAH 数据集与 68 个台站观测气象数据之间 R 的显著性，可以看出大部分站点的 R 具有统计学意义上的显著性（95%显著性水平）。对在 68 个站点 R 显著性结果进行统计，发现 GLDAS2.0/NOAH 数据的气压（PR）、气温（T）、风速（wspe）、比湿（shum）和降水（P）与实测数据 R 显著的比例分别为 97%、100%、68%、100%和 96%。

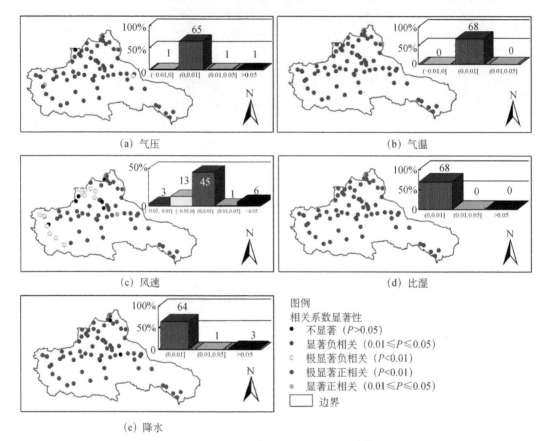

图 5.8　GLDAS2.0/NOAH 气象驱动数据与 68 个气象站观测相关系数的显著性

图 5.9 显示了 GLDAS2.0/NOAH 与站点实测数据之间的均方根误差变异系数（CV（RMSE））（用于验证 PR）和标准均方根误差（NRMSE）（用于验证 T、wspe、shum 和 P）。各点 PR 的 CV（RMSE）均在 0.2 以下，T、shum、P 和 wspe 的 NRMSE 小于 0.4 的站点占比分别为 100%、100%、99%和 54%。以上分析表明 GLDAS2.0/NOAH 驱动数据与气象站点观测数据一致性较好。

图 5.10 为 GLDAS2.0/NOAH 气象驱动数据与 CMFD 数据的相关系数图。如图 5.10 所示，两组数据之间气温（T）、向下长波辐射（Lrad）、向下短波辐射（Srad）的 R 平均值分别为 0.99、0.99、0.98，区域各点 R 均在 0.90～1.00 之间；而 shum、P、wspe 的 R 平均值分别为 0.89、0.52、0.42，区域各点 R 均在 0.40～0.90 之间。两数据集 PR 的相关性略低，R 的平均值为 0.26，在新疆西部的相关系数小于 0。

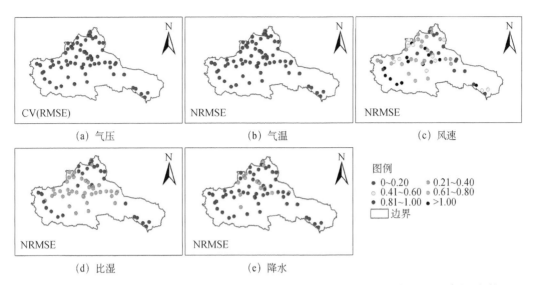

(a) 气压　　　　　　　　(b) 气温　　　　　　　　(c) 风速

(d) 比湿　　　　　　　　(e) 降水

图例
- 0~0.20
- 0.21~0.40
- 0.41~0.60
- 0.61~0.80
- 0.81~1.00
- >1.00

□ 边界

图 5.9　GLDAS2.0/NOAH 与 68 个气象站观测值气压的 CV（RMSE），以及气温、风速、比湿、降水之间的 NRMSE

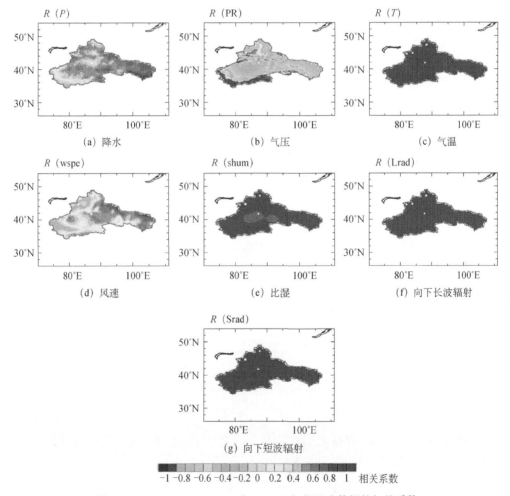

(a) 降水　　　　　　　　(b) 气压　　　　　　　　(c) 气温

(d) 风速　　　　　　　　(e) 比湿　　　　　　　　(f) 向下长波辐射

(g) 向下短波辐射

-1 -0.8 -0.6 -0.4 -0.2 0 0.2 0.4 0.6 0.8 1　相关系数

图 5.10　GLDAS2.0/NOAH 与 CMFD 气象驱动数据的相关系数

GLDAS2.0/NOAH 与 CMFD 数据的之间 NRMSE 和 CV（NRMSE）如图 5.11 所示。两数据集 P、T、Lrad 和 Srad 之间 NRMSE 范围均在 0～0.2 之间，shum 的 NRMSE 基本小于 0.4。但在大多数格网点上，两数据集 wspe 之间 NRMSE 要高于 0.4，平均相关系数只有 0.42，这主要因为风速具有相对较大的空间异质性，因此 CMFD 的 wspe 在插值到 0.25°×0.25° 分辨率的网格时无法保持元数据的准确度。因此，图 5.10 与图 5.11 中结果再次证明 GLDAS2.0/NOAH 驱动数据（除风速外）在西北内陆河区域的适用性较好。

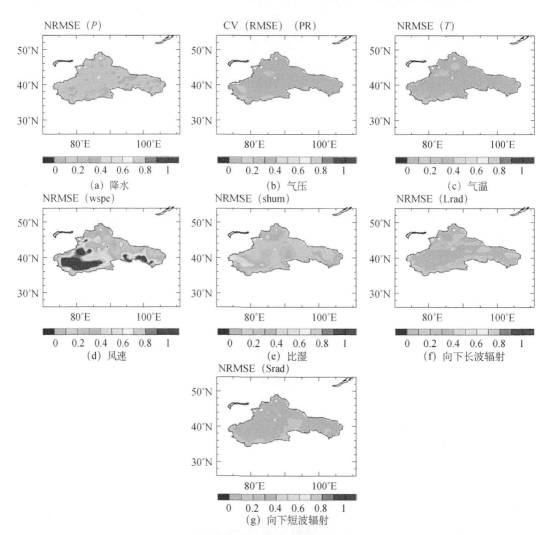

图 5.11　GLDAS2.0/ NOAH 和 CMFD 数据之间的 CV（RMSE）、降水、气温、风速、比湿、向下长波辐射、向下短波辐射之间的 NRMSE

对于 GLDAS2.0/NOAH 数据集的输出数据，本书使用 GLEAM 蒸散发数据集进行检验。图 5.12 显示了 GLEAM 和 GLDAS2.0/NOAH 数据集之间总蒸散发（ET）、土壤蒸发（Eb）、植被蒸腾（Et）、截留蒸发（Ei）的 R 和 NRMSE 区域分布状况。ET、Eb、Et 和 Ei

的区域平均 R 值分别为 0.53、0.57、0.58 和 0.65，其中 R 大于 0.5 的区域分别占研究区总面积的 72%、80%、93% 和 87%。ET、Ei、Et 和 Eb 的 NRMSE 在 0～0.4 之间的区域分别占研究区总面积的 91%、36%、88% 和 89%，其中 ET、Eb、Et 的 NRMSE 均值分别为 0.25、0.27、0.31，而 Ei 的 NRMSE 较大，但在该区域的 Ei 相对于 ET 占比较小，并没有影响到蒸散发总量的 NRMSE。结果表明 GLDAS2.0/NOAH 输出的 ET 与 GELAM ET 一致性较好。

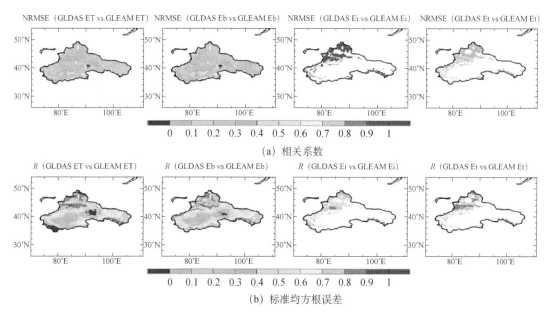

图 5.12 GLDAS2.0/NOAH 蒸散发和 GLEAM 蒸散发之间的相关系数和标准均方根误差

综上所述，GLDAS2.0/NOAH 数据集输入、输出数据均可以较为准确地反映西北内陆河地区的水/能通量，因此该数据集可以被用于分析研究区水热通量变化趋势、构建多时间尺度干旱指数，以及评估和预测地表干湿状况变化。

5.2.2 气象水文要素年际变化趋势分析

在 5.2.1 小节验证结果基础上，本书进一步分析了影响地表水热过程的水文、气象要素的时空变化趋势，这些要素也是构建多时间尺度干旱指数的重要变量，包括降水（P）、气候适宜降水量（$\hat{P}$）、蒸散发（ET）、潜在蒸散发（PET）、径流量（RO）和气温（T），其中 P、ET、PET、RO 和 T 均可以从 GLDAS2.0/NOAH 数据集中直接提取，$\hat{P}$ 则通过以下计算步骤得到：

1. 各水量平衡分量的计算

各水量平衡分量的实际值和潜在值包括蒸散量 ET、潜在蒸散量 PET、补水量 R、潜在补水量 PR、径流量 RO、潜在径流量 PRO、失水量 L、潜在失水量 PL。各潜在值计算方法具体方法如下：

$$\begin{cases} S = \Delta S_t + \Delta S_s \geqslant 0 \\ L = \Delta S_t + \Delta S_s < 0 \end{cases} \tag{5.2}$$

$$\begin{cases} \mathrm{PL}_t = \mathrm{Min}\left(\mathrm{PET}, S_t\right) \\ \mathrm{PL}_s = \left(\mathrm{PET} - \mathrm{PL}_t\right)\dfrac{S_s}{\mathrm{AWC}} \\ \mathrm{PL} = L_t + L_s \\ \mathrm{PR} = \mathrm{AWC} - \left(\Delta S_t + \Delta S_s\right) \\ \mathrm{PRO} = \mathrm{AWC} - \mathrm{PR} \end{cases} \tag{5.3}$$

式中，S 为土壤水补给量；ΔS_t 为表层土壤水变化量；ΔS_s 为下层土壤水变化量；L_t 为表层土壤失水量；L_s 为下层土壤失水量；L 为土层失水总量；PL_t 为潜在表层土壤失水量；PL_s 为潜在下层土壤失水量；PL 为潜在土层失水总量；PR 为潜在补水量；PRO 为潜在径流量；AWC 为土壤田间持水量。

2. 各水量平衡分量常数值和水分距平指数的计算

各水量平衡分量常数包括蒸散系数 α_j、补水系数 β_j、径流系数 γ_j 和失水系数 δ_j。各常数均由各分量实际月平均值与潜在月平均值之比得到，其计算公式如下：

$$\begin{cases} \alpha_j = \overline{\mathrm{ET}_j} / \overline{\mathrm{PET}_j} \\ \beta_j = \overline{R_j} / \overline{\mathrm{PR}_j} \\ \gamma_j = \overline{\mathrm{RO}_j} / \overline{\mathrm{PRO}_j} \\ \delta_j = \overline{L} / \overline{\mathrm{PL}_j} \end{cases} \tag{5.4}$$

式中，j 为月份。

根据各水分平衡分量常数计算及气候适宜降水量 $\hat{P}$：

$$\hat{P} = \alpha_j\mathrm{PET} + \beta_j\mathrm{PR} + \gamma_j\mathrm{PRO} + \delta_j P \tag{5.5}$$

式中，$\hat{P}$ 为气候适宜降水量，mm。

图 5.13 为基于 GLDAS2.0/NOAH 的水文、气象参数区域平均年际变化情况。其中 P、$\hat{P}$、ET 和 PET 在 1970 年左右都存在一个变化趋势的转折点（该点通过滑动 T 检验方法确定），转折点所在年份分别为 1973 年、1970 年、1973 年和 1963 年。在转折点之前，P 和 ET 分别以 0.26 mm/a 和 0.27 mm/a 的速率减少，PET 和 $\hat{P}$ 分别以 17.34 mm/a 和 0.42 mm/a 的速率增加。转折点之后 P、$\hat{P}$、PET、ET 均表现出显著的增加趋势，PET 增加趋势最为明显（1.01 mm/a），其次是 P（0.24 mm/a）和 ET（0.21 mm/a），$\hat{P}$ 增加趋势最小（0.11 mm/a），RO 无明显变化趋势。T 以 0.026 ℃/a 的趋势急剧增加，在 1948～2010 年期间区域平均气温由 5.0 ℃ 增加到 6.6 ℃，这说明在过去的半个世纪西北内陆河地区经历了实

质性的气候变暖。通过对比各个水文、气象要素的均值可以看出，P 和 $\hat{P}$ 的值（年平均值均为 107 mm）比较接近，而 PET（年平均值 2020 mm）却远大于 P（107 mm），说明西北内陆河地区具有水分限制但能量过剩的特点，这也使得该区域的 ET 并不一直随着气温变化，却与降水变化几乎趋于一致。

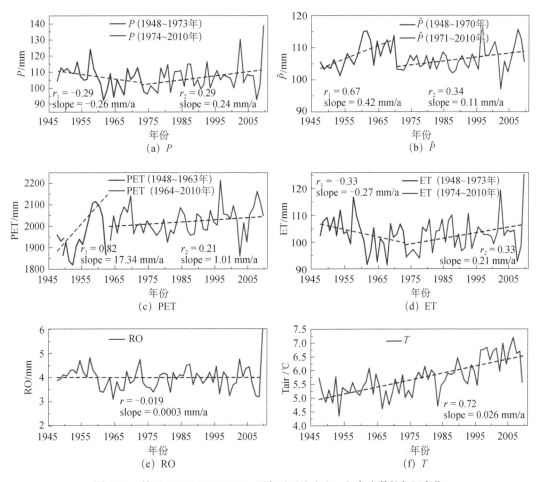

图 5.13　基于 GLDAS2.0/NOAH 研究区平均水文、气象参数的年际变化

依据图 5.13 的水文、气象要素的年际变化转折点，分析 1971～2010 年期间水文、气象参数的年际变化趋势。如图 5.14 所示，P 在西北内陆河 77% 的区域呈现增加趋势，主要为新疆西部、新疆中部以及甘肃西部，其中天山和昆仑山地区 P 增加速率超过 0.3 mm/a；年平均 T 呈现了全区域性的上升趋势，90% 以上的区域 T 增加趋势在 0.02～0.05 ℃/a 之间，在新疆西部地区存在着一个由南到北升温较强的区域（大于 0.04 ℃/a）。从图中可以看出随着 P 增加和 T 上升，ET、RO 和 $\hat{P}$ 也呈现了相应的变化，81% 的区域 ET 呈现增加趋势（0～0.6 mm/a），准噶尔盆地和塔里木盆地周围的山区及山区下的绿洲区域 ET 增加显著（大于0.3 mm/a），与 P 变化趋势的空间分布呈现出一定的相似性；RO 在 76% 的区域呈增加趋

势，增加趋势较大的区域（大于 0.02 mm/a）主要分布在天山山区、准噶尔盆地、塔里木河流域产流区，而河西地区 RO 以小于-0.02 mm/a 的趋势下降，RO 和 ET 的增加说明气候变化可能加速了该区域的水文循环；PET 在新疆地区呈现增加趋势，在甘肃河西以及内蒙古阿拉善地区呈现下降趋势，PET 变化趋势与 P、ET、RO 的变化趋势空间分布有较大差异，这是因为 PET 的计算主要是基于地表接收到的能量，受辐射和地表温度的影响较大；同时随着区域的降水增加、气温上升，内陆河地区 65%的区域 $\hat{P}$ 呈现了增加趋势，主要增加区域位于研究区域的西部和东部区域。

以上研究用包括 P、$\hat{P}$、ET、PET、RO 和 T 在内的水文、气象要素对西北内陆河地区地表水热变化趋势进行了基本分析，但要更直观地还原干湿变化趋势，还需要结合水量平衡供需关系将以上要素综合起来，构建合理的干旱指标进行定量分析。

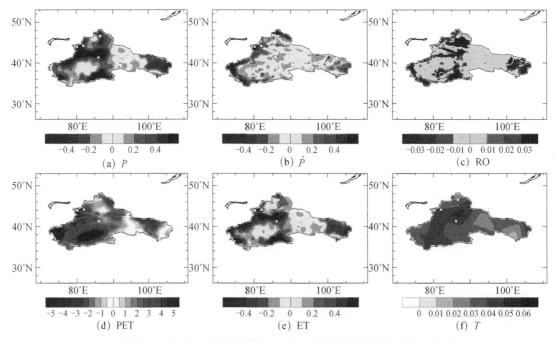

图 5.14 水文、气象要素 1971～2010 年际变化趋势的空间分布

5.2.3 干旱物理机制分析及历史时期陆面干湿状态变化趋势

干旱指标是干旱监测的基础与核心，它可以定量反映干旱的严重程度和持续时间。由于干旱发生发展物理机制复杂，涵盖要素较多，且具有明显的多时间尺度效应，构建一个能够同时满足水文循环物理机制和多时间尺度效应的干旱指数，能够有效评估旱情发生发展趋势。本书在西北内陆河地区构建标准化降水指数（SPI）、标准化降水蒸散指数（SPEI）和标准化水分距平指数（SZI）三种基于不同物理机制的多时间尺度干旱指数，将

三种干旱指数评估结果与标准化湿度指数（SWI）、标准化蒸散缺失指数（SEDI）和实际干旱记录进行比较，以评估三种多时间尺度干旱指数在研究区的适用性，并在此基础上分析1948～2010 年地表干湿状态变化趋势。三种干旱指数构建方法如下：

P 和 $\hat{P}$ 之间的差异代表水分缺失量，即当前月份下水分盈亏：

$$Z = P - \hat{P} \tag{5.6}$$

式中，Z 被定义为水分距平值。获得的 Z 值后需要在多个时间尺度上进行累积和标准化，从而得到 SZI。

在 SZI 计算中，Z 值在多个月份的时间尺度上累积的方法和 SPI、SPEI 的过程相同：

$$Z_{i,j} = \sum_{j-i+1}^{j} Z_k \quad j \geq i \tag{5.7}$$

式中，$Z_{i,j}$ 为每个月 Z_k 值在时间尺度为 i（$1 \leq i \leq 48$），第 j 个月的多时间尺度累积值。

干旱指数计算最后一步即为变量的标准化，在气象干旱指数 SPI 的计算中用 P-III、GAMMA 分布对 P 进行标准化，但是在 SPEI 的计算中采用了适用于有负值的标准化三参数 log-logistic 分布，因 Z 值也会存在着负值，本书也采用了和 SPEI 标准化过程相同的方法对 Z 进行标准化，其分布函数和概率函数如下：

$$f(x) = \frac{\beta}{\alpha} \left(\frac{x-\gamma}{\alpha} \right)^{\beta-1} \left[1 + \left(\frac{x-\gamma}{\alpha} \right)^{\beta} \right]^{-2} \tag{5.8}$$

$$F(x) = \left[1 + \left(\frac{\alpha}{x-\gamma} \right)^{\beta} \right]^{-1} \tag{5.9}$$

使用三参数 log-logistic 分布对降水（P）、月降水量与月潜在蒸散量之差（D）区域能量水分缺失比率特性（WER）、降水蒸散发缺失（ΔW）进行标准化得到 SPI、SPEI、标准化指数（SWI）和标准化蒸散缺失指数（SEDI）。D、WER 和 ΔW 计算方法如下：

$$D = P - \text{PET} \tag{5.10}$$

$$\text{WER} = (P - \text{ET}) / (\text{PET} - \text{ET}) \tag{5.11}$$

$$\Delta W = P - \text{ET} \tag{5.12}$$

对三参数 log-logistic 分布概率进行正态标准化处理，并求解获得干旱指数值：

$$\text{DI} = S \left(t - \frac{C_0 + C_1 t + C_2 t^2}{1 + d_1 t + d_2 t^2 + d_3 t^3} \right) \tag{5.13}$$

式中，DI 为干旱指数的数值结果；$t = \sqrt{\ln \frac{1}{F^2}}$，$C_0 = 2.515517$，$C_1 = 0.802853$，$C_2 = 0.010328$，$d_1 = 1.432788$，$d_2 = 0.189269$，$d_3 = 0.001308$；当 $F(x) > 0.5$ 时，$F = 1 - F(x)$，$S = 1$；当 $F \leq 0.5$ 时，$F = F(x)$，$S = -1$（Vicente-Serrano et al.，2010）。

以上所有干旱指数对旱情的评估标准如表 5.8 所示。

表 5.8　干旱和湿润阈值

SZI、SPEI 和 SPI	干旱等级	SZI、SPEI 和 SPI	湿润等级
≤−2.0	极端干旱	0.50~0.99	轻度湿润
−1.50~−1.99	重度干旱	1.00~1.49	中度湿润
−1.00~−1.49	中度干旱	1.50~1.99	重度湿润
−0.50~−0.99	轻度干旱	≥2.0	极端湿润
−0.49~0.49	正常		

　　根据旱情评估标准（表 5.8），不同时间尺度下 SPI、SPEI 和 SZI 三种干旱指数识别的干旱月数统计结果如图 5.15 所示，在月时间尺度上，SPI 指示的极端干旱、重度干旱、中度干旱、轻度干旱和非干旱月数分别为 11 个、43 个、77 个、99 个和 525 个，SPEI 指示结果分别为 10 个、36 个、80 个、136 个和 494 个，SZI 指示结果分别为 14 个、42 个、71 个、109 个和 520 个；在 6 个月时间尺度上 SPI 指示的极端干旱、重度干旱、中度干旱、轻度干旱和非干旱月数分别为 12 个、45 个、73 个、113 个和 508 个，SPEI 指示结果为 12 个、50 个、63 个、95 个和 531 个，SZI 指示结果为 15 个、33 个、82 个、106 个和 515 个；在 12 个月时间尺度上，SPI 指示的极端干旱、重度干旱、中度干旱、轻度干旱和非干旱月数分别为 12 个、41 个、77 个、102 个和 513 个，SPEI 的指示结果分别为 9 个、57 个、55 个、127 个和 497 个，SZI 指示结果分别为 17 个、33 个、70 个、113 个和 512 个。

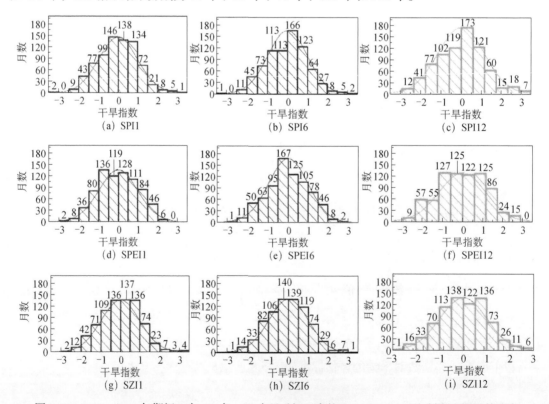

图 5.15　1948~2010 年期间 1 个、6 个、12 个月时间尺度的 SPI、SPEI、SZI 判定干湿月的分布

图 5.15 的统计结果表明 SZI 在不同时间尺度的各级干旱月数和总干旱月数与 SPI 更为接近，与 SPEI 的结果差距较大。SZI 与 SPI、SZI 与 SPEI 的差异如图 5.16 所示，SZI 和 SPEI 数值之间的差异介于-4.0～3.0 之间，远大于 SZI 和 SPI 之间的差异（介于-1.0～1.0 之间）。如果以典型的气象干旱指数 SPI 作为标准，以上结果均表明缺水地区 SPEI 不能很好地识别气象干旱，而 SZI 可以更准确地识别由降水引起的气象干旱。这主要是由于 SPEI 选择 P 与 PET 之差作为缺水指标，因此 SPEI 受到能量预算的影响更大，但在水分限制而能量过剩的西北内陆河地区 PET 往往远高于 P（图 5.13）；而 SZI 同时受到 P（供水）和 $\hat{P}$（用水需求）的驱动，两者都是真实的地表供水和需水。所以从水文循环物理机制上考虑，SZI 比 SPEI 更适合作为西北内陆河地区干旱评价的指标。

为了进一步了解不同多时间尺度干旱指标的表现，选取 SWI（代表水分能量缺失比）和 SEDI（代表降水和实际蒸散缺失）作为评价标准。图 5.17 显示了月时间尺度上的 SEDI（此处用 SEDI1 表示）与 1～48 个月时间尺度的 SZI、SPEI、SPI 之间的相关性。可见 SEDI1-SZI 的 R 在 0.12～0.78 之间，与 SEDI1-SPI 的 R（0.11～0.78）相似，但二者均明显高于 SEDI1 与 SPEI 的 R（0.06～0.38）。图 5.17（b）显示了 SEDI 与 SZI、SPEI 和 SPI 在相同时间尺度上的连续相关性，SEDI 与 SZI 在 1～48 个时间尺度的相关性在 0.68～0.78 之间，明显高于 SEDI-SPEI 的相关性（0.46～0.32），与 SEDI-SPI 的相关性（0.69～0.78）相近。月时间尺度上的 SWI（SWI1）与 SZI 的持续相关性在 0.11～0.79 之间，也明显高于 SWI1 与 SPEI 的相关性（0.05～0.35），与 SWI1-SPI 的相关性（0.11～0.79）相同［图 5.17（c）］；图 5.17（c）结果与图 5.17（d）所示的结果相似，1～48 个月时间尺度下 SWI 与 SZI 之间的相关系数范围为 0.62～0.79，明显高于 SWI-SPEI（0.29～0.37），略高于 SWI-SPI（0.57～0.78）。因此 SZI 比 SPI、SPEI 更符合综合水分能量特征，说明 SZI 比 SPI、SPEI 提供了更完善的多时间尺度、多属性的干旱信息（SEDI 可用于识别干旱，SWI 可用于监测综合干旱期间水能特征的变化）。此外，如图 5.17（e）和 5.17（f）所示，年均 $\hat{P}$ 与 P 的比值在 1.0 左右（0.8～1.05），年均 PET 与 P 的比值在 5.0～60.0 之间，PET 作为 SPEI 的需水量比 P（供水）高出许多倍，但在稳定的自然生态系统内多年平均实际需水量应该与多年平均供水量相近，因此将 PET 作为需水量在干旱、半干旱地区显然是不合理的。相比之下，SZI 中作为需水量的 $\hat{P}$ 与供水 P 大小非常接近，这更好地反映了水量平衡和水文循环的物理机制。以上结果再次说明了在水资源缺乏的地区，SZI 可以比 SPEI 更准确识别干旱。除上述基于物理机制的对比之外，本书还将三种干旱指数的结果在时间、空间尺度上与历史时期旱灾记录进行了印证。由于研究区冬季的降雪量会影响下一年的供水，因此我们选取了 12 个月时间尺度的干旱指数进行历史干旱分析。根据表 5.8 所示的级别划分，将干旱分成轻微干旱、中度干旱、重度干旱和极端干旱共四类。利用 SPI、SPEI 和 SZI 干旱指数计算了 1948～2010 年 12 个月的时间尺度上西北内陆河每个月各级别的干旱面积和总干旱面积。不同严重程度的干旱面积如图 5.18 所示，可以看出，SPEI 比 SZI 和 SPI 识别的干旱区域更广。此外，我们还将中国气象灾害（新疆卷、甘肃卷、内蒙古卷）农业干旱记录中的几个典型干旱事件与使用不同指标识别的干旱事件进行了比较。1958 年，研究区有

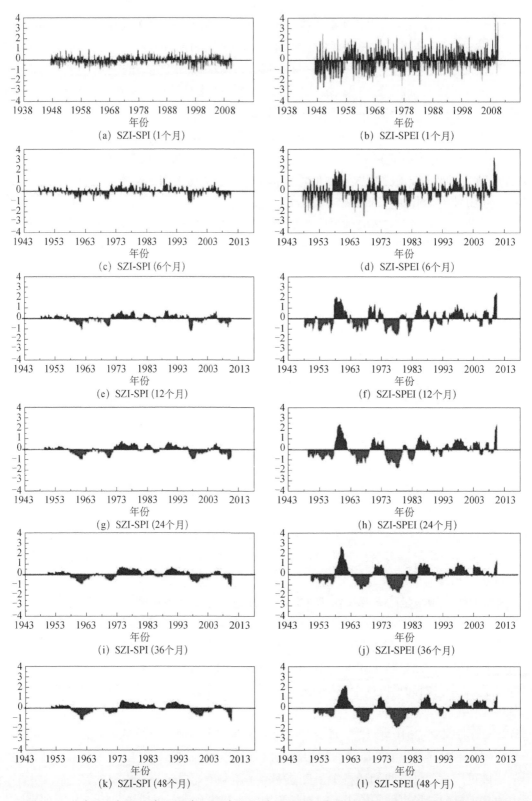

图5.16 1个、6个、12个、24个、36个、48个月时间尺度的 SZI 与 SPI、SZI 与 SPEI 的差异

足够的降水，因此没有发生干旱，SZI 评估结果与历史记录一致，但 SPEI 却表明该区域发生了干旱面积约 30 万 km² 的中度干旱事件；1978 年研究区发生大范围的严重干旱事件，SZI 和 SPI 的旱情评估结果与记录一致，但 SPEI 资料显示研究区无长期大面积干旱；1962 年、1974 年和 2006 年，研究区中大部分地区持续干旱，三个干旱指数都识别了这些干旱事件。

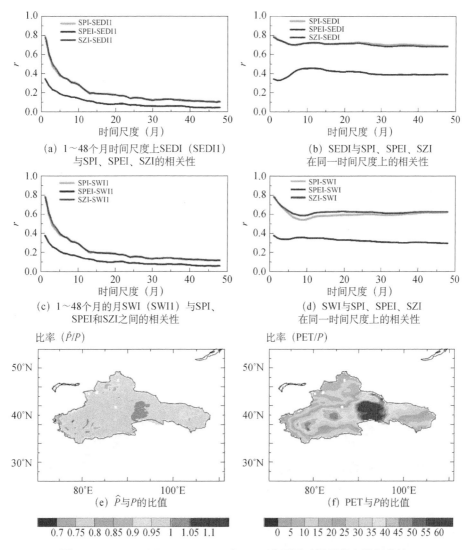

图 5.17　SPI、SPEI、SZI、SEDI 与 SWI 在不同时间尺度上的相关性

另外，还将三种干旱指数识别干旱面积与历史记录农业干旱面积进行了相关性分析。虽然西北内陆河地区包含了部分甘肃和内蒙古区域，但是新疆的面积占比较大，而且内陆河同一季节的气候条件差距小，因此将新疆的农业干旱受灾面积比例作为实测干旱面积记录参考。根据中国统计年鉴的文献调查结果得到新疆 1991～2010 年期间的农业干旱受灾面积，如图 5.19 中农业干旱受灾面积百分比（percentage of agricultural areas by drought，

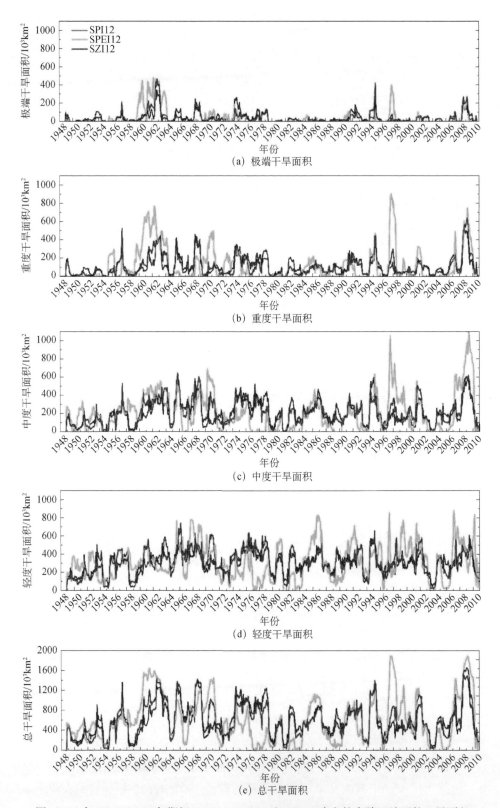

图 5.18　在 1948～2010 年期间 SPI12、SPEI12 和 SZI12 确定的内陆河地区的干旱面积

PAAD）和 SZI 识别的干旱面积之间相关系数为 0.41，与 SPI 识别的干旱面积之间相关系数为 0.39，与 SPEI 识别的干旱面积之间相关系数为 0.34。说明 SZI 识别的干旱面积更加符合实际记录的年度农业干旱受灾面积。因此，基于实际干旱记录比较 SPI、SPEI、SZI 干旱识别能力，结果表明从时间尺度验证的 SZI 在该区域的适用性最好。

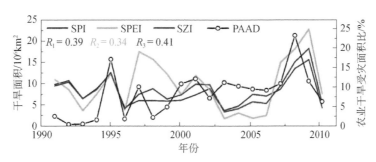

图 5.19　内陆河地区 SPI、SPEI、SZI 确定的干旱面积和农业干旱受灾面积对比分析图

　　根据以上时间尺度比较结果，本书在干旱面积差距较大的几个月中选出了 1962 年 7 月，1970 年 5 月、1978 年 6 月、2008 年 7 月四个月绘制了干旱空间分布图，从空间尺度对三种干旱指数的评估结果进行对比，如图 5.20 所示。图中 1962 年 7 月三种干旱指数的模拟结果空间分布对比表明三种干旱指数对于 1962 年 7 月的干旱面积判定结果分别为 65%（SPI）、77%（SPEI）、71%（SZI），表明西北内陆河地区受旱灾影响严重。我国在 1959～1962 年遭遇了三年困难时期，在此期间旱灾对农业生产造成了巨大的破坏，1962 年属于全国性干旱，西北内陆河地区农业干旱记录表明：新疆 28 个县发生干旱，到当年 6 月底，干旱区域包括阿勒泰、昌吉、乌鲁木齐、哈密、阿克苏、克孜勒苏、喀什，以及和田等地，面积共计 100 余万亩（约 700 km²），其中阿勒泰地区的径流量减少 50%，降水量为 14.4 mm，处于多年降水分布的低值；甘肃全境农业减产，河西走廊地区的干旱时期长达 200～400天。通过对比干旱指数评估结果与农业干旱记录，可以发现 SZI 在该月指示的干旱发生区域与历史记录完全一致，而 SPEI 的识别结果却存在两点与实际情况不符之处：第一，SPEI显示喀什全区域重旱，高估了喀什地区的干旱程度，虽然干旱记录显示新疆地区大面积干旱，但喀什地区的干旱受灾情况弱，受灾面积小；第二，低估了河西走廊的干旱面积，SPEI 的结果中显示只有河西走廊的酒泉及酒泉以东的市县发生中度干旱和重度干旱，而记录中明确指出河西走廊全区域发生干旱。

　　图 5.20 中 1970 年 5 月三种干旱指数模拟结果空间分布图显示 SPI、SPEI、SZI 指示该月西北内陆河地区分别有 16%、55%、29%的面积发生干旱。在干旱记录中，仅新疆卷记录了昌吉自治州发生春旱使得冬小麦死亡 10 万亩（70 km²），但 SPEI 的识别结果显示新疆喀什、阿克苏、和田地区及内蒙古阿拉善地区发生中度干旱，河西地区嘉峪关、张掖、金昌、武威市县发生重度干旱。SPI 和 SZI 虽然指示的干旱面积占比分别为 16%和 29%，但是干旱发生区域分布稀疏，部分区域的干旱不明显，与实际记录更为一致。

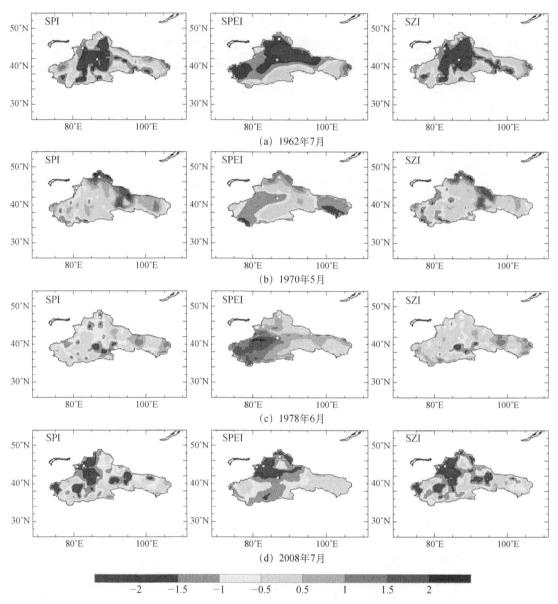

图 5.20　1962 年 7 月、1970 年 5 月、1978 年 6 月、2008 年 7 月的 SPI、SPEI、SZI 三种指数的干旱结果

在 1978 年 6 月的干旱识别分布图中，SPI、SPEI、SZI 识别的干旱面积占比分别为 41%、1%、22%。SPEI 显示该时间段西北内陆河地区全区域无旱情，但是根据 1978 年干旱记录，新疆全年干旱少雨，北疆昌吉、东疆哈密、南疆和田地区为主要受旱灾记录点，昌吉地区的径流量比正常年份减少 47%，哈密地区径流减少 30%~40%。SPI 和 SZI 的干旱分布均与历史一致，但是 SPI 识别的干旱面积更大且干旱等级更高与实际情况不完全符合。

2008 年是有干旱记录以来西北内陆河地区第二个严重干旱年，夏季新疆大部分区域气温偏高，北疆、天山山区和南疆气温连续多月处于历史高位。降水与正常年份相比明显偏少，其中北疆多数气象站的降水量明显偏少，多站平均降水量仅 44 mm，与历史同期相比约减少 60%；地处伊犁河谷的伊宁、巩留、霍城、霍尔果斯等地受旱灾影响最严重，气象站的降水处于历史同期的最低值；降水较多的天山山区，气象站监测到的降水也明显减少，较历史同期减少约 20%；南疆降水量变化不明显，但也比往年同期减少 10%，因此由记录可知新疆区域当年的干旱状况呈现北疆旱灾较严重，南疆较轻的分布状况。图 5.19 中显示在 2008 年 7 月，SPI、SPEI 和 SZI 识别的干旱面积占比分别为 70%、71% 和 72%，虽然三种干旱指数指示的干旱面积占比相近，在新疆全区域均呈现干旱，且空间分布上均显示北疆比南疆旱情严重，但在河西地区和阿拉善地区仍存在差别。SPEI 结果表明主要受旱灾影响的区域是新疆，河西走廊和阿拉善并未发生干旱，SPI 和 SZI 则显示在西北内陆河全区均发生干旱，河西西部酒泉和阿拉善的干旱面积相对新疆较小。

　　基于多时间尺度干旱指数结果分析内陆河地区的年累计干旱面积变化趋势如图 5.21 所示，SPI、SPEI 和 SZI 表明干旱地区 1948~1970 年干旱面积明显增加，增速分别为 35.2 万 km²/a、45.0 万 km²/a 和 52.2 万 km²/a，这主要是由于该时段内降水减少导致的。在 1971~2010 年期间，基于 SPEI 干旱面积呈显著增加趋势，速率为 17.2 万 km²/a，而基于 SPI 的干旱面积呈下降趋势，速率为 3.5 万 km²/a。根据前文适用性分析结果，本书最终以 SZI 指数评估结果对西北内陆河地区干湿状况时空变化进行分析得出，基于 SZI 的干旱面积变化趋势不明显，说明在考虑气候变化对水文循环的影响时，地表干湿状态从暖干到暖湿的变化不明

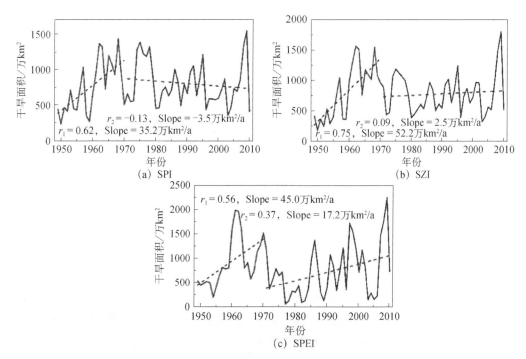

图 5.21　SPI12、SPEI12 和 SZI12 计算的年累计干旱面积在 1948~2010 年期间的变化趋势

显，因此虽然 1971～2010 年降水和气温都呈上升趋势，但因增加的降水被气候变暖导致的增加的需水量所抵消，西北内陆河地区地表的干湿情况相对稳定。

为了更清晰地表明区域季节干旱变化趋势，我们将 1～12 月的干旱指数变化趋势空间分布分别进行研究。如图 5.22 所示，1971～2010 年 SZI 指数在各个月份的为下降趋势的面积比例分别 1 月（26.76%）、2 月（14.75%）、3 月（40.59%）、4 月（63.31%）、5 月（20.13%）、6 月（68.13%）、7 月（39.14%）、8 月（71.03%）、9 月（42.06%）、10 月（53.1%）、11 月（39.75%）、12 月（24.41%）；为上升趋势的面积比例分别为 1 月（73.24%）、2 月（85.25%）、3 月（59.41%）、4 月（36.69%）、5 月（79.84%）、6 月（31.87%）、7 月（60.86%）、8 月（28.97%）、9 月（57.94%）、10 月（46.90%）、11 月（60.16%）、12 月（74.55%）。

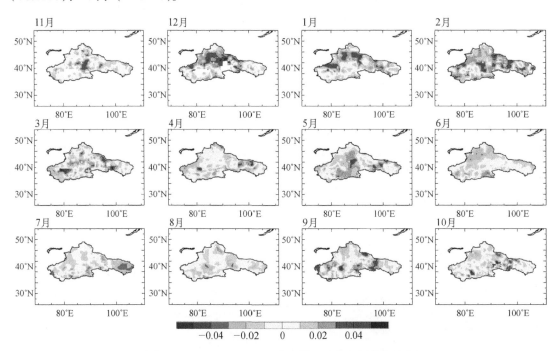

图 5.22　1971～2010 年西北内陆河地区干旱变化趋势

在变化趋势空间分布上 11 月、12 月、1～3 月、5 月和 7 月共有 7 个月 60% 以上的区域呈现变湿润的趋势，其中 12 月、1 月、2 月、5 月有 70% 以上区域呈现变湿趋势，说明以上月份旱情在 1971～2010 年期间得到了缓解。而 4 月、6 月、8 月的干旱指数有超过 60% 的区域呈现下降趋势，即为变干的趋势。据此可以得出，在西北内陆河地区作物生长季（3～9 月）期间，有 3 个月变干的面积较大，有 2 个月变湿的面积较大，在变湿面积较大的月份中 9 月变干、变湿区域几乎各占 50% 左右，7 月虽然变湿区域较大但是变化不显著。因此本书认为西北内陆河地区在生长季陆面状态变干的趋势更加明显，而变湿的区域较大的月份主要在非生长季。

5.2.4　结论

本书采用多时间尺度干旱指数 SZI 作为陆面干湿状态综合评价指标，考虑气候变化对水文循环的影响，确定了 1948～2010 年内陆河地区陆面干旱和湿润状态（Long et al.，2018）。主要结论如下：

（1）在 1970 年之后，GLDAS2.0/NOAH 年均降水呈现的增加趋势（0.24 mm/a）与多个研究中的实测降水增加趋势相近，空间上新疆整个区域的年际降水呈现增长趋势，且增长趋势大于河西地区和阿拉善地区。区域年平均近地表温度也同样存在着升高的趋势（0.26 ℃/10a），空间上年均气温的增加是整个区域性的。由于气温的持续升高，以能量为主导的 PET 也呈现了持续增长的趋势（10.1 mm/10a），实际 ET 呈现增加趋势（0.21 mm/a），实际 ET 呈现的增加趋势与降水相近。径流在空间平均上的增加趋势不明显，但是从径流变化趋势的空间分布来看，在新疆的北疆天山区域和南疆主要的河流产流区域径流均呈现显著的增长趋势。从这些变量的变化趋势可以得出，气候变化对于内陆河地区主要的影响就是加速了区域的水文循环速度。

（2）通过比较 SZI、SPI、SPEI 发现，SZI 的干旱评估结果比 SPI 和 SPEI 更符合多个干旱证据，SZI 与水分能量缺失比，降水蒸散缺失量的相关性也强于 SPI 和 SPEI。SPEI 识别的干旱事件比 SZI 多，很大程度上归因于 SPEI 由 PET 主导，PET 由地表能量收支驱动。PET 在干旱指数计算中代表区域水需求，比非湿润地区的降水（供水）高出许多倍，这是不合理的，因为稳定的生态系统下实际的水需求应该与供水比较接近。SPI 忽略了需水量对地表水量水平衡的影响，从而无法判断出需水上升的干旱事件。相比之下，SZI 的干旱定义中水资源需求（$\hat{P}$）和供水（P）的构成大体上是平衡的，也就是说，水资源供应和需求对 SZI 预测的干旱和湿润期的变化有类似的影响。直接决定陆面干旱的是地表水量平衡（缺水），而不是能量循环，SZI 对此物理机制进行了合理反映。此外，SZI 考虑了气候变化影响下的陆表面水文循环，而 SPEI 只考虑气象变化影响。这些结论表明，SZI 比 SPI 和 SPEI 更能反映缺水地区的干旱情况。SZI 可以用来研究气候变化对地表水文循环的影响，为多时间尺度干旱评价提供更准确的信息。

（3）在空间上 SZI 干旱指数在大多数月份呈现了降低的趋势，但是在 1948～2010 年期间的西北内陆河区域的干旱面积变化不明显，因此根据干旱的时间空间变化趋势，本书认为在降水增加和气温上升的气候背景下，显著的气候变暖导致的陆面需水量增加（$\hat{P}$）抵消了供水（P）的增加；即在过去的 1971～2010 年期间，内陆河地区陆地上的水分消耗和降水补给基本上是平衡的。因此虽然降水增加，但西北内陆河地区陆面并没有发生暖干到暖湿的实质性变化，同时分析 1～12 月每月的干旱变化趋势结果显示，在主要的农作物生长时期，存在着变干趋势，在冬季存在着变湿趋势，因此虽然区域的年际气温升高和降水增加，但是从作物生长季来看，区域的农业水资源压力将会进一步增加，西北内陆河地区陆面呈现的变干趋势应该引起重视。

5.3 土地利用变化对区域水文过程影响的模拟

近几十年来，全球变化，特别是人类活动引起的土地利用/覆盖变化改变了区域水循环和可用水量，威胁粮食和水安全，在滋养 25 亿人口、占全球土地面积 40%的干旱半干旱地区情形更为严峻（Fisher et al.，2008）。随着水资源的日益稀缺，土地利用/覆盖变化对水文影响越来越受到水文研究者和决策者的关注。但是，由于降水、蒸发、蒸腾、入渗和径流等水文要素之间相互关联，区域水循环过程十分复杂，其对土地利用变化的响应机理亟待明确（Chen et al.，2019）。因此，准确模拟土地利用变化对区域水文过程影响非常重要。

在干旱半干旱地区，特别是中国西北农牧交错带地区，蒸散发通常占当地耗水量的最大部分，是研究区域植被生长和量化地方生态系统服务的关键因素（Zhou et al.，2021）。在较高时空分辨率上，准确模拟 ET 在不同土地利用下的过程机理和变化规律，对支持可持续的水资源管理和生态系统服务具有重要的意义（Feng et al.，2016；Feng et al.，2020）。

在区域尺度上，ET 很难直接准确测量（Wang and Dickinson，2012）。同时，在条件艰苦而且观测稀疏的地区，例如，在西北农牧交错带，基于观测站点的观测网络数据非常难以获取，难以支撑区域水文过程的分析（Ma et al.，2015）。因此，发展一个简单的数据输入和模型参数需求较少的 ET 模型对于模拟该地区水文过程变化十分必要。本章使用改进的 Budyko 模型（Xu et al.，2022），分析不同土地利用方式下水文过程的差异。草地和农田是研究区主要的土地覆盖类型，两者之间的相互转换是该地区土地利用变化的主要方式（Wang et al.，2020），本节着重分析草地和农田两种土地利用方式下水文过程的差异。

5.3.1 数据与方法

1. 数据

本团队于 2016 年在西北农牧交错带建立了鄂尔多斯观测站，土地利用方式分别为雨养玉米和荒漠草地，用以观测不同土地利用下水文过程的差异。场地位于毛乌素沙地向陕北黄土高原转变的地貌过渡带，主要土壤类型为砂土。本章节使用的实地测量包括降水（P）、净辐射（R_n）、土壤水（S_0）和蒸散发。所有数据以 10 分钟为间隔获得，并处理为模型输入的日或月平均值。本书使用了鄂尔多斯观测站 3 年的数据（2017～2019 年）。此外，由于冬季月土壤水分数据因冻融原因无法使用，因此本书仅使用 4～10 月生长期的观测数据分析草地和农田之间水文过程的差异。

2. Budyko 模型简述

Budyko（1974）假设决定多年平均蒸散发的主要因素是可利用能量（以净辐射表示）和可利用水量。该假说通过公式化水的供需竞争来表征气候与景观属性之间的相互作用，并推导出一个简单的水收支模型 Budyko 曲线，即 ET/P 的比值是 R_n/P 的函数，表示为

$$\frac{E}{P} = F\left(\frac{R_n}{P}\right) \tag{5.14}$$

式中，R_n 为地表净辐射通量；P 为降水量；E 为蒸散发。

随后，提出了一个简单的经验参数（α），可以捕捉到区域的景观特征的影响（Yang et al.，2008），如下所示。

$$\frac{E}{P} = F\left(\frac{R_n}{P}, \alpha\right) \tag{5.15}$$

为使其能在更高的时空尺度上进行应用，假设中的部分参量需要进行一定的替换（Xu et al.，2022）。①可利用水量表示为 P，但是在月尺度上，初始根区土壤含水量是植被补给的重要水源，所以，可用水量替换为 $P+S_0$（Zhang et al.，2008），S_0 为初始根区土壤含水量；②可用能量表示为 PET，然而，不同的 PET 模型会造成计算结果上的差异，Choudhury（1999）将净辐射（R_n）的水当量作为可用能量，以避免由于不同的 PET 模型而造成的差异，并在不同尺度上显示出广泛的适用性，所以，可用能量替换为 R_n；③下垫面特征参数（α），在传统的应用中，α 通常用一个的简化经验参数来代表，这种简化导致了模型只能用于粗糙的时空分辨率，而且忽略了植被的动态对水文过程的影响，所以根据以往的研究（Li et al.，2013），本节采用线性方程来对下垫面特征参数（α）进行拓展，表示为 $\alpha=a\text{NDVI}+b$（Xu et al.，2022），NDVI 为归一化植被指数，是一种综合的植被指标，由 MODIS 卫星数据获得。

本书中 Budyko 模型采用一种可用于不同空间尺度的函数形式（Choudhury，1999），结合上述参量的替换，模型的函数形式为

$$\frac{\text{ET}}{P+S_0} = \left[\left(\frac{R_n}{P+S_0}\right)^{-(a\text{NDVI}+b)}\right]^{-\frac{1}{a\text{NDVI}+b}} \tag{5.16}$$

为了量化气候和植被条件变化对蒸散发值的控制，式（5.16）可以表示为 ET=f（P，S_0，R_n，NDVI），则蒸散发的总微分表示为

$$\text{dET} = \frac{\partial \text{ET}}{\partial P}\text{d}P + \frac{\partial \text{ET}}{\partial S_0}\text{d}S_0 + \frac{\partial \text{ET}}{\partial R_n}\text{d}R_n + \frac{\partial \text{ET}}{\partial \text{NDVI}}\text{dNDVI} \tag{5.17}$$

下面分别给出不同参量的偏微分形式：

$$\frac{\partial \text{ET}}{\partial P} = \frac{\partial \text{ET}}{\partial S_0} = \frac{\text{ET}}{P+S_0}\left[\frac{R_n^{a\text{NDVI}+b}}{\left(P+S_0\right)^{a\text{NDVI}+b} + R_n^{a\text{NDVI}+b}}\right] \tag{5.18}$$

$$\frac{\partial \mathrm{ET}}{\partial R_{\mathrm{n}}} = \frac{\mathrm{ET}}{R_{\mathrm{n}}}\left[\frac{\left(P+S_0\right)^{a\mathrm{NDVI}+b}}{\left(P+S_0\right)^{a\mathrm{NDVI}+b}+R_{\mathrm{n}}^{a\mathrm{NDVI}+b}}\right] \tag{5.19}$$

$$\frac{\partial \mathrm{ET}}{\partial \mathrm{NDVI}} = \frac{\mathrm{ET}}{\mathrm{NDVI}+\dfrac{b}{a}}\left\{\frac{\ln\left[\left(P+S_0\right)^{a\mathrm{NDVI}+b}+R_{\mathrm{n}}^{a\mathrm{NDVI}+b}\right]}{a\mathrm{NDVI}+b} - \frac{\left(P+S_0\right)^{a\mathrm{NDVI}+b}\ln P + R_{\mathrm{n}}^{a\mathrm{NDVI}+b}\ln R_{\mathrm{n}}}{\left(P+S_0\right)^{a\mathrm{NDVI}+b}+R_{\mathrm{n}}^{a\mathrm{NDVI}+b}}\right\} \tag{5.20}$$

然后，各变量灵敏度系数的解析表达式为

$$\varepsilon_{\mathrm{P}} = \frac{P}{\mathrm{ET}}\frac{\partial \mathrm{ET}}{\partial P};\ \varepsilon_{S_0} = \frac{S_0}{\mathrm{ET}}\frac{\partial \mathrm{ET}}{\partial S_0};\ \varepsilon_{R_{\mathrm{n}}} = \frac{R_{\mathrm{n}}}{\mathrm{ET}}\frac{\partial \mathrm{ET}}{\partial R_{\mathrm{n}}};\ \varepsilon_{\mathrm{NDVI}} = \frac{\mathrm{NDVI}}{\mathrm{ET}}\frac{\partial \mathrm{ET}}{\partial \mathrm{NDVI}} \tag{5.21}$$

式中，ε_{P}、ε_{S_0}、$\varepsilon_{R_{\mathrm{n}}}$ 和 $\varepsilon_{\mathrm{NDVI}}$ 为蒸散发对不同变量的敏感系数。

5.3.2　土地利用对水文过程的影响

在 Budyko 模型中，区域下垫面特征对区域对水文过程的影响均通过一个经验参数（α）来进行一般计算，而在土地利用变化的背景下，土壤地形条件相对稳定，植被类型的变化是影响水文过程变化的主要因素，表现在 Budyko 模型中，即经验参数（α）的变化反映了土地利用变化对水文过程的影响。所以在本书中，我们通过对鄂尔多斯观测站草地和农田下垫面的特征参数（α）值的对比和分析，来量化植被类型对水文过程的影响。通过图 5.23，我们可以看到，草地的经验参数（α）的值整体表现出大于农田的趋势，其中草地月尺度 α 的多年平均值为 0.53，农田月尺度 α 的多年平均值为 0.48。同时，在 Budyko 公式中，当可用能量与可用水量之间的比值大于 1 时，即 $R_{\mathrm{n}}/(P+S_0)>1$ 时，实际蒸散发与可用水量之间的比值［即 $\mathrm{ET}/(P+S_0)$］随着 α 的数值的增加而单调增加。在干旱和半干旱地区，特别是西北农牧交错带地区，其可用能量与可用水量之间的比值一般大于 1，而在鄂尔多斯站，草地和农田的可用能量与可用水量之间的比值的多年平均值分别为 5.81 和 4.49，所以我们可以认为，在西北农牧交错带，草地比农田更多地通过蒸散发消耗可用水量。

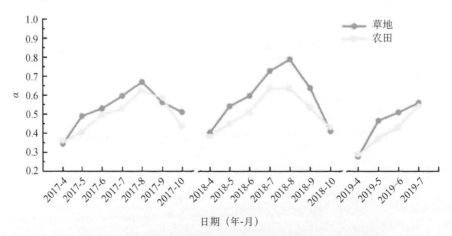

图 5.23　鄂尔多斯观测站草地和农田下垫面的经验参数值

　　图 5.24 分析了不同土地利用方式下 NDVI 和 α 的线性关系，我们可以看出，草地拟合线的斜率（1.85）大于农田拟合线的斜率（1.19），这说明了草地下垫面的 α 比农田下垫面对 NDVI 的变化更为敏感。因为 NDVI 代表了植被的生长状况，所以，在西北农牧交错带，在相同水热条件和植被生长状态下（即相同的 NDVI 下），草地下垫面把更多可用水量用于蒸散发。但是，同时需要注意到的是，农田生态系统一般具有比草地更高的 NDVI 数值（图 5.25），所以在具体的水分消耗方面，需要根据不同地区植被生长状况的差异进行定量的计算。

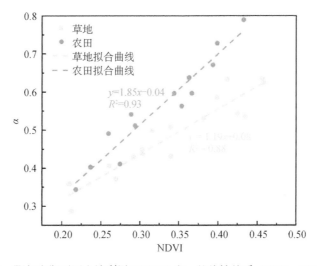

图 5.24　鄂尔多斯不同土地利用下 NDVI 和 α 的线性关系（2017～2019 年）

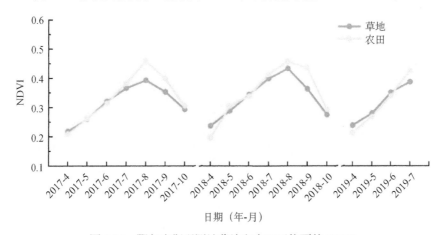

图 5.25　鄂尔多斯观测站草地和农田下垫面的 NDVI

　　在不同的土地利用下，水文过程对气候条件（包括降水、辐射等）和植被生长状态（NDVI）的反馈会发生改变，为了定量地分析土地利用变化对这些反馈的影响，我们通过 Budyko 公式分析了农田和草地下垫面下，蒸散发过程对气候条件和植被生长状况变化的灵敏度。如图 5.26 所示，我们可以看出，在整体上，农田和草地的蒸散发均表现出对 NDVI 有较高的灵敏度，对气温、降水等气候条件表现出相对较低的灵敏度。这说明该地区的蒸散发过程的变化，对植被更加敏感。同时，农田和草地在此过程中展现出不同的响应方式。图 5.26 中显示，在对可用水量的灵敏度上，草地的蒸散发过程比农田更加敏感，而农田的蒸散发过程对可用能量表现出更强的灵敏度。同时，两种土地利用下的蒸散发过程，对 NDVI 表现出相差无几的敏感性。

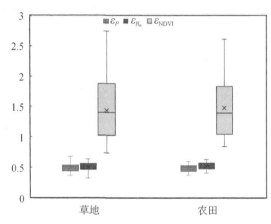

图 5.26　鄂尔多斯 2017～2019 年农田和草地下垫面下，蒸散发过程对气候条件（P，R_n）和植被生长状况（NDVI）变化的灵敏度

5.3.3　结论

本节利用改进的 Budyko 模型，对中国西北农牧交错带不同土地利用下水文过程的差异进行了模拟和分析。其中农田和草地作为该地区主要的土地利用方式，其植被差异所产生的下垫面改变是导致水文过程变化的主要原因。本节通过 Budyko 公式中的经验参数 α 来定性和定量的分析了水文过程对这种土地利用方式改变的反馈和响应机理。主要的结论有：

（1）在西北农牧交错带，在相同的水热条件下，农田的 NDVI 值大于草地，但是草地的经验参数 α 大于农田，导致比农田更大的蒸发与可用水量的比值。

（2）草地的经验参数 α 对 NDVI 比农田更为敏感，这使得草地 NDVI 的增加会消耗该地区更大比例的可用水量。

（3）土地利用的变化导致了水文过程对气候变量和植被生长状况的响应方式发生了变化。

5.4　土地利用变化对区域蒸散发的影响分析

为了治理水土流失，改善生态环境，西北农牧交错带实施了一系列的生态恢复工程，土地利用/覆盖变化剧烈，植被覆盖度显著增加（Chen et al.，2015；张宝庆等，2011，2021）。土地利用/覆盖变化通过改变关键地表参数进而影响地表水量平衡和能量交换（Pielke et al.，2011；Wang et al.，2020，2021；张宝庆等，2021）。蒸散发（ET）是连接土壤–植被–大气系统中水循环和能量交换的重要组成部分（Rivas and Caselles，2004；Oki and Kanae，2006）。准确估算区域尺度的蒸散发并明晰土地利用/覆盖变化对蒸散发的影响对全球气候演变、水文循环以及水资源的评价等研究具有重要意义（刘绍民等，2003）。

　　遥感影像真实地记录了蒸散过程发生时的地表状况，同时可将点测资料延拓到区域，能够获取区域尺度的水文时空分布及变化信息，利用遥感数据反演区域蒸散发能够满足水文、农业和生态等领域的需求（曾丽红等，2008）。近年来基于各种物理机制开发一系列的蒸散发模型，如 TSEB（Two Source Energy Balance）模型（Norman et al.，1995）、SEBAL（Surface Energy Balance Algorithms for Land）模型（Bastiaanssen et al.，1998）、S-SEBI（Simplified Surface Energy Balance Index）模型（Roerink et al.，2000）、SEBS（Surface Energy Balance System）模型（Su，2002）、METRIC（Mapping Evapotranspiration at high Resolution with Internalized Calibration）模型（Allen et al.，2007）、T_s-VI 三角（Surface Temperature-Vegetation index Triangle method）模型（Tang et al.，2010）、基于 Penman-Monteith（P-M）公式（Allen et al.，1998）改进的 MODIS-ET 模型（Mu et al.，2011）及将能量余项法与 P-M 公式相结合的 ETwatch 模型（吴炳方等，2008）。其中 SEBAL 模型物理概念较为清楚、所需气象数据较少、数据获取比较容易、反演精度高且普遍适用于各种气候条件等优点，成为目前最常用的反演蒸散发的遥感方法之一（Bastiaanssen et al.，1998），现已在多个国家的各种下垫面（农田、草地、林地等）不同尺度（田间、流域、区域）各种气候条件下的蒸散发估测均取得了良好的模拟效果（Bastiaanssen et al.，2002；Jaafar et al.，2020；Cheng et al.，2020）。

　　由于地理位置的独特性和环境敏感性的特征（见第 2 章），众多学者对西北农牧交错带的蒸散发开展了相关研究，目前对该地区蒸散发的研究一方面是采用 P-M 公式计算区域潜在蒸散发并利用空间插值手段对其时空变化进行分析（李敏敏和延军平，2013；钱多等，2017），另一方面也有在流域尺度上利用 SEBAL 模型对蒸散发空间分布特征的探讨（张殿君等，2011；韩惠等，2009）。大部分学者基于气象站点利用经验公式来研究西北农牧交错带潜在蒸散发的时空变化特征，运用空间插值的手段进行空间分析存在外延精度低、下垫面特征考虑不足等问题，而采用物理机制模型对异质性较高，下垫面特征复杂的西北农牧交错带实际蒸散发的研究相对较少。

　　本节以西北农牧交错带作为研究区，利用遥感获得的地表温度、NDVI（Normalized Difference Vegetation Index）、地表反照率等参数结合气象站点数据，基于能量平衡原理建立的 SEBAL 物理机制模型估算西北农牧交错带生长季（4～10 月）的日蒸散量，探讨了蒸散发与地表特征参数之间的关系，研究结果有助于了解本地区的蒸散发时空变化规律及下垫面特征与蒸散发之间的关系，为本地区水资源的合理配置与生态可持续发展提供有意义的借鉴。

5.4.1 数据与方法

1. 数据来源及处理

本节从美国国家航空航天局的土地处理分布式活动档案中心网站下载获得的 MODIS（moderate-resolution imaging spectroradiometer）产品作为数据源，选取地表温度、NDVI 与地表反照率作为 SEBAL 模型的主要输入数据（表 5.9），覆盖西北农牧交错带的 MODIS 产品轨道号为（h24v04、h24v05），原始的 MODIS 产品为 HDF-EOS 格式、ISIN（Integerized Sinusoidal）投影，利用 MODIS 的处理工具 MRT（MODIS Reprojection Tools）进行轨道镶嵌、格式转换、投影变换等将其转换为 WGS-1984 坐标系统下 Geo Tiff 格式的文件，统一投影为 Albers Conical Equal Area，之后在 ArcGIS10.2 软件中经过裁剪、重采样等得到模型的输入数据。DEM 数据来源于中国科学院计算机网络信息中心国际科学数据影像网站，重采样生成与 MODIS 数据相同的空间分辨率（1 km）。

表 5.9　MODIS 产品的详细信息

产品名称	提供的地表特征参数	时间分辨率/d	空间分辨率/m
MOD11A1	地表温度	16	1000
MOD13A2	归一化植被指数	8	1000
MOD09A1	地表反照率	8	500

气象数据源自中国气象数据网，共计 22 个站点，主要气象要素包括逐日的平均气温、最高气温、最低气温、平均风速、平均相对湿度、最小相对湿度和日照时数，主要用于 SEBAL 模型的输入数据与 P-M 模型的估算，采用 IDW（Inverse Distance Weight）插值方法将站点观测资料扩展至区域。其中，气象站点为 10 m 观测风速，利用联合国粮农组织推荐的风廓线关系将其转化为 2 m 风速（Allen et al., 1998）。

土地利用数据来源于中国科学院资源环境科学数据中心提供的 2015 年 1 km 空间分辨率的土地利用数据，依据《土地利用现状分类》（GB/T 21010—2017）并结合研究区内的实际状况，将其划分为耕地、林地、草地、水域、建设用地与未利用地六类。

2. SEBAL 模型简述

1998 年 Basitaanssen 等基于能量平衡原理建立了地表能量平衡算法（SEBAL）模型，它是一种单源能量平衡模型，不需要土壤、作物和管理实践的相关信息而估算潜热通量和其他能量平衡组分（Bastiaanssen et al., 1998, 2002）。它是利用能量平衡原理来获得蒸散发，即

$$R_n = H + G + LE + PH \tag{5.22}$$

式中，R_n 为地表净辐射通量，W/m^2；H 为感热通量，W/m^2；LE 为潜热通量，W/m^2；G 为土壤热通量，W/m^2；PH 用于植物光合作用和生物量增加的能量（其值很小可以忽略）。

地表净辐射通量代表地面可用的实际辐射能量，通过从所有进入的辐射通量中减去所有输出辐射通量计算获得（Bastiaanssen et al.，1998，2002），主要公式如下：

$$R_n = (1-\alpha)R_s\downarrow + R_l\downarrow - R_l\uparrow - (1-\varepsilon_g)R_l\downarrow \quad (5.23)$$

$$R_s\downarrow = G_{sc}\times\cos\theta\times d_r\times\tau_{sw} \quad (5.24)$$

$$R_l\downarrow = \varepsilon_a\sigma T_a^4 \quad (5.25)$$

$$R_l\uparrow = \varepsilon_g\sigma T_0^4 \quad (5.26)$$

式中，$R_s\downarrow$为到达地表短波辐射，W/m²；α为反照率；$R_l\downarrow$为入射的长波辐射，W/m²；$R_l\uparrow$为向外发射的长波辐射，W/m²；τ_{sw}为大气单向透射率；ε_a为大气比辐射率；ε_g为地表比辐射率又称发射率，可由与 NDVI 之间的经验公式进行推算，ε_g=1.009+0.047ln（NDVI），当为水体时取 0.995（Van de Griend and Owe，1993）；G_{sc}为太阳常数，取 1367 W/m²；θ为太阳天顶角；d_r为日地距离（天文单位）；σ为斯蒂芬-玻尔兹曼常数，取值为 5.67×10^{-8} W(m²·K⁴)；T_a为参考高度处的温度，K；T_0为地表温度，K。

土壤热通量是由于传导导致的储存到土壤和植被中的热量的比率，可由 R_n、T_0、NDVI 与 α 之间的经验统计公式计算（Bastiaanssen et al.，1998，2002）：

$$G = R_n\times\frac{1}{\alpha}\times(T_0-273.15)\times(0.0032\alpha+0.0064\alpha^2)(1-0.978\text{NDVI}^4) \quad （植被覆盖）\quad (5.27)$$

$$G = 0.2\times R_n \quad （裸露土壤）$$

式中，NDVI 为归一化植被指数。

感热通量是由于温差造成的对流和传导对空气的热损失速率，可由下式计算：

$$H = \rho C_p dT / r_{ah} \quad (5.28)$$

$$r_{ah} = \frac{1}{ku^*}\ln\left(\frac{z_2}{z_1}\right) \quad (5.29)$$

式中，ρ为空气密度，kg/m³；C_p是空气热量常数，取值为 1004 J/(kg·K)；dT为高度 z_1、z_2处的温度差，其中 z_1 和 z_2 是植被冠层零平面位移以上的高度，m，取值分别是 0.01 m 和 2 m；r_{ah}为空气动力学阻抗。u^*是摩擦速度，k是卡尔曼常数（一般取 0.41），具体计算过程详见文献（Bastiaanssen et al.，1998，2002）。

地表温度梯度（dT）获得是假定 T_0 与 dT 之间存在线性关系，即 $dT=a\times T_0+b$，计算系数 a 与 b 需要通过选取冷热象元并引入 Monin-Obukhov 理论通过循环递归运算反复迭代获得，热象元代表极端干旱地区，假定湿度为 0，即潜热为 0，$H\approx R_n-G$，一般选择在非常干燥的缺少植被覆盖的沙漠、戈壁等地区；冷象元代表极端湿润地区，假定地表温度为 0，即感热为 0，$\lambda ET\approx R_n-G$，一般选择在植物比较茂密，水分供应充足的地区。系数 a、b 确定后即可获得 dT，以此求得显热通量。

潜热通量是由蒸散发引起的表面潜热损失率。当各个通量确定后即可根据式（5.22）计算获得。

基于能量平衡公式结合遥感影像所获得的蒸散量是瞬时的蒸散发，实际的应用价值较小，需要进行尺度的拓展至日蒸散发。研究表明，蒸发比在白天当中基本保持稳定（Crago，1996），因而结合蒸发比不变定律可以扩展至日蒸散发。蒸发比的计算公式为

$$EF = \frac{LE}{R_n - G} = \frac{LE}{H + LE} \tag{5.30}$$

式中，EF 为蒸散发比。

当蒸发比已知时，日蒸散发 ET_{24} 可以由下式进行计算：

$$ET_{24} = \frac{86400 \times EF \times (R_{n24} - G_{24})}{\lambda} \tag{5.31}$$

式中，R_{n24} 为一整天的净辐射通量；G_{24} 为一整天的土壤热通量；86400 是一天对应的秒数；λ 为水的汽化潜热（J/kg），可以由与温度的关系式得到（Bastiaanssen et al.，1998，2002）：

$$\lambda = \left[2.501 - 0.002361 \times (T_0 - 273.15)\right] \times 10^6 \tag{5.32}$$

5.4.2　日蒸散量精度的验证

为了验证 SEBAL 模型所获得的地表日蒸散量的可信度，需要对估算结果进行检验，因在该时段内缺少实测数据直接验证模型的估算结果，结合前人的研究经验（李宝富等，2011；周妍妍等，2019），采用联合国粮农组织（FAO）推荐使用的 P-M 公式与作物系数结合进行间接对比分析，参考 FAO 推荐的作物系数（Allen et al.，1998）及张娜等（2016）得到的各时期作物系数，确定 4～5 月取 0.77，6 月取 0.99，7～8 月取 1.02，9～10 月分别取 0.86 与 0.68，以此对各时期估算的区域蒸散发均值与 P-M 模型的计算均值进行对比。由图 5.27 结果得出，6 月 10 日可能存在低估外，其他各个时段均存在一定程度的高估，虽个别时期误差较大，但整体变化特征基本吻合，整体平均绝对误差（MAE）为 0.79 mm/d，均方根误差（RMSE）为 0.94 mm/d，确定性系数（R^2）为 0.76。本书中的误差范围与其他学者在区域尺度的检验结果相近（陈云浩等，2001；李宝富等，2011；于文颖等，2017），因而估算误差处于合理范围内，说明 SEBAL 模型在西北农牧交错带蒸散发的估算精度基本上可以满足本地区的研究（李旭亮等，2020）。

5.4.3　区域蒸散发的空间分布

为了探究研究区生长季蒸散发的整体空间分布特征，将各时段的蒸散发进行栅格平均并统计了其值域像元的频数分布，如图 5.28 所示，研究区生长季蒸散发均值的变化范围处于 0.12～10.66 mm/d，呈单峰的分布特征，峰值主要集中于 4～5 mm/d，均值为 4.31 mm/d。

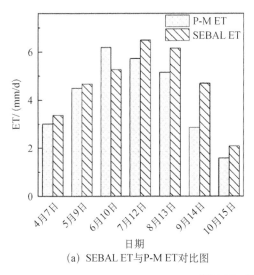

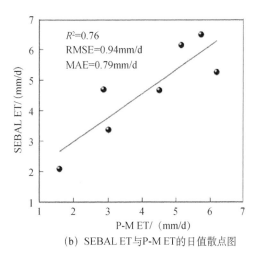

（a）SEBAL ET与P-M ET对比图　　（b）SEBAL ET与P-M ET的日值散点图

图 5.27　精度检验结果

SEBAL ET 为基于 SEBAL 模型计算获得的蒸散发，P-M ET 为基于彭曼公式结合作物系数计算的蒸散发

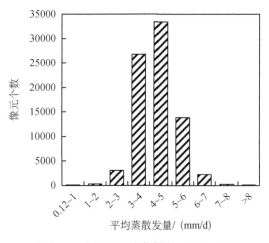

图 5.28　生长季日均蒸散发频率分布图

从空间分布特征来说（图 5.29），研究区生长季的区域蒸散发空间分布整体呈现东北、西南部较高，西部偏低的特征，蒸散发的高值区大部分出现在东部，其值范围介于 4～6 mm/d，主要分布在神木、榆林、横山、靖边等部分地区，呈离散的条带状或块状的分布格局，因该地区主要的植被类型为草地与耕地，植被长势较好，降水较多，具备了良好的蒸散条件；西南部的高值区（6～7 mm/d）主要为分布在黄河冲积平原的农耕地区，与当地具有较好的供水条件密切相关；低值区出现在研究区西部，其值范围处于 1～3 mm/d，呈片状的分布格局，西部主要以沙地与稀疏草地为主且降水较少，地表温度虽高但提供蒸散发的水分不足，因而蒸散量小于东部（李旭亮等，2020）。

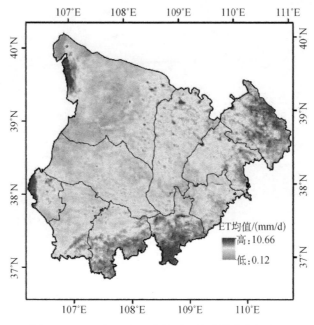

图 5.29　2015 年研究区生长季日均蒸散发空间分布

5.4.4　蒸散发与地表特征参数关系探究

下垫面特征是影响地表能量和物质交换的重要因素，NDVI、地表温度、地表反照率与地表净辐射是描述下垫面性质的几个重要参数，它们之间相互作用并共同影响着蒸散发的空间分布格局。如图 5.30 各地表参数均值的空间分布所示：NDVI 的高值区（0.24～0.54）主要集中于研究区的东部山区，除西南部呈条块状高值区（0.35～0.54）外，自东向西其值逐渐变小，植被覆盖条件逐渐变差；地表反照率的高值区主要集中分布于西部，东部为低值区，因东部主要以高覆盖的林地、草地与农田为主，地表较为湿润且粗糙度较高，反照率相对较低，而西部主要以裸地与沙地为主，地表粗糙度较低，地面对太阳辐射的反射能力较强，地表反照率较高；地表温度受地表覆被与海拔等因素的共同影响除西北部高海拔地区的地表温度较低外，整体与 NDVI 的空间分布格局相似，植被覆盖条件较好的地区地表温度越低；净辐射通量与地表温度之间的空间分布格局相似（李旭亮等，2020）。

为了进一步量化各地表特征参数与蒸散发之间的关系，本节利用 ArcGIS 10.2 中的 Create Fishnet 命令以 1 km 为间距进行取样统计分析，如图 5.31 所示，在植被覆盖区，NDVI 与蒸散发之间呈现出正相关关系，R^2=0.28，即植被覆盖度越高，植被长势越好，蒸腾作用在整个蒸散发过程中所占的比例越大，则蒸散量越高；蒸散发与地表温度二者之间呈显著的线性负相关关系，R^2=0.74，不同下垫面的物理属性具有显著的差异性，植被覆盖度较高的地区因吸收了大量的太阳辐射，因而地表温度相对较低，加之由于植物的散发，故而蒸散量较高，而地表温度的高值区主要分布于沙地、戈壁，感热在整个能量分配

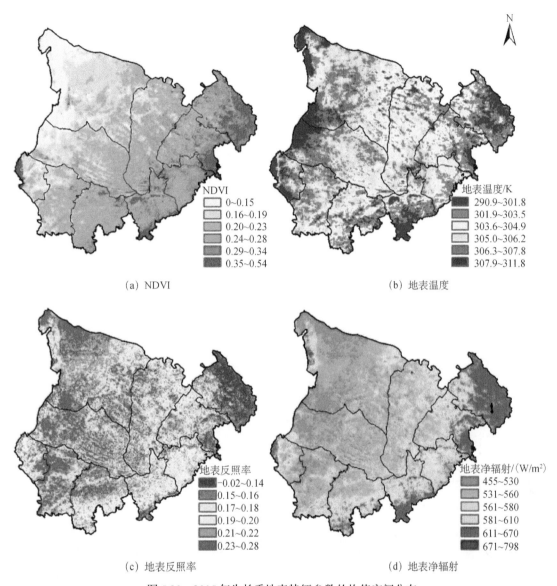

(a) NDVI

(b) 地表温度

(c) 地表反照率

(d) 地表净辐射

图 5.30　2015 年生长季地表特征参数的均值空间分布

中占比较大且由于水分因素的限制，蒸散发反而较低。反照率与蒸散发之间呈负相关关系，R^2=0.33，反照率越高，到达地表的有效辐射越小，用于蒸散发的能量越少，所以蒸散发则越小。蒸散发与净辐射通量之间呈显著的正相关关系，R^2=0.68，净辐射是供给蒸散发的有效能量，它控制着蒸散发的物理与生物过程，如水分输送与运移能量的多少、植被光合作用的大小等，因而能量越高，蒸散发越大。由以上分析可以得出，蒸散发与地表特征参数之间相关性由强到弱依次为地表温度>净辐射通量>地表反照率>NDVI（李旭亮等，2020）。

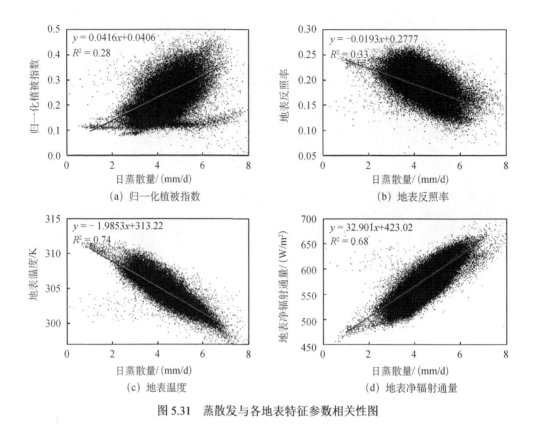

图 5.31　蒸散发与各地表特征参数相关性图

5.4.5　不同土地覆被类型的蒸散量分析

　　不同下垫面因理化性质的差异，因而蒸散量各不相同。利用 ArcGIS 10.2 中的区域统计功能，统计了不同土地利用类型下的日均蒸散量，由于面积较小的土地利用类别包含的混合相元较多，误差较大，故而不做统计，选取了该地区典型的耕地、林地、草地与未利用地统计结果如表 5.10 所示。耕地日均蒸散量为 4.89 mm/d，相对来说是蒸散量较高的地类，因研究区内的耕地以旱地为主，农作物需要灌溉水源，当作物处于生长季中期时，气温较高且灌溉水源充足，蒸腾与蒸发的双重作用使得蒸散量较高；林地的日均蒸散量为 4.44 mm/d，林地具有水源涵养与蒸腾的双重作用，能够为蒸散发提供良好的水分条件，蒸散量理应相对较高，但研究区内林地的占比不足 3%，且以人工林为主，树龄小，林间密度低，树种低矮，故而蒸散量相对较低；未利用地与草地蒸散量最小，日均值分别为 4.21 mm/d、4.18 mm/d，草地与未利用地约占研究区总面积的 80%，草地主要以草原植被、荒漠植被与沙地植被为主，分布稀疏，由于本地区独特的镶嵌性下垫面特征，草地与未利用地呈相间分布，蒸腾作用较低，且研究区西北部的高山荒漠地区可能存在一定程度高估，导致未利用地整体偏高，致使未利用地蒸散量整体比草地较高。

表 5.10　不同土地覆被类型下的平均日蒸散量

土地覆被类型	面积/km²	占总面积比例/%	日均蒸散量/（mm/d）
耕地	12779	15.35	4.89
林地	2330	2.80	4.44
未利用地	19044	22.88	4.21
草地	47200	56.71	4.18

综上分析，耕地因灌溉等人为综合管理措施使得蒸散量也较高，其次为相对低矮的人工林地，未利用地与草地相差不大，日蒸散量较小（李旭亮等，2020）。

5.4.6　结论与讨论

本节利用 SEBAL 模型获得研究区生长季蒸散发的变化范围为 0.12～10.66 mm/d，这与苏婷婷等（2019）基于 Landsat 8 遥感影像在半干旱区的土默特右旗利用 SEBAL 模型在作物生育期内的蒸散发估算结果基本一致（1.18～13.14 mm/d），说明利用 MODIS 数据结合 SEBAL 模型对区域尺度蒸散发的估算具有一定的适用性，但由于较低的空间分辨率对于西北农牧交错带复杂的农-草-裸镶嵌分布的复杂下垫面的刻画并不显著，仅能反映出整体蒸散发的空间分布随时间的变化特征，因而日后研究中选用高空间分辨率的遥感影像来刻画复杂下垫面的信息是准确获得蒸散发的前提。通过检验结果发现 SEBAL 模型计算的结果可能存在一定程度的高估，由于下垫面的异质性，采用单点验证的方式并不一定能够说明 1 km × 1 km 空间分辨率的象元特征，不可避免地存在一定的验证误差，曾丽红等（2011）在松嫩平原与于文颖等（2017）在盘锦湿地利用涡度相关检验结果也得到的类似的结论，为进一步明晰具体的影响因素，避免因各个参数的不确定性而致使误差传递，需要利用实测数据对每一步的反演结果进行订正以此来消除计算过程中产生的累积误差是今后发展的方向。此外，通过以 1 km 为间隔取点回归发现地表温度与蒸散发之间的相关性最高且呈负相关关系，与 NDVI 呈正相关关系，此结果与杨肖丽等（2010）在半干旱地区和王军等（2013）在典型草原得到的研究结果一致，说明了在干旱半干旱区地表蒸散发受下垫面特征的影响较为显著，能量与水分是影响本地区蒸散量的重要因素，但因蒸散发受地表温度的影响显著，在西北部高海拔地区出现了低值高估的现象，使得未利用地的蒸散发结果统计值偏高，可能因为模型对于地形考虑不足所致（李旭亮等，2020）。

本节基于地表能量平衡的 SEBAL 模型利用 MODIS 数据对西北农牧交错带 2015 年生长季的蒸散发进行反演，并利用 FAO 推荐的 P-M 公式结合作物系数对反演结果进行对比，得到平均绝对误差为 0.79 mm/d，均方根误差为 0.94 mm/d，确定性系数 R^2 为 0.76，结果在可信范围之内，说明所需参数较少、物理机制较为明确的 SEBAL 模型在下垫面复杂的西北农牧交错带的蒸散发反演研究中也具有一定的适用性。并以此为基础对蒸散发进行了分析，得出以下结论：

（1）西北农牧交错带生长季蒸散发随时间变化呈现出明显的空间变异性，生长季日均蒸散发为 4.31 mm/d，呈现出东北、西南部较高，西部偏低的空间分布格局，蒸散发的高值区呈小斑块状、离散的条带状或块状的分布格局；低值区呈片状的空间分布格局，农区蒸散量高于牧区。

（2）基于 SEBAL 模型得到的日蒸散发与地表特征参数之间的统计分析结果表明，蒸散发与地表温度和反照率之间呈负相关关系，与 NDVI 和地表净辐射之间呈正相关关系，其中蒸散发与地表温度之间的相关性最高，R^2=0.74，因而对地表温度的准确反演是获得精确蒸散发的前提。

（3）不同土地覆被下蒸散量大致呈现以下的特征：耕地具有较高的蒸散量，林地次之，未利用地与草地蒸散量较低。

5.5　土地利用变化对区域气候（水热循环过程）的双向反馈动力学机制

土地利用变化与区域气候的相互作用是地球系统科学研究的前沿。陆地-大气相互作用及其对气候系统影响的重要性得到广泛认可。土地利用变化对气候的影响虽然经常被忽视，但在过去 100 年里，人们对土壤-植被-大气交互作用的看法发生了巨大的改变，大量研究开始强调陆气相互作用如何在时间（季节性到百年）和空间（局地到全球）尺度影响和调节气候变化。

本节利用区域气候模式-天气研究和预报模式（Weather Research and Forecasting model，WRF）首次研究了西北农牧交错带区域水热循环对土地利用变化的响应。本节主要内容有 WRF 模型介绍、实验设计、主要结果。

5.5.1　WRF 模型介绍

天气研究与预报模式（Weather Research and Forecasting Model，WRF）是由美国国家大气研究中心（National Center for Atmospheric Research，NCAR）联合美国国家环境预报中心（National Center for Environmental Prediction，NCEP）、美国空军气象局（Air Force Weather Agency，AFWA）及俄克拉荷马大学等多家政府和科研机构共同研发的新一代中尺度数值天气预报系统。WRF 根据不同需求分别提供了用于科研研究的 ARW（Advanced Research

WRF，WRF-ARW）和用于业务预报应用的 NMM（Nonhydrostatic Research Model）两种动力核。本研究使用的是 WRF-ARW 模式，在之后的阐述中，统称为 WRF。WRF 模式可以在几十米到几千公里的范围上进行大气数值模拟研究、区域理想化模拟、地球系统模型的耦合以及数据同化等多方面的研究。

WRF 模式主要由四部分组成，包括预处理系统、同化系统、动力内核以及后处理。预处理系统主要用于将数据进行插值和模式标准初始化、定义模式区域，选择地图投影方式。WRF 的动力框架采用完全可压缩、非静力平衡欧拉模型，采用具有守恒性的变量通量形式表示。水平方向采用荒川 C（Arakawa C）网格点，垂直方向采纳地形跟随质量坐标形式。时间积分方案上采用三阶或者四阶的 Runge-Kutta 算法。

WRF 模式还提供了多种物理过程参数化方案，包括微物理过程方案，长、短波辐射方案、边界层方案、近地层方案、积云对流方案、陆面过程方案等。每种物理方案还提供了多种选择。例如，微物理方案有 Kessler 方案、Purdue Lin 方案、WSM3-class 方案、WSM6-class 方案等，长、短波辐射方案有 RRTM 方案、CAM 方案、Goddard 方案等，边界层方案有 Yonsei University 方案、Mellor-Yamada-Janjic 方案、Quasi-Normal Scale Elimination 方案等，积云对流方案有 Kain-Fritsch 方案、Betts-Miller-Janjic 方案、Grell-Freitas 方案等，陆面过程方案有 Noah-MP 方案、CLM 方案、Pleim-Xiu 方案等。

5.5.2　实验设计

本节研究使用了 WRF3.8.1 版本。模型水平网格为 60×60，分辨率为 10 km，NECP 气候预报系统再分析数据（CFSR），其时间和空间分辨率分别为 6 h 和 0.5°，作为模式初始场和边界条件进行输入（Wang et al.，2020）。

为了评估 WRF 模式在西北农牧交错带的模拟性能并获得一套最优的本地化物理方案，以最好地模拟中国西北干旱半干旱地区的地表水热过程，首先选择了 16 个微物理、4 个积云对流和 6 个边界层方案进行了敏感性实验，使用标准化偏差（SD）、相关系数（R）和均方根误差（RMSE）对模拟的降水、温度与观测数据进行对比验证。选择来自中国气象数据网提供的气象站点（东胜、横山、榆林）观测数据对模型模拟的温度和降水结果进行评估。此外，中分辨率成像光谱仪（MODerate resolution Imaging Spectro-radiometer，MODIS）的地表温度产品数据被用来对 WRF 模拟的地表温度结果进行验证评价。

5.5.3　模型评估

图 5.32 显示了微物理方案、积云对流方案以及边界层方案敏感性实验结果。模拟的 2 m 气温与观测结果的空间相关系数主要集中在 0.95~0.99，表明温度对以上方案的敏感性较

低。但降水结果对微物理方案、积云对流方案以及边界层方案都表现出较高的敏感性。基于模拟结果综合考虑，本书选择的参数化方案有快速辐射传输模型（rapid radiative transfer model，RRTM）长波辐射方案、Dudhia 短波辐射方案、Thompson 云微物理方案、Yonsei University（YSU）大气边界层方案、Kain-Fritsch 积云对流方案和 Community Land Model 陆面过程方案。

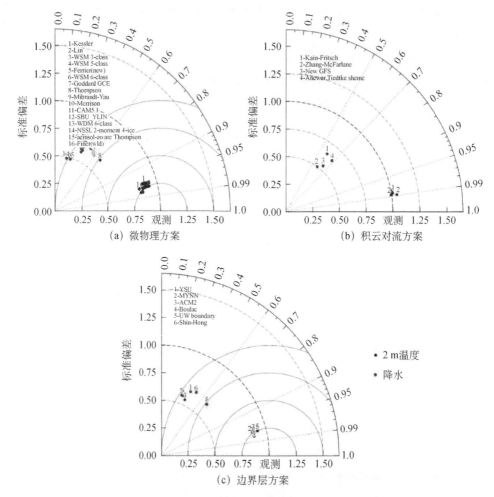

图 5.32　WRF 不同参数化方案模拟降水和温度的泰勒图

　　降水、地表温度和 2 m 温度的时间变化与观测数据的变化及散点图如图 5.33 所示。结果表明 WRF 模型准确再现了农牧交错带降水和气温的变化。降水在九月出现最大值。模拟的月累积降水量、地表温度和 2 m 温度的相关系数分别为 0.71、0.94 和 0.97。模拟结果与观测值在温度和降水随时间变化具有较高的一致性，表明 WRF 模型可以准确模拟农牧交错带区域水热过程的时空变化。

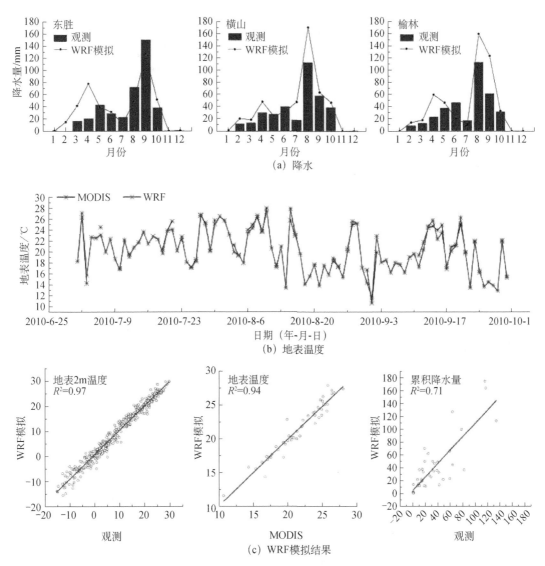

图 5.33　WRF 模拟结果与站点及遥感观测资料对比

5.5.4　主要结果

通过性能评估获得最优参数方案后，重新进行模拟，模拟时间段为 2009 年 9 月至 2010 年 12 月，其中，前四个月作为模式 Spin-up 时间。设计了两种土地利用并在模式中进行了修改，分别进行模拟。实验 1（Exp1993）：修改土地利用为 1993 年地表土地利用；实验 2（Exp2010）：修改土地利用为 2010 年土地利用。在相同的气候强迫下，通过对比两种实验结果来看区域水热因子对土地利用变化的响应（图 5.34）。

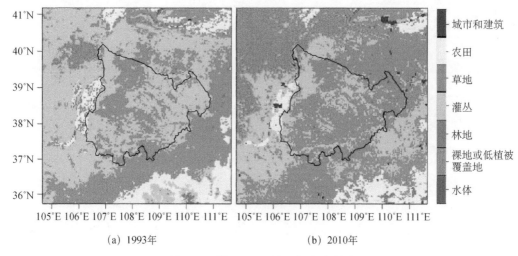

(a) 1993年　　　　　　　　　　(b) 2010年

图 5.34　输入 WRF 的两期土地利用

　　两个模拟实验之间 ET 季节差异的空间分布如图 5.35 所示。不同季节区域平均差异分别为 -1.15、19.79、-13.22 和 -0.96 mm。由于春季和冬季研究区降水较少，故 ET 在冬季和春季没有明显差异［图 5.35（a）（b）］。草地扩张增加了研究区地表植被的覆盖度，当夏季温度升高，植被蒸腾作用显著加强，故在夏季 ET 呈现增加趋势［图 5.35（b）］。秋季温度降低，植被开始枯萎，植被蒸腾作用减弱，另外，增加的植被覆盖也同时抑制了土壤蒸发，所以 ET 降低［图 5.35（c）］。

　　季节性降水和大气水汽模拟结果如图 5.36 所示。研究区模拟的降水主要集中在区域东部，夏季降水主要集中在东南部，大气水汽主要来自南部，东亚季风和印度洋季风提供了主要的水分来源。秋季降水分布与春季相似，大气水汽主要来自西部和西南部。

　　为了更好地了解降水对土地利用变化的响应，必须表征季节性水分来源。因此研究了水分来源的季节性变化，并比较了它们的季节性差异。图 5.37 显示了模拟的季节性降水的空间分布差异（箭头向量表示季节垂直积分水汽通量的差异）。结果显示降水对 LUCC 响应明显。春季、夏季和秋季的空间平均差异分别为 -2.30 mm、-7.31 mm 和 -7.80 mm。一般来说，输送到一个地区的水分越多，该地区降水就越多，反之亦然（Zhang et al., 2017）。结果显示研究区的水分主要由西风、东亚季风和印度洋季风贡献。然而，根据两次模拟（Exp2010-Exp1993）之间的水分差异发现该区域的降水降低。在春季，来自西风携带的水汽减少，但这种变化非常微弱。夏季来自东亚季风和印度洋季风携带的水汽也减少，但在研究区北部，水分增加，这说明草地扩张增加的 ET 水分的贡献很大进而输送到北部。秋季表现出与春季相似的模式。

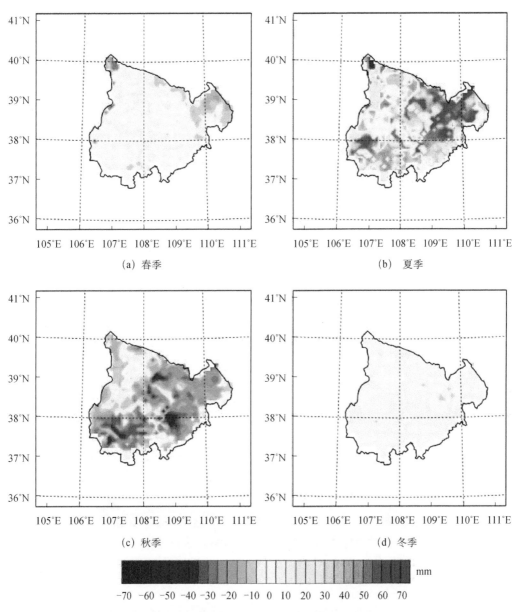

(a) 春季　　　　　　　　　　　　　(b) 夏季

(c) 秋季　　　　　　　　　　　　　(d) 冬季

图 5.35　蒸散发在不同季节差异的空间分布

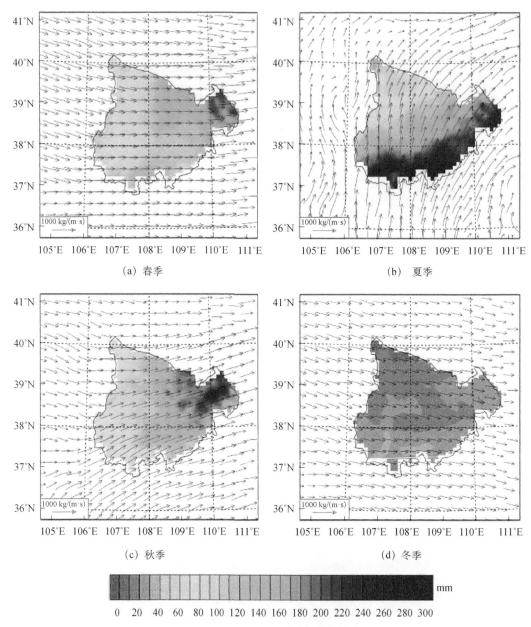

图 5.36　降水在不同季节的空间分布
矢量箭头为大气水汽通量

　　该模拟实验结果呈现的降水及水汽通量差异的原因是地表植被类型不同。研究区内增加的草地覆盖很大程度上加剧了夏季植被的蒸腾作用。植被通过根系将深层土壤水分输送进入大气。但水分通量的负差异意味着更多的水分输送离开该区域，可降水量减少，进一步造成降水减少。如果这种过程持续时间较长，则会出现土壤水分亏缺、土壤干化、干旱扩张的风险（Wang et al., 2020）。

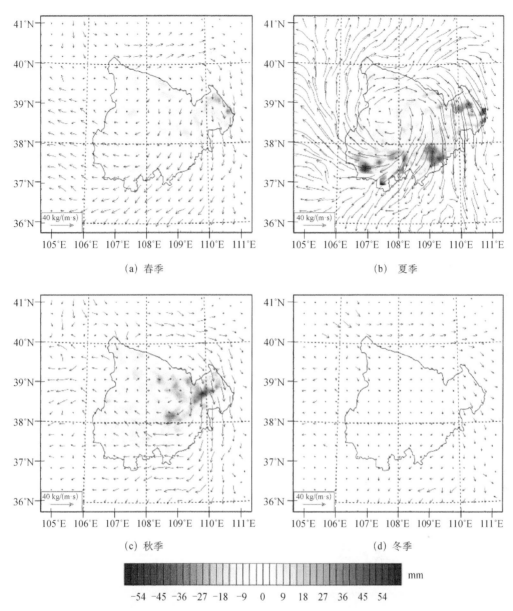

(a) 春季　　　　　　　　　　　　　　(b) 夏季

(c) 秋季　　　　　　　　　　　　　　(d) 冬季

图 5.37　降水及其大气水汽通量在不同季节差异的空间分布

矢量箭头为大气水汽通量

　　土地利用变化会改变地表反照率、背景粗糙度等影响地表水热交换过程进而影响区域气候。在这个过程中，蒸散发扮演了重要的"角色"。蒸散发过程将地表水分输送进入大气系统，会增加大气水汽含量。这会改变当地和下风向地区的降水。蒸发量的增加或减少会直接或间接地增加或降低降水，这种效应被称为"植被–降水反馈"，该过程适用于数百公里的规模。但是这种由蒸散发提供的水汽，何时、何地、用何方式变成降水具有较高的不确定性。总之，有关陆地下垫面植被改变与气候的相互作用及反馈的研究，虽然在近些年来受到更多的关注，但许多科学问题并未得到解决，是未来水文气象的重要研究方向之一。

5.6 土地利用变化对局地降水与水汽再循环过程反馈效应的定量分析

本节通过设计植被动态实验情景定量分析了土地利用变化调节局地水汽循环的过程。本节主要内容安排如下：介绍基于海拔、植被等因子对北方农牧交错带进行的分区；主要数据产品；植被情景实验及蒸散发计算；降水再循环率计算；主要结果。

5.6.1 子区域划分

降水再循环过程与研究区域的空间特征和区域范围大小密切相关（Trenberth，1999；Dominguez et al.，2006；Bisselink and Dolman，2008）。Dirmeyer 和 Brubaker（2007）发现循环降雨量与研究区域的面积在对数坐标上有线性关系。因此，我们根据农牧交错带的地形特征将其划分为四个子区域（图 5.38）进行比较分析。

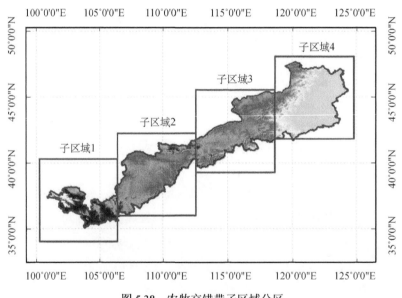

图 5.38　农牧交错带子区域分区

区域 1 主要位于青藏高原的东北部，是青藏高原向黄土高原的过渡地带。高海拔和复杂地形是该地区的主要特征。该地区的平均海拔约为 2601 m，地貌主要为山地和高原。高山草甸和青海云杉是主要的森林植被类型，农田包括春小麦、高原大麦、油菜籽。区域 2 主要位于黄河中游，是黄土高原的典型地区。为了治理严重的水土流失、频繁的干旱和稀疏的植被，该地区自 1999 年起实施了大规模"退耕还林还草"政策。区域 3 包括内蒙古高原的一部分，主要植被类型以半荒漠草原为主。该区域常年受中温带干旱和半干旱大陆季风气候的影响，风大、沙尘暴频繁，沙漠化严重。区域 4 位于中国东北平原，地势平坦。主要植被包括半干旱灌木、草地和温带草原（Wang et al.，2021）。

5.6.2　数据

本节使用的 ERA-Interim 产品是由欧洲中期天气预报中心（European Centre for Medium-Range Weather Forecasts，ECMWF）1995～2015 年的全球大气再分析数据集（Dee et al.，2011）。变量包括在全球网格上的降水、蒸发、地表压力、风和比湿。

中国区域地面气象要素驱动数据集（CMFD）也被用于本研究中，该数据集从 1979 年到 2015 年，空间分辨率为 0.1°（Yang et al.，2010；阳坤和何杰，2019；He et al.，2020）。CMFD 已被广泛用于土地表面建模、水文建模和陆地数据同化。

2001 年 1 月至 2015 年 12 月的土地利用数据来源于 MODIS、分辨率为 500 m、间隔 16 天的 MODIS 增强植被指数（EVI）和 NDVI 以及分辨率为 500 m、间隔 8 天的叶面积指数（LAI）和反照率（ALBEDO），AVHRR LAI 和全球库存建模和制图研究 1995～2000 年的 NDVI 数据，分辨率为 0.05°和全球 EVI 数据被用于计算区域蒸散发。

5.6.3　蒸散发计算

尽管已经有许多估算区域 ET 的模型，但不同蒸发通量的实际大小仍不清楚。目前，PT-JPL（priestly-taylor jet propulsion paboratory）模型被广泛用于估计区域蒸散发（Shao et al.，2019）。PT-JPL 模型可以与遥感植被数据相结合，在区域尺度估算地表蒸散发。与其他水文模型相比，PT-JPL 具有较多的生态生理参数，并考虑了动态植被生理过程。在 PT-JPL 模型中，ET 被划分为冠层蒸腾（E_c）、土壤蒸发（E_s）和截留蒸发（E_i）之和。

$$ET = E_c + E_s + E_i \tag{5.33}$$

$$E_c = (1 - f_{wet}) f_g f_t f_m \alpha \frac{\Delta}{\Delta + \gamma} R_{nc} \tag{5.34}$$

$$E_s = (1 - f_{wet} + f_{sm})(1 - f_{wet}) \alpha \frac{\Delta}{\Delta + \gamma} (R_{ns} - G) \tag{5.35}$$

$$E_i = f_{wet} \alpha \frac{\Delta}{\Delta + \gamma} R_{nc} \tag{5.36}$$

式中，α 是系数（=1.26）；Δ 是饱和水汽压差（kPa/℃）。

为了研究土地利用变化对蒸散发的影响，设置了两个实验。第一个实验使用 PT-JPL 模型模拟了动态植被（dynamic vegetation，DV）状况下的实际蒸散发。该实验在 PT-JPL 模型中输入了真实反映研究区地表植被的参数。第二个实验假设没有实施大规模植被恢复项目（no dynamic vegetation，no-DV），在 PT-JPL 模型中输入 1995 年的植被参数来计算 1995～2015 年整个时期的地表蒸散发。这两次模拟都使用了相同的大气驱动数据。因此，两种实验的差异代表了土地利用变化对蒸发水分的净影响。在结果分析中，分别使用缩写 DV-ET 和 no-DV-ET 来代表两种实验下的 ET。

5.6.4 降水再循环

降水再循环率（precipitation recycling ratio，PRR）被定义为局地蒸发的水汽对同一地区的降水的贡献（Brubaker et al.，1993）。地表以上特定体积的空气的水分流入（F_{in}）是由水平运动的气流带来的水分。空气中的水汽含量 w 以水平速度 V 穿过该地区，在该地区内变化；它因降水的垂直通量 P 而减少，因蒸发的垂直通量 E 而增加。垂直综合水平衡可以用公式以下描述（Burde and Zangvil，2001）。

$$\frac{\partial(w)}{\partial t}+\frac{\partial(wu)}{\partial x}+\frac{\partial(wv)}{\partial y}=E-P \tag{5.37}$$

其中水汽含量 w 为

$$w=-\frac{1}{\rho g}\int_{p_{sur}}^{p_{top}}q(p)\,\mathrm{d}p \tag{5.38}$$

式中，ρ 为液态水的密度；g 为重力加速度；u 和 v 是纬向和经向风分量；p_{sur} 和 p_{top} 分别为地表压力和空气柱顶部压力。

垂直积分的水汽通量 $F=[F(x),F(y)]$ 为

$$\begin{cases} F(x)=-\dfrac{1}{\rho g}\int_{p_{sur}}^{p_{top}}q(p)u(p)\,\mathrm{d}p \\[2mm] F(y)=-\dfrac{1}{\rho g}\int_{p_{sur}}^{p_{top}}q(p)v(p)\,\mathrm{d}p \end{cases} \tag{5.39}$$

因此，水汽含量可分为两部分，即平流水汽 wa 和蒸发水汽 we（$w=$ wa+we），降水 P 由来自平流水分的 Pa 和来自蒸发水分的 Pr 组成。

根据降水循环的定义和基本假设，区域循环率由 Brubaker 等（1993）表示通过扩展 Budyko 模型如下：

$$r=\frac{EA}{EA+2F_{in}} \tag{5.40}$$

式中，F_{in} 为该区域整个边界的大气水分流入量；E 为蒸散量；A 为该区域的面积。然而，该模型低估了回收率，因为它使用面积平均的 P 和 E（Savenije，1995）。

为了克服这个问题，Dominguez 等（2006）开发了一个基于网格单元计算的动态回收模型（dynamic recycling model，DRM）。对于区域内的一个网格单元，根据水分平衡方程和拉格朗尼坐标，一个网格单元的回收率（r_i）表示为

$$r_i=1-\exp\left[-\int_0^t\frac{E}{w}\mathrm{d}t\right] \tag{5.41}$$

根据 Eltahir 和 Bras（1994）的基于网格的方法，一个区域的降水再循环率（PRR）可以计算如下：

$$\text{PRR} = \frac{\sum_{i=1}^{n} r_i P_i \Delta A_i}{\sum_{i=1}^{n} P_i \Delta A_i} \tag{5.42}$$

Mann（1945）和 Kendall（1948）提出的 Mann-Kendall（MK）趋势检验是一种非参数方法。MK 检验的优点是它不需要数据遵循任何特定的分布。MK 检验使用 Zs 统计量来指示时间序列是否具有增加或减少的趋势以及趋势的显著性。Zs 为正值表示呈上升趋势，负值表示呈下降趋势。当 Zs 统计量的绝对值分别超过 1.96 和 2.58（|Zs|≥1.96 和 |Zs|≥2.58）时，这一趋势在 95% 和 99% 的置信水平上显著（Gocic and Trajkovic，2013）。Sen（1968）利用线性模型开发了用于估计气象时间序列趋势斜率的非参数程序。MK 检验和 Sen 斜率被广泛用于评估水文气象数据趋势的重要性。本节中采用了 MK 检验和 Sen 斜率估计量来检测气象变量的变化趋势。

5.6.5 主要结果

图 5.39 显示了 1985～1995 年和 1995～2015 年期间 APENC 多年平均降水量和降水量

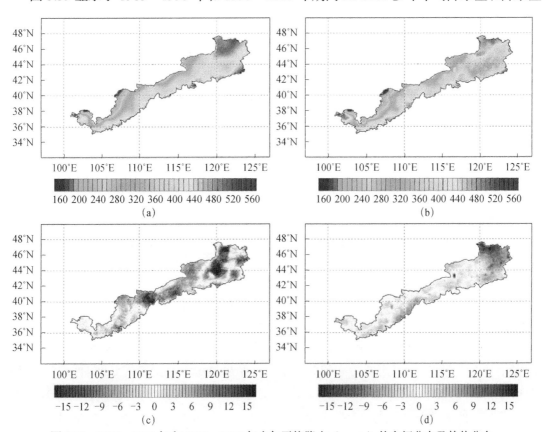

图 5.39 1985～1995 年和 1995～2015 年多年平均降水（mm/a）的空间分布及趋势分布
（a）和（c）为 1985～1995 年降水空间分布及趋势；（b）和（d）为 1995～2015 年降水空间分布及趋势

趋势的空间分布特征。1985~1995 年期间,农牧交错带东部降水呈下降趋势,但 1995~2015 年期间呈显著上升趋势,其中约 63%的区域表现为增加趋势,主要在第 2 和第 4 子区域。图 5.40 显示了 1995~2015 年 APENC 四个区域的区域平均降水量的时间序列变化。1995~2015 年期间,农牧交错带降水表现出显著增加趋势。

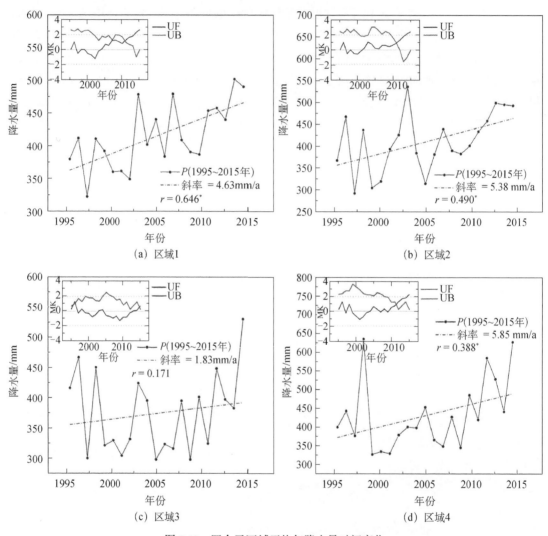

图 5.40　四个子区域平均年降水量时间变化

图 5.41 显示了无动态植被(no-DV-ET)和动态植被(DV-ET)1995~2015 年期间的多年平均 ET 的空间及趋势分布的两个实验。结果显示农牧交错带 ET 自西北向东南逐渐增加,这与降雨带的分布特征相似。由于实施了大规模的植被恢复,1995~2015 年期间,研究区的大部分区域的 ET 都呈现上升趋势,其中 50.36%地区的 DV-ET 显著增加。DV-ET 明显减少的区域仅占整个 APENC 的 34.65%。图 5.42 显示了两种实验下的区域平

均 ET 的时间序列变化。1995～2015 年，农牧交错带的 ET 呈现显著的增长趋势（蓝线，DV-ET），年增长率分别为 1.57 mm/a、3.58 mm/a、1.53 mm/a 和 1.84 mm/a。然而，对于 no-DV-ET，仅在区域 1 和 2 表现出增长趋势（红线），增长率分别为 0.16 mm/a 和 1.61 mm/a。为了进一步研究植被恢复引起的蒸散发的差异，对 ET 和 LAI 进行相关分析。结果表明，与无 DV-ET（r=0.42）相比，DV-ET 与 LAI 之间存在明显的正相关关系（r=0.78，p<0.05）。此外，配对样本 t 检验（表 5.11）显示，DV-ET 和无 DV-ET 之间存在着统计学上的显著差异（p<0.05）。以上结果表明植被恢复显著增强了农牧交错带的蒸发。

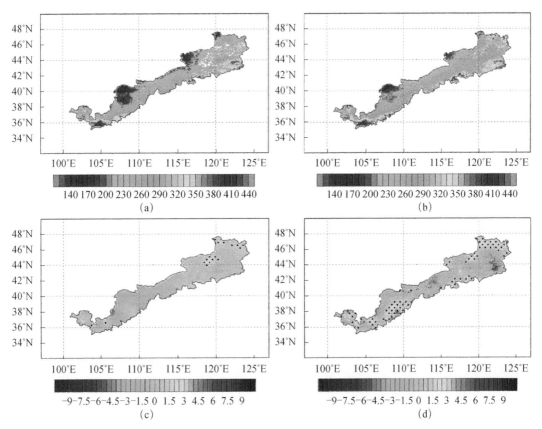

图 5.41　1995～2015 年多年平均 no-DV-ET 和 DV-ET（mm）的
空间分布及趋势分布（95%置信水平的值用点标记）

（a）多年平均 no-DV-ET 的空间分布；（b）多年平均 DV-ET 的空间分布；（c）多年平均 no-DV-ET 的趋势分布；
（d）多年平均 DV-ET 的趋势分布

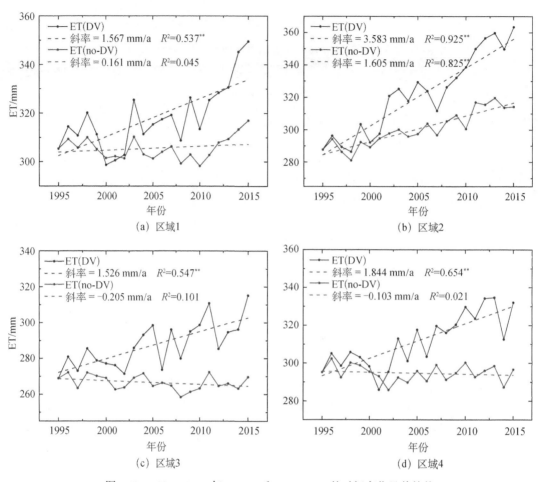

图 5.42　1995～2015 年 DV-ET 和 no-DV-ET 的时间变化及其趋势

表 5.11　1995～2015 年四个分区在 DV 和无 DV 情况下 ET 和 PRR 的配对样本 t 检验

区域	DV-ET 和 no-DV-ET		DV-PRR 和 no-DV-PRR	
	t	p	t	p
子区域 1	5.69	<0.05	5.66	<0.05
子区域 2	6.48	<0.05	5.50	<0.05
子区域 3	7.42	<0.05	6.48	<0.05
子区域 4	5.86	<0.05	6.40	<0.05

1995～2015 年中国北方农牧交错带年降水再循环结果如图 5.43 所示。自西向东四个子区域的 PRR 多年平均值分别为 10.15%、9.30%、11.01% 和 12.76%。与 no-DV 的实验结果相对比，DV 实验的 PRR 呈现显著的增加趋势，其趋势通过了显著性检验。图 5.43 中柱状图显示了由当地蒸发贡献的降水量的变化，结果显示再循环降水同样呈现显著增加趋势。

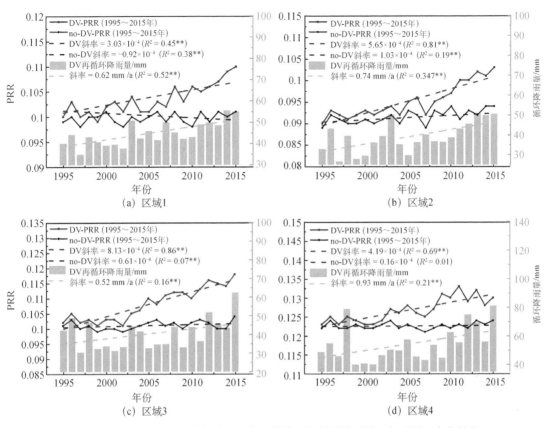

图 5.43　1995～2015 年降水再循环率（蓝线）与循环降雨量（条形图）变化趋势

中国北方农牧交错带季节性降水的大气水循环如图 5.44 所示，矢量代表气候学上的季节性垂直积分的水汽通量。结果显示农牧交错带春季和冬季的环流以西风为特征，夏季和秋季以印度洋季风和西风为主。图 5.44 详细量化了研究区四个子区域水汽收支平衡。所有变量的计算都通过除以年平均降水量 P 然后乘以 100 进行标准化（Guo et al., 2018）。四个区域的 P 和 ET 之间的差异不大。然而，进入四个子区域的水汽（F_{in}）有显著差异，分别为 $145.13 \times 6.61 \times 10^2 \, kg/s$、$313.04 \times 6.29 \times 10^2 \, kg/s$、$518.90 \times 5.55 \times 10^2 \, kg/s$ 和 $496.09 \times 6.38 \times 10^2 \, kg/s$，表明大气可将水量从区域 1 到区域 4 逐渐增加。然而，F_{in} 从 1995～2015 年的变化呈现下降趋势。我们可以通过计算 P_a/F_{in} 得出 F_{in} 与 P 的转化率，四个子区域的转化率分别为 61.91%、28.97%、17.15% 和 17.59%。在区域 1，进入该区域的水汽最低，但转换率最高，而进入其他子区域的水汽多，但转换率却较低。

根据上述分析，我们总结了 1995～2015 年期间 APENC 的水分循环特征。从水汽通量输送的角度来看，虽然 F_{in} 显示出下降的趋势，然而，P_a 的增加对降水有积极的影响。另外，植被恢复对蒸散发有积极影响。增强的 ET 通过循环过程增加了 P。在 1995～2015 年期间，农牧交错带的 PRR 呈现增加趋势，这表明农牧交错带降水通过地表-植被-大气相互作用过程从当地 ET 中获得越来越多的水分比例。大规模植被恢复加剧了区域水汽内循环。

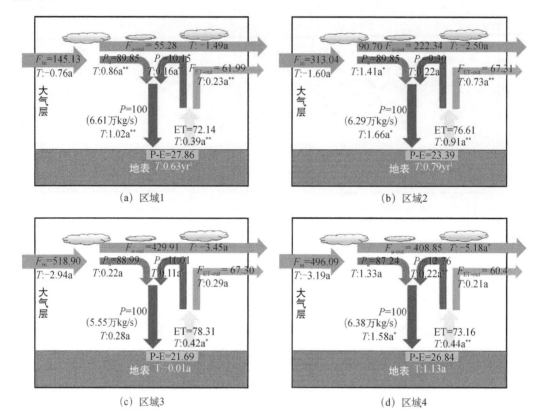

图 5.44　1995～2015 年四个子区域的多年平均水循环变量示意图

T 代表变量的趋势；F_{in} 代表水平流入水汽；$F_{a\text{-out}}$ 代表水平流出水汽；P_a 代表由水平流入水汽转换为的降水；P_t 代表由蒸散发水汽转换为的降水；P 代表降水；ET 代表蒸散发；$F_{ET\text{-out}}$ 代表蒸散发水汽流出

Charney 等（1975，1977）最初提出了 LUCC 对降水变化的反馈机制，并指出反照率增强对干旱有正反馈作用。然而，土地利用变化也会影响 ET，提供第二个反馈机制。植被恢复加剧了植被将土壤水分从底层输送到叶片的过程，并通过蒸散发失去水分。增加的蒸散发不仅为降水提供更多的水源，而且会影响低层大气的热力学结构，进一步加强对流，从而改变大气水循环，进而产生更多的 P（Schär et al.，1999；Alexandre and Gonzalo.，2014；Wang-Erlandsson et al.，2014）。由于对区域大气边界结构和水汽环流的间接影响，一部分本来只是被吹过研究区的平流水汽被保留下来，增加了总的 P，从而成为除本地 ET 外，由陆地表面-大气相互作用引起的额外 P 的来源（Alexandre and Gonzalo.，2014）。归因于 ET 通量的影响，从大尺度流动中提取更多的水分，其意义不亚于 ET 通量作为单纯的水供应者的直接影响（Koster and Suarez，2001；Koster et al.，2004；Wei et al.，2016）。此外，一个地区的蒸散发变化也会大大改变落在下风口的 P（Tuinenburg et al.，2012；Lo and Famiglietti，2013；Wei et al.，2013），下一节将进行详细研究。

本节分析了大规模植被恢复对中国北方农牧交错带的区域水分循环过程的影响。使用了多种数据集和方法来估计植被恢复如何影响区域水文过程和区域尺度地表–大气相互作用。主要研究结果如下：首先，降水趋势变化表明区域可用水量在逐渐增加，有利于当地的生态系统和可持续发展。其次，在 1995～2015 年期间，ET 呈现上升趋势，ET 增加通过水汽再循环对降水产生了正反馈。研究表明，通过地表–植被–大气交互过程，1995～2015年期间植被恢复加强了农牧交错带的植被–降水的正反馈。耦合土地利用变化与区域水循环确定人类活动对水资源的影响的重要性，这一结果有助于更好地理解土地利用变化对区域水资源的影响，进而支持区域尺度水资源管理和决策。

5.7 生态恢复的远程水热效应–土地利用情景分析

本节主要通过在 WRF 模式中嵌入一个蒸发水汽标记模块（ET-tagging）（简称 WRF-tagging）来首次在区域尺度上量化了农牧交错带核心区蒸发的水汽的大气输送路径以及蒸发水汽在哪儿以及在何种程度上作为降水返回地面。

从前两节可知，WRF 中默认的地表静态数据很大程度地影响了模型的模拟结果，且不能代表 APENC 的实际地表植被状况（Wang et al.，2020；Tian et al.，2021；Zhang et al.，2021）。因此，本节首先关注 WRF-tagging 模式地表植被动态降尺度在 APENC 中的改进。通过在 WRF-tagging 模型中使用高分辨率和实时遥感数据集，替换模型默认的土地利用和植被指数［叶面积指数（leaf area index，LAI）、反照率（Albedo）、植被覆盖度（green vegetation fraction，GVF）］。模拟的结果用观测及再分析数据进行了验证。进一步，通过修改 APENC 核心区域的土地利用和植被指数，设计了两个额外的 LUCC 情景，以研究 LUCC 对水分循环和大气反馈的影响。由于 APENC 降水主要发生在 5～9 月的生长季节，因此本节主要对生长季的结果进行研究与分析。

5.7.1 WRF-tagging 简介及设置

WRF-tagging 模型可以追踪感兴趣区域（又称标记区域，tagged region）蒸散发进入大气中的水汽，直到它以 P 的形式回落到地表或离开模型模拟区域。我们把来自标记区域的 ET 称为标记水汽（tagged ET）。Tagged ET 与大气水汽充分混合后在大气层中传输，并经历同样的相变过程变成降雨、降雪或其他液体和冰的水化物。Tagged ET 在地面上沉淀为 P，称为标记的 P（tagged P，P_{tag}）。关于 WRF-tagging 的详细信息在 Arnault 等（2016）中给出。在本书中，APENC 的核心区域（图 5.45，红色轮廓线）被选为标记区域。

对于 WRF-tagging 模型的配置，采用了单层网格。模型模拟区域以 38°N 和 109°E 为中心，600×500 个水平网格点，格点空间分辨率为 4 km。投影方式为 Lambert Equiangular Conic Projection，适用于中纬度地区，两个标准纬度为 30°N 和 60°E。WRF-tagging 的强迫数据是欧洲天气预报中心（ECMWF）的 6 小时 ERA-Interim 再分析数据。模型物理参数化方案的选择基于本章第 5.5 节的配置，包括 WSM 6-class 微物理方案、YSU 行星边界层方案、RRTM 长波辐射方案、Dudhia 短波辐射方案。由于 WRF-tagging 只在 Noah-MP 陆面模型中被写入且没有加入积云对流方案，所以陆面模式选用了 Noah-MP 方案，使用 4 km 的分辨率进而实现对流许可。WRF-tagging 模拟从 2010 年 1 月 1 日至 12 月 31 日运行。前 4 个月被认为是模型的 Spin-up 时间。在 2010 年 5~9 月期间模型启用了蒸发标记模块。

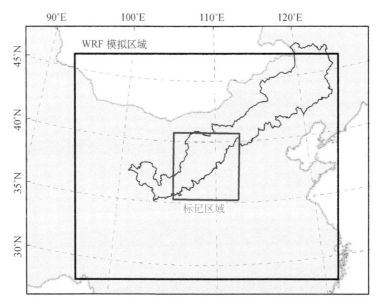

图 5.45　WRF-tagging 模拟区域及标记区域

5.7.2　参考数据

中国气象强迫数据集（China Meteorological Forcing Dataset，CMFD）和最新的全球降水观测综合的多卫星集成降水产品（Integrated Multi-satellitE Retrievals for Global Precipitation Measurement，IMERG）被用于 WRF-tagging 模拟结果评估。CMFD 降水数据集融合了中国区域的遥感降水产品和 500 多个气象站点数据，空间分辨率为 0.1°（Yang et al., 2010；He et al., 2020）。许多研究已经证实了 CMFD 在代表中国各地 P 的空间和时间变化方面的能力（Chen et al., 2011；Shen et al., 2015；Wang et al., 2020, 2021；Zuo et al., 2021）。IMERG 是一个卫星估计的降水数据集，具有 0.1° 的高分辨率，覆盖 60°N~

60°S 纬度带（Huffman et al.，2020）。研究表明，IMERG 可以准确代表中国北方生长季降水的时空变化（Chen and Li，2016；Tang et al.，2016）。

Global Land Evaporation Amsterdam Model（GLEAM）（Martens et al.，2017）的产品被用于评估模拟的 ET。GLEAM 数据集提供了基于遥感观测的全球蒸散量估计，并将总蒸散量分为水面蒸发、土壤蒸发、冰雪升华和植被蒸腾。通过站点验证研究表明 GLEAM 产品能够代表 APENC 地区内部和周边的 ET 空间变化（Yang et al.，2017；Wang et al.，2019；Bai et al.，2020）。

5.7.3　情景实验设计

WRF 模型使用基于 MODIS 的气候学计算的默认 LAI（2001～2010 年的平均值），以及 Advanced Very High Resolution Radiometer（AVHRR）的 Albedo，空间分辨率为 0.144°。GVF 使用 1985～1990 年期间 AVHRR 或 2001～2010 年期间 MODIS 的平均值。GVF 和LAI 在划分冠层蒸腾和土壤蒸发方面起着关键作用，Albedo 在确定土地表面的能量分布方面很重要（Ingwersen et al.，2011；Yin et al.，2016）。已有研究表明 WRF 默认的地表静态数据无法代表 APENC 的实际植被状况（Wang et al.，2020；Zhang et al.，2021；Tian et al.，2021），因此本节首先利用卫星观测数据更新了 WRF 的默认土地利用、LAI、Albedo和 GVF。其中土地利用与土地覆盖数据集使用欧洲航天局发布的土地覆盖数据，空间分辨率为 300 m。LAI、Albedo 和 GVF 使用全球陆地表面卫星产品（Global LAnd Surface Satellite，GLASS）（Liang et al.，2013a，2013b）。Zhang 等（2021）和 Tian 等（2021）研究表明使用上述数据集可以代表中国西北地区的实际植被状况。本节中将以上替换了实际植被模拟的实验称为情景 1：ExpActual［图 5.46（a）］。

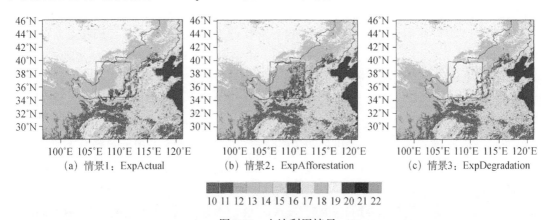

（a）情景1：ExpActual　　　（b）情景2：ExpAfforestation　　　（c）情景3：ExpDegradation

图 5.46　土地利用情景

植被代码：10：林地，11：灌木，12：稀树草原，13：草地，14：永久湿地，15：农田，16：城市和建筑，17：农田/天然植被镶嵌，18：雪盖与冰盖，19：裸地或低植被覆盖地，20：水体，21：苔原，22：湖

此外，还设计了两个极端的植被变化情景。情景2假设标记区域的大规模植树造林，在下文中称为 ExpAfforestation。在 ExpActual 的基础上，ExpAfforestation 是通过在标记区域中将所有的耕地类型替换为落叶阔叶林［图5.46（b）］。被替换的网格点的植被指数（LAI、Albedo、GVF）相应地被修改为标记区域内林地植被指数的平均值。情景3假设一个极端的植被退化情景，在下文中称为 ExpDegradation。在 ExpActual 的基础上，ExpDegradation 将核心区域的所有草地和林地植被类型替换为裸地［图5.46（c）］。被替换网格的植被指数也相应地修改为标记区域内裸地植被指数的局部平均值。众多研究指出了森林砍伐对区域水文循环的负面影响，包括延迟雨季的到来、减少 P、干旱和热浪的传播等连带效应（te Wierik et al.，2021）。因此，为了解植被对 APENC 地区气候的影响程度，本书设计了这两个极端植被情景。

不同情景下 LAI、Albedo 和 GVF 的空间分布如图5.47。图5.48进一步展示了情景 ExpAfforestation、ExpDegradation 和 ExpActual 的 LAI、Albedo 和 GVF 的时空差异。结果清楚地表明，与情景 ExpActual 相比，情景 ExpAfforestation 在生长季节将平均 LAI 从0.9增加到2.0，GVF 从0.2增加到0.4。对于情景 ExpDegradation，在生长季节，LAI 和 GVF 分别减少到约0.5和0.05。需要注意的是，本研究的植被参数结果是基于卫星观测并输入到 WRF-tagging 模式中进行计算，相比于模式调用 Look-up Table 的植被指数参考值，我们本地化植被参数结果更加真实可靠。

5.7.4 模拟结果评估

图5.49（a）~（c）比较了来自实际情景 ExpActual 和 CMFD 及 IMERG P 的空间分布。如图所示，WRF-tagging 合理地再现了2010年生长季节 P 的空间分布。模拟的 P［图5.49（a）］由东南向西北递减，与 CMFD 和 IMERG P 的分布特征一致［图5.46（b）（c）］。模拟的 P 与 CMFD、IMERG P 之间的空间相关系数分别为0.74和0.67。模拟、CMFD 和 IMERG 的空间平均 P 分别为3.41 mm/d、3.11 mm/d 和2.98 mm/d。P 的高估出现在研究区西南部，一个原因是青藏高原周围的高海拔、复杂地形，容易产生对流；另一个原因是对物理过程的理解不足和参数化过于简单有关。与以前10 km 的较粗分辨率的 WRF 结果相比（Wang et al.，2020；Zhang et al.，2021），本研究4 km 的高分辨率结果对研究区秦岭的地形降水略有改善，同时对流许可的 WRF-tagging 进一步排除了积云参数化方案的不确定性。

图5.49（d）~（e）进一步显示了实际情景 ExpActual 模拟 ET 和 GLEAM ET 的空间分布。模拟 ET 的空间分布与 GLEAM 表现一致，由东南向西北递减，其相关系数为0.89。值得注意的是，ET 的分布与 P 的分布相似，表明 APENC ET 主要受水分限制。模拟和 GLEAM 的空间平均 ET 分别为1.56 mm/d 和1.78 mm/d。

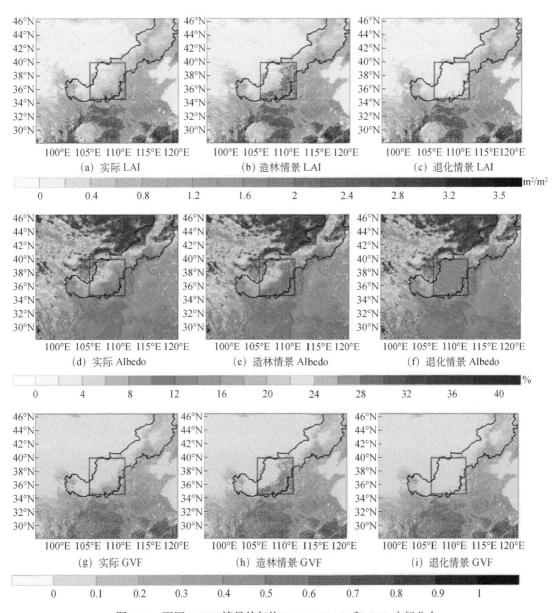

图 5.47　不同 LUCC 情景的年均 LAI、Albedo 和 GVF 空间分布

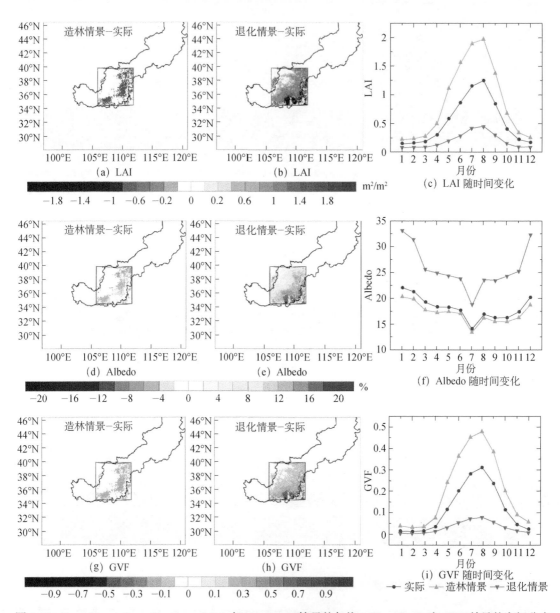

图 5.48　ExpAfforestation、ExpDegradation 与 ExpActual 情景的年均 LAI、Albedo 和 GVF 差异的空间分布及其随时间变化的曲线

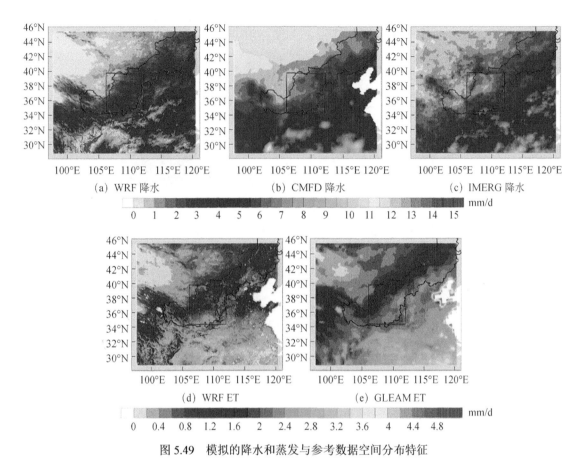

图 5.49　模拟的降水和蒸发与参考数据空间分布特征

　　将 WRF-tagging 模拟结果与参考数据集进行比较，所有结果表明，对流许可的 WRF-tagging 可以再现 APENC 中的 P 和 ET，表明 WRF-tagging 可以用于进一步研究 ET 传输路径及 LUCC 对水汽再循环的影响。

5.7.5　蒸发水汽输送及再循环

　　大气中的水汽由盛行风携带，并在传输过程中进一步受到地形的影响。图 5.50 显示了生长季期间 WRF 标记的 800 hPa 高度的风和整层水汽的空间分布特征。印度季风在 APENC 中由南向北穿越标记区域，受地形和西风影响，然后向标记区域的西北部和东北部分流。

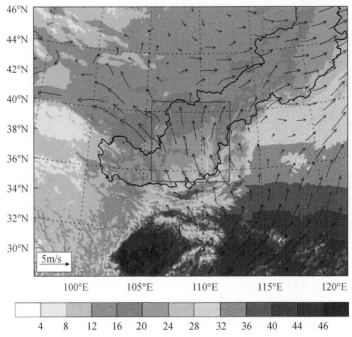

图 5.50 WRF-tagging 模拟的生长季平均整层水汽（kg/m²）的空间分布

黑色向量箭头表示模拟的 800 hPa 高度的风（m/s）。红色方框表示标记区域

图 5.51 显示了从 ET 标记的第一天（5 月 1 日）开始，标记区域蒸发水分的时空演变特征，从图中可知，由于蒸发量的昼夜差异造成的变化，WRF-tagging 表现了 ET 水分模式的运输和扩散细节。在模拟中启动 ET-tagging 模块一开始（00:00），暂时没有水分被标记，之后，来自标记区域的蒸发水分被标记，然后受风的影响开始在大气中传输，这进一步证实了盛行风向对蒸发水分输送的影响。当然在局部区域也会受到地形影响。

图 5.52 显示了生长季节期间，在 37°N 的东西横断面和 109°E 的南北横断面上的标记水分的垂直分布。由图可知，大部分被标记的水汽停留在被标记区域的低大气层中。标记的水汽混合比在源区的陆地表面约为 1.5~1.7 g/kg，然后在 600 hPa 高度逐渐下降到约 0.2 g/kg。

图 5.53 显示了生长季整层大气中的标记水汽（IWV_tag）的空间分布特征。标记区域内的平均 IWV_tag 为 1.96 kg/m²，最高值分布在河套–龙门地区和黄河中游的汾河流域。这与这些地区具有较高的 IWV（图 5.51）和较低的海拔（图 5.45）有关。标记水汽比（tagged water vapor ratio），定义为 IWV_tag 与大气整层水汽 IWV 的比，相对较小，平均值为 8.52% ［图 5.53（b）］。总的来说，标记区域的蒸发水汽最终以降水形式主要落在源区，在太行山高达约 57 mm，并进一步向西北地区延伸［图 5.53（c）］。图 5.53（d）显示了水汽再循环分布特征。其中，标记区域 PRR 在生长季节的平均值为 5.82%。值得注意的是，最高的降水回收量出现在源区北部以外，这与该地区降水较少有关［图 5.49（a）（b）（c）］。这些高的降水回收值表明，APENC 核心区的 ET 对其北部周边地区的降水有不可忽视的贡献。因此，地表植被变化引起的蒸散发的变化预计会对区域 P 产生很大影响，这将在下一节进一步研究。

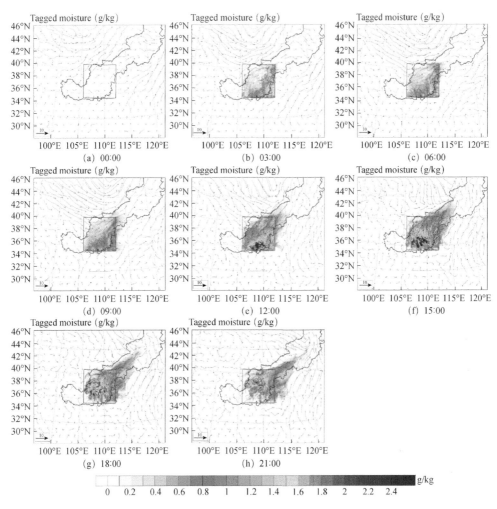

图 5.51　5 月 1 日不同时刻标记水汽（tagged moisture）和风的空间分布

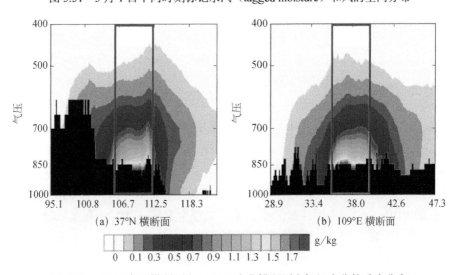

图 5.52　37° N 东西横断面和 109° E 南北横断面上标记水分的垂直分布

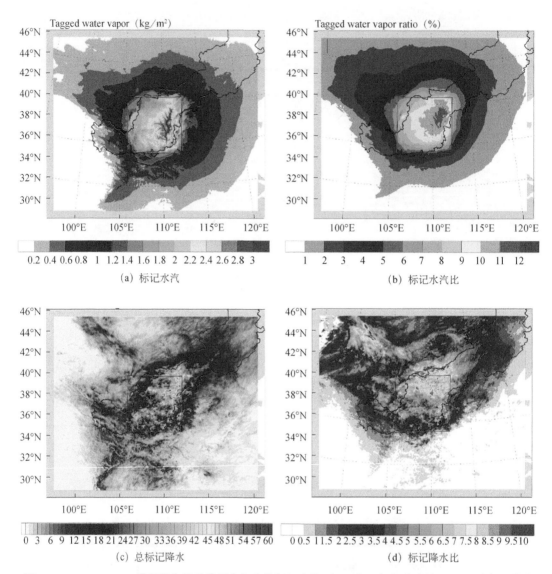

图 5.53　WRF-tagging 模拟的生长季整层大气中的标记水汽（kg/m²）、标记水汽比（%）、总标记降水（mm）、标记降水比（%）的空间分布

红框表示标记的区域

　　本小节提供了 APENC 中一个核心地区的地表蒸发水汽对局地和周围大气湿度和 P 贡献的定量结果。源自标记区域的水汽主要在 600 hPa 以下边界层中垂直和水平传输。生长季平均 5.82%的 P 来自标记区域本地 ET 的贡献。在 APENC 生长季，标记区域蒸发的水汽以 P 的形式主要沉淀在当地和邻近的下风区域。但与上一节计算的 PRR 相比，由 WRF-tagging 得到的 PRR 偏低。值得注意的是，上一节研究是基于 DRM 和多源数据集，存在大气水汽收支的非封闭性问题。此外，作为空间尺度的函数，PRR 会随着研究区域的增加而增加，因为区域变大意味着更多的蒸发水汽可用于当地的降水（Dominguez et al.，2006）。由于地形、植被和土壤性质的空间异质性，PRR 和空间尺度之间的关系是非线性的

（Dominguez et al., 2006；Dirmeyer and Brubaker, 2007；Bisselink and Dolman, 2008）。WRF-tagging 充分考虑了与水汽有关的所有物理过程，从而避免了与离线方法有关的缺点（Arnault et al., 2016；Dominguez et al., 2016）。此外，WRF-tagging 模型更详细地模拟了 ET 在大气中的传输路径和最终沉淀并再次进入地表的具体位置。因此，本小节基于地面水汽示踪剂追踪的结果更加稳健且有意义。

5.7.6　LUCC 引起的差异

图 5.54 显示了标记区域不同情景（ExpActural、ExpAfforestation、ExpDegradation）在生长季的 ET、P_{tag}、P 和 PRR 的变化。ExpAfforestation 的 ET 平均值为 1.70 mm/d，比 ExpActural 的平均值 1.59 mm/d 提高了 6.92%，然而，ExpDegradation 的蒸散发下降了 8.81%，为 1.45 mm/d。在生长季节，ET 对 P 的贡献从 ExpActural 的 4.59 mm/mon 增加到 ExpAfforestation 的 4.90 mm/mon，ExpDegradation 的 4.27 mm/mon 比 ExpActural 减少了 6.97%。ExpAfforestation 的 P 量最大，约为 2.49 mm/d。图 5.55 显示了 ExpActural 与 ExpAfforestation、ExpDegradation 之间 P_{tag} 的空间差异分布特征。结果表明与 ExpActural 相比，ExpAfforestation 在大部分地区的 P_{tag} 显著增加，然而，ExpDegradation 主要显示 P_{tag} 降低。ExpAfforestation 将 PRR 从实际方案的 5.82% 增加到 6.08%，ExpDegradation 将 PRR 减少到 4.21%，表明农牧交错带区域植被对 P 的反馈不可忽视。

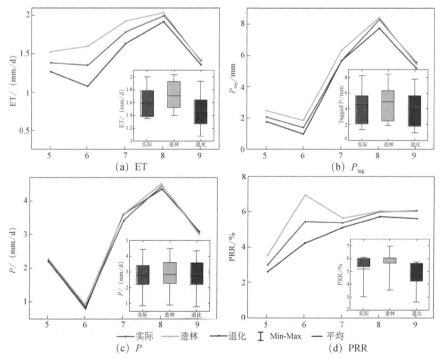

图 5.54　标记区域 ExpActural、ExpAfforestation、ExpDegradation 三种情景的区域平均 ET、P_{tag}、P 及其 PRR 的变化

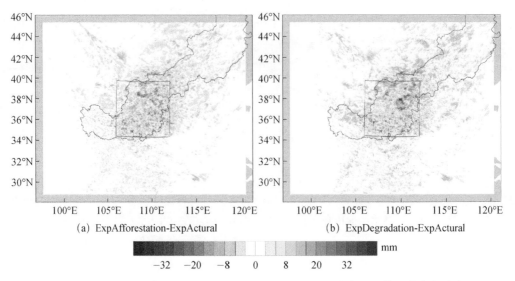

(a) ExpAfforestation-ExpActural   (b) ExpDegradation-ExpActural

-32 -20 -8 0 8 20 32   mm

图 5.55 ExpActural 与 ExpAfforestation、ExpDegradation 之间 P_{tag} 差异的空间分布

  造林加速了植被通过蒸腾作用将土壤水分输送到大气中的过程，为当地和周围的降水提供更多的水汽。图 5.56 显示了不同实验在标记区域内的空间平均标记水汽混合比的垂直分布情况。三种情景实验的标记水汽在垂直方向上的分布相似，高标记水汽混合比主要分布在 600 hPa 高度以下。三个情景方案的水汽混合比差异明显。ExpAfforestation 的平均水汽混合比较 ExpActural 高 0.07 g/kg。ExpDegradation 的平均水汽混合比相较于 ExpActural 低 0.08 g/kg。这些差异约在 500 hPa 高度时消失。

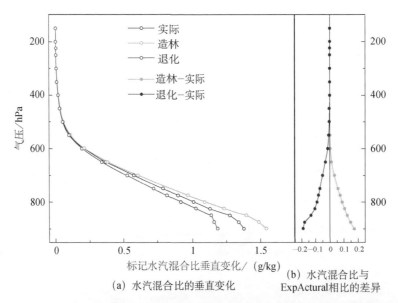

(a) 水汽混合比的垂直变化   (b) 水汽混合比与 ExpActural 相比的差异

图 5.56 ExpActural、ExpAfforestation、ExpDegradation 三种方案的平均标记水汽混合比的垂直变化及与 ExpActural 相比的差异

5.7.7　LUCC-P 反馈分析

通过陆面–降水反馈过程的分析框架，本小节进一步量化和分析 LUCC 对大气水分循环的影响。基于 Schär 等（1999）和 Asharaf 等（2012）提出的分析框架，P、ET、大气水分流入（IN）和降水效率（χ）之间的关系描述如下：

$$P = \chi(\text{ET} + \text{IN}) \tag{5.43}$$

式中，IN 为进入确定区域内的大气水分流入量；降水效率 χ 被定义为进入某一区域的水汽以 P 的形式落下的比例，并被计算为 P 和 ET+IN 的比率，对于本节不同的情景实验，以上公式可以被改写为

$$P' = \chi'(\text{ET}' + \text{IN}') \tag{5.44}$$

上述两式的差值可被写为

$$\Delta P = P' - P = \Delta\chi(\text{ET} + \text{IN}) + \chi\Delta\text{IN} + \chi\Delta\text{ET} + \Delta\chi(\Delta\text{ET} + \Delta\text{IN}) \tag{5.45}$$

因此，降水变化被分为四项。$\Delta\chi(\text{ET} + \text{IN})$ 表示由降水效率变化（$\Delta\chi$）的影响引起的 P 的变化。$\chi\Delta\text{IN}$ 和 $\chi\Delta\text{ET}$ 分别反映水分流入量变化（ΔIN）（远程效应）和地表蒸散发变化（ΔET）（地表效应）的影响。$\Delta\chi(\Delta\text{ET} + \Delta\text{IN})$ 是一个残差，一般来说很小，可以忽略不计。

由此可知远程效应主要是由流入该区域的水分变化引起的，地表效应是由陆地表面条件变化决定的。图 5.57 显示了标记区域的 P 在月尺度上的平均空间差异，以及以上三个效应对降水变化的贡献。LUCC 对 P 的影响主要包括大气中可降水的变化。与 ExpActural 相比，ExpDegradation 情景下的 P 在 5 月、6 月和 8 月有所下降，在 7 月和 9 月有所上升，但所有月份的蒸散发变化对 P 变化的贡献（地表效应）都是负的。相比之下，ExpAfforestation 情景下的蒸散发对 P 的贡献在生长季节都是正的。这些都是与植被差异导致的蒸散发变化相对应的。无论 P 的变化是正还是负，但 P 的变化主要来自于降水效率效应和遥感效应的贡献。结果表明，降水效率效应占比最大，在标记区域内对 P 的变化起主导作用。

大规模的植被恢复改变了陆地表面的热力学过程和相关的大气响应，包括水汽含量、水分静态能量和大气稳定性等（Schär et al., 1999; Asharaf et al., 2012）。植被变化通过改变反照率来改变低层大气的热结构，从而进一步影响区域水汽循环模式（Wang et al., 2010; Kucharski et al., 2013; Yang and Dominguez, 2019）。一方面，植被恢复提供了更多的 ET 来湿润大气边界层，降低凝结高度，这有利于对流发生（Santanello et al., 2009; Risi et al., 2013）。另一方面，由于植被退化，土壤变得更加干燥，那么增加的显热通量使边界层变暖，产生更多的热力和更高的边界层顶部，有利于对流的触发（Santanello et al., 2009; Westra et al., 2012）。

干旱和半干旱地区的土壤–植被–大气的相互作用是复杂而敏感的。在干旱、半干旱地区蒸发水汽对区域水循环的贡献值得更多关注。本书主要强调蒸发水汽对当地和邻近区

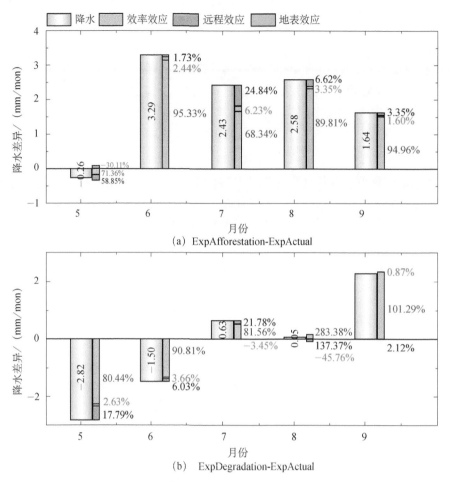

图 5.57　降水差异及其各影响因子的贡献

域水循环的重要性，特别是在下风地区。但本小节的研究只在 WRF-tagging 模型中设计植被情景进行案例研究。未来需要进行长期的多情景实验，以进一步了解地表特征和大气变化的综合相互作用，支持干旱和半干旱地区的生态恢复计划。

参 考 文 献

陈云浩, 李晓兵, 史培军. 2001. 中国西北地区蒸发散量计算的遥感研究. 地理学报, 56 (3): 261-268.

韩惠, 闫浩文, 马世英. 2009. 基于遥感技术的祖厉河流域 LUCC 与蒸散发研究. 测绘科学, 34 (6): 65-67.

李宝富, 陈亚宁, 李卫红, 2011. 基于遥感和 SEBAL 模型的塔里木河干流区蒸散发估算. 地理学报, 66 (9): 1230-1238.

李敏敏, 延军平. 2013. "蒸发悖论" 在北方农牧交错带的探讨. 资源科学, 35 (11): 2298-2307.

李旭亮, 杨礼箫, 胥学峰, 等. 2020. 基于 SEBAL 模型的西北农牧交错带生长季蒸散发估算及变化特征分析. 生态学报, 40 (7): 2175-2185.

刘绍民, 孙中平, 李小文, 等. 2003. 蒸散量测定与估算方法的对比研究. 自然资源学报, 18 (2): 161-167.

钱多, 查天山, 吴斌, 等. 2017. 毛乌素沙地参考作物蒸散量变化特征与成因分析. 生态学报, 37 (6): 1966-1974.

苏婷婷, 魏占民, 白燕英. 2019. 基于 SEBAL 模型的土默特右旗腾发量研究. 灌溉排水学报, 38 (2): 70-75.

王静璞, 刘连友, 贾凯, 等. 2015. 毛乌素沙地植被物候时空变化特征及其影响因素. 中国沙漠, 35 (3): 624-631.

王军, 李和平, 鹿海员, 等. 2013. 典型草原地区蒸散发研究与分析. 水土保持研究, 20 (2): 69-72, 315.

吴炳方, 熊隽, 闫娜娜, 等. 2008. 基于遥感的区域蒸散量监测方法-ETWatch. 水科学进展, 19 (5): 671-678.

徐海亚, 朱会义. 2015. 基于自然地理分区的 1990—2010 年中国粮食生产格局变化. 地理学报, 70 (4): 582-590.

阳坤, 何杰. 2019. 中国区域地面气象要素驱动数据集 (1979~2018) . 北京: 国家青藏高原科学数据中心.

杨肖丽, 任立良, 袁飞, 等. 2010. 利用 SEBAL 模型对沙拉沐沦河流域蒸散发的分析. 干旱区研究, 27 (4): 507-514.

于文颖, 纪瑞鹏, 徐德增, 等. 2017. 基于 SEBAL 模型的盘锦湿地日蒸散估算及其分布特征. 中国水土保持科学, 15 (5): 8-15.

曾丽红, 宋开山, 张柏, 等. 2008. 应用 Landsat 数据和 SEBAL 模型反演区域蒸散发及其参数估算. 遥感技术与应用, 23 (3): 255-263.

曾丽红, 宋开山, 张柏, 等. 2011. 基于 SEBAL 模型与 MODIS 产品的松嫩平原蒸散量研究. 干旱区资源与环境, 25 (1): 140-147.

张宝庆, 田磊, 赵西宁, 等. 2021. 植被恢复对黄土高原局地降水的反馈效应研究. 中国科学: 地球科学, 51 (7): 1080-1091.

张宝庆, 吴普特, 赵西宁. 2011. 近 30 a 黄土高原植被覆盖时空演变监测与分析. 农业工程学报, 27 (4): 287-293.

张殿君, 张学霞, 武鹏飞. 2011. 黄土高原典型流域土地利用变化对蒸散发影响研究. 干旱区地理, 34 (3): 400-408.

张娜, 屈忠义, 郭克贞, 等. 2016. 毛乌素沙地青贮玉米和紫花苜蓿作物系数研究. 土壤, 48 (2): 286-290.

周妍妍, 郭晓娟, 郭建军, 2019. 基于 SEBAL 模型的疏勒河流域蒸散量时空动态. 水土保持研究, 26 (1): 168-177.

Alexandre R E, Gonzalo M M. 2014. Moisture recycling and the maximum of precipitation in spring in the Iberian Peninsula. Climate Dynamics, 42: 3207-3231.

Allen R G, Pereira L S, Raes D, et al. 1998. Crop ET guidelines for computing crop water requirements. Rome: FAO Irrigation and Drainage Paper, 56.

Allen R G, Tasumi M, Trezza R. 2007. Satellite-based energy balance for mapping evapotranspiration with internalized calibration (METRIC) -Model. Journal of Irrigation and Drainage Engineering, 133 (4): 380-394.

Amiri R, Weng Q H, Alimohammadi A, et al. 2009. Spatial-temporal dynamics of land surface temperature in relation to fractional vegetation cover and land use/cover in the Tabriz urban area, Iran. Remote Sensing of Environment, 113 (12): 2606-2617.

Arnault J, Knoche R, Wei J H, et al. 2016. Evaporation tagging and atmospheric water budget analysis with WRF: A regional precipitation recycling study for West Africa. Water Resources Research, 52 (3): 1544-1567.

Asharaf S, Dobler A, Ahrens B. 2012. Soil moisture-precipitation feedback processes in the Indian summer monsoon season. Journal of Hydrometeorology, 13 (5): 1461-1474.

Bai P, Liu X M, Zhang Y Q, et al. 2020. Assessing the impacts of vegetation greenness change on evapotranspiration and water yield in China. Water Resources Research, 56 (10): e2019WR027019.

Bastiaanssen W G M, Ahmad M, Chemin Y. 2002. Satellite surveillance of evaporative depletion across the Indus Basin. Water Resources Research, 38 (12): 1273.

Bastiaanssen W G M, Menenti M, Feddes R A, et al. 1998. A remote sensing surface energy balance algorithm for land (SEBAL) . 1. Formulation. Journal of Hydrology, 212-213: 198-212.

Bisselink B, Dolman A J. 2008. Precipitation recycling: Moisture sources over Europe using ERA-40 data. Journal of Hydrometeorology, 9 (5): 1073-1083.

Brubaker K L, Entekhabi D, Eagleson. 1993. Estimation of continental precipitation recycling. Journal of Climate, 6 (6): 1077-1089.

Budyko M I. 1974. Climate and Life. New York and London: Academic Press.

Burde G I, Zangvil A. 2001. The estimation of regional precipitation recycling. Part I: Review of recycling models. Journal of Climate, 14 (12): 2497-2508.

Cao Q, Yu D Y, Georgescu M, et al. 2015. Impacts of land use and land cover change on regional climate: A case study in the agro-pastoral transitional zone of China. Environmental Research Letters, 10 (12): 124025.

Charney J G, Quirk W, Chew S, et al. 1975. Dynamics of deserts and drought in the Sahel. Quarterly Journal of the Royal Meteorological Society, 101: 193-202.

Charney J G, Quirk W J, Chow S H, et al. 1977. A comparative study of the effects of albedo change on drought in semi-arid regions. Journal of the Atmospheric Sciences, 34 (9): 1366-1385.

Chen F R, Li X. 2016. Evaluation of IMERG and TRMM 3B43 monthly precipitation products over Mainland China. Remote Sensing, 8 (6): 472.

Chen L, Huang J G, Ma Q Q, et al. 2019. Long-term changes in the impacts of global warming on leaf phenology of four temperate tree species. Global change biology, 25 (3): 997-1004.

Chen N C, Li R H, Zhang X, et al. 2020. Drought propagation in Northern China Plain: A comparative analysis of GLDAS and MERRA-2 datasets. Journal of Hydrology, 588: 125026.

Chen Y P, Wang K B, Lin Y S, et al. 2015. Balancing green and grain trade. Nature Geoscience, 8 (10): 739-741.

Chen Y Y, Yang K, He J, et al. 2011. Improving land surface temperature modeling for dry land of China. Journal of Geophysical Research-atmosphere, 116: D20104.

Cheng M H, Jiao X Y, Li B B, et al. 2020. Long time series of daily evapotranspiration in China based on the SEBAL model and multisource images and validation. Earth System Science Data, 13 (8): 3995-4017.

Choudhury B. 1999. Evaluation of an empirical equation for annual evaporation using field observations and results from a biophysical model. Journal of Hydrology, 216 (1-2): 99-110.

Crago R D. 1996. Conservation and variability of the evaporative fraction during the daytime. Journal of Hydrology, 180: 173-194.

Dai A, Trenberth K E, Karl T R. 1999. Effects of clouds, soil moisture, precipitation, and water vapor on diurnal temperature range. Journal of Climate, 12 (8): 2451-2473.

Dee D P, Uppala S M, Simmons A J, et al. 2011. The ERA-Interim reanalysis: configuration and performance of the data assimilation system. Quarterly Journal of the Royal Meteorological Society, 137 (656): 553-597.

Defries R S, Bounoua L, Collatz G J. 2002. Human modification of the landscape and surface climate in the next fifty years. Global Change Biology, 8 (5): 438-458.

Dirmeyer P A, Brubaker K L. 2007. Characterization of the global hydrologic cycle from a back-trajectory analysis of atmospheric water vapor. Journal of Hydrometeorology, 8 (1): 20-37.

Dominguez F, Kumar P, Liang X Z, et al. 2006. Impact of atmospheric moisture storage on precipitation recycling. Journal of Climate, 19 (8): 1513-1530.

Dominguez F, Miguez-Macho G, Hu H C. 2016. WRF with water vapor tracers: A study of moisture sources for the North American Monsoon. J. Hydrometeorol. 17 (7): 1915-1927.

Eltahir E A B, Bras R L. 1994. Precipitation recycling in the Amazon basin. Quarterly Journal of the Royal Meteorological Society, 120 (518): 861-880.

Fisher J B, Tu K P, Baldocchi D D. 2008. Global estimates of the land-atmosphere water flux based on monthly AVHRR and ISLSCP-II data, validated at 16 FLUXNET sites. Remote Sensing of Environment, 112 (3): 901-919.

Feng S Y, Liu J Y, Zhang Q, et al. 2020. A global quantitation of factors affecting evapotranspiration variability. Journal of Hydrology, 584: 124688.

Feng X M, Fu B J, Piao S L, et al. 2016. Revegetation in China's Loess Plateau is approaching sustainable water resource limits. Nature Climate Change, 6 (11): 1019-1022.

Foley J A, Defries R, Asner G P, et al. 2005. Global consequences of land use. Science, 309 (5734): 570-574.

Guo L, Klingaman N P, Demory M E, et al. 2018. The contributions of local and remote atmospheric moisture fluxes to East Asian precipitation and its variability. Climate Dynamics, 51 (11-12): 4139-4156.

He J, Yang K, Tang W J, et al. 2020. The first high-resolution meteorological forcing dataset for land process studies over China. Scientific Data, 7 (1): 25.

Huffman G J, Bolvin D T, Braithwaite D, et al. 2020. Integrated multi-satellite retrievals for the global precipitation measurement (GPM) mission (IMERG): Satellite precipitation measurement. Springer, Cham: 343-353.

Ingwersen J, Steffens K, Högy P, et al. 2021. Comparison of Noah simulations with eddy covariance and soil water measurements at a winter wheat stand. Agricultural and Forest Meteorollogy, 151 (3): 345-355.

Jaafar H H, Ahmad F A. 2020. Time series trends of landsat-based et using automated calibration in metric and sebal: the bekaa valley, Lebanon. Remote Sensing of Environment, 238: 111034.

Jackson R B, Randerson J T, Canadell J G, et al. 2008. Protecting climate with forests. Environmental Research Letters, 3 (4): 269-273.

Kato H, Rodell M, Beyrich F, et al. 2007. Sensitivity of land surface simulations to model physics, land characteristics, and forcings, at four CEOP sites. Journal of the Meteorological Society of Japan, 85: 187-204.

Kendall M G. 1948. Rank Correlation Methods. London: Griffin.

Koster R D, Coauthors P A, Guo Z, et al. 2004. Regions of strong coupling between soil moisture and precipitation. Science, 305 (5687): 1138-1140.

Koster R D, Suarez M J. 2001. Soil moisture memory in climate models. Journal of Hydrometeorology, 2 (6): 558-570.

Kucharski F, Zeng N, Kalnay E. 2013. A further assessment of vegetation feedback on decadal Sahel rainfall variability. Climate Dynamics, 40 (5-6): 1453-1466.

Liang S L, Zhao X, Liu S H, et al. 2013a. A Long-term Global LAnd Surface Satellite (GLASS) Dataset for Environmental Studies. International Journal of Digital Earth, 6 (1): 5-33.

Liang S L, Zhang X, Xiao Z, et al. 2013b. Global LAnd Surface Satellite (GLASS) Products: Algorithms, Validation and Analysis. Berlin: Springer.

Li D, Pan M, Cong Z T, et al. 2013. Vegetation control on water and energy balance within the Budyko framework.

Water Resources Research, 49 (2): 969-976.

Li Y, Zhao M S, Motesharrei S, et al. 2015. Local cooling and warming effects of forests based on satellite observations. Nature Communications, 6: 6603.

Li Y Y, Luo L F, Chang J X, et al. 2020. Hydrological drought evolution with a nonlinear joint index in regions with significant changes in underlying surface. Journal of Hydrology, 585: 124794.

Lo M H, Famiglietti J S. 2013. Irrigation in California's Central Valley strengthens the southwestern US water cycle. Geophysical Research Letters, 40 (2): 301-306.

Long B, Zhang B Q, He C S, et al. 2018. Is there a change from a warm-dry to a warm-wet climate in the Inland River Area of China? Interpretation and analysis through surface water balance. Journal of Geophysical Research: Atmospheres, 123: 7114-7131.

Luyssaert S, Jammet M, Stoy P C, et al. 2014. Land management and land cover change have impacts of similar magnitude on surface temperature. Nature Climate Change, 4 (5): 389-393.

Ma N, Zhang Y S, Szilagyi J, et al. 2015. Evaluating the complementary relationship of evapotranspiration in the alpine steppe of the Tibetan Plateau. Water Resource Research, 51 (2): 1069-1083.

Mann H B. 1945. Nonparametric tests against trend. Econometrica: Journal of the Econometric Society, 13: 245-259.

Martens B, Miralles D G, Lievens H, et al. 2017. GLEAM v3: Satellite-based land evaporation and root-zone soil moisture. Geoscientific Model Development, 10 (5): 1903-1925.

Mohan M, Kandya A. 2015. Impact of urbanization and land-use/land-cover change on diurnal temperature range: A case study of tropical urban airshed of India using remote sensing data. Science of the Total Environment, 506: 453-465.

Mu Q Z, Zhao M S, Running S W. 2011. Improvements to a MODIS global terrestrial evapotranspiration algorithm. Remote Sensing of Environment, 115 (8): 1781-1800.

Norman J M, Kustas W P, Humes K S. 1995. Source approach for estimating soil and vegetation energy fluxes in observations of directional radiometric surface temperature. Agricultural and Forest Meteorology, 77 (3-4): 263-293.

Oberg J W, Melesse A M. 2006. Evapotranspiration dynamics at an ecohydrological restoration site: An energy balance and remote sensing approach. Jawra Journal of the American Water Resources Association, 42 (3): 565-582.

Oki T, Kanae S. 2006. Global hydrological cycles and world water resources. Science, 313 (5790): 1068-1072.

Oleson K W, Bonan G B, Levis S, et al. 2004. Effects of land use change on North American climate: Impact of surface datasets and model biogeophysics. Climate Dynamics, 23 (2): 117-132.

Peng S S, Piao S L, Zeng Z Z, et al. 2014. Afforestation in China cools local land surface temperature. Proceedings of the National Academy of Sciences of the United States of America, 111 (8): 2915-2919.

Pielke R A, Andy P, Dev N, et al. 2011. Land use/land cover changes and climate: modeling analysis and observational evidence. WIREs Climate Change, 2 (6): 828-850.

Pitman A J, Avila F B, Abramowitz G, et al. 2011. Importance of background climate in determining impact of land cover change on regional climate. Nature Climate Change, 1 (9): 472-475.

Rivas R, Caselles V. 2004. A simplified equation to estimate spatial reference evaporation from remote sensing-based surface temperature and local meteorological data. Remote Sensing of Environment, 93 (1-2): 68-76.

Rodell M, Houser P R, Jambor U, et al. 2004. The global land data assimilation system. Bulletin of the American Meteorological Society, 85 (3): 381-394.

Roerink G J, Su Z, Menenti M. 2000. S-SEBI: A simple remote sensing algorithm to estimate the surface energy balance. Physics and Chemistry of the Earth Part B Hydrology Oceans and Atmosphere, 25 (2): 147-157.

Savenije H H G. 1995. New definitions for moisture recycling and the relationship with land-use changes in the Sahel. Journal of Hydrology, 167 (1-4): 57-78.

Santanello J A, Peters-Lidard C D, Kumar S V, et al. 2009. A modeling and observational framework for diagnosing local land-atmosphere coupling on diurnal time scales. Journal of Hydrometeorology, 10 (3): 577-599.

Schär C, Lüthi D, Beyerle U. 1999. The soil-precipitation feedback: A process study with a regional climate model. Journal of Climate, 12 (3): 722-741.

Sen P K. 1968. Estimates of the regression coefficient based on Kendall's tau. Journal of the American Statistical Association, 63: 1379-1389.

Shao R, Zhang B Q, Su T S, et al. 2019. Estimating the increase in regional evaporative water consumption as a result of vegetation resto-ration over the Loess Plateau, China. Journal of Geophysical Research-Atmospheres, 124 (22): 11783-11802.

Shen M G, Piao S L, Cong N, et al. 2015. Precipitation impacts on vegetation spring phenology on the Tibetan Plateau. Global Change Biology, 21 (10): 3647-3656.

Spennemann P C, Rivera J A, Saulo A C, et al. 2015. A comparison of GLDAS soil moisture anomalies against standardized precipitation index and multi-satellite estimations over South America. Journal of Hydrometeorology, 16 (1): 158-171.

Srivastava P K, Majumdar T J, Bhattacharya A K. 2009. Surface temperature estimation in singhbhum shear zone of India using Landsat-7 ETM+thermal infrared data. Advances in Space Research, 43 (10): 1563-1574.

Su Z B. 2002. The surface energy balance system (SEBS) for estimation of turbulent heat fluxes. Hydrology and Earth System Sciences, 6 (1): 85-100.

Sun Z P, Wei B, Su W, et al. 2011. Evapotranspiration estimation based on the SEBAL model in the Nansi Lake Wetland of China. Mathematical & Computer Modelling, 54 (3): 1086-1092.

Tang G Q, Ma Y Z, Long D, et al. 2016. Evaluation of GPM Day-1 IMERG and TMPA Version-7 legacy products over Mainland China at multiple spatiotemporal scales. Journal of Hydrology, 533: 152-167.

Tang R L, Li Z L, Tang B H. 2010. An application of the Ts-VI triangle method with enhanced edges determination for evapotranspiration estimation from MODIS data in arid and semi-arid regions: Implementation and validation. Remote Sensing of Environment, 114 (3): 540-551.

te Wierik S A, Cammeraat E L H, Gupta J, et al. 2021. Reviewing the impact of land use and land-use change on moisture recycling and precipitation patterns. Water Resources Research, 57 (7): e2020WR029234.

Tian L, Zhang B Q, Wang X J, et al. 2021. Large-scale Afforestation over the Loess Plateau in China contributes to the local warming trend. Journal of Geophysical Research-Atmospheres, 127 (1): e2021JD035730.

Trenberth K E. 1999. Atmosphere moisture recycling: Role of advective convection and local evaporation. Journal of Climate, 12: 1368-1381.

Tuinenburg O A, Hutjes R W A, Kabat P. 2012. The fate of evaporated water from the Ganges basin. Journal of Geophysical Research, 117: D01107.

Van de Griend A A, Owe M. 1993. On the relationship between thermal emissivity and thenormalized difference vegetation index for natural surfaces. International Journal of Remote Sensing, 14 (6): 1119-1131.

Vicente-Serrano S M, Beguería S, López-Moreno J I. 2010. A multiscalar droughtindex sensitive to global warming: The standardized precipitation evapotranspiration index. Journal of Climate, 23 (7): 1696-1718.

Wan Z M. 2008. New refinements and validation of the modis land surface temperature/emissivity products. Remote Sensing of Environment, 112 (1): 59-74.

Wang-Erlandsson L, Fetzer P W, Keys P W. 2018. Remote land use impacts on river flows through atmospheric teleconnections. Hydrology and Earth System Sciences, 22 (8): 4311-4328.

Wang-Erlandsson L, van Der Ent R J, Gordon L J, et al. 2014. Contrasting roles of interception and transpiration in the hydrological cycle–Part 1: Temporal characteristics over land. Earth System Dynamics, 5 (2): 441-469.

Wang K, Ye H, Chen F, et al. 2011. Urbanization effect on the diurnal temperature range: Different roles under solar dimming and brightening. Journal of Climate, 25 (3): 1022-1027.

Wang K C, Dickinson R E. 2012. A review of global terrestrial evapotranspiration: Observation, modeling, climatology, and climatic variability. Reviews of Geophysics, 50 (2): RG2005.

Wang G Y, Huang J P, Guo W D, et al. 2010. Observation analysis of land-atmosphere interactions over the Loess Plateau of northwest China. Journal of Geophysical Research-Atmosphere, 115: D00K17.

Wang X J, Zhang B Q, Li F, et al. 2021. Vegetation restoration projects intensify intraregional water recycling processes in the agro-pastoral ecotone of northern China. Journal of Hydrometeorology, 22 (6): 1385-4103.

Wang X J, Zhang B Q, Xu X F, et al. 2020. Regional water-energy cycle response to land use/cover change in the agro-pastoral ecotone, Northwest China. Journal of Hydrology, 580: 124246.

Wei B C, Bao Y H, Yu S, et al. 2021. Analysis of land surface temperature variation based on modis data a case study of the agricultural pastural ecotone of northern China. International Journal of Applied Earth Observation and Geoinformation, 100: 102342.

Wei B C, Xie Y W, Jia X, et al. 2018. Land use/land cover change and it's impacts on diurnal temperature range over the agricultural pastoral ecotone of northern China. Land Degradation and Development, 29 (9): 3009-3020.

Wei B C, Xie Y W, Wang X Y, et al. 2020. Land cover mapping based on time series MODIS-NDVI using a dynamic time warping approach: A case study of the agricultural pastoral ecotone of northern China. Land Degradation and Development, 31: 1050-1068.

Wei J F, Dirmeyer P A, Wisser D, et al. 2013. Where does the irrigation water go? An estimate of the contribution of irrigation to precipitation using MERRA. Journal of Hydrometeorology, 14 (1): 275-289.

Wei J F, Su H, Yang Z L. 2016. Impact of moisture flux con-vergence and soil moisture on precipitation: A case study for the southern United States with implications for the globe. Climate Dynamics, 46: 467-481.

Westra D, Steeneveld G J, Holtslag A A M. 2012. Some observational evidence for dry soils supporting enhanced high relative humidity at the convective boundary layer top. Journal of Hydrometeorology, 13: 1347-1358.

Xia Y, Ek M B, Mocko D, et al. 2014a. Uncertainties, correlations, and optimal blends of drought indices from the NLDAS multiple land surface model ensemble. Journal of Hydrometeorology, 15 (4): 1636-1650.

Xia Y L, Ek M B, Peters-Lidard C D, et al. 2014b. Application of USDM statistics in NLDAS-2: Optimal blended NLDAS drought index over the continental United States. Journal of Geophysical Research: Atmospheres, 119 (6): 2947-2965.

Xiang D, Verbruggen E, Hu Y J, et al. 2014. Land use influences arbuscular mycorrhizal fungal communities in the farming-pastoral ecotone of northern China. New Phytologist, 204 (4): 968-978.

Xu X F, Li X L, He C S, et al. 2022. Development of a simple Budyko-based framework for the simulation and attribution of ET variability in dry regions. Journal of Hydrology, 610: 127955.

Yang H B, Yang D W, Lei Z D, et al. 2008. New analytical derivation of the mean annual water‐energy balance equation. Water resources research, 44 (3): W03410.

Yang K, He J, Tang W J, et al. 2010. On downward shortwave and longwave radiations over high altitude regions: Observation and modeling in the Tibetan Plateau. Agricultural and Forest Meteorology, 150 (1): 38-46.

Yang X Q, Yong B, Ren L, et al. 2017. Multi-scale validation of GLEAM evapotranspiration products over China via ChinaFLUX ET measurements. International Journal of Remote Sensing, 38 (20): 5688-5709.

Yang Z, Dominguez F. 2019. Investigating land surface effects on the moisture transport over South America with a moisture tagging model. Journal of Climate, 32 (19): 6627-6644.

Yin J F, Zhan X W, Zheng Y F, et al. 2016. Improving Noah land surface model performance using near real time surface albedo and green vegetation fraction. Agricultural and Forest Meteorology, 218: 171-183.

Zaitchik B F, Rodell M, Olivera F. 2010. Evaluation of the Global Land Data Assimilation System using global river discharge data and a source-to-sink routing scheme. Water Resources Research, 46: W06507.

Zhang B Q, Tian L, Zhao X N, et al. 2021. Feedbacks between vegetation restoration and local precipitation over the Loess Plateau in China. Science China-Earth Sciences, 64 (6): 920-931.

Zhang C, Tang Q, Chen D. 2017. Recent changes in the moisture source of precipitation over the Tibetan Plateau. Journal of Climate, 30 (5): 1807-1819.

Zhang K, Dang H, Tan S, et al. 2010. Change in soil organic carbon following the 'grain-for-green' programme in China. Land Degradation and Development, 21 (1): 13-23.

Zhang L, Potter N, Hickel K, et al. 2008. Water balance modeling over variable time scales based on the Budyko framework-Model development and testing. Journal of Hydrology, 360 (1-4): 117-131.

Zuo D P, Han Y N, Xu Z X, et al. 2021. Time-lag effects of climatic change and drought on vegetation dynamics in an alpine river basin of the Tibet Plateau, China. Journal of Hydrology, 600: 126532.

Zhou S, Williams A P, Lintner B R, et al. 2021. Soil moisture-atmosphere feedbacks mitigate declining water availability in drylands. Nature Climate Change, 11 (1): 38-44.

第6章　西北农牧交错带生态屏障
建设的区域水热效应模拟与适用性管理

西北农牧交错带具有典型的生态脆弱性特征，是我国重要的粮食生产区，同时作为气候变化的敏感区，未来气候变化对当地农业的影响不容小觑，认识未来气候变化对当地农业的影响并制定相应适用性措施具有重要意义。而土地利用/覆盖变化是本地区水热变化的主要驱动力，通过优化土地利用格局配置，探明生态屏障建设的区域水热效应，对于实现研究区生态效益与经济效益的最大化，促进区域可持续发展具有重要意义。

本章包括以下四方面的内容，具体而言，在6.1节中基于DSSAT模型评估了气候变化对于西北农牧交错带主要农作物——玉米的影响并制定了玉米适应未来气候变化的最佳措施；6.2节基于FLUS模型结合多目标遗传算法构建了在未来侧重不同发展情景下的西北农牧交错带土地利用格局；6.3节模拟了不同土地利用情景下的可用水量特征，并基于Budyko框架分析了不同土地利用情景下水热过程的变化规律及机理；最后在6.4节提出了本地区土地利用优化调整的对策和建议。

6.1　未来气候变化对农牧交错带玉米的影响及适应性措施

如何应对气候变化是21世纪以来人类面对的最严峻的挑战之一（Anderson and Bows，2008；Piao et al.，2010；Hallegatte et al.，2016）。农业是受气候变化影响最为敏感和脆弱的领域之一（Wheeler and von Braun，2013；Rosenzweig et al.，2014），气候变化对全球粮食以不利影响为主（IPCC，2014）。在气候变化下，确保全球粮食生产以满足日益增长的粮食需求成为全世界科学家面对的共同难题。粮食安全是国家安全的重要组成部分，是保证社会稳定、经济发展的前提条件（Godfray et al.，2010）。我国是世界上人口最多的国家，但耕地面积仅占世界耕地面积的7%，因此气候变化对我国农业生产和粮食安全造成的影响更加严重（Chen et al.，2013a；Tao et al.，2014）。

玉米是世界三大农作物之一（仅次于水稻和小麦），同时也是极为重要的粮食、饲料和燃料的来源（Klopfenstein et al.，2013）。在我国，玉米是目前播种面积最大、产量最高的重要粮食作物[①]。西北农牧交错带是农业区与牧业区之间的一个过渡地带，是防止沙漠化、

---

① FAO. 2018. http://www.fao.org/faostat/en/#data/QC.

保障中国生态系统服务和粮食生产的重要生态屏障（Xue and Tang，2018；Zhou et al.，2007；Wang et al.，2018）。西北农牧交错带同时也是我国重要的粮食生产区，其中玉米播种面积占据了当地耕地面积的一半以上，是主要的农作物（Han et al.，2021a）。当地几乎 80% 的人口以农业为生（Hou et al.，2018）。作为气候变化的敏感区（Cao et al.，2015），未来气候变化对当地农业的影响不可小觑。因此，准确评估未来气候变化对玉米的影响并制定相应适应性措施对于该地区的作物管理和决策具有重要意义。

本书采取作物模型与气候模式相结合的方法，模拟未来不同时期不同排放情景下的西北农牧交错带玉米产量、生育期及水分利用变化过程，并分析其变化原因。最后，通过改变玉米播种期、在玉米生长的关键期进行补充灌溉以及改良玉米品种三种适应性措施，探讨了西北农牧交错带玉米生产适应未来气候变化的最佳对策，并分析了玉米产量和水分利用效率对不同适应性措施耦合的响应，为当地对减缓气候变化的影响、保障当地农业可持续发展提供重要理论和实践价值。

6.1.1　评价 CERES-Maize 模型在西北农牧交错带的适应性

1. CERES-Maize 模型数据库建立

本书选取盐池站（37°58′ N，107°22′ E）和鄂尔多斯站（39°29′ N，110°12′ E）为实验站，为了满足 DSSAT 模型最低气象数据输入，我们于 2016 年分别在两个试验站建立小型气象站 HOBO U30 来自动记录每日最高温度、最低温度、降水、太阳辐射等气象要素（详情见 3.1 节）。历史阶段逐日气象数据则通过中国气象数据网获取。本书将两站点 2017～2018 年气象数据整理成模型要求的格式并利用独立的 WeatherMan 模块导入和管理。

在 DSSAT 模型中，需要土壤的物理化学属性来建立土壤数据库。因此，在玉米播种前，本书在两个试验站点分别用环刀（直径和高度均为 5 cm）取原状土来测量土壤物理属性（容重、饱和导水率等），取样按照深度共分为 5 层，分别为 0～10 cm、10～20 cm、20～30 cm、30～50 cm、50～70 cm（详情见 3.1 节）。在每一层，让环刀处于每层的中心位置来代表该层的属性，同时用自封袋收集每层的土样来测量土壤有机质及粒径分布，具体土壤属性及测定方法如表 6.1 和表 6.2 所示，具体的实验过程参考 Tian 等（2017）。实验均依托兰州大学西部环境教育部重点实验室完成。其余 4 个模拟站点（S1～S4）的土壤数据则通过基于世界土壤数据库（HWSD）土壤数据集（V1.2）获取（孟现勇和王浩，2018）。

表 6.1　土壤属性测量方法

土壤属性	方法	仪器
饱和导水率	定水头法	马里奥特装置
土壤容重	烘干法	烘箱
土壤有机质	重铬酸钾法	总有机碳分析仪
土壤粒径	激光粒度仪法	马尔文激光粒度仪
pH	比色法	pH 比色卡

表 6.2 盐池站和鄂尔多斯站土壤剖面不同层土壤物理化学参数

站点	土壤深度 /cm	土壤容重 /(g/cm³)	饱和导水率 /(cm/h)	砂粒 /%	粉粒 /%	黏粒 /%	pH	有机碳 /%	总氮 /%
盐池	0~10	1.51	3.05	89.1	9.7	1.2	7.8	0.17	0.05
	10~20	1.7	1.19	88.4	9.9	1.7	8	0.18	0.04
	20~30	1.67	1.58	88.2	10.4	1.4	8.1	0.16	0.08
	30~50	1.31	0.41	91.4	7.6	1	8.1	0.15	0.04
	50~70	1.58	4.52	92.7	6.7	0.6	7.9	0.15	0.05
鄂尔多斯	0~10	1.81	6.78	94.1	5.5	0.4	7.4	0.07	0.12
	10~20	1.83	1.63	91.9	7.3	0.8	7.3	0.28	0.16
	20~30	1.85	4.69	89.4	9.4	1.2	7.3	0.35	0.12
	30~50	1.79	6.43	96.8	3.1	0.1	7.2	0.12	0.04
	50~70	1.74	7.89	93.4	6.1	0.5	7.2	0.29	0.06

遗传参数也称为作物品种参数，是 DSSAT 模型中用来描述作物生长速率、生长阶段、生物量累积、植株形态、最终产量等的依据（Liu et al.，2013）。在 CERES-Maize 模型中，品种参数文件以 ".CUL" 为后缀，用来描述玉米品种的参数共有 6 个，分别为 P1（幼苗期生长特性参数）、P2（光周期敏感系数）、P5（灌浆期特性参数）、G2（单株潜在最大穗粒数）、G3（潜在灌浆速率）、PINT（出叶间隔特性参数），各参数具体物理意义及取值范围如表 6.3 所示（Jiang et al.，2016b）。

表 6.3 CERES-Maize 模型中的玉米遗传参数及意义

参数	物理意义	阈值
P1	玉米从出苗到幼年期结束时大于 8 ℃的积温（℃·d）	100~400
P2	光敏感期大于临界日长（12.5 h）1 h 的光周期导致发育延迟的程度（d/h）	0.1~0.8
P5	从吐丝到玉米生理成熟期时大于 8 ℃的积温（℃·d）	600~1000
G2	单株潜在最大穗粒数（粒/株）	560~850
G3	潜在灌浆速率（mg/d）	5~12
PINT	出叶间隔期间大于 8 ℃的积温（℃·d）	35~55

目前，遗传参数通常都是通过田间试验获取或依据前人研究结果获取。本书根据田间实测玉米产量以及物候期等数据，采用 GLUE（generalized likelihood uncertainty estimation）参数估计方法（Mertens et al.，2004；He et al.，2009）对遗传参数进行校正。GLUE 方法是一种基于贝叶斯参数估计的方法（Candela et al.，2005），该方法先基于经验产生大量的参数分布，然后根据田间实测值计算每个参数的似然值，最后用贝叶斯公式计算分布的概率，估算出各参数最有可能的值（Makowski et al.，2006）。在 DSSAT Version 4.7 中，该方法通过 R 语言嵌入到 DSSAT 中，用户可直接选取要参数估计的品种处理，设定运行次数（10000 次以上），输出结果简洁，方便用户查看参数估计结果。

在 DSSAT 模型中，玉米田间实验数据文件以 ".MZX" 为后缀，详细记录了作物种植管理信息、调用的气象和土壤文件、模拟的起始日期、灌溉以及施肥等。本书大田实验于

2017～2018 年在盐池和鄂尔多斯实验站开展。试验地于每年 4 月 25 日播种玉米，9 月下旬收获。其中，盐池站以灌溉玉米为主，鄂尔多斯站以雨养玉米为主。玉米田间播种管理方式如图 6.1 所示，玉米种植深度为 5 cm，行间距为 50 cm，每株间距为 30 cm。在玉米生育期共施肥 3 次，播种前施用 250 kg/hm² 多磷酸铵（ammonium polyphosphate），随后分别在 6 月 25 日和 7 月 20 日施加 200 kg/hm² 多磷酸铵和 75 kg/hm² 尿素作为追肥。其中盐池站的灌溉日期分别为 5 月 16 日、5 月 30 日、6 月 16 日、6 月 28 日、7 月 15 日、7 月 28 日、8 月 12 日、8 月 27 日、9 月 11 日，灌溉频次共计 9 次，每次的灌溉量为 50 mm。

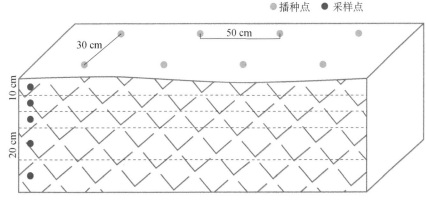

图 6.1　玉米播种及土壤采样示意图

在玉米生育期内，分别对物候期（包括发芽期、开花期、拔节期、抽雄期、灌浆期和成熟期）进行记录。玉米叶面积指数（LAI）则通过冠层分析仪（LAI-2000，Li-Cor）测量获取。玉米成熟收获后，将取样脱粒，于 80 ℃ 烘干 48 h 后称重，记为最终产量。

2. 模型参数校正

我们将 2017 年实验站的玉米实验数据用于校正 CERES-Maize 模型的作物遗传参数，其中校正的实验数据包括玉米产量、LAI 以及物候期。首先利用 GULE 模块运行 10000 次以上，大致确定每个参数范围，再结合"试错法"对参数进行微调，使观测值和模拟值达到高度吻合，校正期模拟值与实测值的差异如表 6.4 所示。

表 6.4　校正期（2017 年）玉米实测值与模拟值对比

指标	盐池站				鄂尔多斯站			
	观测值	模拟值	nRMSE	ME	观测值	模拟值	nRMSE	ME
出苗期/d	12	12	0	0	12	13	8.33	1
开花期/d	91	91	0	0	95	95	0	0
成熟期/d	160	160	0	0	160	162	1.25	2
LAI 最大值	2.03	2.23	9.85	0.2	2.17	2.18	0.46	0.01
产量/(kg/hm²)	6108	6253	2.37	145	3110	3262	4.89	152

注：出苗期、开花期和成熟期表示种植之后的天数；nRMSE 的单位为%

由表 6.4 可以看出校正后的模型模拟的出苗期、开花期、成熟期、LAI 最大值以及产量均与实测值均达到高度吻合。其中盐池实验站的模拟玉米物候期与实测值一致，LAI 最大值与产量 nRMSE 均小于 10%，略高于实测值；鄂尔多斯实验站除模拟玉米开花期与实测值一致外，其余物候期均小于 3 天，产量均略高于实测值，但 nRMSE 均小于 10%。这表明 CERES-Mazie 模型可以准确模拟玉米物候期、LAI 与产量。

3. 模型参数验证

本研究以 2018 年的实测数据用于验证，其验证结果如表 6.5 所示。从中可知，盐池实验站玉米产量和 LAI 观测值与模拟值的 nRMSE 分别为 2.84% 和 3.1%，均小于 10%，物候期误差均小于 3 天；鄂尔多斯实验站模拟玉米出苗期和开花期均与实测值一致，成熟期早于观测值两天，LAI 和产量的 nRMSE 均小于 10%。这表明，校正后的 CERES-Maize 能够准确模拟玉米的生长过程和产量。

表 6.5 验证期（2018 年）玉米实测值与模拟值对比

指标	盐池站				鄂尔多斯站			
	观测值	模拟值	nRMSE	ME	观测值	模拟值	nRMSE	ME
出苗期/d	11	11	0	0	11	11	0	0
开花期/d	93	92	1.07	−1	97	97	0	0
成熟期/d	159	161	1.26	2	158	156	1.27	−2
LAI 最大值	2.19	2.26	3.1	0.07	2.21	2.27	2.71	0.06
产量/（kg/hm²）	6578	6765	2.84	187	3795	3687	2.84	−108

注：出苗期、开花期和成熟期表示种植之后的天数；nRMSE 的单位为%

本研究目的之一为评估气候变化对作物水分利用的影响，所以对 ET 模拟的精确度至关重要，而 ET 可以间接通过土壤水分变化来体现，因此模型能够准确模拟土壤水含量的动态变化是本研究的基础。

为了测定土壤水分动态变化，本研究于 2016 年 6 月按照上述 5 层土壤剖面安装仪器进行监测。本研究采用 METER 公司的 ECH2O 5TE 探头监测土壤水分，该探头是通过电磁波在土壤介质中振荡频率的变化来测定周围土壤的介电常数，从而计算出探头周围土壤含水量，为了提高模型模拟精度，本研究将实测土壤含水量作为初始土壤含水量输入到模型中。

本研究对比了 2018 年鄂尔多斯实验站土壤剖面实测含水量与模拟值，如图 6.2 所示。由图 6.2 可知，土壤剖面各层土壤含水量的 RMSE 为 0.016 m³/m³ 与 0.038 m³/m³ 之间，在 20 cm 以上土壤层，模拟值略大于实测值；而 20～70 cm 土层，模拟值略小于实测值，但各层模拟值与实测值均到达较高的吻合度。此外，模型还可以很好地反应各层土壤水分对降雨事件的响应。综上所述，校正后的 CERES-Maize 模型能够精准模拟玉米生长发育过程和土壤水分动态变化，该模型可用于本研究的模拟。

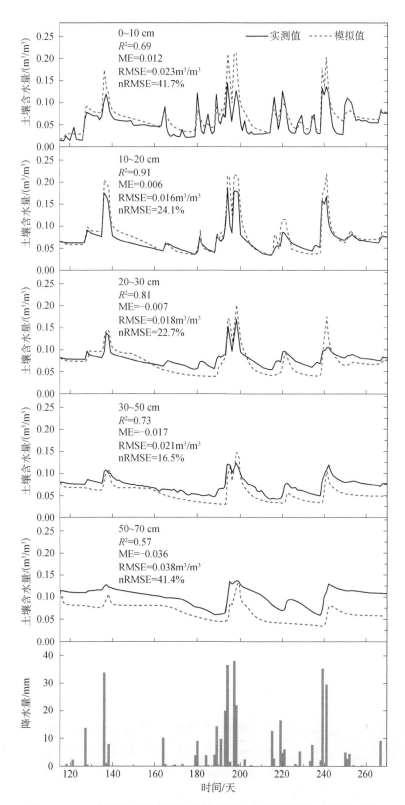

图 6.2　2018 年鄂尔多斯实验站各层土壤含水量模拟值与实测值对比

6.1.2 未来气候变化对西北农牧交错带玉米的影响

1. 气候模式选取及校正

本研究未来气候数据利用 CMIP5（Coupled Model Intercomparison Project Phase 5）公布的 20 个气候模式（表 6.6）。相比于 CMIP3，本次 CMIP5 使用典型浓度路径（representative concentration pathways，RCP）辐射强迫情景预估未来气候变化，其中共有 RCP2.6、RCP4.5、RCP6.0 和 RCP8.5 4 种排放情景（Taylor et al.，2012），其中 RCP2.6 为低排放情景，RCP4.5 和 RCP6.0 为中排放情景，RCP8.5 为高排放情景。

表 6.6　本研究选取的 20 个气候模式的基本信息

ID	气候模式	国家	分辨率/(°)	单位
1	ACCESS1-0	澳大利亚	1.9×1.3	CSIRO-BOM
2	ACCESS1-3	澳大利亚	1.9×1.3	CSIRO-BOM
3	CanESM2	加拿大	2.8×2.8	CCCMA
4	CCSM4	美国	1.25×0.9	NCAR
5	CESM1-BGC	美国	1.3×0.9	NSF-DOE-NCAR
6	CESM1-CAM5	美国	1.3×0.9	NSF-DOE-NCAR
7	CMCC-CM	意大利	0.8×0.8	CMCC
8	CMCC-CMS	意大利	1.9×1.9	CMCC
9	CNRM-CM5	法国	1.4×1.4	CNRM-CERFACS
10	GFDL-CM3	美国	2.5×2.0	NOAA GFDL
11	GFDL-ESM2M	美国	2.5×2.0	NOAA GFDL
12	HadGEM2-AO	英国	1.9×1.2	KMA
13	HadGEM2-ES	英国	1.9×1.2	KMA
14	INM-CM4	俄罗斯	2×1.5	INM
15	MIROC5	日本	1.4×1.4	MIROC
16	MIROC-ESM	日本	2.8×2.8	MIROC
17	MIROC-ESM-CHEM	日本	2.8×2.8	MIROC
18	MPI-ESM-LR	德国	1.9×1.9	MPI-M
19	MRI-CGCM3	日本	1.1×1.1	MRI
20	NorESM1-M	挪威	2.5×1.9	NCC

已有研究表明，RCP4.5 情景的优先性大于 RCP6.0 情景（Xu and Xu，2012），且 RCP2.6 情景比较理想化，因此本研究只选取 RCP4.5 和 RCP8.5 情景下的预估结果。本研究利用的主要气象要素包括逐日最高气温（℃）、最低气温（℃）、降水量（mm）和太阳辐射量（W/m^2）。数据时间序列为 1986～2100 年，其中将 1986～2005 年定义为气候基准时段，用

于气候模式偏差校正及效果评估。本研究未来预估的时段为 2021～2100 年，将其分为 21 世纪前期（2021～2040 年，2030s）、21 世纪中期（2051～2070 年，2060s）和 21 世纪后期（2081～2100 年，2090s）三个时期。由于每个气候模式分辨率不同，本研究采用反距离权重插值法（IDW，inverse distance-weighted）将离研究站点最近的 4 个 GCM 网格气象数据插值到每个研究站点上（Liu and Zuo，2012）。

尽管气候模式是研究未来气候变化的重要工具，但其在模拟降水和气温等气候要素时均存在一定的系统误差（Jiang et al.，2016a）。因此误差订正（BIAS Correction）常被用于弥补这一不足。近些年，研究气候变化对农业的影响时，经常采用误差订正方法修订气候模拟的结果（吕尊富等，2013；Boonwichai et al.，2019）。分位数映射法（quantile mapping，QM）是典型的频率订正法，该方法首先分别计算观测和模拟值的累积概率分布函数（cumulative distribution function，CDF），构建两者之间的传递函数（transfer function，TF），再利用 TF 函数，订正其他时段模拟的 CDF，以达到对模拟值误差订正的目的（童尧等，2017）。本研究选用非参数转换 RQUANT 方法（Gudmundsson et al.，2012），如式（6.1）所示：

$$P_{corr} = \mathrm{ecd}f_{obs}^{-1}\big[\mathrm{ecd}f_{GCM}\left(P_{GCM}\right)\big] \tag{6.1}$$

式中，P_{GCM} 为气候模式数据；$\mathrm{ecd}f$ 为经验累积分布函数；$\mathrm{ecd}f^{-1}$ 为逆经验累积分布函数；obs 为观测值；GCM 为气候模式；P_{corr} 为误差订正后的模式数据。此方法在国内外得到广泛验证（Themeßl et al.，2011；Chen et al.，2013b；Fang et al.，2015；韩振宇等，2018），均表明该方法可以有效订正偏差的平均值、标准偏差以及决定系数等。

2. 未来气候变化趋势

本研究选用研究区所有气象站 1986～2014 年的气象数据作为基准线（baseline），未来 CMIP5 多模式预估气象数据截至 2100 年，其降水、气温和太阳辐射年际变化如图 6.3 所示。由图 6.3（a）可知，西北农牧交错带 baseline（1986～2005 年）年平均气温为 8.26 ℃，未来 2 种情景下年平均温度均呈现增加趋势，其中 RCP8.5 情景下升温更为明显。

从表 6.7 可以看出，在 RCP4.5 情景下 21 世纪前期、中期、末期平均气温分别增加了 0.27 ℃、1.32 ℃、1.77 ℃，3 个阶段均呈现升温趋势。其中前期增加幅度为 0.43 ℃/10a，达到显著水平（$P<0.01$）；中期增加幅度为 0.36 ℃/10a，趋势也达到显著水平（$P<0.01$）；末期为 0.21 ℃/10a，达到显著水平（$P<0.05$）。尽管该情景下升温显著，但升温趋势却在缓慢下降。在 RCP8.5 情景下，年平均气温变化幅度和趋势均高于 RCP4.5 情景，21 世纪前期、中期、末期平均气温分别增加了 0.66 ℃、2.45 ℃、4.41 ℃，增加趋势分别为 0.44 ℃/10a、0.55 ℃/10a、0.63 ℃/10a，均达到极显著水平（$P<0.01$）。预估 21 世纪末，两种情景下温度分别上升了 21.4% 和 53.3%。

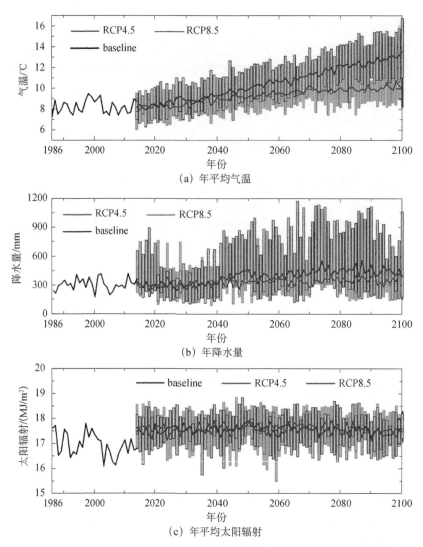

图 6.3　Baseline（1986～2014 年）和未来年平均气温、年降水量以及年平均太阳辐射变化情况

表 6.7　CMIP5 多模式集合不同情景下年平均气温变化预估

时段	RCP4.5			RCP8.5		
	变化量 /℃	变化幅度 /%	趋势率 /(℃/10a)	变化量 /℃	变化幅度 /%	趋势率 /(℃/10a)
2030s（2021～2040 年）	0.27	3.3	0.43**	0.66	7.9	0.44**
2060s（2051～2070 年）	1.32	15.9	0.36**	2.45	29.7	0.55**
2090s（2081～2100 年）	1.77	21.4	0.21*	4.41	53.3	0.63**

由图 6.3（b）可知，研究区 baseline（1986～2005 年）年均降水量为 310.6 mm，未来两种情景下降水量均明显高于 baseline，但两种情景下的降水量却无明显差异。为了定量分析其变化趋势，依然将未来划分 3 个时段，分别统计不同时段不同 RCP 情景下降水量变化

量、变化幅度、趋势以及显著性结果，结果如表 6.8 所示。

表 6.8　CMIP5 多模式集合不同情景下年降水量变化预估

时段	RCP4.5			RCP8.5		
	变化量/mm	变化幅度/%	趋势率/(mm/10a)	变化量/mm	变化幅度/%	趋势率/(mm/10a)
2030s（2021～2040 年）	3.6	1.2	9.1	−2.2	−0.7	8.4
2060s（2051～2070 年）	32.4	10.4	−17.3	96.4	31.3	23.9
2090s（2081～2100 年）	51.2	16.5	4.7	145.3	46.8	−24.3

由表 6.8 可知，在 RCP4.5 情景下 21 世纪前期、中期、末期与 baseline 相比，降水分别提升了 3.6 mm、32.4 mm、51.2 mm，其中 21 世纪中期年际降水量呈下降趋势，趋势率为 −17.3 mm/10a，而前期和后期年际降水量则均呈上升趋势，趋势率分别为 9.1 mm/10a 和 4.7 mm/10a。RCP8.5 情景下 21 世纪前期降水小幅下降 0.7%，中期和后期降水量分别提高了 31.3% 和 46.8%，前期和中期降水上升速率为 8.4 mm/10a 和 23.9 mm/10a，后期降水开始下降，下降趋势率为 24.3 mm/10a。综合发现未来两种情景下降水整体提升，随着辐射强迫增大，降水量也逐渐增加，但各阶段变化趋势并不显著，均未通过 95% 的显著性检验。

由图 6.3（c）可知，研究区 baseline（1986～2014 年）年平均太阳辐射为 16.5 MJ/m²，未来两种情景下太阳辐射略高于 baseline，但并无明显变化趋势。同样为了定量分析其变化趋势，将未来划分 3 个时段，分别统计不同时段不同 RCP 情景下太阳辐射变化量、变化幅度、趋势以及显著性结果，结果如表 6.9 所示。

表 6.9　CMIP5 多模式集合不同情景下年降水量变化预估

时段	RCP4.5			RCP8.5		
	变化量/(MJ/m²)	变化幅度/%	趋势率/[MJ/(m²·10a)]	变化量/(MJ/m²)	变化幅度/%	趋势率/[MJ/(m²·10a)]
2030s（2021～2040 年）	1.1	6.7	−0.01	1.1	6.7	−0.06
2060s（2051～2070 年）	1.1	6.7	0.09	1.1	6.7	−0.02
2090s（2081～2100 年）	1.0	6.1	−0.06	0.9	5.5	0.08

由表 6.9 可知，未来两种情景下太阳辐射与 baseline 相比约升高 6.1%～6.7%，各时间段太阳辐射均没有明显变化趋势，均未通过 95% 的显著性检验。综上所述，未来研究区年际气象要素整体表现出升温明显、降水增加、太阳辐射无显著变化的趋势，随着辐射强迫的增大，温度升高越显著，降水也越多。

3. 未来气候变化对玉米的影响

为了评估气候变化对西北农牧交错带玉米生产的影响，本研究采用集合模拟的方法，选取

CMIP5 中 20 个气候模式的未来气候预估结果，包括 21 世纪前期（2030s，2021~2040 年）、21 世纪中期（2060s，2051~2070 年）、21 世纪末期（2090s，2081~2100 年）。同时，为了评估 CO_2 浓度变化对玉米的影响程度，本研究设立对照组，一组模拟 CO_2 浓度统一采用 390 ppm；另一组模拟不同情景下的 CO_2 浓度依次按年份输入。本研究主要考虑气候变化对玉米的影响，其他田间管理措施均统一处理，保持现有管理方式不变。水分处理分为雨养和灌溉条件，灌溉条件表示当表层土壤含水量低于 50%田间持水量时，将自动灌溉到 100%田间持水量；而雨养条件下，玉米生育期的需水全部来自于降水。本章研究共设计了 57600 次模拟（60 年×20 个气候模式×2 个情景×2 个水分处理×2 个 CO_2 处理×6 个站点=57600）。

未来不同时期不同情景下雨养和灌溉玉米产量模拟结果如图 6.4 所示，其中雨养和灌溉玉米产量的 baseline（2016~2020 年）分别为 3652 kg/hm² 和 6681 kg/hm²。由模拟结果可知，未来气候变化对雨养玉米产量有正向促进作用，与 baseline 相比，在 RCP4.5 情景下，玉米平均产量在 2030s、2060s 和 2090s 三个时期分别增加 21.7%、16.4%和 12.6%。而在 RCP4.5 情景下，除去 2090s 时期玉米会减产 12.3%，其余 2030s 和 2060s 两个时期玉米分别平均增产 25.1%和 4.8%。

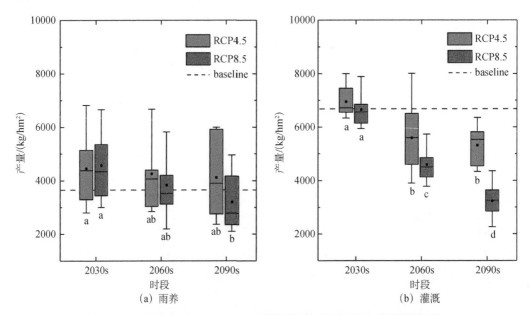

图 6.4　未来不同 RCP 情景下三个时期雨养和灌溉玉米产量的模拟结果

箱形图横线与点分别表示中值和平均值，箱体上下边界分别为上四分数和下四分位数；箱形图上不同的小写字母表示不同时期和情景下的玉米产量有显著差异（$P<0.05$），相同的字母则表示无显著差异；本模拟情景下的 CO_2 浓度为 390 ppm；雨养和灌溉玉米产量的 baseline 分别为 3652kg/hm² 和 6681kg/hm²

在不考虑未来 CO_2 浓度升高对玉米产量的影响条件下，整体而言，未来气候变化对 21 世纪初期灌溉玉米产量略有提升，但随后两时期均有不同程度的负面影响且有显著性差异（$P<0.01$），RCP8.5 情景下减产趋势更为显著。模拟结果表明，在 RCP4.5 和 RCP8.5 情景

下，未来灌溉玉米平均产量在 2030s 时期将分别增加 3.9%和 0.1%，而在 2060s 和 2090s 时期将分别减产 16.3%和 20.4%、31.2%和 53.1%。

　　未来 CO_2 浓度升高对玉米产量的影响如表 6.10 所示，总体而言，CO_2 浓度升高对玉米产量形成具有一定正向促进作用。在 RCP4.5 和 RCP8.5 情景下，对于雨养玉米，CO_2 浓度升高使玉米增产范围分别在 1.3%～2.1%和 1.6%～4.8%之间；对于灌溉玉米，CO_2 浓度升高使玉米增产范围分别在 0.6%～2.4%和 1.9%～5.7%之间。CO_2 浓度升高对灌溉玉米产量的提升略大于雨养玉米。两情景下相比较，RCP8.5 情景下的玉米产量提高比 RCP4.5 情景下更显著，而且在 21 世纪末期，产量提高越来越显著，这是由于 RCP8.5 情景下未来 CO_2 浓度远大于 RCP4.5，CO_2 的肥效作用更显著导致的。

表 6.10　CO_2 浓度变化对雨养及灌溉玉米产量的影响

时段		RCP4.5			RCP8.5		
		不考虑 CO_2 /(kg/hm²)	考虑 CO_2 /(kg/hm²)	变化率 /%	不考虑 CO_2 /(kg/hm²)	考虑 CO_2 /(kg/hm²)	变化率 /%
雨养玉米	2030s	4327	4389	1.4	4569	4643	1.6
	2060s	4364	4421	1.3	3830	3931	2.6
	2090s	4149	4235	2.1	3202	3358	4.8
	平均	4280	4348	1.6	3867	3977	2.8
灌溉玉米	2030s	6948	6998	0.6	6649	6773	1.9
	2060s	5595	5728	2.4	4595	4731	3.0
	2090s	5320	5426	2.0	3237	3420	5.7
	平均	5954	6045	1.6	4827	4975	3.1

　　未来不同时期不同情景下雨养和灌溉玉米生育期模拟结果如图 6.5 所示，由模拟结果可知，雨养玉米不同时期不同情景下的生育期有不同程度的增加和缩短，其中 RCP4.5 情景下的 2030s、2060s 时期和 RCP8.5 情景下的 2030s 时期玉米生育期分别增加了 11 d、1 d 和 9 d；而 RCP4.5 情景下的 2090s 时期、RCP8.5 情景下 2060s 和 2090s 时期的玉米生育期则分别缩短了 2 d、10 d 和 20 d。对于灌溉玉米而言，不同时期不同情景下的生育期均有不同程度的缩短，其中 RCP4.5 情景下的 2030s、2060s 和 2090s 时期玉米生育期分别缩短了 15 d、23 d 和 25 d；RCP8.5 情景下的 2030s、2060s 和 2090s 时期玉米生育期则分别缩短了 21 d、32 d 和 36 d。相比较而言，未来气候变化对灌溉玉米生育期的影响更大，生育期随时间呈显著降低的趋势（$P<0.05$），同时，RCP8.5 情景下玉米生育期缩短程度要大于 RCP4.5 情景。

　　未来 CO_2 浓度升高对玉米生育期的影响如表 6.11 所示，整体而言，CO_2 浓度升高对玉米生育期的影响并不大，变化幅度在−0.6%～4.5%之间。两情景下相比较，RCP8.5 情景下 CO_2 浓度的升高对玉米生育期的延长比 RCP4.5 情景下更显著。

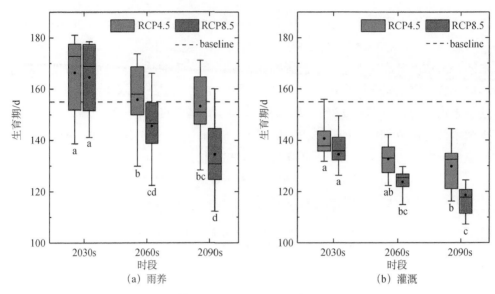

图 6.5 未来不同 RCP 情景下三个时期雨养和灌溉玉米生育期的模拟结果

箱形图横线与点分别表示中值和平均值，箱体上下边界分别为上四分数和下四分位数；箱形图上不同的小写字母表示不同时期和情景下的玉米生育期有显著差异（$P<0.05$），相同的字母则表示无显著差异；本模拟情景下的 CO_2 浓度为 390 ppm；baseline 为 155 d

表 6.11 CO_2 浓度变化对雨养及灌溉玉米生育期的影响

| 时段 | | RCP4.5 | | | RCP8.5 | | |
		不考虑 CO_2 /d	考虑 CO_2 /d	变化率 /%	不考虑 CO_2 /d	考虑 CO_2 /d	变化率 /%
雨养玉米	2030s	166	165	−0.6	164	164	0
	2060s	156	157	0.6	145	148	2.1
	2090s	153	155	1.3	135	139	2.9
	平均	158	159	0.4	148	150	1.6
灌溉玉米	2030s	141	141	0	134	140	4.5
	2060s	133	136	2.3	124	127	2.4
	2090s	130	131	0.8	119	125	5.0
	平均	135	136	0.9	126	131	4.0

WUE 是评价作物产量与用水量关系的一个重要指标，其计算方法如式（6.2）所示：

$$WUE = \frac{Y}{ET} \tag{6.2}$$

式中，WUE 为玉米产量水分利用效率，kg/（$hm^2 \cdot mm$）；Y 为玉米产量，kg/hm^2；ET 为蒸腾量，mm。

未来不同时期不同情景下雨养和灌溉玉米产量 WUE 模拟结果如图 6.6 所示，其中灌溉和雨养玉米 WUE 的 baseline 分别为 12.8 kg/（$hm^2 \cdot mm$）和 13.2 kg/（$hm^2 \cdot mm$）。与 baseline 相比，RCP4.5 情景下灌溉玉米的 WUE 变化并不显著（$P>0.05$），而 RCP8.5 情景下 WUE 则呈显著降低的趋势（$P<0.05$），两情景下灌溉玉米 WUE 变化幅度分别在

−10.9%～0.6%和−36.7%～−0.1%之间。在考虑未来 CO₂ 浓度提高的情景下，两情景下灌溉玉米 WUE 变化幅度则分别在−8.7%～0.2%和−33.8%～2%之间，由此可知，未来 CO₂ 浓度提高可以有效提高灌溉玉米 WUE，尤其是 RCP8.5 情景下的提升幅度更大。而雨养玉米 WUE 整体要高于灌溉玉米 WUE，与 baseline 相比，两情景下雨养玉米 WUE 变化幅度分别在−6.4%～−1.7%和−31.1%～−0.1%之间；在考虑未来 CO₂ 浓度提高的情景下，雨养玉米 WUE 变化幅度分别在−3.8%～2.3%和−18.2%～2.4%之间。

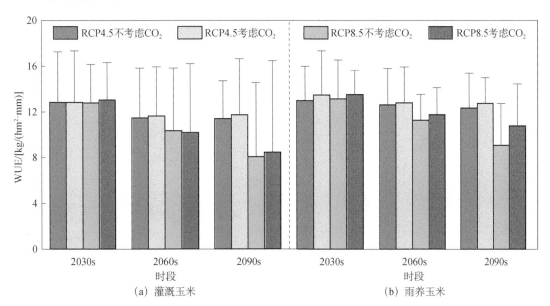

图 6.6　未来不同 RCP 情景下三个时期雨养和灌溉玉米产量水分利用效率（WUE）的模拟结果

柱状图与误差棒分别表示均值和标准差

　　总体来说，未来气候变化会降低玉米 WUE，但是未来 CO₂ 浓度的提升会对玉米 WUE 有正向促进作用。这主要由于 CO₂ 浓度的提升会引起玉米的气孔关闭，减少了玉米的蒸腾量，从而提高了玉米 WUE（Ghannoum et al.，2000）。当只考虑 CO₂ 浓度变化对玉米 WUE 的影响，与不考虑 CO₂ 的影响相比，模拟结果表明在 RCP4.5 情景下，灌溉玉米 WUE 在未来三个时期分别提高 0.1%、2.2%和 3.5%；而在 RCP8.5 情景下，灌溉玉米 WUE 在未来三个时期则分别提高 1.6%、0.1%和 5%。对于雨养玉米，模拟结果表明在 RCP4.5 情景下，雨养玉米 WUE 在未来三个时期分别提高 3.8%、1.6%和 2.4%；而在 RCP8.5 情景下，雨养玉米 WUE 在未来三个时期则分别提高 2.3%、4.4%和 18.7%。综上所述，CO₂ 浓度的提升对雨养玉米 WUE 的促进效果要大于灌溉玉米；RCP8.5 情景下的 CO₂ 浓度的提升对玉米 WUE 的促进效果要大于 RCP4.5 情景。

4. 小结与讨论

　　温度是影响玉米生长发育的一个重要气象因子，由于灌溉玉米不受水分胁迫的影响，从而更能反映未来升温与玉米产量的关系。本研究将所有灌溉玉米的结果按照模拟年升温幅度进行筛选并计算产量变化幅度，结果如图 6.7 所示。结果表明，玉米产量与升温呈显著负相关性（$P<0.01$），在不考虑和考虑 CO_2 两种情景下，温度每升高 1 ℃，玉米产量将分别下降 11.2% 和 10.8%。结果可以看出，尽管 CO_2 浓度的升高可以轻微缓解升温带来的负效应，但是升温对玉米产量的负效应更为显著。因此，研究区玉米生长发育过程对气候变暖更为敏感。

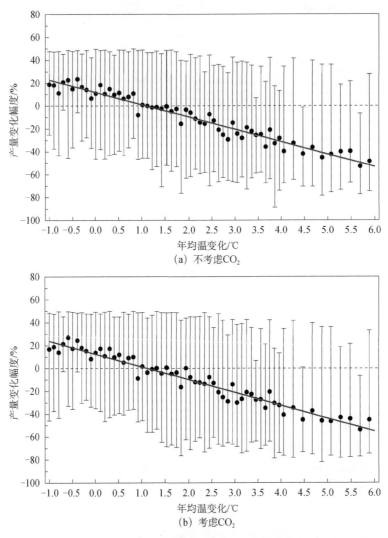

图 6.7　温度与灌溉玉米产量的关系

黑点表示平均值，竖线两端分别表示最大值和最小值

　　研究结果表明，温度上升在 1 ℃ 以内反而会对玉米产量有正向促进作用，一旦温度升高至 1 ℃ 之后，开始对玉米产量产生负效应。这是由于在适当的温度范围内，增温会增加光合速率，对干物质积累和玉米产量有积极的影响，一旦温度升高超过阈值，导致作物生长发育速度加快，造成干物质量的形成和积累周期缩短，干物质积累量越少，产量则越低

（Asseng et al.，2014；Yang et al.，2017；Huang et al.，2018；Han et al.，2021a）。

降水是干旱半干旱地区雨养玉米产量的主要制约因素。未来气候变化有益于雨养玉米的生长发育，这主要由于未来降水的增加，减少了水分胁迫对雨养玉米的影响。尽管升温对雨养玉米也有一定的负效应，但降水增加带来的正效应在一定程度上可以缓解升温带来的负效应。在 CERES-Maize 模型中，采用了两个水分胁迫因子定量了水分胁迫对作物生物量积累和分配的影响（Negm et al.，2014；Qi et al.，2016），该水分胁迫因子的基本原理是通过比较潜在蒸腾和植物可吸收的土壤水之间的大小关系，具体计算方法如式（6.3）和式（6.4）所示：

$$TURFAC = \frac{TRWUP}{RWUEP_1 \times EP_0} \tag{6.3}$$

$$SWFAC = \frac{TRWUP}{EP_0} \tag{6.4}$$

式中，TURFAC（turgor factor）为第一个水分胁迫因子，主要影响作物的延展性生长；TRWUP 表示根系潜在吸水量；$RWUEP_1$ 为物种特性参数，玉米取值为 1.5，EP_0 为作物潜在蒸腾量；SWFAC（second water stress factor）为第二个水分胁迫因子，主要影响作物生长和生物量积累。当胁迫因子为 1 时，表示此时没有水分胁迫；当胁迫因子小于 1，表示水分胁迫出现，这与根系潜在吸水量和潜在蒸腾量的差值大小成正比；当胁迫因子为 0 时，则表示此时水分胁迫最大。

通过计算得到未来不同情景三个时期下雨养玉米的两个水分胁迫因子，如图 6.8 所示。与 baseline 相比，SWFAC 和 TURFAC 在未来各时期和各情景下均有提高，其中 SWFAC 在 RCP4.5 和 RCP8.5 情景下分别平均提高了 14.5% 和 10.9%；TURFAC 则在 RCP4.5 和 RCP8.5 情景下分别平均提高了 13.5% 和 10.8%。这表明未来雨养玉米受水分胁迫的影响更小，这将有利于玉米的延展性生长和生物量积累，从而提高产量。对于雨养玉米，降水增加带来的正面效应大于气候变暖所带来的负面效应，但当气温升高过高时，雨养玉米产量依然会下降，如 RCP8.5 情景下的 2090s 时期（图 6.4）。

玉米对气候变暖和 CO_2 浓度变化的响应是一个复杂的、相互作用的过程。本研究经统计分析表明，未来 CO_2 浓度提升对玉米产量形成具有正向促进作用，可以在一定程度上缓解气候变暖带来的负效应，但缓解程度十分有限。这主要由于玉米作为 C4 作物，从 CO_2 浓度提升中的收益远小于 C3 作物（Kellner et al.，2019），并且目前的研究结果也表明 CO_2 的肥效作用并不能显著提高玉米产量（Leakey et al.，2009；Tigchelaar et al.，2018；Amouzou et al.，2019）。CERES-Maize 模型同样也考虑了 CO_2 的肥效作用对玉米生理过程的影响机理，在该模型中，玉米每日潜在积累生物量可以通过式（6.5）计算：

$$P\_Biomass = (RUE \times PAR / Plant\_No)(1 - e^{-KLAI})PCO_2 \tag{6.5}$$

式中，P_Biomass 表示潜在干物质积累量，g/（$m^2 \cdot d$）；RUE 表示辐射利用效率，g/MJ；PAR 表示光合有效辐射，MJ/（$m^2 \cdot d$）；K 为吸光系数；LAI 为叶面积指数；PCO_2 为 CO_2 修正系数，它是通过实测作物对 CO_2 的响应数据来修正的（Hoogenboom et al.，2019）。Boote 等（2010）模拟了 CERES 系列模型 C4 作物对 CO_2 浓度的影响，结果表明 CO_2 浓度提

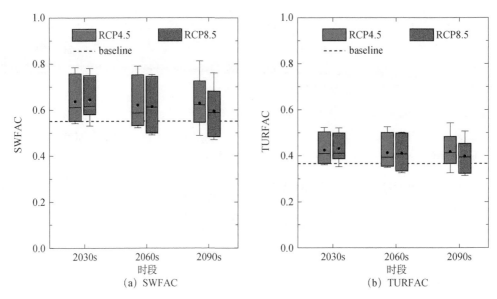

图 6.8　未来不同情景三个时期下雨养玉米的两个水分胁迫因子；SWFAC 和 TURFAC 的 baseline 分别为
0.55 和 0.37

箱形图横线与点分别表示中值和平均值，箱体上下边界分别为上四分位数和下四分位数

升为原来的 2 倍（350～700 ppm）时，作物产量增加 4.2%，这也与本研究结果的趋势一致。

本研究也表明，未来 CO_2 浓度提升可以提高玉米 WUE。一方面，CO_2 浓度提高可以引起玉米气孔导度降低和气孔的部分关闭，从而减少作物蒸腾（Leakey et al.，2006；Ainsworth and Rogers，2007），提高玉米 WUE；另一方面，CO_2 浓度提高可以提升玉米产量，也可以提高玉米 WUE。

6.1.3　制定适应未来气候变化的最佳措施

1. 调整播期对玉米产量的影响

为了探究玉米的产量最高的播种日期，本研究以西北农牧交错带当地玉米传统的播种时间（4 月 25 日）为依据，设定时间步长为 10 日，共设立 4 月 5 日、4 月 15 日、5 月 5 日、5 月 15 日和 5 月 25 日一共六个播种期，评估了不同播期在不同情景、不同时期和不同灌溉处理下的对玉米产量的影响。本节情景下，共设计了 172800 次模拟（60 年×20 个气候模式×2 个情景×2 个水分处理×6 个站点×6 个播期=172800）。本研究下，CO_2 浓度按照各年份各 RCP 情景下依次输入，其余田间管理方式均保持不变。

RCP4.5 和 RCP8.5 情景下未来三个时期雨养和灌溉玉米在不同播种日期下产量的模拟结果如图 6.9 所示。对于雨养玉米，在 2030s 时期两种情景下的最佳播种日期与传统播种日期（4 月 25 日）保持一致；在 2060s 和 2090s 两个时期的最佳播种日期则分别为 5 月 15 日和 5 月 25 日。与当地传统播种日期相比，采用最佳播期可以使 2060s 和 2090s 两个时期的雨养玉米在 RCP4.5 和 RCP8.5 情景下分别提高 3.5%、19.8%和 7.5%、22.5%（表 6.12）。

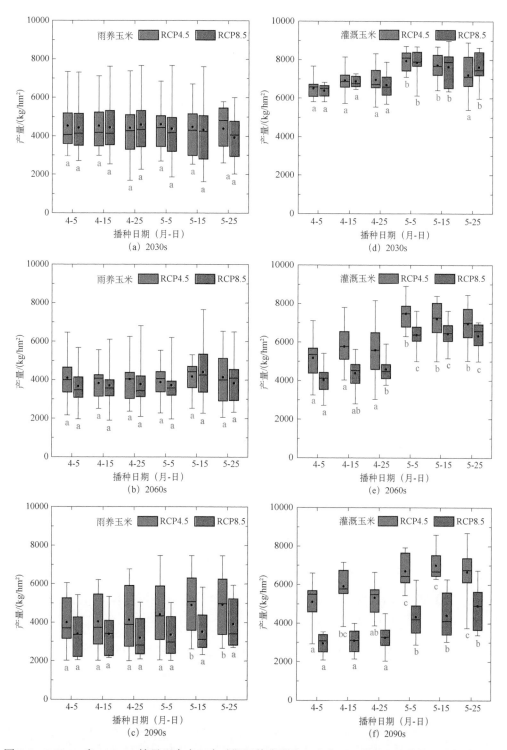

图 6.9　RCP4.5 和 RCP8.5 情景下未来三个时期雨养和灌溉玉米在不同播种日期下产量的模拟结果

箱形图横线与点分别表示中值和平均值，箱体上下边界分别为上四分位数和下四分位数；箱形图上不同颜色的小写字母表示同情景下不同时期的玉米产量有显著差异（P<0.05），相同的字母则表示无显著差异

表 6.12　RCP4.5 和 RCP8.5 情景下未来三个时期雨养和灌溉玉米的最佳播种日期及其产量增加幅度

时期		RCP4.5		RCP8.5	
		最佳播种期	产量变幅/%	最佳播种期	产量变幅/%
雨养玉米	2030s	4 月 25 日	0	4 月 25 日	0
	2060s	5 月 15 日	3.5	5 月 15 日	7.5
	2090s	5 月 25 日	19.8	5 月 25 日	22.5
灌溉玉米	2030s	5 月 5 日	14.4	5 月 5 日	17.9
	2060s	5 月 5 日	34.1	5 月 5 日	39.2
	2090s	5 月 15 日	31.4	5 月 25 日	51.1

延迟播种将会显著提高灌溉玉米的产量。模拟结果表明,未来三个时期,RCP4.5 情景下灌溉玉米的最佳播种日期分别为 5 月 5 日、5 月 5 日和 5 月 15 日;而 RCP8.5 情景下的最佳播种日期则分别为 5 月 5 日、5 月 5 日和 5 月 25 日(表 6.12)。与传统播种日期相比,未来三个时期 RCP4.5 情景下灌溉玉米在最佳播期下产量分别提高 14.4%、34.1% 和 31.4%;而 RCP8.5 情景下灌溉玉米产量则分别提高 17.9%、39.2% 和 51.1%。

在西北农牧交错带,玉米播期延后可以有效缓解气候变化来的负面影响,特别是对灌溉玉米产量的提升更加明显,RCP8.5 情景下的提升也要优于 RCP4.5 情景。

2. 补充灌溉对玉米产量的影响

水分是限制雨养玉米生长和产量的重要因素,因此,补充灌溉被认为是西北农牧交错带应对气候变化的另一种有效适应性策略。由于玉米在生长发育的不同时期需水量不同,本研究按照玉米生长阶段划分了五个关键时期,分别为播种期(P,Planting)、发芽期(E,Emergency)、拔节期(J,Jointing)、抽雄期(T,Tasseling)和灌浆期(G,Grain filling),针对这五个关键期,设定了整个玉米生长季不灌溉、灌一次水、灌二次水、灌三次水、灌四次水和灌五次这六种灌溉方案,以当地灌溉现状为依据,每次灌溉量为 50 mm。将这五个关键期和六种灌溉方案组合,共得到 $C_5^0 + C_5^1 + C_5^2 + C_5^3 + C_5^4 + C_5^5 = 32$ 种灌溉组合,详见表 6.13。本节情景下,共设计了 460800 次模拟(60 年×20 个气候模式×2 个情景×6 个站点×32 个灌溉组合方案=460800)。本研究下,CO_2 浓度按照各年份各 RCP 情景下依次输入,其余田间管理方式均保持不变。

表 6.13　CERES-Maize 模型中设置的灌溉情景(1～32)

灌溉频率	灌溉量/mm	关键期灌溉组合方案
0	0	None[1]
1	50	P[2], E[3], J[4], T[5], G[6]
2	100	PE[7], PJ[8], PT[9], PG[10], EJ[11], ET[12], EG[13], JT[14], JG[15], TG[16]
3	150	PEJ[17], PET[18], PEG[19], PJT[20], PJG[21], PTG[22], EJT[23], EJG[24], ETG[25], JTG[26]
4	200	PEJT[27], PEJG[28], PETG[29], PJTG[30], EJTG[31]
5	250	PEJTG[32]

注:右上角数字表示灌溉组合编号

由于不同玉米生育关键期需水量不同，并且未来降水变化不均匀，不同灌溉组合对最终产量的影响不同。模拟未来三个时期不同情景下 32 种灌溉组合下玉米产量结果如图 6.10 所示，模拟结果表明在玉米的关键期进行补充灌溉可以显著提高玉米产量，从图中可知玉米平均产量在第 16 种灌溉组合方案下首次达到最大，该方案表示在玉米生育期内共灌溉两

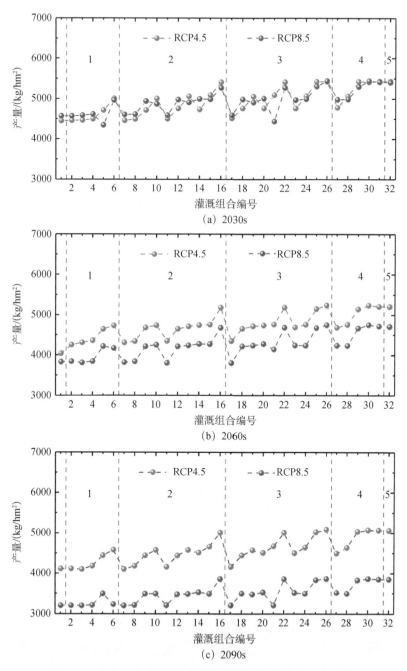

图 6.10 未来三个时期不同情景下不同灌溉组合下玉米产量

图中灰色数字表示灌溉频次；灌溉组合编号代表的具体灌溉方案可参照表 6.13

次，分别在玉米抽雄期和灌浆期进行灌溉，总计灌溉 100 mm。此后，随着灌溉量及灌溉次数的不断增加，玉米产量增幅非常小（表 6.14），甚至有些组合方案会导致产量下降。每种灌溉频率下的最佳组合方案如表 6.14 所示，尽管玉米灌溉四次和灌溉五次水比灌溉两次水产量更高，但是增幅十分有限，从用水经济效率角度分析，在玉米抽雄期和灌浆期进行补充灌溉更加经济有效。采用该灌溉方案，可以使雨养玉米产量在未来三个时期 RCP4.5 情景下分别提高 21.5%、28.2% 和 20.1%；RCP8.5 情景下则分别提高 15.3%、21.9% 和 20.1%。

表 6.14 未来三个时期不同情景下不同灌溉频率下的最佳灌溉组合

灌溉频率及灌溉量/mm	最佳灌溉组合	RCP4.5/（kg/hm²）			RCP8.5/（kg/hm²）		
		2030s	2060s	2090s	2030s	2060s	2090s
0（雨养）	1	4446	4038	4112	4569	3830	3202
1（50 mm）	6（G）	5003	4730	4578	4959	4169	3229
2（100 mm）	16（TG）	5404	5178	5001	5266	4672	3857
3（150 mm）	22（PTG）	5405	5179	5001	5266	4674	3855
4（200 mm）	30（PJTG）	5409	5232	5066	5437	4743	3861
5（250 mm）	32（EPJTG）	5426	5202	5055	5402	4702	3847

3. 设计适应未来气候变化的最佳玉米品种

作物模型为作物品种优化提供了快速且有效的手段。CERES-Maize 模型中共有 6 个参数（表 6.3），其中 P1、P2、P5 和 PINT 影响着玉米的物候期，G2 和 G3 则决定着玉米产量形成，可以通过改变这些参数来改变玉米的物候发育和最终产量。为了确定优化后的玉米品种与现有品种的差异，本研究以目前西北农牧交错带广泛种植的现有雨养玉米品种作为现有参数，通过参考 CERES-Maize 模型在我国各地校正后的玉米参数，制定了各个参数的最大值和最小值，如表 6.15 所示。通过在给定的数值范围内改变品种参数，并对其进行优化，以确定未来气候条件下产量和或水分利用效率最佳的玉米品种。我们依据设置的各参数步长，将每个参数共设置 4 个值，6 个参数共产生 $4^6 = 4096$ 种参数组合，以 MZ_1 至 MZ_4096 进行命名，其中 MZ_1 表示各参数均为最小值，而 MZ_4096 则表示各参数均为最大值。

表 6.15 CERES-Maize 模型中的 6 个参数设置范围

参数	现有参数	最小值	最大值	步长	参考范围	参考文献
P1	352.2	75	500	142	212～300	Han et al.，2021a
P2	0.55	0.1	1	0.3	0.2～0.7	Jiang et al.，2016b
P5	822.2	450	1000	183	640～950	Li et al.，2015b
G2	809.5	420	1000	193	567～850	Liu et al.，2011a
						Liu et al.，2012
G3	8.42	3.8	15	3.7	7～10	Yang et al.，2013
PINT	50	26	68	14	40～60	Zha et al.，2014

本研究共设计 4096 个玉米虚拟品种，首先通过与原有品种对比，筛选出各模式下的玉米产量最高的品种。由于西北农牧交错带以雨养玉米为主，因此所有模拟均设为无灌溉，同时气候背景为 21 世纪中期（2060s）的两个排放情景（RCP4.5 和 RCP8.5），CO_2 浓度按照各年份各 RCP 情景下依次输入。本研究下共模拟（20 年×20 个气候模式×2 个情景×1 个水分处理×6 个站点×1 个播期×4096 个虚拟品种）19660800 次。

虚拟品种在未来不同情景下的产量如图 6.11 所示。由模拟结果可知，不同气候模式下的产量最高品种并不相同，这主要由于各模式下的气候条件不一样，从而适应各气候条件的玉米品种也不尽相同。因此，我们将各模式下产量最高的玉米虚拟品种作为候选品种，将其余品种则淘汰掉，再过滤掉重复的候选品种，结果共产生了 25 个候选品种。

针对以上所选出的 25 个候选品种，我们以 5 日为时间步长，共设定了十二个播种日期，分别为 4 月 5 日、4 月 10 日、4 月 15 日、4 月 20 日、4 月 25 日（传统播期）、4 月 30 日、5 月 5 日、5 月 10 日、5 月 15 日、5 月 20 日、5 月 25 日和 5 月 30 日，通过模拟得到不同播种日期下各候选品种产量，进而分析各品种在不同播期下适应性，再将平均产量和水分利用效率最高的玉米品种作为适应未来气候变化的最佳玉米品种。

RCP4.5 和 RCP8.5 情景下 25 个候选玉米品种在不同播种日期的平均产量和水分利用效率如图 6.12 和图 6.13 所示。由模拟结果可知，同一玉米品种在不同播期下的产量表现不同，尽管有些玉米品种在某一播期下可以达到较高的产量，但是在整个播种期上的平均产量并不高。为了评估不同玉米品种在不同播期的适应性，我们以整个播期上的平均最高产量为筛选标准，选出适应多播期的玉米品种。RCP4.5 和 RCP8.5 情景下的玉米最佳品种分别为 MZ_2999 和 MZ_1855，对应的最佳播种日期分别为 5 月 10 日和 5 月 5 日。与原品种相比，最佳玉米品种在最佳播期下的产量将分别提高 45.2%和 35.3%（表 6.16 和表 6.17）。若是以玉米平均水分利用效率最高为筛选标准，则 RCP4.5 和 RCP8.5 情景下的玉米最佳品种分别为 MZ_1843 和 MZ_2874，对应的最佳播种日期分别为 5 月 15 日和 4 月 30 日。与原品种相比，最佳玉米品种在最佳播期下的水分利用效率将分别提高 31.3%和 39.6%（表 6.18 和表 6.19）。

各个播种时期下玉米最高产量和水分利用效率的具体品种参数如表 6.16 至表 6.19 所示。模拟结果表明，与原玉米品种相比，无论是高产还是水分利用效率高的玉米品种在物候期上均具有从吐丝到玉米生理成熟期较长的特性（参数 P5 均为最大值）。此外，最佳玉米品种还有具有潜在灌浆速率大的特性（参数 G3 均为最大值）。在不同播期下，与原始品种相比，玉米最佳品种可在 RCP4.5 和 RCP8.5 情景下分别提高玉米产量 32.6%～49.2%和 32.2%～40.4%；而玉米水分利用效率在 RCP4.5 和 RCP8.5 情景下分别提高 15.9%～32%和 28.6%～33%。

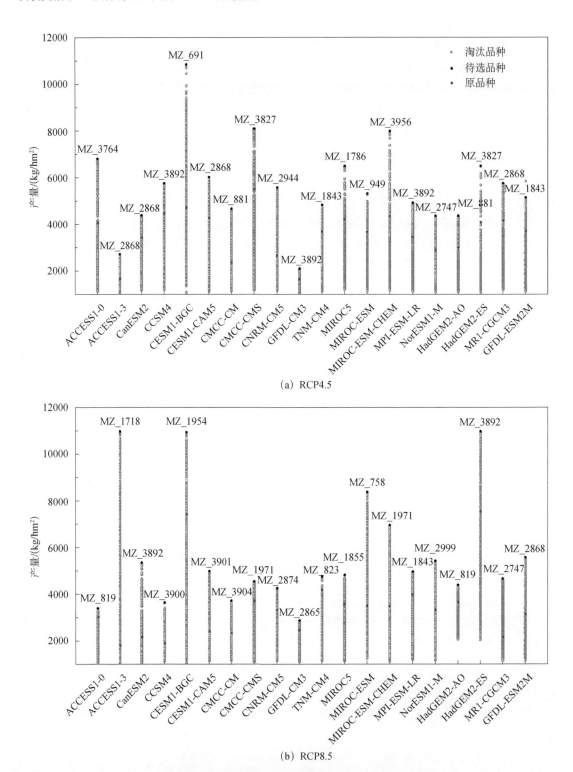

(a) RCP4.5

(b) RCP8.5

图 6.11 不同 RCP 情景下各模式虚拟玉米品种产量

黑点表示各模式下产量最高的虚拟品种；红点表示所有玉米品种的产量

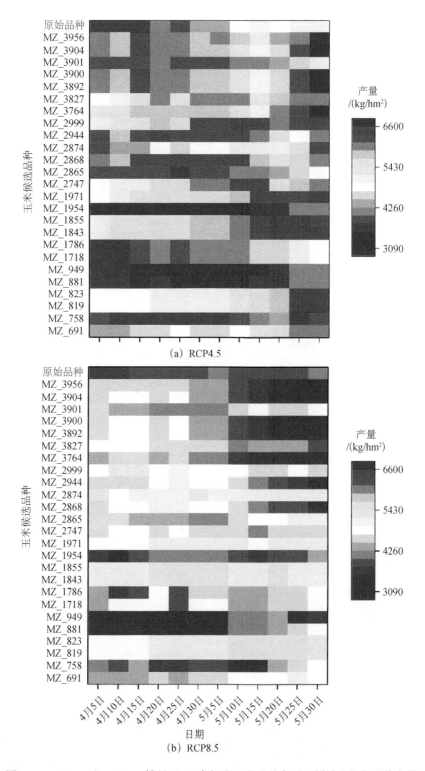

图 6.12 RCP4.5 和 RCP8.5 情景下 25 个候选玉米品种在不同播种日期的平均产量

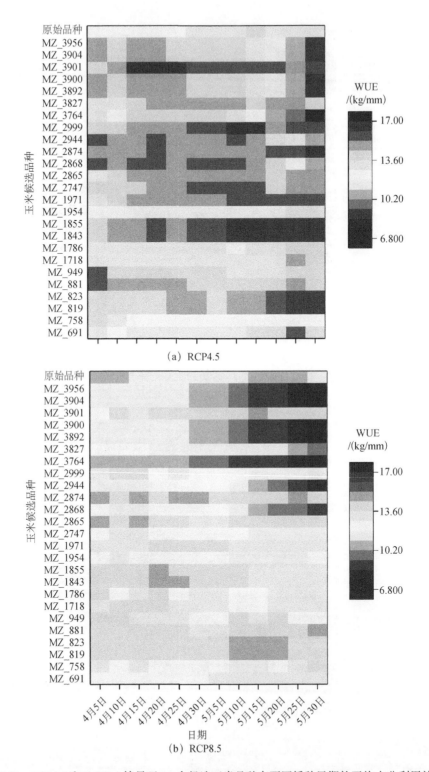

(a) RCP4.5

(b) RCP8.5

图 6.13 RCP4.5 和 RCP8.5 情景下 25 个候选玉米品种在不同播种日期的平均水分利用效率

表 6.16 RCP4.5 情景下不同播种日期虚拟玉米品种最高产量的参数

参数	原始参数	4月5日	4月10日	4月15日	4月20日	4月25日	4月30日	5月5日	5月10日	5月15日	5月20日	5月25日	5月30日
P1	352.5	500	500	500	500	500	500	500	358.4	358.4	358.4	358.4	358.4
P2	0.55	1	1	0.1	1	0.1	0.1	0.1	0.387	0.387	1	1	0.1
P5	822.2	1000	1000	1000	1000	1000	1000	1000	1000	1000	1000	1000	1000
G2	809.5	613.3	613.3	613.3	613.3	420	420	420	806.6	806.6	420	420	420
G3	8.42	15	15	15	15	15	15	15	15	15	15	15	15
PINT	50	55	55	68	55	55	55	55	55	55	40	40	26
产量/(kg/hm²)	4421	6138	5861	6213	6413	6178	6241	6259	6419	6520	6420	6594	6588
产量变化/%	0	38.9	32.6	40.6	45.1	39.7	41.1	41.6	45.2	47.5	45.2	49.2	49.0

表 6.17 RCP8.5 情景下不同播种日期虚拟玉米品种最高产量的参数

参数	原始参数	4月5日	4月10日	4月15日	4月20日	4月25日	4月30日	5月5日	5月10日	5月15日	5月20日	5月25日	5月30日
P1	352.5	358.4	358.4	358.4	358.4	358.4	358.4	358.4	358.4	358.4	358.4	358.4	358.4
P2	0.55	1	0.387	0.387	0.1	0.1	1	1	0.1	0.387	0.1	0.387	0.1
P5	822.2	633.3	1000	1000	1000	1000	1000	1000	1000	1000	1000	1000	1000
G2	809.5	420	806.6	806.6	420	420	420	420	420	420	420	420	420
G3	8.42	15	15	15	15	15	15	15	15	15	15	15	15
PINT	50	55	55	55	40	40	40	40	26	26	26	26	26
产量/(kg/hm²)	3931	5216	5197	5262	5339	5300	5318	5320	5301	5336	5405	5320	5229
产量变化/%	0	32.7	32.2	33.8	35.8	34.8	35.3	35.3	34.8	35.7	37.5	40.4	33.0

注: 蓝色、黄色、橙色和红色分别表示各参数设计范围内从最小值到最大值的4个取值, 具体各参数取值范围请参考表6.15

表 6.18 RCP4.5 情景下不同播种日期虚拟玉米品种最高水分利用效率的参数

参数	原始参数	4月5日	4月10日	4月15日	4月20日	4月25日	4月30日	5月5日	5月10日	5月15日	5月20日	5月25日	5月30日
P1	352.5	75	358.4	75	75	75	358.4	358.4	358.4	358.4	358.4	358.4	216.7
P2	0.55	0.1	0.1	1	1	1	0.387	0.387	0.1	1	0.1	0.387	0.694
P5	822.2	1000	1000	1000	1000	1000	1000	1000	1000	1000	1000	1000	1000
G2	809.5	613.3	420	420	420	420	806.6	806.6	420	420	420	420	420
G3	8.42	15	15	15	15	15	15	15	15	15	15	15	15
PINT	50	26	40	68	68	68	55	55	40	40	40	26	55
WUE/(kg/hm²)	12.8	16.1	14.8	16.3	16.4	16.4	16.1	16.1	16.3	16.8	16.6	16.9	16.6
WUE变化/%	0	25.7	15.9	27.1	28.1	28.0	25.6	25.5	27.4	31.3	29.7	32.0	29.3

表 6.19 RCP8.5 情景下不同播种日期虚拟玉米品种最高水分利用效率的参数

参数	原始参数	4月5日	4月10日	4月15日	4月20日	4月25日	4月30日	5月5日	5月10日	5月15日	5月20日	5月25日	5月30日
P1	352.5	75	216.7	75	358.4	216.7	216.7	358.4	358.4	75	358.4	216.7	75
P2	0.55	0.1	0.694	0.1	0.1	0.694	0.694	0.1	0.387	1	0.1	0.694	0.1
P5	822.2	1000	1000	1000	1000	1000	1000	1000	1000	1000	1000	1000	1000
G2	809.5	420	420	420	420	420	420	420	420	420	420	420	613.3
G3	8.42	15	15	15	15	15	15	15	15	15	15	15	15
PINT	50	55	55	55	40	55	55	26	26	68	26	55	26
WUE/(kg/hm²)	11.2	14.7	14.4	14.8	14.5	14.8	14.8	14.4	14.6	14.7	14.5	14.9	14.7
WUE变化/%	0	31.6	28.9	31.8	29.1	31.9	31.7	28.6	30.2	31.1	29.0	33.0	30.9

注: 蓝色、黄色、橙色和红色分别表示各参数设计范围内从最小值到最大值的 4 个取值,具体各参数取值范围请参考表 6.15

4. 小结与讨论

西北农牧交错带属于干旱半干旱地区，改变种植日期是应对未来气候变化简单而有效的一种方法（Li et al., 2015a）。播期调整主要影响玉米生育期内接收到的水分、温度以及太阳辐射，从而影响玉米的生长发育过程。针对未来气象要素的变化，在不同时期选择适宜的播种日期，可以使玉米获取最佳的水热光等资源，同时玉米的最佳播种期决定了适宜生物量积累时期和最佳的开花期和灌浆期，从而显著提高玉米产量达到缓解气候变化负面影响的目的（Xin and Tao, 2019）。在西北农牧交错带，一年只种植一季作物使得作物具有很大的潜力通过调整播种日期来适应气候变化（Tang et al., 2018）。研究结果表明，与传统播期相比，延迟播种 10～20 天可以有效提高雨养和灌溉玉米的产量。太阳辐射是玉米生长发育和生物量积累的重要能量来源，玉米产量与太阳辐射显著相关，太阳辐射增加会通过提高作物光合作用的方式使之从中受益（Chen et al., 2013a）。因此，推迟种植日期可以在玉米生长初期积累更多的太阳辐射，避免光合速率下降，从而提高产量。Li 等（2015a）通过半结构化和问卷调查的方法统计分析了北方农牧交错农民应对气候变化的策略，结果发现当地农民已开始采用延迟播种玉米这一措施来适应气候变化。本研究结果也与他人在中国其他地区的研究结果基本一致（Lv et al., 2020；Xiao et al., 2020）。

通过在玉米关键生长期进行补灌，可以显著提高雨养玉米产量（Han et al., 2021b）。模拟结果表明，在玉米生长的抽雄期和灌浆期进行补灌是经济效益最高的补充灌溉措施。抽雄期是玉米生长的关键期，若是在该阶段缺水，会导致玉米雄穗、雌穗不能正常发育；若在该阶段补灌可以显著提高玉米穗粒数，从而提高了玉米吐丝后的生物量并导致增产（Gao et al., 2017）。玉米灌浆期是指玉米籽粒的形成期，该时段玉米对水分需求量大，缺水将会减少玉米灌浆速率和灌浆时间，而在此时段补充灌溉可以使玉米籽粒灌浆良好，从而提高产量（NeSmith and Ritchie, 1992；Li et al., 2009）。在设置的 32 种灌溉组合方案中（表 6.13），其中第 6 组（G）、第 22 组（PTG）、第 30 组（PJTG）及第 33 组（PEJTG）组合方案下玉米产量均达到高值，这些组合方案中均包括抽雄期和灌浆期，因此可以得出结论：若不在灌浆期和灌浆期进行补灌，水分短缺会导致玉米减产；灌浆期的玉米需水量要大于抽雄期。虽然更多的灌溉量还可以提高玉米产量，但是西北农牧交错带为干旱和半干旱地区，水资源可利用量有限，补灌两次经济效益更高。而当地农民通常采用集雨的方式进行补灌（Pan et al., 2007），根据收集环境的不同，雨水收集效率约为 20%（Tang et al., 2018），可以满足两次灌溉量的需求，因此该补灌策略具有一定的可行性。

研究表明，优化玉米品种是应对气候变化最有效的适应性措施之一。模拟结果表明，雨养条件下的最佳玉米品种产量最高可达 6594 kg/hm², 这比目前的玉米品种产量高出49.2%。然而本研究所优化的最佳玉米品种产量不如其他学者在我国其他地区得到的产量高（Xin and Tao, 2019；Xiao et al., 2020），主要原因有：一是研究地区的差异会造成气候条件的不一致，本研究区位于干旱半干旱地区，该地区雨养条件下的玉米产量低于半湿润地区的雨养玉米产量；二是田间管理方式和土壤质地不同；三是选取优化品种的作物模型不同，不同模型的参数意义、范围都不尽相同，从而造成产量在数量上的差异，但模拟结果却是类似的。此外，我们的结果表明随着玉米从吐丝到生理成熟的时间延长（P5），玉米产量显著提高；但玉米从出苗到幼年期的延长（P1），并没有导致玉米显著增产，这一发现和前人的研究结果相似（Lv et al., 2020; Xin and Tao, 2019; Xiao et al., 2020）。究其原因主要是玉米吐丝至成熟时期是玉米产量形成的关键时期，该时期的延长将给予玉米更长的灌浆时间，干物质量累积增加并有足够的时间将营养物质从作物茎叶转移至谷物中，从而实现增产（Tao et al., 2016）。同时，田间实验的结果也表明，采用生育期较长的玉米品种具有很大的潜力来应对气候变化（Huang et al., 2018）。我们的模拟结果也表明，最佳的玉米品种还具有潜在灌浆速率大的特性（G3）。这一结果也与我国东北地区玉米品种灌浆速率提高从而显著提高玉米产量的研究结果一致（Chen et al., 2013c）。之前对设计适应气候变化的最佳作物品种的研究往往以追求高产为目的（Loison et al., 2017; Tao et al., 2017; Wang et al., 2019; Lv et al., 2020），然而气候变化不仅影响作物产量，也将不可避免地影响作物耗水量（Xiong et al., 2010）。在西北农牧交错带，长期高强度地使用地下水灌溉，导致地下水位不断下降（Tang et al., 2019）。因此，本研究区不仅需要高产玉米品种，还需要高水分利用效率的作物品种来应对未来的气候变化。本研究基于高水分利用效率对品种参数进行优化，优化结果与高产品种参数一致。具有以上特性的玉米品种不仅能提高玉米产量，从而适应未来气候变化，还能有效提高水分利用效率，最高可提高33%。因此，具有吐丝至成熟期较长和潜在灌浆速率大的特性玉米品种是适应西北农牧交错带最佳品种。以这具有这些特性的玉米为未来的育种目标，不仅可以适应未来西北农牧交错带的气候变化，获得较高的玉米产量，还可以达到节省用水的目的。

6.1.4 不同适应性措施耦合对玉米产量及WUE的影响

1. 不同适应性措施耦合对灌溉玉米的影响

由于西北农牧交错带灌溉玉米不受水分胁迫的影响，因此补灌措施并不适用于该灌溉处理下的玉米，因此本书只将上一节制定的最佳播期和筛选出的最佳玉米参数相结合，共有4种组合方案，即无适应性措施、只采用最佳播期、只采用玉米最佳品种、最佳播期与最佳品种耦合，其产量和水分利用效率模拟结果如图6.14和图6.15所示。

由模拟结果可知，采用适应性措施可以显著抵消未来气候变化带来的负面影响，但不同适应性措施对灌溉玉米产量的影响效果不同，其中最佳播期和最佳品种的耦合情景下的玉米产量最高，其次是只采用最佳玉米品种，增产效果相对最低的为只采用最佳播种期。在RCP4.5情景下未来三个时期，任意一种适应性措施及耦合不仅可以完全抵消未来气候变化带来的负面影响，还可以实现增产的效果，其中增产效果最显著的为最佳播期和最佳品种的耦合，该耦合情景下可以使未来三个时期灌溉玉米产量分别提高56.7%、47.3%和48.2%。而在RCP8.5情景下，由于升温带来的负面影响更加显著，在2060s和2090s时期仅靠调整玉米播期难以完全抵消气候变化带来的负面影响，但采用最佳玉米品种和最佳播期和最佳品种的耦合则可以在未来任意时期完全抵消气候变化带来的负面影响，其中最佳播期和最佳品种的耦合情景下可以使未来三个时期灌溉玉米产量分别提高 73.2%、64.9%和 29.4%。

不同适应性措施及耦合对未来三个时期 RCP4.5 和 RCP8.5 情景下灌溉玉米水分利用效率的影响如图 6.14 所示。由模拟结果可知，采用适应性措施不仅可以提高玉米产量，还可以有效提高玉米水分利用效率。不同适应性措施对灌溉玉米水分利用效率的影响程度与产量一致，均为最佳播期和最佳品种的耦合情景下的玉米水分利用效率最高，其次分别为只采用最佳玉米品种和只采用最佳播种期。在 RCP4.5 情景下未来三个时期，任意一种适应性措施及耦合均可完全抵消气候变化的负面影响，其中最佳播期和最佳品种的耦合情景下可以使未来三个时期灌溉玉米水分利用效率分别提高 48.7%、44.1%和 40.1%。而在 RCP8.5 情景下，在 2060s 和 2090s 时期仅靠调整玉米播期难以完全抵消气候变化带来的负面影响，但采用最佳玉米品种与最佳播期和最佳品种的耦合则可以在未来任意时期完全抵消气候变化带来的负面影响，其中最佳播期和最佳品种的耦合情景下可以使未来三个时期灌溉玉米水分利用效率分别提高 48.5%、39.9%和 16.3%。

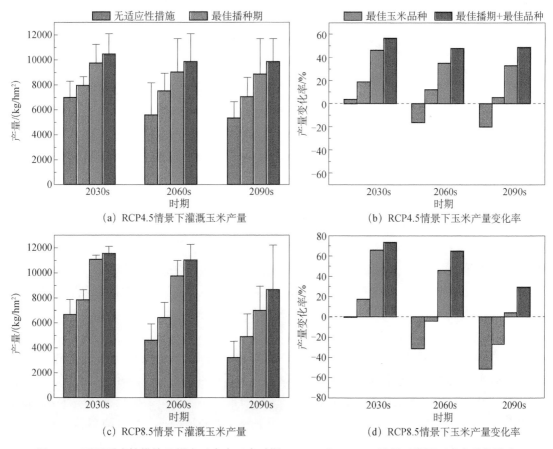

（a）RCP4.5情景下灌溉玉米产量　　　　　（b）RCP4.5情景下玉米产量变化率

（c）RCP8.5情景下灌溉玉米产量　　　　　（d）RCP8.5情景下玉米产量变化率

图 6.14　不同适应性措施及耦合对未来三个时期 RCP4.5 和 RCP8.5 情景下灌溉玉米产量的影响

柱状图与误差棒分别表示均值和标准差

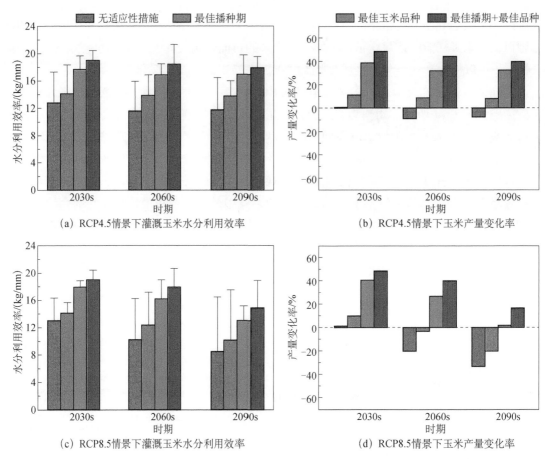

图 6.15 不同适应性措施及耦合对未来三个时期 RCP4.5 和 RCP8.5 情景下灌溉玉米水分利用效率的影响

柱状图与误差棒分别表示均值和标准差

2. 不同适应性措施耦合对雨养玉米的影响

雨养玉米在西北农牧交错带占据着重要地位，上一章制定的三种适应性措施均可适用于雨养玉米，该三种适应性措施共产生了 8 种组合方案，分别为无适应性措施、只采用最佳播期、只采用最佳补灌方案、只采用玉米最佳品种、最佳播期与最佳补灌方案耦合、最佳播期与最佳品种耦合、最佳补灌方案与最佳品种耦合，以及三种适用性措施耦合。这 8 种不同适应性措施组合方案下的雨养玉米产量和水分利用效率模拟结果如图 6.16 和图 6.17 所示。

由图 6.16 的模拟结果可知，若只采用一种适应性措施，采用玉米最佳品种要优于采用最佳补灌方案和采用最佳播期，在 RCP8.5 情景下该适应性措施的优越性更加显著，其次为采用最佳补灌方案，而采用最佳播期的玉米产量增幅最小。若只考虑两种适应性措施耦合的情景下，最佳补灌方案与最佳品种耦合情景下的玉米产量最高，可以使雨养玉米产量在 RCP4.5 和 RCP8.5 情景下未来三个时期分别提高 60.9%、69.9%、64.6%和 91.3%、95.5%、75.6%；而另外两种适应性措施耦合在不同 RCP 情景和不同时期下的表现效果不同，在

RCP4.5 情景下最佳播期和最佳补灌方案耦合要优于最佳播期和最佳品种耦合，而在 RCP8.5 情景下 2090s 时期，最佳播期和最佳品种耦合则优于最佳播期和最佳补灌方案耦合。在最佳播期和最佳补灌方案耦合情景下可以使雨养玉米产量在 RCP4.5 和 RCP8.5 情景下未来三个时期分别提高 52.6%、50.4%、52.8%和 70.8%、71.2%、52.1%；而最佳播期和最佳品种耦合情景下可以使雨养玉米产量在 RCP4.5 和 RCP8.5 情景下未来三个时期分别提高 37.1%、44.2%、45.8%和 49.6%、70.7%、64.6%。模拟结果表明，最佳播期、最佳品种和最佳补灌方案耦合是提升雨养玉米产量的最优措施，该情景下可以使雨养玉米产量在 RCP4.5 和 RCP8.5 情景下未来三个时期分别提高 87.9%、84.8%、87.5%和 97.5%、101.1%、94.2%。由于未来气候变化对雨养玉米的负面影响不大，因此适应性措施及耦合措施对雨养玉米产量的提高要远大于灌溉玉米。

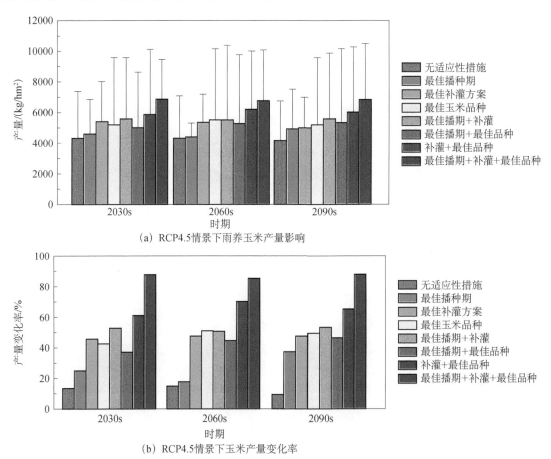

（a）RCP4.5情景下雨养玉米产量影响

（b）RCP4.5情景下玉米产量变化率

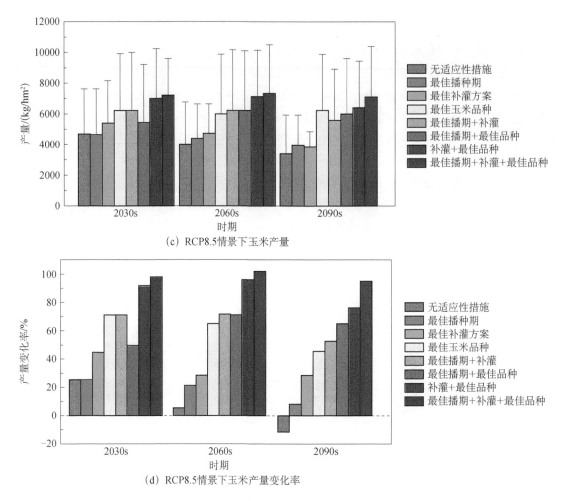

（c）RCP8.5情景下玉米产量

（d）RCP8.5情景下玉米产量变化率

图6.16　不同适应性措施组合对未来三个时期RCP4.5和RCP8.5情景下雨养玉米产量的影响

柱状图与误差棒分别表示均值和标准差

　　不同适应性措施组合对未来三个时期RCP4.5和RCP8.5情景下雨养玉米水分利用效率的影响如图6.17所示，整体来说，采取适应性措施可以显著提高雨养玉米水分利用效率，但不同情景不同时期下的影响程度不同。在RCP4.5情景下，若只考虑一种适应性措施，采用玉米最佳播期对玉米水分利用效率的提升最显著；若只考虑两种适应性措施耦合，则采用最佳播期和最佳品种的耦合情景下的玉米水分利用效率提升最大，在未来三个时期分别提高22.7%、28.8%和16.3%；尽管将最佳播期、最佳品种和最佳补灌方案三种适应性措施耦合可以有效提升雨养玉米水分利用效率，但在2060s时期的提升效果并不如将最佳播期和最佳品种两种适应性措施耦合，该耦合情景下在未来三个时期玉米水分利用效率分别提高28.9%、21.8%和18.9%。在RCP8.5情景下，若只考虑一种适应性措施，采用玉米最佳品种对玉米水分利用效率的提升最显著；若只考虑两种适应性措施耦合，与RCP4.5情景一致，也是采用最佳播期和最佳品种的耦合情景下的玉米水分利用效率提升最大，在未来三个时期分别提高15.4%、21.8%和18.9%；将最佳播期、最佳品种和最佳补灌方案三种适应性措施耦合在未来三个时期玉米水分利用效率分别提高 23.8%、21.9%和 24.5%。

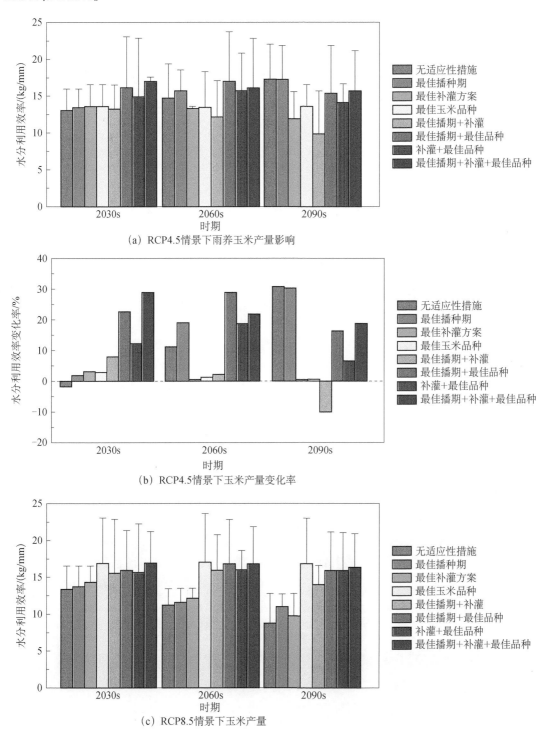

（a）RCP4.5情景下雨养玉米产量影响

（b）RCP4.5情景下玉米产量变化率

（c）RCP8.5情景下玉米产量

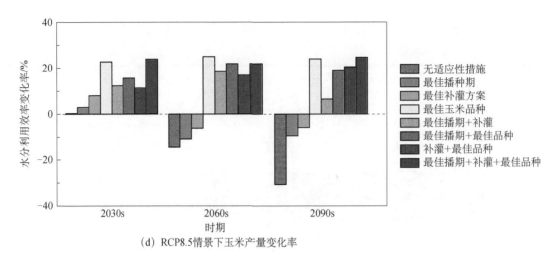

(d) RCP8.5情景下玉米产量变化率

图 6.17　不同适应性措施组合对未来三个时期 RCP4.5 和 RCP8.5 情景下雨养玉米水分利用效率的影响
柱状图与误差棒分别表示均值和标准差

3. 结论与讨论

不同适应性措施耦合对玉米的影响是一个复杂的过程，而 CERES-Maize 模型为各适应性措施交互作用提供了有效手段（Ahmad et al., 2020）。我们的模拟结果表明，采取相应的适应性措施，可以完全抵消未来气候变化对西北农牧交错带玉米带来的负面影响。其中，将最佳播期和玉米最佳品种耦合情景下的雨养玉米产量和水分利用效率都能达到最大值，这一结论与前人研究结果一致（Rahimi-Moghaddam et al., 2018；Xiao et al., 2020）。

对于灌溉玉米，不同适应性措施对玉米水分利用效率的提高主要是因为采用适应性措施提高了玉米产量，从而提高了玉米水分利用效率。但 RCP8.5 情景下玉米水分利用效率提升幅度低于玉米产量提升幅度，这主要由于 RCP 8.5 情景下温度升高加速了土壤蒸发速率，提高了 ET，从而降低了玉米水分利用效率增加幅度（Guo et al., 2010）。

不同适应性措施及其耦合可以显著提高雨养玉米产量，特别是将三种适应性措施耦合情景下的玉米产量达到最高值，但此时玉米水分利用效率却并非最高，这主要由于补灌方案尽管可以提高雨养玉米的产量，但同时也增加了玉米的耗水量，从而导致水分利用效率降低（Sun et al., 2006）。相比较其他无补灌措施的耦合情景，有补灌情景下的玉米水分利用效率都会偏低，因此在政府决策适应性措施的时候，若从节约用水的角度考虑，补灌方案可以作为备选方案，应优先考虑其他两种适应性措施。

6.2　未来不同土地利用变化情景的确定

土地是不可再生资源，其利用方式的变化会对区域的生态环境和社会经济产生直接或间接的影响。土地利用优化配置是在兼顾生态环境保护与土地利用综合效益下，通过合理地安排区域内各种土地利用类型的数量结构和空间布局，来实现土地资源的可持续利用（陆军辉等，2017；马冰滢等，2019）。我国的西北农牧交错带是典型的生态脆弱带，先后被纳入国家"三北"防护林工程建设、"天然林资源保护"工程，承载着生态环境保护的重任（Liu et al.，2011b；穆亚超，2017；Lu et al.，2018）。多项生态恢复工程的实施使得本地区的植被覆盖度提高，土地利用发生了显著的改变（Xue et al.，2019；Pei et al.，2021），在全球变暖的气候背景下，该区域干旱灾害频发，社会经济与农牧业可持续发展均受到严重的影响（杜华明等，2015）。因此，通过对该区域进行土地利用优化配置，使有限的土地资源支撑起生态环境保护和经济发展的重任是十分必要的。

模型模拟和情景变化分析是实现土地利用优化配置的重要工具（魏伟等，2017；马冰滢等，2019）。国内外学者对土地利用变化模拟已开展了大量研究，探索了一系列模型在土地利用优化配置中的应用前景。数量预测模型有马尔可夫链（Markov Chain）模型（刘家福等，2009）、系统动力学（System Dynamics，SD）模型（田贺等，2017）、灰色模型（Grey Model，GM）（耿红和王泽民，2000）、多目标规划（Multi-Object Planning，MOP）模型（Zhang et al.，2016a；刘欣等，2018）等；空间格局预测模型有元胞自动机（Cellular Automata，CA）模型（黎夏和叶嘉安，2005；张美美等，2014）、多智能体（Agent-based modeling，ABM）模型（Chebeane and Echalier，1999；刘小平等，2006）、CLUE-S（Conversion of Land Use and its Effects）模型（Veldkamp and Fresco，1996；马冰滢等，2019；邓华等，2016）、FLUS（Future Land Use Simulation）模型（Liu et al.，2017a）等；混合模型有 CA-Markov 模型（Liu et al.，2017b；胡碧松和张涵玥，2018）、SD-CLUE-S（System Dynamics-Conversion of land use and its effects at small regional extent）模型（Wu et al.，2015）、SD-CA（System Dynamics-Cellular Automata）模型（Lauf et al.，2012；Xu et al.，2016）、GM-CA（Grey Model-Cellular Automata）模型（王丽萍等，2012；柯新利等，2014）、MOP-CA（Multi-Object Planning-Cellular Automata）模型（王汉花和刘艳芳，2009）等。由于混合模型集成了数量预测模型和空间格局预测模型，可同时对土地利用的数量结构和空间格局进行优化配置，因此被广泛应用于土地利用优化配置研究中。其中数量预测模型里，SD 模型能模拟土地利用变化与多种驱动力之间循环反馈的关系，但其要求对土地利用系统的内部机制十分了解，模型的构建较为复杂（田贺等，2017）；马尔可夫链模型、GM 模型是基于数理统计的方法进行数量预测，未结合驱动因素的作用（耿红和王泽民，2000；刘家福等，2009）；而 MOP 模型不仅具有 SD 模型的正反馈特征，而且突破了目标函数一维性的限制，可以在兼顾经济效益和生态效益的基础上进行土地利用优化配置，并且其模型的构建比 SD 模型简单（刘菁华等，2018）。关于空间格局预测模型，ABM 模型在多类土地利用变化模拟研究中尚不成熟（李少英等，2017）；ANN-CA（Artificial Neural Network-Cellular Automata）、CLUE-S 等忽略了各地类间的竞争及相互作用，排除了土地网格转换为小概率地类的可能性，而 2017 年提出的 FLUS 模型（Liu et al.，2017a），其对传统 CA 进行了改进，引入了自适应惯性系数和轮盘竞争机制，轮盘竞争机制的随机性使 FLUS 模型能够更好地反映现实情景下土地利用变化过程中的不确定性，能够有效预测多情景下的未来土地利用情形，其模拟精度高于 CLUE-S 和 CA 等模型，具有较大的推广价值（Liu et al.，2017a；Li et al.，2017）。

另有研究表明，遗传算法最适合于多目标优化问题，其不仅作用于整个种群，同时强调个体的整合，遗传算法的内在并行机制和全局优化特性有利于解决土地利用类型的数量结构优化（黄海，2011）。由此，本节拟选择耦合多目标遗传算法（Multi Objective Genetic Algorithms）（Konak et al.，2006）和 FLUS 模型对我国西北农牧交错带开展 2025 年的土地利用优化配置研究，并分别设置自然发展、生态保护优先、经济发展优先、生态-经济均衡4 种情景，致力于探讨如何在保护生态环境的同时，推进该地区经济良性发展和产业结构优化，实现生态效益与经济效益的最大化（杨露等，2020）。

6.2.1 数据来源及处理

土地利用数据来源于中国科学院资源环境科学与数据中心 2005～2015 年的 1∶10 万中国土地利用现状遥感监测数据，每 5 年一期，在使用前结合野外实地考察及谷歌历史影像进行了修正，修正后二级类综合精度为 91.2%，达到模拟要求，将其重采样至 1 km 分辨率（杨露等，2020）。

高程数据（ASTER GDEM V2）来源于中国科学院计算机网络信息中心地理空间数据云平台，并基于该数据提取了坡度和坡向数据。

水系、道路等基础地理数据来源于国家基础地理信息中心的全国地理信息资源目录服务系统。

社会经济数据有中国 GDP 和人口空间分布公里网格数据集（2005 年和 2015 年），来源于中国科学院资源环境科学与数据中心，相关的统计数据来源于 2011～2016 年的鄂尔多斯统计年鉴、2010～2015 年的榆林统计年鉴、2011～2016 年的宁夏统计年鉴。另外，关于该区域土地利用规划的政策参阅了研究区内各县（旗）自然资源局官方网站所公布的土地利用总体规划文本及相关资料。

6.2.2 未来不同土地利用变化情景的确定方法

本节利用多目标遗传算法和 FLUS 模型对该区域进行土地利用优化配置，技术路线（图 6.18）可分为数量模块和空间模块。数量模块是用于计算多情景下的土地利用需求，首先利用马尔可夫链模型与历史土地利用数据，预测得到自然发展情景下的土地利用需求数据；在此基础上，根据研究区内各县（旗）自然资源局官方网站所公布的土地利用总体规划文本、2010～2015 年土地利用变化速度及不同情景的内涵，构建各土地利用类型的面积约束条件，然后利用多目标遗传算法求解其余 3 种情景下的土地利用需求。空间模块则是基于 FLUS 模型模拟多情景下的土地利用分布格局（杨露等，2020）。

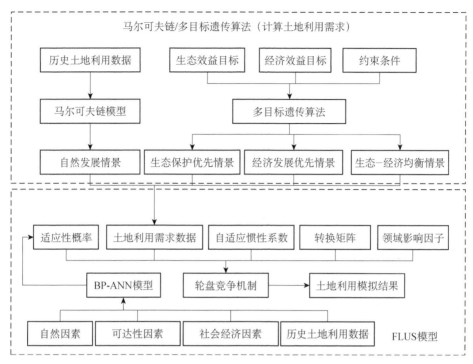

图 6.18　西北农牧交错带土地利用优化配置的技术路线

1. 多目标遗传算法

遗传算法借鉴了生物界的自然选择和遗传机制，具有高度并行、随机、自适应的特点（Konak et al.，2006；黄海，2011），该算法并行的种群搜索机制以及初始搜索时无须先验知识或导数信息的特点有利于解决多目标优化问题（董品杰和赖红松，2003）。将其引入到多目标优化中，可以在一次优化过程中产生一组非支配解，进而选择最优解。本节选择多目标遗传算法对研究区土地利用的数量结构进行优化，考虑到西北农牧交错带的特殊性，建立的多目标函数主要考虑经济效益和生态效益，而关于政策文件对各种土地利用类型的限制或保护，则转化为土地利用规划的约束条件（刘菁华等，2018）。

1）多目标函数的构建

经济效益目标

$$\max F_1 = \sum_{i=1}^{n} B_i x_i \tag{6.6}$$

式中，F_1 为经济效益，万元；x_i 为各类土地利用类型的面积，km^2；B_i 为各类土地利用类型的经济效益系数，万元/km^2；即土地利用类型 i 所产出的单位面积 GDP。通过 2010~2015 年研究区各个县（旗）的经济数据计算各土地利用类型对应的产值与其面积之比，得到逐年的经济效益系数，再利用 GM（1，1）灰色预测模型求得 2025 年研究区的经济效益系数 B_i（表 6.20）。GM（1，1）模型是通过对部分已知的、不完整的原始数据进行处理，生成有较强规律性的数据序列，弱化原始数据的随机性，然后建立灰色微分预测模型来预测未知的内容。

表 6.20 西北农牧交错带土地利用类型对应的经济效益系数、生态价值系数 （万元/km²）

指标	耕地	林地	草地	水域	建设用地	未利用地
经济效益系数 B_i	191.36	58.79	42.33	173.11	9369.04	0
生态价值系数 C_i	63.39	200.43	66.41	421.69	0	3.85

生态效益目标

$$\max F_2 = \sum_{i=1}^{n} C_i x_i \tag{6.7}$$

式中，F_2 为生态效益，万元；x_i 为各类土地利用类型的面积，km²；C_i 为各类土地利用类型的生态系统服务价值系数，万元/km²。

本节采用谢高地等（2003）的中国生态系统服务价值当量因子表来进行生态效益的估算。以 2010~2015 年研究区的平均粮食单产 4586.6（kg/hm²）为基准，粮食单价依据 2002~2010 年国家退耕还林第一阶段的补贴标准 1.4 元/kg，并明确在没有人力投入的前提下，一个自然生态系统贡献的经济价值量等于研究区平均粮食单产市场价值的 1/7，最终得到研究区的生态价值系数 C_i（表 6.20）。由于建设用地的生态系统服务价值较低，故本书不予考虑。

2）发展情景的设定及约束条件

根据西北农牧交错带的区域特殊性和生态重要性（见第 2 章），综合农业部发布的《农业部关于北方农牧交错带农业结构调整的指导意见》中提出的坚持生态优先，适度开发的原则，结合促进本地区优化生产力布局，打造区域发展新趋势的目标，同时结合本地区的自然生态环境与经济发展水平，本节分自然发展、生态保护优先、经济发展优先、生态-经济均衡 4 种发展目标进行情景设定，相应的情景描述及发展要求如表 6.21 所示。其中，生态效益目标和经济效益目标在不同情景下的所占权重是采用德尔菲法（Delphi）并综合专家意见（Dalkey，1969）进行确定的（杨露等，2020）。

表 6.21 西北农牧交错带的土地利用发展情景设定

情景类型	情景描述	地类转换要求/限制
自然发展	遵循土地利用类型的自然演变规律	不对地类间的转换设置限制
生态保护优先	加强对生态用地的保护，保持生态功能稳定，以生态效益的增长为主要优化目标，生态效益目标与经济效益目标的权重分别为 0.8 和 0.2	本地区继续推行退耕还林还草政策，禁止林地和水域向其他地类转换；草地和耕地可向生态价值更高的地类转换，以获取更高的生态效益；禁止占用生态用地来开发耕地；大力开发未利用地向生态用地转换
经济发展优先	加强城乡建设，进一步推进该区域城镇化，带动基础设施建设和产业结构优化，以经济效益的增长为主要优化目标，生态效益目标与经济效益目标的权重分别为 0.2 和 0.8	本地区侧重于经济发展，对于生态恢复政策推行的强度放缓。各地类可向经济产出价值更高的地类转换，以获取更高的经济效益；加速建设用地的扩张；推进未利用地的开发

续表

情景类型	情景描述	地类转换要求/限制
生态-经济均衡	加强对土地资源的综合利用程度，在保障生态环境可持续发展和生态建设稳速进行的前提下，促进经济建设快速发展，生态效益目标与经济效益目标的权重分别为 0.5 和 0.5	综合统筹生态与经济效益，严格保护林地和水域等生态用地，禁止林地和水域向其他地类转换；大力推进未利用地的开发，向生态用地和经济用地转换

为了保证多情景下的未来土地利用变化符合自然发展规律和政府的规划预期，本节利用各县（旗）的土地利用规划文本、2025 年自然发展情景下的土地利用需求数据以及 2010~2015 年的土地利用变化速度来构建约束条件（表 6.22）。

表 6.22　土地利用类型的面积约束

约束类型	约束条件/km²	说明
土地总面积约束	$A = \sum_{i=1}^{6} x_i$	各类土地利用类型的规划面积（x_i）总和应等于研究区的总面积 A
耕地保有量约束（x_1）	$13906 \geqslant x_1 \geqslant 13236$	耕地的最小规模不得低于 2015 年耕地面积现状 13236 km² 以及 2020 年的耕地保有量 7780.57 km（基于对粮食安全和耕地保护政策的考虑）；最大规模以 2010~2015 年耕地的增长速度来设定
林地规模（x_2）	$2739 \geqslant x_2 \geqslant 2332$	林地的最小规模以 2010~2015 年的退化速度来设定；最大规模设置为自然发展情景下的林地需求数据上调 10%
草地面积约束（x_3）	$51062 \geqslant x_3 \geqslant 50050$	草地面积的变化不仅受人类活动影响，而且受降雨影响也较大，将其面积变化范围设定为在自然发展情景下草地面积的基础上 ±1%
水域面积约束（x_4）	$883 \geqslant x_4 \geqslant 865$	水域的最小规模以 2010~2015 年的退化速度来设定；由于该区域地处干旱与半旱区，降雨少，水域面积在 1990~2015 年持续呈负增长，故将水域的最大规模设为 2015 年水域面积 883 km
建设用地规模控制（x_5）	$2677 \geqslant x_5 \geqslant 2113$	建设用地的最小规模不低于 2020 年的建设用地规模的控制量；最大规模设置为自然发展情景下的建设用地需求数据上调 10%
未利用地规模控制（x_6）	$18076 \geqslant x_6 \geqslant 16174$	未利用地的最小规模以 2010~2015 年的开发速度来设定；最大规模不得高于 2015 年的未利用地面积 18076 km²
生态环境保护约束	$x_4 \geqslant 883$	仅约束"生态保护优先"及"生态—经济均衡"情景，设定林地、水域等生态用地面积不可再减少
决策量非负约束	$x_i \geqslant 0$, $i=1,2,3,4,5,6$	在模型中，各约束变量要求为非负值

2. FLUS 模型

1）FLUS 模型的介绍及原理

FLUS 模型在 CA 模型的基础上进行了改进，引入了人工神经网络（ANN）模型用于训练和估计特定网格上每种土地利用类型的适宜性概率，ANN 模型适用于复杂非线性问题的求解，可有效解决多类空间变量复杂的权重分配问题（黎夏和叶嘉安，2005）。同时 FLUS 模型利用自适应惯性竞争机制以表达动态模拟中不同土地利用类型之间的竞争和相互作用。结合上述 2 个步骤，FLUS 模型可以估计每个特定网格上所有土地利用类型的总体转换概率，然后在 CA 迭代期间利用轮盘竞争机制来确定土地利用类型的转换方式（Liu et al.，2017a；吴欣昕等，2018）。

FLUS 模型中的 BP-ANN 由一个输入层、一个或多个隐藏层、一个输出层构成。其中输入层的神经元与土地利用变化的驱动因子相对应，输出层的神经元与土地利用类型对应。

$$p(p,k,t) = \sum_j w_{j,k} \times \text{sigmoid}\left[\text{net}_j(p,t)\right] = \sum_j w_{j,k} \times \frac{1}{1+e^{-\text{net}_j(p,t)}} \quad (6.8)$$

式中，$p(p,k,t)$ 为第 k 种土地利用类型在栅格 p、时间 t 上 x 的适应性概率；$w_{j,k}$ 为隐藏层与输出层间的权值；sigmoid 为隐藏层到输出层的激活函数；$\text{net}_j(p,t)$ 为在时间 t 上第 j 个隐藏层栅格 p 所接收到的信号。另外，由 BP-ANN 得到的各种土地利用类型的适宜性概率 $p(p,k,t)$，其总和恒为 1，即

$$\sum_k p(p,k,t) = 1 \quad (6.9)$$

自适应惯性竞争机制的核心是自适应惯性系数，各地类的惯性系数由当前各类用地的实际数量与土地利用需求之间的差异决定，然后在迭代中进行自适应调整，使各种土地利用类型的数量向目标发展。第 k 类用地在 t 时刻的自适应惯性系数 Inertia_k^t 为

$$\text{Interia}_k^t = \begin{cases} \text{Interia}_k^{t-1} & \left|D_k^{t-1}\right| \leqslant \left|D_k^{t-2}\right| \\ \text{Interia}_k^{t-1} \times \dfrac{D_k^{t-2}}{D_k^{t-1}} & D_k^{t-1} < D_k^{t-2} < 0 \\ \text{Interia}_k^{t-1} \times \dfrac{D_k^{t-1}}{D_k^{t-2}} & 0 < D_k^{t-2} < D_k^{t-1} \end{cases} \quad (6.10)$$

式中，D_k^{t-1}、D_k^{t-2} 分别为第 k 类用地在 $t-1$、$t-2$ 时刻的土地需求数量与其所分配面积之差。

土地利用转化概率受多个因素影响，包括 BPANN 输出的适宜性概率、邻域作用、惯性系数、转换成本和地类竞争等。综合考虑以上因素，可计算得到各个栅格的总体转换概率，结合轮盘竞争机制在 CA 中迭代，将各类用地分配至栅格中。栅格 p 在 t 时刻转化为 k 类用地的总体转换概率 $\text{TProb}_{p,k}^t$ 可表示为

$$\text{TProb}_{p,k}^t = p(p,k,t) \times \Omega_{p,k}^t \times \text{Intertia}_k^t \times (1-\text{sc}_{c \rightarrow k}) \quad (6.11)$$

式中，$\text{sc}_{c \rightarrow k}$ 为 c 类用地转换为 k 类用地的成本；$1-\text{sc}_{c \rightarrow k}$ 为发生转化的难易程度；$\Omega_{p,k}^t$ 为邻域作用，公式为

$$\Omega_{p,k}^t = \frac{\sum_{N \times N} \text{con}\left(c_p^{t-1} = k\right)}{N \times N - 1} \times w_k \quad (6.12)$$

式中，$\sum_{N \times N} \text{con}\left(c_p^{t-1} = k\right)$ 为 k 类用地在上一次迭代结束后，在 $N \times N$ 的 Moore 领域窗口中的栅格总数，本节中取 $N=5$，w_k 为各类用地领域作用强度的权重。

2）FLUS 模型的土地利用模拟过程

利用 FLUS 模型对土地利用的空间布局进行模拟，首先需要对土地利用数据和驱动因子数据进行随机采样，获取研究区的训练样本集，利用神经网络模型对训练样本集进行训练。然后将得到的土地利用类型适宜性概率，结合元胞邻域影响因子、自适应惯性系数、转换矩阵的共同作用，计算出各个元胞单元的土地利用总体转换概率，最终采用轮盘竞争机制以确定元胞单元向哪种土地利用类型发生转换（Liu et al.，2017a；曹帅等，2019）。为了更好地避免误差传递，本节所采用的 FLUS 模型仅从一期土地利用数据和驱动因子数据中采样。

6.2.3　结果与分析

1. FLUS 模型的精度验证

本节以 2005 年的土地利用数据为基础，通过 FLUS 模型模拟得到 2015 年的土地利用情形，并利用 2015 年的真实土地利用情形进行验证，得到的 Kappa 系数为 0.85，总体精度为 91.04%，由此可知 FLUS 模型的模拟精度较高。二者对比来看（图 6.19），仅建设用地精度略低，主要原因是 2005 年的西北农牧交错带建设用地较少，尚处在发展初期，未形成稳定的空间分布格局，后续发展中受到较多的政府政策干预和人类活动影响，而该类用地在模拟时，其空间分布受初始状况的影响较大。由于 2015 年研究区的建设用地有了较大的扩张和发展，其宏观上的空间分布格局已相对稳定，故可以使用该模型及相应的模型参数对 2025 年的土地利用情形进行模拟和优化（杨露等，2020）。

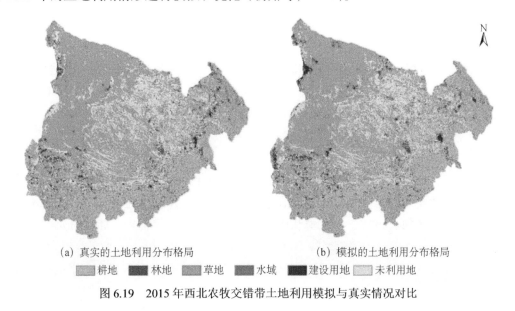

(a) 真实的土地利用分布格局　　　　　　　　　　(b) 模拟的土地利用分布格局

　耕地　　林地　　草地　　水域　　建设用地　　未利用地

图 6.19　2015 年西北农牧交错带土地利用模拟与真实情况对比

2. 多情景下的土地利用数量结构方案

基于马尔可夫链和多目标遗传算法得到多情景下的土地利用结构方案（表 6.23）。4 种方案中，土地利用类型的数量结构差异明显，其中，林地、草地、建设用地和未利用地由于对生态效益和经济效益具有直接且显著的影响，因此相较于 2015 年的土地利用数据变化较为明显。

表 6.23　西北农牧交错带不同模拟情景下土地利用面积、变化面积及变化比例的对比分析

类型	2015 年面积/km²	自然发展			生态保护优先			经济发展优先			生态-经济均衡		
		面积/km²	变化面积/km²	变化比例/%	面积/km²	变化面积/km²	变化比例/%	面积/km²	变化面积/km²	变化比例/%	面积/km²	变化面积/km²	变化比例/%
耕地	13236	13509	273	2.06	13237	1	0.00	13388	152	1.15	13311	75	0.57
林地	2496	2490	−6	−0.24	2712	216	8.65	2411	−85	−3.41	2675	179	7.17
草地	50035	50556	521	1.04	50781	746	1.49	50660	625	1.25	50495	460	0.92
水域	883	876	−7	−0.79	883	0	0.00	878	−5	−0.57	883	0	0.00
建设用地	1567	2433	866	55.26	2325	758	48.37	2675	1108	70.71	2581	1014	64.71
未利用地	18076	16429	−1647	−9.11	16355	−1721	−9.52	16281	−1795	−9.93	16348	−1728	−9.56

从表 6.23 可以看出，自然发展情景下，研究区的林地减少了 6 km²，草地增加了 521 km²，水域减少了 7 km²。生态用地面积虽总体上呈增长趋势，但其中林地和水域面积呈减少趋势，变化比例分别为−0.24%和−0.79%。对于干旱与半干旱区而言，林地和水域的生态价值极高，其面积的减少不利于生态建设与保护。此外，该情景下耕地面积增加了 273 km²，建设用地增加了 866 km²，经济用地显著增加。生态保护优先情景下，研究区的林地增加了 216 km²，草地增加了 746 km²，该情景下生态用地大量增加，并且水域不再呈持续减少趋势，这有利于该区域的生态环境建设。同时，由于严格保护生态用地，禁止耕地占用生态用地，该情景下耕地面积则几乎不变；但建设用地的扩张速度因禁止过度开发而减缓，相较于 2015 年的建设用地规模，该类用地仅增长了 758 km²，经济用地增幅相对较小。经济发展优先情景下，研究区的林地减少了 85 km²，草地增加了 625 km²，水域减少了 5 km²，水域和林地的减少对该区域环境的可持续发展具有不利影响。但其耕地面积增加了 152 km²，农业产值将随之增加；建设用地增加了 1108 km²，经济用地增幅明显。生态-经济均衡情景下，林地增加了 179 km²，草地增加了 460 km²，水域面积未减少，生态用地增幅较大，生态效益改善显著。同时，耕地增加了 75 km²，建设用地增加了 1014 km²，经济用地面积也显著增加。该情景下土地利用类型的数量结构较为合理，能同时兼顾到生态效益和经济效益。

由上述分析可知，基于生态-经济均衡情景所提出的优化方案，其生态用地和经济用地面积均显著增加，在严格保护生态用地的同时，推进了未利用地向生态用地和经济用地转换，避免了因经济快速发展而导致生态用地直接向经济用地转换，保证了该区域的生态与经济平衡发展（杨露等，2020）。

3. 多情景下的土地利用空间分布格局

通过 FLUS 模型得到 2025 年不同情景下研究区的土地利用分布格局（图 6.20）可以看出，水域在空间分布上几乎无变化，仅在自然发展和经济发展优先情景中出现零星的消退现象。耕地、林地、草地、建设用地和未利用地在 4 种情景下，空间布局都发生了相对明显的变化，其中未利用地在 4 种情景中均为消退现象。未利用地的减少是以向其他经济用地或生态用地转换的方式进行的，意味着另一种或几种地类的增长。

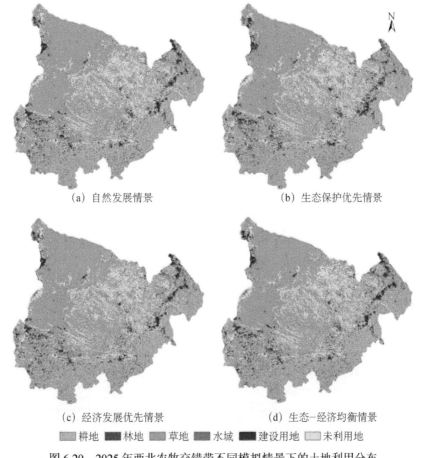

（a）自然发展情景   （b）生态保护优先情景

（c）经济发展优先情景   （d）生态–经济均衡情景

■耕地 ■林地 ■草地 ■水域 ■建设用地 ■未利用地

图 6.20 2025 年西北农牧交错带不同模拟情景下的土地利用分布

（1）耕地在自然发展、经济发展优先、生态–经济均衡情景下，主要在东部、南部及东南部出现增长，其中在生态–经济均衡情景下，东部耕地出现部分消退，向建设用地等转换。在生态保护优先情景下则几乎无变化，仅在东部及东南部出现零星增长与消退。

（2）林地在自然发展情景下，空间分布无明显变化，仅出现零星增长和消退；在经济发展优先情景下，出现明显消退；在生态保护优先和生态–经济均衡情景下，由于其受到严格的保护，未向其他土地利用类型转换，而是在已有林地周围呈边缘式扩张，其中在生态保护优先情景下，林地的扩张更为明显。

（3）草地在4种发展情景下，均在研究区西北部和中部出现显著增长，东北部次之，主要增长方式为边缘式和填充式。生态保护优先情景下，草地在空间布局上无明显消退现象；而在自然发展、经济发展优先和生态-经济均衡情景下，草地在不同区域均有细微的增长和消退现象，总体上增长多于消退，在西南及东部出现草地向耕地、建设用地、林地等的转变。

（4）建设用地面积在4种情景下，均有所扩张，主要扩张方式为填充式和边缘式。其中，研究区南部黄土丘陵地区的农村建设用地，增速相对缓慢。在生态保护优先情景下，由于对生态用地的严格保护，建设用地只能由未利用地转入，其分布较为分散，而在另外3种情景下，建设用地较为聚集，布局紧凑。综上所述，可知研究区在生态-经济均衡情景下，土地利用类型的空间布局更为合理。该情景下，林地无消退现象，主要呈边缘式扩张，利于生态保护；耕地和草地也呈多方位增长，部分耕地和草地向生态价值更高的林地、经济价值更高的建设用地等转换，更利于综合效益。此外，与生态保护优先情景相比较，生态-经济均衡情景下的建设用地布局更紧凑，分布更为合理（杨露等，2020）。

4. 多情景下的土地利用方案效益分析

基于经济效益目标和生态效益目标得到4种情景下2025年研究区的经济效益值与生态效益值（表6.24），比较分析不同情景的效益。由表6.24可知，生态保护优先情景下，生态效益最高，达519.03亿元，但经济效益在4种情景中是最低的，为2677.79亿元，该情景优化方案仅利于该区域的生态建设，不利于经济发展，将致使该区域的经济落后情况加剧。经济发展优先情景下的土地利用结构大力推进了该地的经济发展，经济效益显著增加，至2025年将高达3006.23亿元，而生态建设速度却随之放缓，生态效益值仅为512.92亿元，是4种情景中最低的。因此，生态保护优先和经济发展优先情景都会使该区域的发展失衡，不利于该区域的生态环境建设和社会经济发展。自然发展情景下，经济效益和生态效益相对平衡，但相比较生态-经济均衡情景而言，其未能实现效益最大化。与生态保护优先情景下的经济效益相比较，自然发展情景下的经济效益增加了3.88%，而生态-经济均衡情景下增加了8.96%，增幅显著。同时又与经济发展优先情景下生态效益相比较，自然发展情景下的生态效益仅增加了0.32%，生态-经济均衡情景下增加了0.77%。生态-经济均衡优化方案在合理限制经济发展速度下，保障了该区域的生态建设稳速推进，尽可能将效益最大化，探索到可持续发展方案（杨露等，2020）。

表 6.24 多情景效益对比分析

指标	自然发展	生态保护优先	经济发展优先	生态-经济均衡
经济效益/亿元	2781.80	2677.79	3006.23	2917.63
生态效益/亿元	514.55	519.03	512.92	516.86
经济效益变化比例（以生态保护优先情景为准）/%	3.88	0.00	12.27	8.96
生态效益变化比例（以经济发展优先情景为准）/%	0.32	1.19	0.00	0.77

6.2.4　小结

本节通过设定的 4 种情景，模拟了多情景下西北农牧交错带 2025 年的土地利用结构及空间分布格局，主要得到以下结论：

（1）结合多目标遗传算法和 FLUS 模型进行土地利用优化配置，在方法的组合上具有一定的创新性，简单有效地针对不同发展目标进行了优化配置，是该领域极具潜力的工具。该方法能够充分考虑到西北农牧交错带的区位特殊性和重要性，具有较好的适用性。其中多目标遗传算法可综合考虑西北农牧交错带的多方效益，获得多个土地利用数量结构的优化方案，供决策者结合实际需求和规划目标进一步选择；而 FLUS 模型在土地利用分布格局的模拟中，更好地反映了西北农牧交错带土地利用变化过程中的不确定性，有效预测了多情景下的未来土地利用情形，且模拟精度较高。

（2）基于本地区生态从数量结构、空间布局、综合效益三方面对 4 种情景下的土地利用情形进行比较分析，可知生态-经济均衡情景在权衡生态效益与经济效益下提供的优化配置方案中，西北农牧交错带土地利用类型的数量结构和空间布局更为合理。同时在兼顾经济发展的前提下，该区域的生态建设获得稳定发展，至 2025 年，其经济效益较生态保护优先情景下增长了 8.96%，生态效益较经济发展优先情景下增长了 0.77%，综合效益优于另外 3 种情景。该方案为西北农牧交错带未来的生态环境建设、经济发展规划以及土地资源配置提供了决策辅助，可带动该地区的产业结构优化。

（3）国内该方面的研究，如马冰滢等（2019）探索生态保护与经济发展的权衡关系，并基于该权衡关系开展土地利用优化配置，本节与该研究得到的结论一致，即生态效益与经济效益间存在权衡关系，基于该权衡关系进行土地利用优化配置对政府决策具有更大的参考价值。相较于该团队选用的 CLUE-S 模型，本节采用的 FLUS 模型因其引入了自惯性系数和轮盘竞争机制，可以更好地模拟出西北农牧交错带土地利用变化过程中的不确定性。（杨露等，2020）。

6.3　未来不同土地利用情景下地表水热关键参数的模拟及机理分析

土地利用/覆盖变化是人类活动最直接的表现形式，在流域及区域尺度上影响着水资源的供给与需求，是全球环境变化的重要驱动力（王艳君等，2009）。土地利用/覆盖变化通过改变植被蒸腾、土壤蒸发和截留蒸发等水文过程，显著地改变着水文循环过程，进而影响水资源可利用量（Piao et al.，2011）。蒸散发作为水热耦合的关键一环，是水文循环和能量平衡的关键因素，反映着生态系统中气候、土壤、植被交互的综合水文特征（Wang and Dickinson，2012；Fisher et al.，2017）。

近几十年来，北方农牧交错带由于实施了诸如退耕还林等大型生态修复工程减缓了草地生态系统的退化（Wei et al., 2018），但是也造成了区域土地利用格局的剧烈变化（Wang et al., 2020; Xue et al., 2019; Pei et al., 2021）。由于不同土地利用下下垫面特征参数的差异（生物物理参数，如地表反照率、地表粗糙度、植被覆盖度等；生物化学参数，如气孔导度等），导致水热过程存在差异，使得区域水热过程具有较大的异质性。生态恢复建设中的水科学问题一直是国内外研究者的关注热点（Chen et al., 2015; Liang et al., 2015; Zhang et al., 2017）。在水资源可利用的条件下土地利用如何优化配比一直是各研究者关注的热点问题（Feng et al., 2016）。故而，准确模拟不同土地利用情景下水热特征，明晰不同土地利用情景下区域水热过程变化机理，对阐明未来不同土地利用格局下区域水热过程的变化具有重要意义。

本节选择西北农牧交错带境内的无定河流域作为研究区，基于 Budyko 假设理论（Budyko，1974）探究不同土地利用情景下（自然发展、生态保护优先、经济发展优先、生态–经济均衡）本地区的可用水资源量及水热参数的变化的规律及作用机理，其结果可为本地区经济活动的调控、土地利用格局的合理规划及水资源的科学管理提供有意义的借鉴。

6.3.1　数据与方法

1. 研究区及数据来源

无定河流域地处西北农牧交错带的东南缘，位于黄河流域中游地区，是西北农牧交错带最大的流域（图6.21），流域面积为30261 km²。地处内陆，属温带干旱、半干旱大陆季风性气候，降水量少而蒸散量高，水资源短缺且土地利用转换频繁，严重制约着本地区社会经济的发展（曹钧恒，2020）。该流域地处陕北黄土高原与鄂尔多斯台地的过渡带，地势起伏较大，且具有一定的地带性分布。依据本地区的地形地貌类型大致可以划分为：①河源梁涧区：主要处于陕西省定边、安塞及吴旗县。②风沙区：主要包含乌审旗、横山及靖边等县的部分地区。③黄土丘陵沟壑区：主要位于米脂、绥德、子洲、清涧、子长、榆林、横山等部分县区。本地区植被覆盖度较低，主要的土地覆被类型为农业用地、草地和荒漠，林地不到10%，且地貌沟壑纵横，支离破碎，水土流失较为严重，是我国水土流失和沙尘暴发生的重要源区之一（余荧皓，2018）。

土地利用/覆盖数据来源于中国科学院资源环境科学与数据中心所提供的 2005 与 2015 年 1 km 空间分辨率的中国土地利用现状遥感监测数据。为了分析各水热参数（潜在蒸散发、降水、实际蒸散发）的时空格局特征，本节选用 Wang 等（2021）基于中国地面气候资料日值数据集研发的黄河流域上中游地区月度 8km 空间分辨率的网络气象数据集，时间分辨率为逐月。实际蒸散发数据来源于 Ma 等（2019）基于蒸散发互补方法建立的中国地表蒸散发产品（v1.5），空间分辨率为 0.1°，时间分辨率为逐月，由青藏高原科学数据中心提供。以上数据均使用双线性内插法统一至 1 km 空间分辨率。

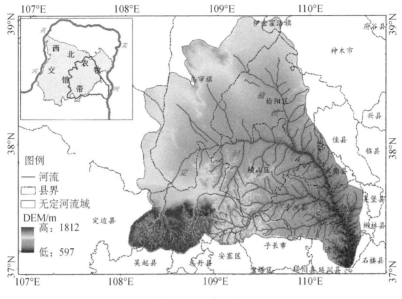

图 6.21　研究区概况

2. 蒸散发的计算

苏联著名的气候学家 Budyko（1974）假设认为决定多年平均蒸散发（ET）的主要因素是可利用能量（潜在蒸散发，PET）和可利用水分（降水，P）。这一假设通过描述区域水分和能量的供求竞争，体现了气候和景观属性之间的相互作用。通常 Budyko 假设的方程表示为 ET/P 的比值是 PET/P 的函数。随后，提出了一个简单的经验参数（α），可以捕捉到当地景观特征的影响（Yang et al.，2008），所以，Budyko 函数可以表示为

$$\frac{\text{ET}}{P} = f\left(\frac{\text{PET}}{P}, \alpha\right) \tag{6.13}$$

基于 Budyko 假设发展和开发了多种的水热耦合模型，并在全球各流域及区域上获得了广泛使用。本节在探究不同土地利用情境下的水资源可利用量时选取了 Zhang 等（2001）在 2001 年所提出来的 Budyko 方程进行蒸散发的计算（下文称 Zhang 曲线）。该方法是在全球 250 个不同气候与植被类型的流域水文数据的基础上提出来的，其考虑了气候与土地利用类型对于蒸散发的影响（Zhang et al.，2001），具体公式如式（6.14）所示。

$$\text{ET} = \left(\frac{1 + \alpha\dfrac{\text{PET}}{P}}{1 + \alpha\dfrac{\text{PET}}{P} + \dfrac{P}{\text{PET}}}\right) \times P \tag{6.14}$$

式中，ET 为年均蒸散发，mm/a；PET 为年均潜在蒸散发，mm/a；P 为年降水总量，mm/a；α 为植被有效水分系数，表示蒸腾用水量的相对差异，反映的是一定时期流域下垫面，用水结构等方面对于蒸散发的影响（Zhang et al.，2001）。

对于多种土地利用类型的流域，实际蒸散发的计算结果如下：

$$ET = \sum_{i=1}^{n}\left(ET_i \times f_i\right) \tag{6.15}$$

式中，f_i 为不同土地利用类型面积所占比例。

为了探究不同土地利用情景下的水热参数的差异及机理，本节使用一个广泛应用的 Budyko 函数，即 Choudhury 曲线（Choudhury，1999），模拟未来不同土地利用情景下农牧交错带地表水热过程的变化：

$$ET = \frac{P \times PET}{\left(P^\alpha + PET^\alpha\right)^{\frac{1}{\alpha}}} \tag{6.16}$$

选取蒸发系数（ET/P）和潜在蒸发系数（PET/P）来分析不同土地利用情景下区域水分和能量过程，其解析式可以分别表示为

$$\frac{ET}{P} = \left[\left(\frac{PET}{P}\right)^{-\alpha} + 1\right]^{-\frac{1}{\alpha}} \tag{6.17}$$

$$\frac{ET}{PET} = \left[\left(\frac{P}{PET}\right)^{-\alpha} + 1\right]^{-\frac{1}{\alpha}} \tag{6.18}$$

其中，式（6.18）可以被表示为

$$\frac{ET}{PET} = \frac{LE}{LE + H} = \frac{1}{1 + \dfrac{H}{LE}} = \frac{1}{1 + Br} \tag{6.19}$$

式中，LE 为潜热通量；H 为感热通量，然后，可以得到波文比（Br）的解释表达式为

$$Br = \left[\left(\frac{P}{PET}\right)^{-\alpha} + 1\right]^{\frac{1}{\alpha}} - 1 \tag{6.20}$$

在不同的土地利用情景下，Br 指标相比潜在蒸发系数，可以更加直观地表示地表能量的分配过程的变化，Br 变大代表更多的地表能量被用于增温（感热通量），反之，则表示更多的地表能量被用于蒸散发过程（潜热通量），产生降温效应。

1）α 的确定

以往的研究表明 α 参数是一个区域下垫面特征综合体现，一般认为与地形、土壤性质、植被年际变化（Zhang et al.，2016b；毕早莹等，2020）、土地利用变化（Patterson et al.，2013）和人为影响（Wang and Hejazi，2011）等显著相关。而 α 的直接确定相对较为困难，本书结合研究区内农牧交错的实际情况，借鉴前人（表 6.25）同在西北农牧交错带流域范围所获得不同土地利用类型下的 α 参数，各土地利用类型分别取值为：耕地：2.0，林地：3.1，草地：2.0，水域：0，建设用地：0.1，未利用地：0.1。

表 6.25 不同流域范围内 α 参数的取值

研究论文	下垫面条件	取值	流域位置
管子隆，2021	农田	2.0	油房沟流域
	林地	3.1	
	草地	2.0	
	居民地	0.2	
夏露，2019	林地	2.8	砚瓦川流域
	草地	2.0	
	农地	2.0	
	居民地	0.1	
Zhang et al.，2001	耕地	0.5	全球
	林地	2.0	
	草地	0.5	
	建设用地	0.1	

2）雨水资源化潜力

本书基于雨水资源化潜力来表征在不同情景下本地区的水资源可用量，具体计算公式如下：

$$RUP = 1 - \frac{ET}{P} \tag{6.21}$$

式中，RUP 为雨水资源化潜力，表征一个区域内水资源可利用量的一个有效指标，该值越大，表示该地区可用水资源量占降水的比例越高，当 RUP 小于 0，则说明降水量无法满足区域植被的生态用水需求（张小华，2021）。

3. 土地利用情景设置

土地利用情景是依据 6.2 节中西北农牧交错带不同土地利用发展情景的设置流程来确定，土地利用驱动因素与 6.2 节中选取的因子一致，借鉴张露等（2020）等对于西北农牧交错带土地利用面积的约束规则，并结合本地区 2005~2015 年间的土地利用线性变化的趋势及马尔可夫链预测的土地利用面积。无定河流域各类土地利用的面积约束如表 6.26 所示。之后基于张露等（2020）在本地区建立的各土地利用类型对应的经济效益系数与生态效益系数建立在不同土地利用情景下的土地利用类别需求方程，利用多目标遗传算法求解，得到无定河流域 2025 年不同土地利用情景下的各类土地利用面积需求。

表 6.26 无定河流域土地利用情景设置及各土地利用类型面积约束

约束类型	约束条件	说明
土地利用总面积约束	$\sum_{i=1}^{6} x_i = 31195$	各类土地利用类型的总面积为 31195 km^2
耕地面积约束（x_1）	$8927 \leq x_1 \leq 8987$	由于生态保护政策的实施，本地区 2005~2020 年的耕地呈现降低趋势。最大的耕地面积以 2015 年的结果来确定，最小的面积以 2005~2020 年的减少速度来确定
林地面积约束（x_2）	$1756.26 \leq x_2 \leq 2170$	因本地区实施了退耕还林还草工程，林地面积呈现逐年增加的趋势。最大的林地面积依据 2005~2020 年变化率来确定，最小的林地面积为 2015 年的面积
草地面积约束（x_3）	$12739.32 \leq x_3 \leq 13198.68$	草地面积受人类活动与气候的共同影响，草地面积的变化范围为在 2015 年的基础上上下浮动 1%
水域面积约束（x_4）	$238.45 \leq x_4 \leq 263.55$	水域受气候的影响呈现出波动变化的状态，因而将本地区水域面积设置为上下波动 5%
建设用地面积约束（x_5）	$298 \leq x_5 \leq 489.5$	建设用地的面积最小值不应低于 2015 年的结果，最大值为自然发展情景下上调 10%
未利用地约束（x_6）	$6585 \leq x_6 \leq 6817$	未利用地受到政策影响，本地区的未利用地呈现递减趋势，最小的规模按照 2005~2020 年的开发速度来确定，最大规模按照 2015 年未利用地的面积来确定
生态环境保护约束	$x_2 \geq 1774$ $x_4 \geq 251$	在生态保护优先情景下，本地区的林地与水域面积不可再减少

6.3.2 不同情境下土地利用变化结果评估

为了明晰未来在不同情景下本地区水文生态环境的变化，利用相同的驱动数据基于 FLUS（future land use simulation）（Li et al.，2017）模型模拟了无定河流域在 2025 年不同的土地利用情景。由图 6.22 的空间分布和表 6.27 统计结果可知：自然发展情景下，本地区的耕地增加了 116 km^2，草地减少了 101 km^2，未利用地减少了 176 km^2，建设用地增加了 147 km^2，其中榆林市呈现出较为明显的扩张趋势［图 6.22（a）］。在生态保护优先情景下，本地区的林地增加了约 70 km^2，未利用地与水域的面积基本保持不变，而建设用地也增加了约 19 km^2。在经济发展优先的情景下，流域内的建设用地显著扩张，增加了 57 km^2，耕地面积也呈现出减少趋势，减少了 20 km^2。在生态-经济均衡的情景下，本流域主要表现为林地、草地与建设用地明显扩张，分别增加了 325 km^2、465 km^2 和 15 km^2，而未利用地减少了 809 km^2。

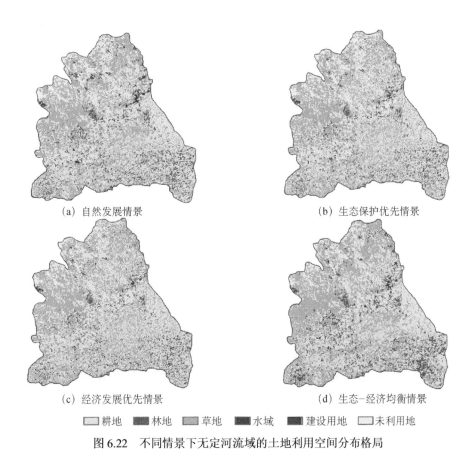

　　(a) 自然发展情景　　　　　　　　　　　　　　　(b) 生态保护优先情景

　　(c) 经济发展优先情景　　　　　　　　　　　　　　(d) 生态–经济均衡情景

▢耕地　▣林地　▢草地　▤水域　▧建设用地　▢未利用地

图 6.22　不同情景下无定河流域的土地利用空间分布格局

表 6.27　不同情景下各土地利用类型面积统计表（km²）

2015 年（基准期）	不同土地利用情景（2025 年）			
	自然发展	生态保护优先	经济发展优先	生态–经济均衡
耕地（8987）	9103	8986	8967	8986
林地（1774）	1777	1844	1800	2099
草地（13068）	12967	12968	12995	13533
水域（251）	262	263	263	256
建设用地（298）	445	317	355	313
未利用地（6817）	6641	6817	6816	6008

6.3.3　各水热参数的空间分布及变化特征

1. 各水热参数的空间分布规律

　　图 6.23 显示了 "Zhang 曲线" 中各因子的空间分布格局，无定河流域 2015 年降水年空间均值为 377.31 mm，空间分布格局呈现出自东南向西北递减的规律，高值区主要分布在研究区东南部的黄土丘陵区，年降水量大于 400 mm，而风沙区的年降水为 285～350 mm；

潜在蒸散发的空间分布格局与降水的空间格局相似，但趋势相反，年均值为 1387.73 mm。其最低值主要分布在研究区东南部的黄土丘陵沟壑区，为 1252～1320 mm，高值区分布在研究区东北部，其值大部分均大于 1450 mm。蒸散发的高值区主要分布于研究区的东部，尤其在河谷沿岸的农田，西北部因沙丘广布，故而蒸散发值相对较低。蒸散发年均值为 246.29 mm，最高值为 340.86 mm。基于降水和蒸散发计算的 RUP 可以反映本地区水资源可用性，由图 6.23（d）可以看出，本地区的 RUP 均值为 0.33，反映出本地区的水资源可用性较低，高值区在研究区的西南部，而低值区集中于研究区的东部，呈条带状，其值（0.17）接近于水资源可用的局限。

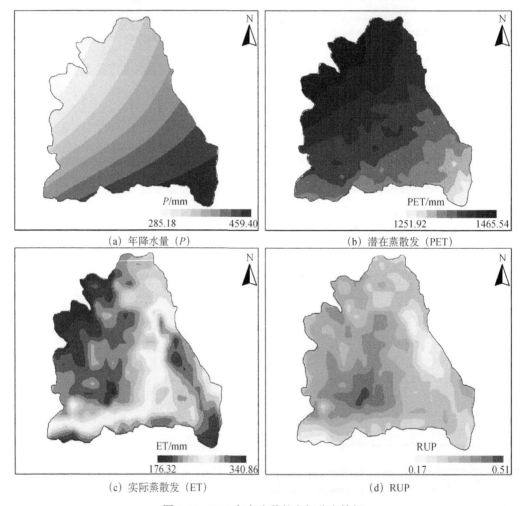

图 6.23　2015 年各参数的空间分布特征

2. 各水热参数的时间变化特征

图 6.24 显示了无定河流域 1982～2015 年实际蒸散发、降水、潜在蒸散发与 RUP 的动态变化特征。年均潜在蒸散发的变化范围为 1218.68～1550.79 mm/a，近 34 年内呈现出波动的

下降趋势，变化速率为-0.47 mm/a，而降水呈现出波动增加趋势，其速率为 0.61 mm/a。蒸散发的长期趋势变化较小，其最大值出现在 2012 年，其值为 379.43 mm/a。RUP 的整体波动较大，但是变化较小，其最低值出现在 1997 年，其值为-0.02，已低于可利用水资源的下限。

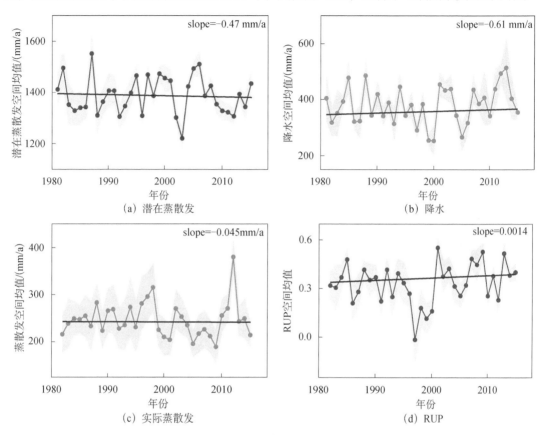

图 6.24　1982~2015 年间各水热参数的长期变化趋势

阴影部分表示标准差

3. 未来不同土地利用情景下各水热参数的空间分布及差异归因

为了说明不同土地利用情景下的本地区可用水量的变化特征，在保证气候条件不变的情景下（P 与 PET 不变），将不同土地利用情景下获得的 α 参数输入式（6.14）计算可得不同土地利用情景下的蒸散量，并由此计算得到本地区的 RUP 结果。图 6.25 显示了不同土地利用情景下无定河流域 RUP 的空间分布格局。研究区 RUP 的最大值分布于研究区东南部的黄土丘陵沟壑区，西北部风沙高低值混杂分布。这是因为东部的林地分布相对较密集，蒸腾量高，虽然降水量多，相互抵消而导致 RUP 的结果相对较低，最大值也仅为0.06。而研究区西北部的风沙区存在大片集中分布的低值区，其值（0.007）已接近于生态用水需求的极限（趋近于 0）。这是由于该区域存在大面积的沙地分布，降水较少且蒸发强烈，此外，由于农田与草地的土地利用类型使用同一个参数，所以东南部农牧交错区的空间变异性则相对较小。在自然发展情景下，相较于 2015 年基准期的 RUP，本地区水资源可利用量在研究区东部呈现出零星的减少，RUP 增加的地区主要集中于风沙区。而在生态保护优先情景下，本地区的 RUP 在东南部呈现出降低的趋势，说明由于造林会导致本地区的水资源量进一步减少。在经济发展优先情景下，本地区的 RUP 在西部的风沙区呈现出大面积的增加，而水资源可利用量减少的地区主要位于研究区的东南部地区。在生态-经济均衡情景下，本地区 RUP 增加的地区主要位于研究区西北部风沙区，黄土丘陵沟壑区的 RUP 与基准期相比呈降低的趋势，在此情景下，该区域东南部地区面临生态水资源量的压力可能会进一步加剧。

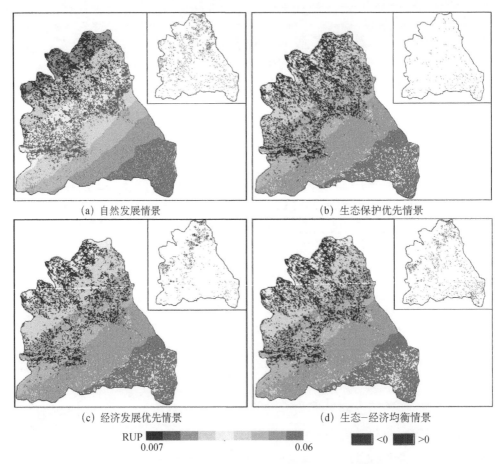

图 6.25　不同土地利用情景下雨水资源化潜力的空间分布

其中子图代表不同土地利用情景下雨水资源化潜力较 2015 年的增减

　　为了进一步表征在不同土地利用情景下本地区水资源的变化情况，统计了不同土地利用情景下空间 RUP 的均值。由图 6.26 可知，相较于 2015 年基准期，在保持气候不变的前提下，除生态优先发展的土地利用情景，其余情景下的 RUP 相较于 2015 年的基准期有所增加，表明本地区的水资源可利用量在增加，且在经济发展优先的情景下本地区的水资源可利用量增幅最大，与之对应的各土地利用类型的占比约为：耕地：29%，林地：6%，草地：42%，水域：1%，建设用地：1%，未利用地：21%。其次为生态-经济均衡情景。在自然发展情景下本地区的 RUP 呈现出微弱的增加，生态环境向变好趋势发展。而在继续推行生态恢复的情景下，本地区的蒸散发损耗量增加，可用水资源量变少。

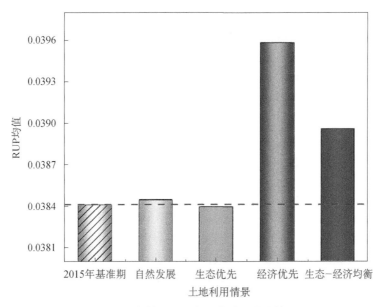

图 6.26　各情景下无定河流域的均值统计

在各种土地利用情景下风沙区的 RUP 已接近于 0，降水近乎无法满足本地区的生态经济用水量，故而今后在实施生态恢复工程时应尽量避免引入高耗水的乔木树种，应以保持本地区的原生植被为主，同时也应该防止荒漠化，以减少因蒸散发导致本地区水资源的损耗，更应该在保护原有植被类型的基础上，控制当地牧业的数量，防止土地沙化。研究区东南部农业用地范围大，人类活动频繁，土地利用转换的概率高，且植被覆盖度相对较高，对应的蒸散量也相对较高，在现有的生态政策实施的基础上更应该优化造林质量，尽可能选用一些耗水量低的灌木，且由于本地区的光照充足，辐射强，应进一步警惕土壤盐渍化。整体而言，因生态恢复工程而导致的林地与草地面积的扩大会使得蒸散发增加从而导致本地区的利用水资源量减少，可能会引发干旱，进而威胁植被的生长（Cui et al.，2021；Feng et al.，2021）。

6.3.4　未来不同土地利用情景下地表水热参数作用机理

农田和草地是北方农牧交错带中最主要的两种土地利用方式，占比为 70%以上，同时，这两种土地利用方式面积也是未来不同变化情景中重要的变化量。因此，本小节主要基于农田和草地两种土地利用方式，利用本团队针对干旱区研究修改的 Budyko 模型，模拟不同土地利用下水热过程特征，以适应未来不同土地利用情景。首先，通过 Budyko 水热耦合平衡模型计算 4 种不同土地利用情景下的区域水分平衡和能量分配，用以定量分析不同土地利用情景下水热过程变化。然后，分析不同土地利用类型下水热过程的差异，用以解释不同土地利用情景下区域水热变化的机理。

1. 未来不同土地利用情景下地表水热过程模拟

首先，本研究选用蒸发系数（ET/P）和潜在蒸发系数（ET/PET）分别作为描述区域水分平衡和能量分配的主要指标来定量研究区域水热过程变化。由图6.27可知，自然发展情景，经济发展情景和生态-经济均衡发展情景下，区域蒸发系数降低；在生态保护情景下，区域蒸发系数升高。其中经济发展情景下，区域蒸发系数变化最为剧烈，减少了1.68%。这表明了地表可用水量，即P-ET大幅增加的情景，这意味着在无定河流域，增加了78073 m³的地表可用水量。而如果使该地区实行自然发展的情景，区域蒸发系数仅减少0.05%。同样，图6.27展示了不同土地利用情景下潜在蒸发系数的变化。自然发展情景下，区域潜在蒸发系数降低0.05%；经济发展情景下，区域潜在蒸发系数降低1.96%；在生态-经济均衡发展情景下，潜在蒸发系数降低0.02%；在生态保护情景下，潜在蒸发系数增加0.04%。总的来说，在该地区不同土地利用情景下，蒸发系数普遍大于潜在蒸发系数。这主要由该地区的气候条件决定，即该地区区域干旱指数（PET/P）等于1.26。另外，在自然发展和生态保护情景下，虽然两个指数的变化方向不一致，但是其变化幅度均较小，对区域水分平衡和能量分配的影响程度较低，在生态-经济均衡发展情景和经济发展情景下，两个指标均表现为一定的降低，这表明在这两种情景下，区域蒸散量具有较为明显的降低，特别是在经济发展情景下，蒸发系数和潜在蒸发系数均大幅降低，这种变化将对区域水热过程产生比较大的影响，其中，促进地表可用水量的大幅增加，将对缓解该地区水资源压力具有一定的正向作用。但是，在能量分配方面，这种土地利用变化情景所导致的影响仍然不是很清楚。

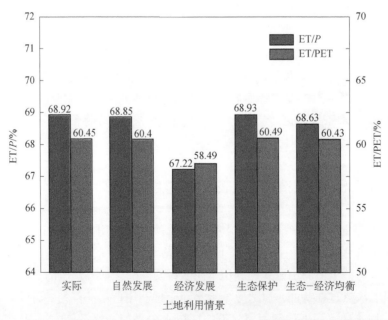

图6.27　不同土地利用情景下区域蒸发系数（ET/P）和潜在蒸发系数（ET/PET）变化

为了量化不同土地利用情景在区域能量分配方面的影响，图 6.28 展示了不同情景下 Br 的变化。通过图 6.28 我们可以看到，在生态保护情景下，Br 降低了 0.13%；而在自然发展情景下，Br 升高了 0.15%；值得关注的是，在经济发展情景下，Br 大幅增加了 15.55%。这说明，在经济发展情景下，区域辐射分配剧烈变化，潜热通量所占比例下降，感热通量占比大幅增加。也就是说，更多的能量被用于地表的升温，这将对该地区的温度变化产生显著的影响，使得该地区的干燥加剧。所以，虽然经济发展情景下地表可用水量增加，有利于区域水资源的开发和利用，但是，其产生的增温潜力将是不可忽视的影响。而在生态-经济均衡发展情景下，Br 升高了 1%，增加幅度相对于经济发展情景较小，在同样增加地表可用水量的效应下，其升温效应相对较弱，表现出更均衡的水热效应。

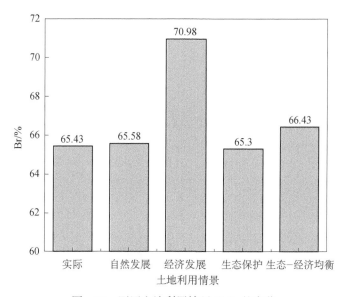

图 6.28　不同土地利用情景下 Br 的变化

2. 地表水热过程变化机理

为了分析不同土地利用情景对区域地表水热过程影响的机理，本书通过解析公式提取了不同土地利用方式下水分平衡和能量分配的特征。图 6.29 和图 6.30 分析了在该地区气候条件相对稳定的情况下，即干旱指数一定的情况下，不同土地用方式下蒸发系数和潜在蒸发系数的变化规律。通过图 6.29 可知，基于该地区的气候条件，蒸发系数随参数 α 的增加单调递增。在相同的气候条件下，林地蒸发系数最大，草地和耕地的蒸发系数次之，建设用地和未利用地蒸发系数相对最小。值得关注的是，建设用地和未利用地的蒸发系数明显低于以上三种土地利用方式，这说明了建设和未利用地的增加将会大幅减少蒸发比例，贡献更多的地表可用水量。在经济发展情景下，林地减少，建设用地大幅增加，这大幅减少了蒸发量，所以出现了图 6.28 中蒸发比例出现减小的情况。对于自然发展情景，林地小幅减少，建设用地增加，同样减少了蒸发比例；而对于生态优先情景，林地草地增加，未利用地大幅减少，使得区域蒸发比例获得一定的增加。图 6.30 分析了不同土地利用下潜在蒸发系数的变化规律，在相同的气候条件下，潜在蒸发系数随参数 α 的增加单调递增。其中，林地最大，草地和耕地其次，建设用地和未利用地最小。同样，气候条件一定的情况下，建设用地和未利用地的潜在蒸发系数明显低于其他三种土地利用方式。这说明在建设用地和未利用地，潜热通量在地表能量分配中比重较低，远小于感热通量所占比例，导致了较大的 Br 系数，以及较强的升温潜力。在经济发展情景下，建设用地的大量增加是潜在蒸发系数大幅减小的主要原因。

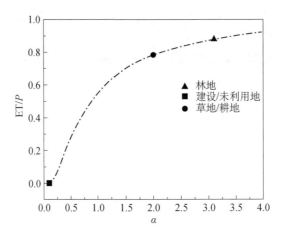

图 6.29　不同土地利用方式下蒸发系数的变化规律

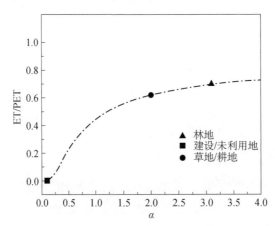

图 6.30　不同土地利用方式下潜在蒸发系数的变化规律

6.3.5　小结

本节以西北农牧交错带的无定河流域为研究对象，采用 Zhang 等（2001）提出的水热耦合公式并结合 FLUS 土地利用模型分析了不同土地利用情景下无定河流域可用水资源变化量的情况。之后本节利用修改后的 Bodyko 方法分析了未来不同土地利用情景下地表水热过程的变化。分析了该地区不同土地利用方式下地表水热过程特征，解释了未来不同土地利用情景下区域地表水热过程变化的原因和机理，阐明了未来不同土地利用格局下区域水热过程的变化方向。主要结论如下：

（1）无定河流域 1982～2015 年潜在蒸散发呈现出波动的下降趋势，变化速率为−0.47 mm/a，而降水则呈现出波动增加趋势，其速率为 0.61 mm/a。蒸散发的长期趋势变化较小，其变化速率为−0.045 mm/a。

（2）在生态优先情景下，无定河流域的蒸散量增加，可利用水资源量相对于基准期呈现减少趋势。在经济发展情景下本地区的生态水资源量呈最大的增加趋势，基于此本地区的最优土地利用比例：耕地为 29%，林地为 6%，草地为 42%，水域为 1%，建设用地为1%，未利用地为 21%。因此，相关政策制定部门要结合本地区的实际情况制定更加科学、合理、谨慎的生态恢复方案，以求推动本地区的可持续发展。

（3）生态保护情景下蒸发指数和潜在蒸发指数都小幅增加，自然发展情景，生态-经济均衡发展情景和经济保护情景下两个指数均有所减小，其中经济保护情景下蒸发指数和潜在蒸发指数大幅度减小，区域水量平衡和能量分配剧烈改变。大幅减少蒸发，增加区域地表可用水量，以及增大 Br 指数，而生态-经济均衡发展情景下在同样增加地表可用水量的效应下，其升温效应相对较弱，表现出更均衡的水热效应。

（4）水分平衡：在生态保护情景下，林地和草地的大幅增加会增加区域总水量的消耗，而在经济发展情景下，建设用地增加和未利用地面积的较小变幅则会增加区域可用水量。这进一步凸显了盲目增加林地与草地面积会增加区域水资源的压力。

（5）能量平衡：建设用地的增加和未利用地的保留会使得更多的地表能量被用于增温，反之，林地和草地的增加会使得更多的地表能量被用于蒸散发过程（潜热通量），产生降温效应。

本节通过 Budyko 模型探究了无定河流域的蒸散发、潜在蒸散发及降水的空间分布及变化探究，并结合土地利用模型分析了在不同土地利用情景下本地区的水资源可利用量及水热参数的变化机理，但也存在一些局限性，气候和土地利用覆盖变化均是蒸散发变化的主要驱动力，本书仅从土地利用变化的角度出发探究未来不同土地利用情景下蒸散发的变化量，而对于气候变化的影响并未做进一步考虑。因而在后续的研究中应更进一步考虑气候变化与土地利用变化情景下本地区水资源的变化特征。

6.4　西北农牧交错带土地利用优化调整的策略和建议

本章针对西北农牧交错带未来不同气候情景、不同土地利用情景下的生态和经济效益变化情况进行了预测和探讨，基于模型模拟预测结果，针对未来西北农牧交错带土地利用优化调整提出如下建议。

（1）未来土地利用规划应继续坚持生态与经济协调发展，在坚持开展生态恢复的前提下兼顾区域经济发展，对于不同土地利用类型采取不同级别的保护方案，具体包括对于已有的林地、水域等生态用地，采取最严格的保护措施，继续大力实施封山育林、水源涵养区森林保护等措施，严格禁止毁林开荒等改变土地类型的活动；对于已有耕地，需要结合区域气候、土壤条件变化情况，科学合理种植，提高经济效益；合理推进未利用地的开发，将建设用地合理分配转化为经济用地和生态用地。

（2）在已有耕地上提高产量，确保经济效益，是促进生态与经济协调发展的有效手段，建议未来农牧交错带能够建立一套科学的农业种植管理体系，将气候预测与作物模型相结合，从时间、空间尺度同时实现精细化预测，根据年际气候状况准确调整播种期、灌溉时间等，实现科学种植，提高作物产量和水分利用效率。

参考文献

毕早莹, 李艳忠, 林依雪, 等. 2020. 基于 Budyko 理论定量分析窟野河流域植被变化对径流的影响. 北京林业大学学报, 43 (8): 61-71.

曹钧恒. 2020. 气候变化和人类活动对无定河流域径流量影响的定量研究. 杨凌: 西北农林科技大学硕士研究生学位论文.

曹帅, 金晓斌, 杨绪红, 等. 2019. 耦合 MOP 与 GeoSOS-FLUS 模型的县级土地利用结构与布局复合优化. 自然资源学报, 34 (6): 1171-1185.

邓华, 邵景安, 王金亮, 等. 2016. 多因素耦合下三峡库区土地利用未来情景模拟. 地理学报, 71 (11): 1979-1997.

董品杰, 赖红松. 2003. 基于多目标遗传算法的土地利用空间结构优化配置. 地理与地理信息科学, 19 (6): 52-55.

杜华明, 延军平, 王鹏涛. 2015. 北方农牧交错带干旱灾害及其对暖干气候的响应. 干旱区资源与环境, 29 (1): 124-128.

冯雅茹. 2020. 基于 Budyko 假设的典型流域实际蒸散发特征分析. 北京: 中国地质大学（北京）硕士研究生学位论文.

耿红, 王泽民. 2000. 基于灰色线性规划的土地利用结构优化研究. 武汉测绘科技大学学报, 25 (2): 167-171, 182.

管子隆. 2021. 变化条件下黄土台塬地区小流域水文生态演变机理及保护研究. 西安: 长安大学博士研究生学位论文.

韩振宇, 童尧, 高学杰, 等. 2018. 分位数映射法在 RegCM4 中国气温模拟订正中的应用. 气候变化研究进展, 14 (4): 331-340.

胡碧松, 张涵玥. 2018. 基于 CA-Markov 模型的鄱阳湖区土地利用变化模拟研究. 长江流域资源与环境, 27 (6): 1207-1219.

黄海. 2011. 土地利用结构多目标优化遗传算法. 山地学报, 29 (6): 695-700.

柯新利, 孟芬, 马才学. 2014. 基于粮食安全与经济发展区域差异的土地资源优化配置——以武汉城市圈为例. 资源科学, 36 (8): 1572-1578.

李少英, 刘小平, 黎夏, 等. 2017. 土地利用变化模拟模型及应用研究进展. 遥感学报, 21 (3): 329-340.

黎夏, 叶嘉安. 2005. 基于神经网络的元胞自动机及模拟复杂土地利用系统. 地理研究, 24 (1): 19-27.

刘家福, 王平, 李京, 等. 2009. 基于 Markov 模型的长岭县土地利用时空变化研究. 水土保持研究, 16 (3):

16-19.

刘菁华, 李伟峰, 周伟奇, 等. 2018. 权衡城市扩张、耕地保护与生态效益的京津冀城市群土地利用优化配置情景分析. 生态学报, 38 (12): 4341-4350.

刘小平, 黎夏, 艾彬, 等. 2006. 基于多智能体的土地利用模拟与规划模型. 地理学报, 61 (10): 1101-1112.

刘欣, 赵艳霞, 冯晓淼, 等. 2018. 基于 CLUE-S 模型的多目标土地利用格局模拟与优化——以河北省廊坊市北三县为例. 地理与地理信息科学, 34 (5): 92-98.

陆军辉, 梅志雄, 赵书芳, 等. 2017. 土地利用配置的混沌蚁群优化算法研究. 地球信息科学学报, 19 (8): 1026-1035.

吕尊富, 刘小军, 汤亮, 等. 2013. 区域气候模型数据修订方法及其在作物模拟中的应用. 中国农业科学, 46 (16): 3334-3343.

马冰滢, 黄姣, 李双成. 2019. 基于生态-经济权衡的京津冀城市群土地利用优化配置. 地理科学进展, 38 (1): 26-37.

孟现勇, 王浩. 2018. 基于世界土壤数据库（HWSD）土壤数据集 (v1.2) . 国家青藏高原科学数据中心.

穆亚超. 2017. 基于 Landsat 影像的西北农牧交错带地区植被信息提取. 兰州: 兰州大学硕士研究生学位论文.

裴宏伟, 王飞枭, 张红娟, 等. 2020. 中国北方农牧交错带水资源问题荟萃分析. 河北建筑工程学院学报, 38 (4): 83-90.

田贺, 梁迅, 黎夏, 等. 2017. 基于 SD 模型的中国 2010～2050 年土地利用变化情景模拟. 热带地理, 37 (4): 547-561.

童尧, 高学杰, 韩振宇, 等. 2017. 基于 RegCM4 模式的中国区域日尺度降水模拟误差订正. 大气科学, 41 (6): 1156-1166.

王汉花, 刘艳芳. 2009. 基于 MOP-CA 整合模型的土地利用优化研究. 武汉大学学报（信息科学版）, 34 (2): 174-177, 247.

王丽萍, 金晓斌, 杜心栋, 等. 2012. 基于灰色模型—元胞自动机模型的佛山市土地利用情景模拟分析. 农业工程学报, 28 (3): 237-242.

王艳君, 吕宏军, 施雅风, 等. 2009. 城市化流域的土地利用变化对水文过程的影响——以秦淮河流域为例. 自然资源学报, 24 (1): 30-36.

魏伟, 颉耀文, 魏晓旭, 等. 2017. 基于 CLUE-S 模型和生态安全格局的石羊河流域土地利用优化配置. 武汉大学学报（信息科学版）, 42 (9): 1306-1315.

吴欣昕, 刘小平, 梁迅, 等. 2018. FLUS-UGB 多情景模拟的珠江三角洲城市增长边界划定. 地球信息科学学报, 20 (4): 532-542.

夏露. 2019. 基于绿水理论的砚瓦川流域生态水文过程对变化环境的响应. 西安: 西安理工大学博士研究生学位论文.

谢高地, 鲁春霞, 冷允法, 等. 2003. 青藏高原生态资产的价值评估. 自然资源学报, 18 (2): 189-196.

杨露, 颉耀文, 宗乐丽, 等. 2020. 基于多目标遗传算法和 FLUS 模型的西北农牧交错带土地利用优化配置. 地球信息科学学报, 22 (3): 568-579.

余荧皓. 2018. 基于水热耦合平衡假设的无定河流域社会水文学分析体系与模拟模型研究. 西安: 长安大学硕士研究生学位论文.

岳东霞, 杨超, 江宝骅, 等. 2019. 基于 CA-Markov 模型的石羊河流域生态承载力时空格局预测. 生态学报, 39 (6): 1993-2003.

张美美, 张荣群, 郝晋珉, 等. 2014. 基于 ANN-CA 的银川平原湿地景观演化驱动力情景模拟分析. 地球信息科学学报, 16 (3): 418-425.

张小华. 2021. 内蒙古赛罕乌拉草地不同利用方式下蒸散发与生态效应研究. 南京: 南京信息工程大学博士研究生学位论文.

Ahmad I, Ahmad B, Boote K, et al. 2020. Adaptation strategies for maize production under climate change for semi-arid environments. European Journal of Agronomy, 115: 126040.

Ainsworth E A, Rogers A. 2007. The response of photosynthesis and stomatal conductance to rising [CO_2]: mechanisms and environmental interactions. Plant, Cell & Environment, 30 (3): 258-270.

Amouzou K A, Lamers J P A, Naab J B, et al. 2019. Climate change impact on water-and nitrogen-use efficiencies and yields of maize and sorghum in the northern Benin dry savanna, West Africa. Field Crops Research, 235: 104-117.

Anderson K, Bows A. 2008. Reframing the climate change challenge in light of post-2000 emission trends. Philosophical Transactions of the Royal Society A: Mathematical, Physical and Engineering Sciences, 366 (1882): 3863-3882.

Asseng S, Ewert F, Martre P, et al. 2014. Rising temperatures reduce global wheat production. Nature Climate Change, 5 (2): 143-147.

Boonwichai S, Shrestha S, Babel M S, et al. 2019. Evaluation of climate change impacts and adaptation strategies on rainfed rice production in Songkhram River Basin, Thailand. Science of the Total Environment, 652: 189-201.

Boote K J, Allen Jr L H, Prasad P V V, et al. 2010. Testing effects of climate change in crop models.//Hillel D, Rosenzweig C. Handbook of Climate Change and Agroecosystems. London: Imperial College Press.

Budyko M I. 1974. Climate and Life. New York and London: Academic Press.

Candela A, Noto L V, Aronica G. 2005. Influence of surface roughness in hydrological response of semiarid catchments. Journal of Hydrology, 313 (3-4): 119-131.

Cao Q, Yu D Y, Georgescu M, et al. 2015. Impacts of land use and land cover change on regional climate: A case study in the agro-pastoral transitional zone of China. Environmental Research Letters, 10 (12): 124025.

Challinor A J, Wheeler T R. 2008. Crop yield reduction in the tropics under climate change: Processes and uncertainties. Agricultural and Forest Meteorology, 148 (3): 343-356.

Chebeane H, Echalier F. 1999. Towards the use of a multi-agents event based design to improve reactivity of production systems. Computers and Industrial Engeering, 37 (1-2): 9-13.

Chen C, Baethgen W E, Robertson A. 2013a. Contributions of individual variation in temperature, solar radiation and precipitation to crop yield in the North China Plain, 1961-2003. Climatic Change, 116 (3): 767-788.

Chen J, Brissette F P, Chaumont D, et al. 2013b. Finding appropriate bias correction methods in downscaling precipitation for hydrologic impact studies over North America. Water Resources Research, 49 (7): 4187-4205.

Chen X C, Chen F J, Chen Y L, et al. 2013c. Modern maize hybrids in Northeast China exhibit increased yield potential and resource use efficiency despite adverse climate change. Global Change Biology, 19 (3): 923-936.

Chen Y P, Wang K B, Lin Y S, et al. 2015. Balancing green and grain trade. Nature Geoscience, 8 (10): 739-741.

Choudhury B. 1999. Evaluation of an empirical equation for annual evaporation using field observations and results from a biophysical model. Journal of Hydrology, 216 (1-2): 99-110.

Cui J P, Yang H, Huntingford C, et al. 2021. Vegetation response to rising CO_2 amplifies contrasts in water resources between global wet and dry land areas. Geophysical Research Letters, 48: e2021GL094293.

Dalkey N C. 1969. The Delphi Method: An experimental study of group opinion. Santa Monica, CA: Rand.

Fang G, Yang J, Chen Y N, et al. 2015. Comparing bias correction methods in downscaling meteorological variables for a hydrologic impact study in an arid area in China. Hydrology and Earth System Sciences, 19 (6): 2547-2559.

Feng X M, Fu B J, Piao S L, et al. 2016. Revegetation in China's loess plateau is approaching sustainable water resource limits. Nature Climate Change, 6 (11): 1019-1022.

Feng X M, Fu B J, Zhang Y, et al. 2021. Recent leveling off of vegetation greenness and primary production reveals the increasing soil water limitations on the greening Earth. Science Bulletin, 66 (14): 1462-1471.

Fisher J B, Melton F, Middleton E, et al. 2017. The future of evapotranspiration: Global requirements for ecosystem functioning, carbon and climate feedbacks, agricultural management, and water resources. Water Resources Research, 53 (4): 2618-2626.

Gao Z, Liang X G, Lin S, et al. 2017. Supplemental irrigation at tasseling optimizes water and nitrogen distribution for high-yield production in spring maize. Field Crops Research, 209: 120-128.

Ghannoum O, Caemmerer S, Ziska L H, et al. 2000. The growth response of C4 plants to rising atmospheric CO_2 partial pressure: A reassessment. Plant, Cell and Environment, 23 (9): 931-942.

Godfray H C J, Beddington J R, Crute I R, et al. 2010. Food security: The challenge of feeding 9 billion people. Science, 327 (5967): 812-818.

Gudmundsson L, Bremnes J B, Haugen J E, et al. 2012. Downscaling RCM precipitation to the station scale using statistical transformations–a comparison of methods. Hydrology and Earth System Sciences, 16 (9): 3383-3390.

Guo R P, Lin Z H, Mo X G, et al. 2010. Responses of crop yield and water use efficiency to climate change in the North China Plain. Agricultural Water Management, 97 (8): 1185-1194.

Hallegatte S, Rogelj J, Allen M, et al. 2016. Mapping the climate change challenge. Nature Climate Change, 6 (7): 663-668.

Han Z B, Zhang B Q, Hoogenboom G, et al. 2021a. Climate change impacts and adaptation strategies on rainfed and irrigated maize in the agro-pastoral ecotone of Northwestern China. Climate Research, 83: 75-90.

Han Z B, Zhang B Q, Yang L X, et al. 2021b. Assessment of the impact of future climate change on maize yield and water use efficiency in agro-pastoral ecotone of Northwestern China. Journal of Agronomy and Crop Science, 207 (2): 317-331.

He J, Dukes M D, Jones J W, et al. 2009. Applying GLUE for estimating CERES-Maize genetic and soil parameters for sweet corn production. Transactions of the ASABE, 52 (6): 1907-1921.

Hoogenboom G, Porter C H, Boote K J, et al. 2019. The DSSAT crop modeling ecosystem. //Boote K. Advances in Crop Modelling for a Sustainable Agriculture. Cambridge: Burleigh Dodds Science Publishing.

Hou C X, Zhou L H, Wen Y, et al. 2018. Farmers' adaptability to the policy of ecological protection in China-A case study in Yanchi County, China. The Social Science Journal, 55 (4): 404-412.

Huang S B, Lv L H, Zhu J C, et al. 2018. Extending growing period is limited to offsetting negative effects of climate changes on maize yield in the North China Plain. Field Crops Research, 215: 66-73.

IPCC. 2014. Climate Change 2014: Impacts, Adaptation, and Vulnerability. Cambridge: Cambridge University Press.

Jiang D B, Tian Z P, Lang X M. 2016a. Reliability of climate models for China through the IPCC Third to Fifth Assessment Reports. International Journal of Climatology, 36 (3): 1114-1133.

Jiang Y W, Zhang L H, Zhang B Q, et al. 2016b. Modeling irrigation management for water conservation by DSSAT-maize model in arid northwestern China. Agricultural Water Management, 177: 37-45.

Kellner J, Houska T, Manderscheid R, et al. 2019. Response of maize biomass and soil water fluxes on elevated CO_2 and drought-From field experiments to process-based simulations. Global Change Biology, 25 (9): 2947-2957.

Klopfenstein T J, Erickson G E, Berger L L. 2013. Maize is a critically important source of food, feed, energy and forage in the USA. Field Crops Research, 153: 5-11.

Konak A, Coit D W, Smith A E. 2006. Multi-objective optimization using genetic algorithms: A tutorial. Reliability Engineering and System Safety, 91 (9): 992-1007.

Lauf S, Haase D, Hostert P, et al. 2012. Uncovering land-use dynamics driven by human decision-making-A combined model approach using cellular automata and system dynamics. Environmental Modelling & Software, 27-28: 71-82.

Leakey A D B, Ainsworth E A, Bernacchi C J, et al. 2009. Elevated CO_2 effects on plant carbon, nitrogen, and water relations: six important lessons from FACE. Journal of Experimental Botany, 60 (10): 2859-2876.

Leakey A D B, Uribelarrea M, Ainsworth E A, et al. 2006. Photosynthesis, productivity, and yield of maize are not affected by open-air elevation of CO_2 concentration in the absence of drought. Plant physiology, 140 (2): 779-790.

Li G, Gao H Y, Zhao B, et al. 2009. Effects of drought stress on activity of photosystems in leaves of maize at grain filling stage. Acta Agronomica Sinica, 35 (10): 1916-1922.

Li Liu D, Zuo H. 2012. Statistical downscaling of daily climate variables for climate change impact assessment over New South Wales, Australia. Climatic Change, 115 (3-4): 629-666.

Li S, An P L, Pan Z H, et al. 2015a. Farmers' initiative on adaptation to climate change in the Northern Agro-pastoral Ecotone. International Journal of Disaster Risk Reduction, 12: 278-284.

Li X, Chen G Z, Liu X P, et al. 2017. A new global land-use and land-cover change product at a 1-km resolution for 2010 to 2100 based on human-environment interactions. Annals of the American Association of Geographers, 107 (5): 1040-1059.

Li Z T, Yang J Y, Drury C F, et al. 2015b. Evaluation of the DSSAT-CSM for simulating yield and soil organic C and N of a long-term maize and wheat rotation experiment in the Loess Plateau of Northwestern China. Agricultural Systems, 135: 90-104.

Liang W, Bai D, Wang F, et al. 2015. Quantifying the impacts of climate change and ecological restoration on streamflow changes based on a Budyko hydrological model in China's Loess Plateau. Water Resources Research, 51 (8): 6500-6519.

Liu D F, Tang W W, Liu Y L, et al. 2017b. Optimal rural land use allocation in central China: Linking the effect of spatiotemporal patterns and policy interventions. Applied Geography, 86: 165-182.

Liu H L, Yang J Y, Drury C F, et al. 2011a. Using the DSSAT-CERES-Maize model to simulate crop yield and nitrogen cycling in fields under long-term continuous maize production. Nutrient Cycling in Agroecosystems, 89 (3): 313-328.

Liu H L, Yang J Y, Drury C A, et al. 2011c. Using the DSSAT-CERES-Maize model to simulate crop yield and nitrogen cycling in fields under long-term continuous maize production. Nutrient Cycling in Agroecosystems, 89: 313-328.

Liu H L, Yang J Y, He P, et al. 2012. Optimizing parameters of CSM-CERES-Maize model to improve simulation performance of maize growth and nitrogen uptake in northeast China. Journal of Integrative Agriculture, 11 (11): 1898-1913.

Liu J H, Gao J X, Lv S H. et al. 2011b. Shifting farming-pastoral ecotone in china under climate and land use changes. Journal of Arid Environments, 75 (3): 298-308.

Liu S, Yang J Y, Zhang X Y, et al. 2013. Modelling crop yield, soil water content and soil temperature for a soybean-maize rotation under conventional and conservation tillage systems in Northeast China. Agricultural Water Management, 123: 32-44.

Liu X P, Liang X, Li X, et al. 2017a. A future land use simulation model (FLUS) for simulating multiple land use scenarios by coupling human and natural effects. Landscape and Urban Planning, 168: 94-116.

Loison R, Audebert A, Debaeke P, et al. 2017. Designing cotton ideotypes for the future: reducing risk of crop failure for low input rainfed conditions in Northern Cameroon. European Journal of Agronomy, 90: 162-173.

Lu F, Hu H F, Sun W J, et al. 2018. Effects of national ecological restoration projects on carbon sequestration in china from 2001 to 2010. Proceedings of the National Academy of Sciences of the United States of America, 115 (16): 4039-4044.

Lv Z F, Li F F, Lu Q G. 2020. Adjusting sowing date and cultivar shift improve maize adaption to climate change in China. Mitigation and Adaptation Strategies for Global Change, 25 (1): 87-106.

Ma N, Szilagyi J, Zhang Y S, et al. 2019. Complementary-relationship-based modeling of terrestrial evapotranspiration across China during 1982-2012: Validations and spatiotemporal analyses. Journal of Geophysical Research: Atmospheres, 124: 4326-4351.

Makowski D, Hillier J, Wallach D, et al. 2006. Parameter estimation for crop models. Working with dynamic models. Evaluation, analysis, parameterization and applications. Elsevier, Amsterdam, 101-150.

Mertens J, Madsen H, Feyen L, et al. 2004. Including prior information in the estimation of effective soil parameters in unsaturated zone modelling. Journal of Hydrology, 294 (4): 251-269.

Negm L M, Youssef M A, Skaggs R W, et al. 2014. DRAINMOD–DSSAT model for simulating hydrology, soil carbon and nitrogen dynamics, and crop growth for drained crop land. Agricultural Water Management, 137: 30-45.

NeSmith D S, Ritchie J T. 1992. Maize (*Zea mays* L.) . response to a severe soil water-deficit during grain-filling. Field Crops Research, 29 (1): 23-35.

Pan X B, Long B J, Wei Y R. 2007. Analysis on the rainfall regular and potential of collecting and utilizing rain in Loess Plateau of Inner Mongolia. Journal of Arid Land Resources and Environment, 4: 65-71.

Patterson L A, Lutz B, Doyle M W, 2013. Climate and direct human contributions to changes in mean annual streamflow in the South Atlantic, USA. Water Resources Research, 49 (11): 7278-7291.

Pei H W, Liu M Z, Jia Y G, et al. 2021. The trend of vegetation greening and its drivers in the agro-pastoral ecotone of northern China, 2000-2020. Ecological Indicators, 129: 108004.

Piao S L, Ciais P, Huang Y, et al. 2010. The impacts of climate change on water resources and agriculture in China. Nature, 467 (7311): 43-51.

Piao S L, Wang X H, Ciais P, et al. 2011. Changes in satellite-derived vegetation growth trend in temperate and boreal Eurasia from 1982 to 2006. Global Change Biology, 17 (10): 3228-3239.

Qi Z, Ma L, Bausch W C, et al. 2016. Simulating maize production, water and surface energy balance, canopy temperature, and water stress under full and deficit irrigation. Transactions of the ASABE, 59 (2): 623-633.

Rahimi-Moghaddam S, Kambouzia J, Deihimfard R. 2018. Adaptation strategies to lessen negative impact of climate change on grain maize under hot climatic conditions: A model-based assessment. Agricultural and Forest Meteorology, 253: 1-14.

Rosenzweig C, Elliott J, Deryng D, et al. 2014. Assessing agricultural risks of climate change in the 21st century in a global gridded crop model intercomparison. Proceedings of the National Academy of Sciences, 111 (9): 3268-3273.

Sun H Y, Liu C M, Zhang X Y, et al. 2006. Effects of irrigation on water balance, yield and WUE of winter wheat in the North China Plain. Agricultural Water Management, 85 (1-2): 211-218.

Tang J Z, Wang J, Fang Q X, et al. 2018. Optimizing planting date and supplemental irrigation for potato across the agro-pastoral ecotone in North China. European Journal of Agronomy, 98: 82-94.

Tang J Z, Wang J, Fang Q X, et al. 2019. Identifying agronomic options for better potato production and conserving water resources in the agro-pastoral ecotone in North China. Agricultural and Forest Meteorology, 272: 91-101.

Tao F, Rötter R P, Palosuo T, et al. 2017. Designing future barley ideotypes using a crop model ensemble. European Journal of Agronomy, 82: 144-162.

Tao F, Yokozawa M, Hayashi Y, et al. 2003. Future climate change, the agricultural water cycle, and agricultural production in China. Agriculture, Ecosystems & Environment, 95 (1): 203-215.

Tao F, Zhang Z, Zhang S, et al. 2016. Historical data provide new insights into response and adaptation of maize production systems to climate change/variability in China. Field Crops Research, 185: 1-11.

Tao F L, Zhang Z, Xiao D P, et al. 2014. Responses of wheat growth and yield to climate change in different climate zones of China, 1981-2009. Agricultural and Forest Meteorology, 189: 91-104.

Taylor K E, Stouffer R J, Meehl G A. 2012. An overview of CMIP5 and the experiment design. Bulletin of the American Meteorological Society, 93 (4): 485-498.

Themeßl M J, Gobiet A, Leuprecht A. 2011. Empirical-statistical downscaling and error correction of daily precipitation from regional climate models. International Journal of Climatology, 31 (10): 1530-1544.

Tian J, Zhang B Q, He C S, et al. 2017. Variability in soil hydraulic conductivity and soil hydrological response under different land covers in the mountainous area of the Heihe River Watershed, Northwest China. Land Degradation & Development, 28 (4): 1437-1449.

Tigchelaar M, Battisti D S, Naylor R L, et al. 2018. Future warming increases probability of globally synchronized maize production shocks. Proceedings of the National Academy of Sciences, 115 (26): 6644-6649.

Veldkamp A, Fresco L O. 1996. CLUE: A conceptual model to study the conversion of land use and its effects. Ecological Modelling, 85 (2-3): 253-270.

Wang B, Feng P Y, Chen C, et al. 2019. Designing wheat ideotypes to cope with future changing climate in South-Eastern Australia. Agricultural Systems, 170: 9-18.

Wang D B, Hejazi M. 2011. Quantifying the relative contribution of the climate and direct human impacts on mean annual streamflow in the contiguous United States. Water Resource Research, 47 (10): W00J12.

Wang K C, Dickinson R E. 2012. A review of global terrestrial evapotranspiration: observation, modeling, climatology, and climatic variability. Reviews of Geophysics, 50 (2): RG2005.

Wang X J, Zhang B Q, Xu X F, et al. 2020. Regional water-energy cycle response to land use/cover change in the agro-pastoral ecotone, Northwest China. Journal of Hydrology, 580: 124246.

Wang X Y, Li Y Q, Chen Y P, et al. 2018. Temporal and spatial variation of extreme temperatures in an agro-pastoral ecotone of northern China from 1960 to 2016. Scientific Reports, 8 (1): 8787.

Wang Y Q, Sun L, Li H Y, et al. 2021. Monthly/8-km Grid Meteorological Dataset at the Middle and Upper Reaches of the Yellow River Basin of China (1980-2015) . Digital Journal of Global Change Data Repository.

Wei B C, Xie Y W, Jia X, et al. 2018. Land use/land cover change and it's impacts on diurnal temperature range over the agricultural pastoral ecotone of Northern China. Land Degradation and Development, 29 (9): 3009-3020.

Wheeler T, von Braun J. 2013. Climate change impacts on global food security. Science, 341 (6145): 508-513.

Wu M, Ren X Y, Che Y, et al. 2015. A coupled SD and CLUE-S model for exploring the impact of land use change on ecosystem service value: A case study in Baoshan district, Shanghai, China. Environmental management, 56 (2): 402-419.

Xiao D, Liu D, Wang B, et al. 2020. Designing high-yielding maize ideotypes to adapt changing climate in the North China Plain. Agricultural Systems, 181: 102805.

Xin Y, Tao F. 2019. Optimizing genotype-environment-management interactions to enhance productivity and eco-efficiency for wheat-maize rotation in the North China Plain. Science of the Total Environment, 654: 480-492.

Xiong W, Holman I, Lin E, et al. 2010. Climate change, water availability and future cereal production in China. Agriculture, Ecosystems and Environment, 135 (1-2): 58-69.

Xu C H, Xu Y. 2012. The projection of temperature and precipitation over China under RCP scenarios using a CMIP5 multi-model ensemble. Atmospheric and Oceanic Science Letters, 5 (6): 527-533.

Xu X M, Du Z Q, Zhang H. 2016. Integrating the system dynamic and cellular automata models to predict land use and land cover change. International Journal of Applied Earth Observations and Geoinformation, 52: 568-579.

Xue H L, Tang H P. 2018. Responses of soil respiration to soil management changes in an agropastoral ecotone in Inner Mongolia, China. Ecology and Evolution, 8 (1): 220-230.

Xue Y Y, Zhang B Q, He C S, et al. 2019. Detecting vegetation variations and main drivers over the agro-pastoral ecotone of northern China through the ensemble empirical mode decomposition method. Remote Sensing, 11 (16): 1860.

Yang C Y, Fraga H, van Ieperen W, et al. 2017. Assessment of irrigated maize yield response to climate change scenarios in Portugal. Agricultural Water Management, 184: 178-190.

Yang H B, Yang D W, Lei Z D, et al. 2008. New analytical derivation of the mean annual water‐energy balance equation. Water Resources Research, 44 (3): W03410.

Yang J M, Yang J Y, Dou S, et al. 2013. Simulating the effect of long-term fertilization on maize yield and soil C/N dynamics in northeastern China using DSSAT and CENTURY-based soil model. Nutrient Cycling in Agroecosystems, 95 (3): 287-303.

Yin L C, Tao F L, Chen Y, et al. 2021. Improving terrestrial evapotranspiration estimation across china during 2000-2018 with machine learning methods. Journal of Hydrology, 600 (4): 126538.

Zha Y, Wu X P, He X H, et al. 2014. Basic soil productivity of spring maize in black soil under long-term fertilization based on DSSAT model. Journal of Integrative Agriculture, 13 (3): 577-587.

Zhang H H, Zeng Y N, Jin X B, et al. 2016a. Simulating multiobjective land use optimization allocation using multiagent system: A case study in Changsha, China. Ecological Modelling, 320: 334-347.

Zhang L, Dawes W R, Walker G R. 2001. Response of mean annual evapotranspiration to vegetation changes at catchment scale. Water Resources Research, 37 (3): 701-708.

Zhang M F, Liu N, Harper R, et al. 2017. A global review on hydrological responses to forest change across multiple spatial scales: Importance of scale, climate, forest type and hydrological regime. Journal of Hydrology, 546: 44-59.

Zhang S L, Yang H B, Yang D W. et al. 2016b. Quantifying the effect of vegetation change on the regional water balance within the Budyko framework. Geophysical Research Letters, 43 (3): 1140-1148.

Zhang Y K, Huang M B. 2021. Spatial variability and temporal stability of actual evapotranspiration on a hillslope of the Chinese Loess Plateau. Journal of Arid Land, 13 (2): 189-204.

Zhou Z Y, Sun O J, Huang J H, et al. 2007. Soil carbon and nitrogen stores and storage potential as affected by land-use in an agro-pastoral ecotone of northern China. Biogeochemistry, 82 (2): 127-138.

第7章 结论与建议

土地利用/覆盖变化与地表水热过程的相互关系是当前地球系统科学研究的前沿性热点问题。本书立足于西北农牧交错带生态屏障建设的重大需求，以土地利用变化对地表水热过程的影响机理和生态屏障建设的区域水热效应为关键科学问题，通过定位观测，遥感监测，结合陆面过程模型与区域气候模型等多手段多尺度，探明了西北农牧交错带水热要素的变化规律，分析了土地利用与各因子之间的相互作用方式，揭示了土地利用变化对地表水热过程的影响机理，提出了推动本地区生态环境建设的具体方案。得到的主要结论如下：

（1）在1982～2015年，我国北方农牧交错带大部分地区的植被呈整体绿化趋势。人类活动是驱动研究区植被变化的主要因子。在植被绿化的趋势下，研究区植被生产力、蒸散发和水分利用效率均呈显著的增加趋势，植被的大范围绿化是研究区植被生产力增加的主要因素也是驱动研究区水分利用效率增加主要原因。在站点尺度的研究中发现宇宙射线中子传感器能够较为准确地测量该地区的实际土壤水分，而生物量会对CRNS的性能造成一定程度的影响。

（2）CLM模型在草地与雨养农田上模拟性能优异，且CLM4.5优于CLM5.0，但在灌溉农田上CLM 4.5模拟性能较差。在草地和农田上，土壤温度趋势相似，年内受太阳辐射和气温影响呈现一个由负转正再转负的年循环；土壤含水量则农田整体高于草地，草地10～15 cm土壤含水量最高，农田15～30 cm土壤含水量最高。人类活动对植被和地表干湿变化了起主导作用，人类活动引起植被增加的同时，引起的土壤水分的消耗程度也在增大。在本研究区，P-T蒸散发估算性能最好，FAO56次之，Har最差；FAO56在蒸散发较强、受多种气象变量共同影响的农田下垫面上估算性能最佳；P-T在蒸散发较弱、受R_n主导的草地下垫面上性能最佳。

（3）土地利用的变化导致了水文过程对气象变量和植被生长状况的响应方式发生了变化。通过模型模拟及统计分析发现蒸散发与地表温度和反照率之间呈负相关关系，与NDVI和地表净辐射之间呈正相关关系，退耕还草由于地表反照率和蒸散发同时减小导致最高地表温度显著增加，使得地温日较差呈增加趋势。基于WRF模型模拟首次发现大规模植被恢复显著增强了农牧交错带的蒸发，蒸腾作用带来的大气水汽含量增加并通过水分再循环对降水产生了正反馈，植被恢复显著增强了农牧交错带区域的蒸散发与降水再循环速率。

（4）基于 FLUS 模型与多目标遗传算法得到了本地区不同发展情形下的土地利用格局，并利用 Budyko 模型探究了在不同土地利用情景下本地区的水热特征。研究发现在权衡生态–经济均衡情景下，农牧交错带的土地利用类型的数量结构和空间布局更为合理，本地区的生态建设能够获得稳定发展。而在生态优先的情景下会导致本地区的可利用水资源量呈现出减少的趋势。

（5）利用 DSSAT 模型对未来气候对西北农牧交错带的玉米评估发现，未来气候变化对雨养玉米产量有正效应，而对灌溉玉米产量具有显著负效应，升温是导致灌溉玉米产量下降的主要原因。因而培育具有吐丝至成熟期较长和潜在灌浆速率大特性的玉米品种是西北农牧交错带适应未来气候变化的最佳品种。但单一适应性措施很难完全抵消未来气候变化对灌溉玉米的负面影响，最佳播期和最佳品种耦合情景下的玉米产量和水分利用效率提高增幅最大。

针对西北农牧交错带目前存在的问题，结合本书得到的结论，为推动本地区可持续发展，主要提出来了以下建议：

（1）持续加强生态状况监测，避免生态退化趋势的深化和蔓延。

我国北方农牧交错带生态环境极为脆弱，虽然在退耕还林等诸多植被恢复工程的修复下，生态环境显现出良好的发展趋势，但任何不合理的人类活动和极端的气候变化都会破坏当地的生态环境。建议在生态环境易退化区建立定位生态监测系统，结合使用无人机，监测植被动态，在植被初现退化趋势时，及时进行人为干预，避免退化趋势的深化和蔓延。

（2）加强本地区光热资源的收集与开发。

基于本地区水热综合观测结果可知 6～8 月是西北农牧交错带草地光热资源最为丰富的时段，为促进本地区经济的发展，发展太阳能光伏发电技术，将光热资源优势转化为促进本地区经济发展的推力。

（3）加强水资源保护，合理规划植被恢复，调整退耕还林的结构。

生态恢复工程改善了农牧交错带的植被覆盖率，导致本地区的蒸散发显著增加且由于人类活动对土壤水分消耗的影响不容忽视。研究区西北部、东部小部分和南部部分地区植被扩张引起的土壤水分亏缺严重，土壤干燥风险很高。因而应当采取措施，如减少高风险土壤干燥地区的现有植被覆盖度，将退耕还林转化为退耕还草，加强生态的保护与修复提高自然生态环境的质量与稳定性，合理管理控制放牧活动等，以保持植被可持续性，协调供水与消耗水平衡。

（4）各类土地利用类型结构的调整方案。

北方农牧交错带属于典型的生态脆弱带，处理其经济发展与生态建设之间的矛盾，应严格统筹安排各类用地，禁止开发可能造成生态破坏的区域；保护林草地等生态用地；大力加强对水资源的保护，避免水域面积的退化；严格实施耕地保护政策，增强耕地的可利用程度，对建设用地占用耕地的比例严加控制；加强土地利用的规划，推进未利用地向草地、建设用地等土地利用类型转变。

（5）将作物模型与气候模型结合，建立农业生产预警系统，促进农业生产转型。

玉米是北方农牧交错带的主要农作物，气候变化对其产量波动较大，将气候观测与作物模型结合，建立农业生产的预警机制，促进农业生产由粗放型向集约型转变，提高农业产量，减少农业耗水量，推动本地区走可持续的农业生产方式的变革，以求实现生态效益、经济效益及社会效益的共赢。

（6）集成气候、植被、土壤、水文和遥感观测数据集及区域气候模型和水文模型，量化植被恢复对区域水循环的贡献和远程效应。

农牧交错带大规模植被恢复增加了蒸散发，进而通过提高降水再循环率对降水产生了正反馈，加强了区域水循环。未来研究需要开展长期的观测和多情景实验，耦合土地利用变化与区域水循环，深入了解地表覆盖和大气变化的综合相互作用，量化植被恢复对区域水资源的影响及跨流域的远程效应，为干旱和半干旱地区的生态恢复、水资源管理和可持续发展提供科学支撑。

土地利用/覆盖变化深刻影响了本地区的生态水文循环，对未来本地区的可持续发展仍存在一定的威胁及不确定性，因而，在后续的研究中应加强精细化多尺度系统观测开展综合研究，为本地区的高效管理提供科学依据和支持，确保本地区内生态水文良性循环发展，推动本地区的生态环境保护和经济发展走向可持续发展的道路。